“十二五”
国家重点图书

中国白裤瑶民族服饰

周少华 著

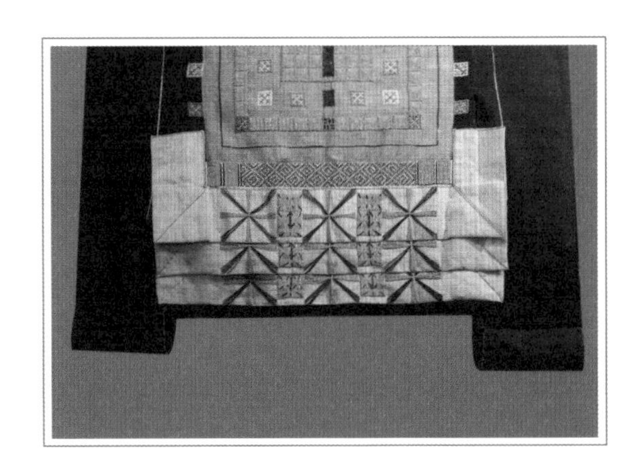

化学工业出版社
·北 京·

《中国白裤瑶民族服饰》对白裤瑶民族丰富多彩的服饰做了详细、系统的介绍，被列为“十二五”国家重点图书。作者通过在白裤瑶民族地区多年实地调查获得的第一手资料，本着传承为本、技艺为先的思路，对白裤瑶民族服饰的历史与现状、形制与规范、制作与技术、人文与内涵等方面进行了全面系统的解析，从而审视白裤瑶服饰的形成与构成特征。全书结合近500幅图片，详细描述白裤瑶各类服饰的形态和色彩构成规律，结合物、人、环境、历史等因素，强调白裤瑶服饰的整体性、立体性、真实性，旨在实现对白裤瑶服饰形制及工艺技艺精华的研究与传承。

读者可以从本书中了解白裤瑶服饰承载的深厚文化，从而弘扬丰富璀璨的民族服饰文化，推动民族服饰的创新和发展。

图书在版编目（CIP）数据

中国白裤瑶民族服饰 / 周少华著. —北京：化学工业出版社，2017.2
“十二五”国家重点图书
ISBN 978-7-122-25432-0

Ⅰ. ①中… Ⅱ. ①周… Ⅲ. ①瑶族-民族服饰介绍-中国
Ⅳ. ①TS941.742.851

中国版本图书馆CIP数据核字（2015）第250137号

责任编辑：李彦芳 崔俊芳　　装帧设计：溢思视觉设计工作室
责任校对：陈 静

出版发行：化学工业出版社（北京市东城区青年湖南街13号 邮政编码100011）
印　　装：北京东方宝隆印刷有限公司
889mm×1194mm 1/16 印张15 字数380千字 2017年6月北京第1版第1次印刷

购书咨询：010-64518888（传真：010-64519686） 售后服务：010-64518899
网　　址：http://www.cip.com.cn
凡购买本书，如有缺损质量问题，本社销售中心负责调换。

定　　价：128.00元

前言

在我国南部广西壮族自治区南丹县及邻近的贵州省荔波县，居住着一群服饰形态较为特异的瑶族人，人们称之为白裤瑶。

“白裤瑶男子身着黑色上衣，过膝白裤；女子身着由两幅如肩宽的正方形布料合成的无袖无扣、前黑后图的上衣，长度过膝的靛蓝纹百褶裙。”白裤瑶是属于我国南方少数民族瑶族的一个古老支系。它与苗族同源，从宋代开始就已生活聚居在黔桂边境的广西南丹里湖、八圩一带，处于云贵高原东南边缘，人口仅3万余人，是一个十分弱小但顽强的少数民族。据资料记载，早期白裤瑶人常年与山为伴，攀爬、奔跑、追赶猎物占去生活的主要部分，迁徙到瑶山后，生活逐渐稳定下来，开始了自给自足的生活，即男人打猎、耙田，妇女种地、喂养牲畜、纺织、缝绣、操持家务等。白裤瑶妇女精于纺织，直到现在仍保留着一整套完整的纺纱、织布、刺绣、绘制图案及手工缝制技艺，其服饰制作和穿戴仍然沿袭着先民们自纺自织、自染自裁、自缝自绣的古老传统。虽然白裤瑶服饰是因男子穿着过膝的白裤而得名，但其服饰整体构成要素，如服饰布料、形制、图案及配饰装饰等的工艺技艺精华所呈现的各种浓郁的多姿多彩的民族文化风情，才是备受世人关注的焦点，因为它原生态、朴素且具区域性特色原貌，因而举世闻名。

笔者通过对白裤瑶民族生活的地区进行实地考察，利用各种手段，从服装学和艺术学的角度，详细记录了白裤瑶民族服饰这种物质文化的存在。白裤瑶服饰的产生缘由，所涉及的形制、材料、装饰相关的纺纱织布、材料染绣、剪裁缝制等加工工艺技术（如像雄鸡一样的造型服饰形制产生），以藏青、蓝、黑、白等色彩为主的服饰材料，伴随有传说寓意的图案纹样、纯朴个性的纺纱织布，染、绣手工技艺等，都是白裤瑶民族发展历程所承载的丰富文化内涵的直观呈现，它展示了这个民族憨厚、朴实、勤劳、勇敢、爱国、维护民族团结的优良传统。我们深信，对于这个民族服饰文化的研究是具有重要意义的。

周少华

2016年6月

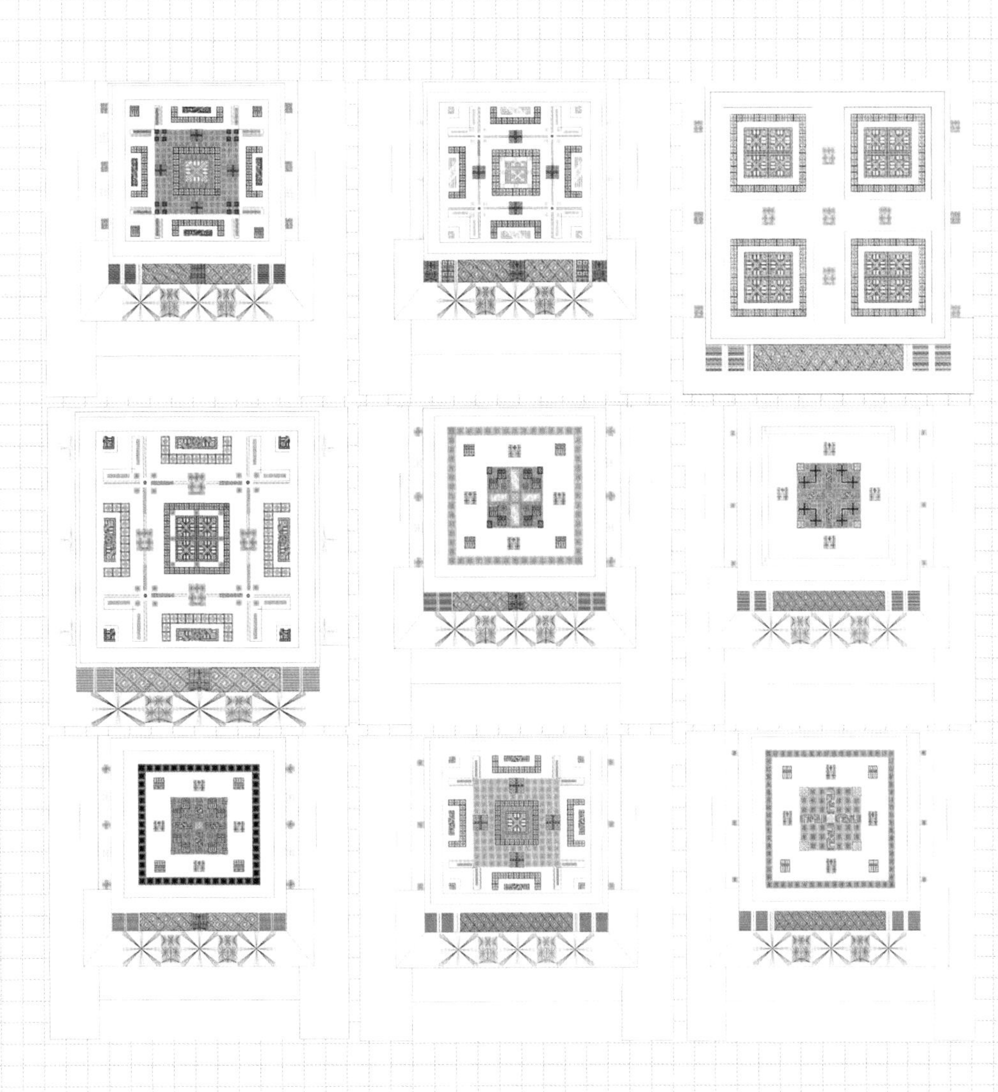

目录

第三章　白裤瑶服饰纹样种类与特征

第四章　白裤瑶手工织、染技艺

目录

目录

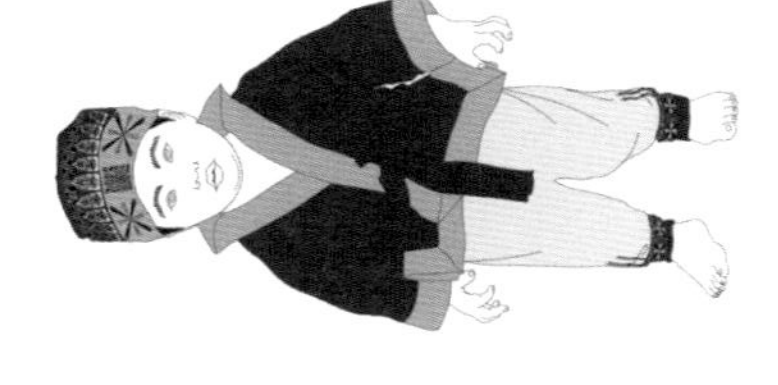

目录

第一章　白裤瑶人及其服饰源流概述

因男子穿着白色棉布裤而得名的白裤瑶民族，是瑶族的一个古老分支。因其历史承袭及居住环境独特、交通闭塞，至今仍在服饰、婚恋、丧葬、娱乐等方面完整地保留了该民族许多原始、古朴的风俗习惯，延续着其特有的民族传统文化特色。时至今日，白裤瑶绝大多数人仍穿着自己制作的民族服饰，因而保留了自己族群的形象身份。

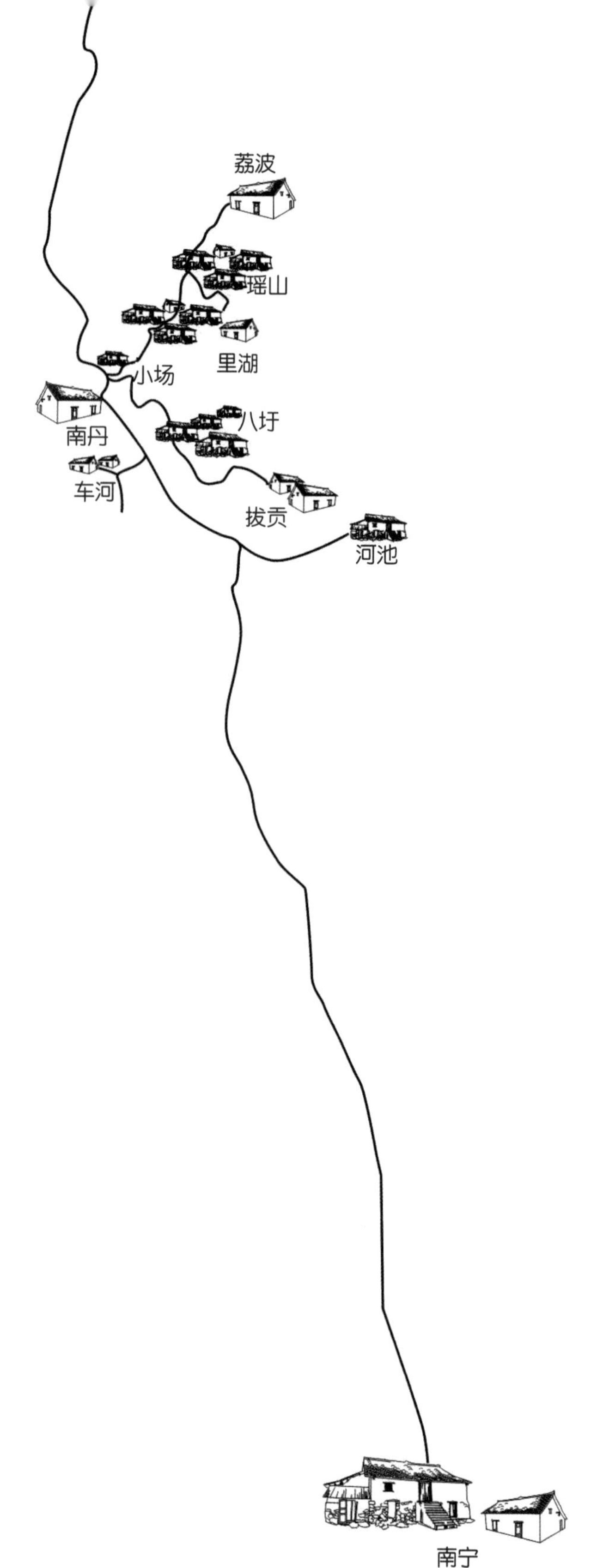

图 1–1　白裤瑶分布地区图示 1

第一节
白裤瑶主要居住地的自然环境

关于白裤瑶族源问题，由于历史久远、史料匮乏，难下定论。部分专家学者认为瑶族源于“长沙、武陵蛮”或“五溪蛮”，原始居住地在长沙、武陵两郡，即湖南的湘江、资江、沅江流域和洞庭湖沿岸地区[1]。还有一部分专家学者认为白裤瑶族起源于黄河流域，后经迁徙分散于更广的地域。

一直以来瑶族服饰都因其丰富多彩、符号性与人文性强等因素而被各界广泛研究。早在后汉时期就有关于瑶族祖先“好五色衣”的记载(见《后汉书》卷八十六《南蛮西南夷列传》)。作为瑶族支系之一，白裤瑶是以服饰特点命名的一支，发展至今，总人口 30000 余人。现主要分布于云贵高原东南边缘，红水河以东的广西壮族自治区南丹县里湖、八圩、车河、小场，河池市拔贡乡以及贵州省荔波县瑶山等地区，形成“大分散、小集中”的分布态势，如图 1–1 所示。

[1] 瑶族简史编写组 . 瑶族简史 [M]. 南宁：广西民族出版社 .1983.

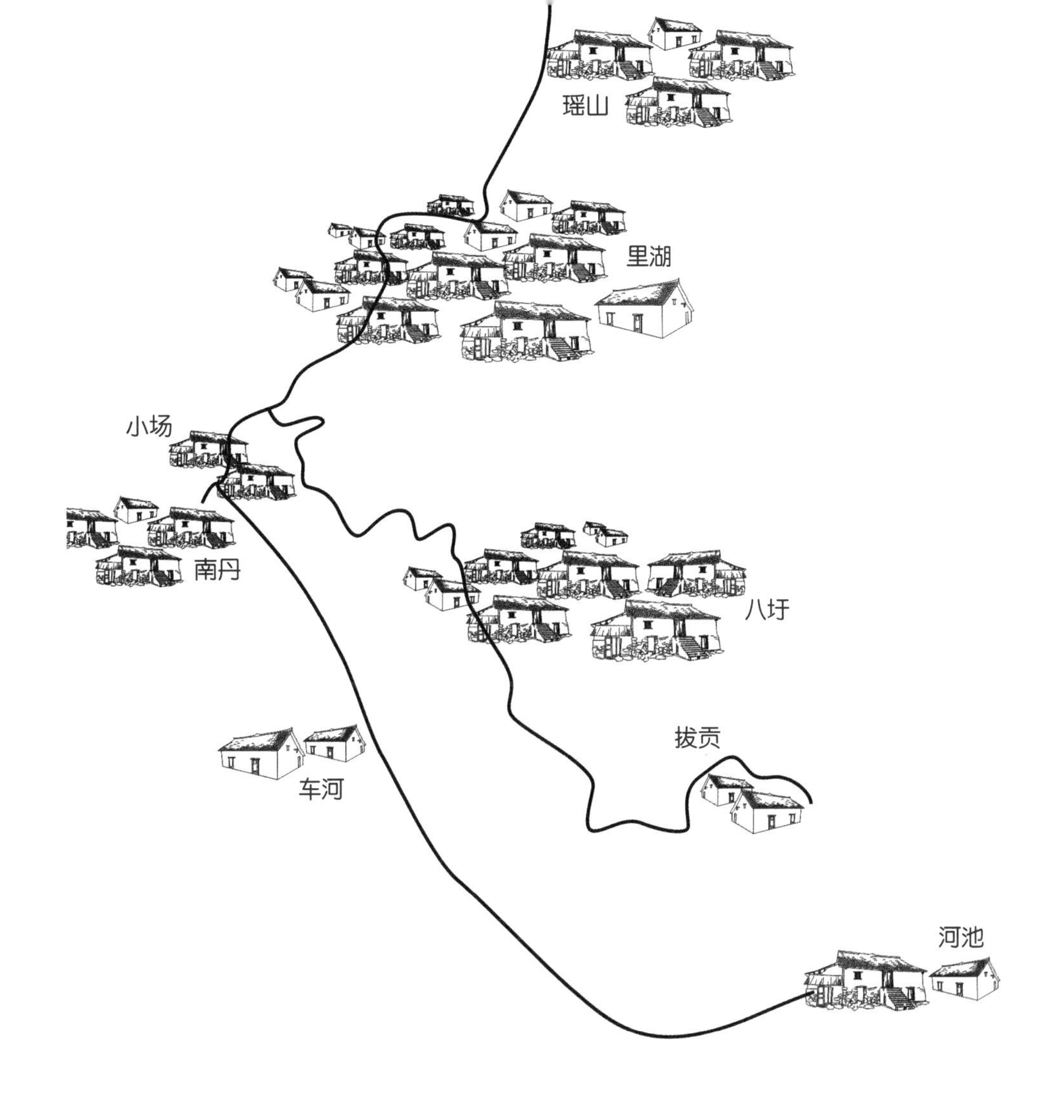

图 1-2　白裤瑶分布地区图示 2

一、里湖、八圩自然环境

经过多次的田野调查与查阅相关文献后发现，各地瑶族依山而居，并不一定会长期固定于一处。所谓“盘瑶”，说的就是这一现象。流传于民间的珍藏古籍《评皇券牒》中就有关于“盘瑶”的记载：“猺人万代盘王子孙，破砍大山，刀耕火种青山。”姚思廉《梁书·张缵传》中云：“零陵、衡阳等郡有莫傜蛮者，依山险而居，历政不宾服。刀耕火种，采食猎毛，食尽则他徙。。”广西地区更有俗语：“高山瑶，半山苗，汉人住平地，壮侗住山槽。”大量的史实资料表明，长期以来，瑶族在高山峡谷之中，傍山而居，由原始刀耕火种的耕种文化发展至今。有人甚至将山居看作瑶族的代表特征，如陈师道在《后山丛谈》中说道“二广，居山谷间，不隶州县，谓之猺人”，以至在明清以后现‘岭南无山不有瑶’的民谚。[1]今日的白裤瑶人依旧坚守在大山里，如图 1-2 所示，据当地瑶人介绍，里湖、八圩地区为石山区，土地稀少，植被稀疏，生活资源匮乏且交通闭塞，只有蜿蜒曲折的盘山公路。

沿着公路从南丹县向东北行驶 26km 可到达里湖瑶族乡，乡政府驻里湖街。民间相传 200 多年前，这里有三处天然泉水，生活用水便利，是该地区的中心地带，故名里湖。里湖有个圩场（市场），是里湖地区瑶民赶圩（赶集）的地方（在白裤瑶，尾数 3、6、9 日为圩日）。每逢圩日，这里就汇集了各个村寨的白裤瑶村民，他们身穿本族特色服饰，前往距离自家数十千米外的圩场购买生活用品。各个村寨地处深山中海拔相对较高的位置，如周去非《岭外代答》中说：“瑶人聚落不一，皆地高山。”村寨依山势而建，地势

[1] 覃乃昌 . 广西世居民族 [M]. 南宁：广西民族出版社 .2004.

崎岖，导致寨内没有大路，留存的均是古拙的青石台阶，通往村寨的各家各户。老房子大多按地势分为上下两间，建筑形式属于干栏式楼居，采用夯土墙，楼上住人，分正厅和卧室；下层养猪、牛、羊、鸡、鸭等家畜禽。如今为了保留这些原生态文化遗迹，当地政府也出台了相关政策，以鼓励加资助的方式让瑶民将这些古老的建筑留存下来，到目前为止，已取得了一定的成果。

从里湖出发，经简易公路一路向南，半个多小时的车程，可到达八圩瑶族乡。山路盘旋曲折、高峰矗立。八圩瑶族乡位于南丹县城东南部，约40km，乡政府驻八圩街，以八圩为中心，周边设有十多个圩场，使之成为该地区瑶民聚居地。八圩瑶民告诉我们，八圩因其名列第八，故名八圩。南丹地处亚热带地区，雨量丰富，却由于各种环境因素的影响，储水量较少。为解决供水困难，村寨里人工搭建了很多蓄水池。由于地处石山区，这里耕地少而分散，而且因为裸岩多，地块被裸岩分得很零碎，所以耕作条件很差。[1] 石山区基本没有水田，只有旱地，旱地零星分散在山峰丛中，一般距离寨子都很远。农忙时节，瑶民每天一早便出发，备好一天的干粮，劳作至傍晚归家。

二、瑶山自然环境

瑶山位于荔波县西南，乡政府现驻拉片。瑶山的自然地理环境和里湖、八圩地区相差无几。瑶山境内地势东高西低，平均海拔在 1000m 左右。地面起伏不平，以坡地为主，地貌情况复杂，以岩溶地貌为主，岩山、溶洞、石林、谷地间杂其间，山地多而平地少，故有“九山一土无水”之说。

瑶山与里湖、八圩地区气温大致相同，气候良好，冬日少雨，夏日多雨，但因和里湖、八圩地区相似的地理条件，所以瑶山地区同样严重缺乏水源。据当地瑶民介绍，该地区陡坡多平地少，可耕种面积稀缺，植被覆盖率不高；同时瑶山地区溶洞多，土质沙性大，降水以后，由地面径流转为地下潜流，极不易储水，境内又无溪流、河塘，人畜饮水十分困难。因此在白裤瑶当地流传这样一句话：“五日无雨成小旱，十日无雨成大旱。”一般看来，有村寨之地就有泉眼，但这里的泉眼均属季节泉，秋冬泉水枯竭，人畜饮水就成大问题，以前居民被迫到一二十里外汲水，如今在政府的帮助下，饮水条件得到了很大的改善。

恶劣的自然环境没有阻碍白裤瑶的生产、生活与发展，勤劳勇敢的白裤瑶人与大山为伴，汲取大山的养分，用智慧的双手创造了灿烂的白裤瑶服饰文化。时至今日，我们依然可以看到白裤瑶妇女一针一线地传授给女儿技艺，可以看到身着白裤瑶服饰的男人、女人们为生活而忙碌，代表白裤瑶民族传统习俗的丧葬、婚嫁、节日沿袭着白裤瑶民族特有的方式继续进行着。这些风俗习惯均与白裤瑶服饰息息相关，为白裤瑶民族服饰的传承奠定了基础。

第二节
文献中的白裤瑶及其服饰探源

白裤瑶生态博物馆存放的《瑶山语录》一书记载，相传白裤瑶的祖先在远古时代是用芭蕉叶和树皮包裹身体进行生活与劳作的，但是芭蕉叶很容易朽坏，他们只能不停地换新叶。后来不知经过了多少年，有一天人们突然在死者“拉桶娃勇”的葬礼上看到了穿着衣服的姐弟俩朴和拉肉。这时人群骚动了，他们围着姐弟俩一直观看，随着围观人群的增多，姐弟俩的衣服也被扯破了。后来朴和拉肉告诉人们，他们捡到了一个做生意人弄掉的棉花种子之后拿去种植，等到收获棉花后就开始纺纱、织布、染布、制衣。后来人们就跟着姐弟俩学会了制作服饰，自此进入到了用棉布遮羞取暖的时代。

一、白裤瑶服饰的制作工序

多数民族服饰的衣料都是自制而成，白裤瑶民族也不例外。白裤瑶服饰主要是用棉纤维经纺纱、织造形成布料，再经染色、绣花、缝制等工艺最终形成可以穿着的服饰。从播种、种植、收棉、纺纱、织布、染色再到制衣，白裤瑶人，尤其是妇女们，几乎全都在为此而忙碌。同时，白裤瑶

[1] 朱荣 . 中国白裤瑶 [M]. 南宁：广西南宁出版社 .1992.

地处深山地区，交通不便，娱乐活动少，故女人们平日里就以制作服饰打发时间。

（一）种植棉花

每年农历四月左右， 3~5 个白裤瑶妇女相伴，在海拔 1000m 左右的山坡上种植棉花。

白裤瑶人在种棉花的时候对播种人、时间、地点都有约定俗成的原则。

首先，关于播种人的选择很重要。棉花播种人的出生月份与棉花播种的时间一致（最好为农历四月出生的人），由与棉花结缘的人将“棉花籽”播种在土地里，预示棉花来年会有好的收成。

其次，播种时间也要讲究。白裤瑶人将每天的 24h 用十二生肖进行划分（每个生肖相当于一天中的 2h），白裤瑶人认为，种棉必须在农历四月的“鸡天”的“鸡时”把棉花播种在地里（在白裤瑶的传统文化中，对“鸡”的崇拜几乎涵盖其生活的方方面面，从服饰的形制、刺绣纹样，到流传的民间传说中都有体现），有祈求平安、祈盼丰收之意。

此外，白裤瑶人同样注重对种植地的崇拜。棉花种植之前，要在土地的中间选择一块好地，烧上一堆大火，播种人在火堆旁把三枝茅草烤软后做成一个草标，等火熄灭后将草标插在火堆灰的中间代表天上的太阳。然后以草标为中心向四周播植棉花，示意来年棉花丰收的景象就像太阳照耀大地一样。

（二）护理与采棉

白裤瑶人常以“枝到不等时，时到不等枝”总结对棉花的护理，棉花的护理需要两个阶段。第一次护理：棉种播种完成 1 个月后，要将多余的苗“茎”去除，留下嫩叶部分；待棉花长高长大后，将其顶端部分掐除。第二次护理：2 ~ 3 个月后，拔除棉花地里及周边的杂草。

种苗 5 个月后（一般在农历九月），棉花渐渐成熟开花，待花凋谢后并留下绿色的棉铃，一段时间后棉铃成熟自行有规律地裂开，露出白色的绒状物——棉花，人们将它采摘下来集中放在一个地方进行储存。

（三）轧棉

农忙后农历的十一月至十二月，白裤瑶人将采摘下来的棉花进行棉籽与棉纤维的分离加工，这道工序叫轧棉。起初的方法是借助细长的铁制碾轴去除棉籽（用一压辊搓滚，使纤维被压在压辊和托板之间并借摩擦力留在两者钳口线的前方。棉籽被挡在压辊和托板的接触钳口线后方，并随压辊的搓滚运动向后移动）。由于这种方法轧棉效果一般，后来直接采用木制轧棉机完成此工序。轧棉一般都是几个人相约共同来完成。分离出来的棉纤维用来纺纱织布，而棉籽则保存起来，成为来年种棉的种子（即“留种”）。近几年来，由于手工轧棉耗时费力，现在瑶民基本上都是把棉花运到里湖，租用机器轧棉，机器轧棉的效率高且质量好。

（四）弹棉

棉花去籽后，为了使棉（纤维）更加蓬松，必须弹棉。弹棉，又称“弹棉花”“弹棉絮”“弹花”，是我国传统手工艺之一，其目的是让棉（纤维）蓬松同时去除其中的杂物，这是纺纱线前的一道工序。以前的白裤瑶妇女用木棒对棉进行反复敲打，使棉变得蓬松紧凑且成为一体。但这种方法效率太低，后逐渐被一种木制弹弓（元代王桢《农书·农器·纩絮门》载：“当时弹棉用木棉弹弓，用竹制成，四尺左右长；两头拿绳弦绷紧，用悬弓来弹皮棉。”）所取代。白裤瑶的弹弓也是用竹子制作而成的，长度约 1m。竹弹弓敲击时振幅大，强劲有力，每日可弹棉 4kg，弹出的棉花松散洁净。现在圩场上逐渐开始出售一些家用弹棉机，这让家庭作坊式的劳作效率有了极大提高。弹棉结束以后，用手将棉絮搓成棉花团，或用竹扦手工卷成棉条（也叫棉筒），至此纺纱的前期准备结束。前期准备工作的好坏直接决定了后期纺纱的效率与质量。

（五）纺纱

纺纱是将棉纤维加捻合成纱线，加捻的质量与速度要均匀得当，如果配合不好直接影响到纱线成型的质量。白裤瑶人使用的纺纱工具为“卧式手摇纺车”，由一人操作完成纺纱工序。纺者的左右手分别同时操控纱线与绳轮（左手控制纱线，右手控制绳轮），锭子与绳轮保持在水平线上，通过右手不停地摇动绳轮，使锭子在绳轮的带动下转动起来。纺者将棉条一头的部分纤维黏在锭子上，借助锭子的转速使其成为纱线。

在这一步骤中，纺车实际上只有卷绕和加捻的功能，而牵伸则依赖纺者的手与锭子共同完成纤维条的牵引工作，使之抽长拉细，为纤维之间建立有规律的首尾衔接关系，逐渐达到纱线预定的粗细程度，由于右手摇动绳轮进行匀速运动，使得牵伸的速度与棉纱的均匀程度均十分稳定。这种手工与半机械相结合的操作方法，大大提高了纺纱的质量。不过近些年这种手工纺纱已经很少出现了，大多数瑶族妇女都是在圩场上直接买来成捆的纱线用于织布。

（六）织布

织布是将纱线织成布的过程。在织布前，白裤瑶妇女会将纱线放入山芍水中浸泡煮沸，从而增强纱线的韧性。经晒干后的纱线通过绞纱、跑纱、梳纱、卷纱等工序（详见第四章），以方便后续的织布工序。

在白裤瑶，几乎家家户户都有传统的木质织布机，它是室内家具的重要组成部分，也是辨别此家妇女能干与否的重要标志之一。纺纱织布一般在冬季或初春的农闲时节进行，一个妇女一天可织出宽约48cm、长约3.3m的土布。在里湖的圩场可以看到，虽然已经有工业化生产的布匹在售卖，但是很少有妇女前去光顾，他们更愿意购买纱线自己织布。也许在她们的心中，只有自己织造的土布制做出来的服饰才有他们族群的特色，穿起来才会自在灵活。

（七）绘制图案

白裤瑶服饰构成还有一项独特意义的粘膏染技艺。粘膏染技艺的加入为白裤瑶服饰增加了活力与创造力，帮助白裤瑶这个没有文字的民族，使其生存发展、历史生活风貌等印记得以完整地记录与留存，让服饰成为一本鲜活的字典，从中感受到白裤瑶民族深厚的人文内涵与精神内涵。

制作白裤瑶服饰是一件非常艰辛的事情，这不仅表现在瑶人对每一道工序的亲力亲为，还表现在时间与空间对每道工序的限制。如绘制粘膏图案均在秋冬季进行（因夏季温度太高，粘膏容易融化），养蚕种棉则要在春天进行（因为桑树、棉花种植与季节有关）；纺纱织布又集中在秋天（农忙后）等。一套具有本土特色的“五色衣裳”需要一年的时间才能完成，是白裤瑶妇女用心血栽培出来的艺术之花。

白裤瑶服饰构成材料除了棉纤维外，还有蚕丝。白裤瑶妇女为生产“蚕丝布”，每家几乎都养蚕。他们把蚕放养在一个竹筐或者是簸箕里，等到蚕吐丝的时候，就在其中放上一整块平整的木板，让蚕在木板上自由活动吐丝。“蚕丝布”的形成最为艰难，其难点在于蚕吐丝时，妇女们必须陪伴蚕宝宝几天几夜，及时清理吐丝过程中蚕的粪便，以确保丝纤维之间干燥清洁，同时还要看哪里吐的丝不够均匀，随时调整蚕的位置。等到蚕吐尽丝后将木板上反复重叠的丝掀开，蚕丝布自然便形成了。蚕丝布再经染色、晾晒、裁剪后便可以使用在服饰上。

二、白裤瑶服饰的特征

白裤瑶的称呼是因为其男子常年穿着过膝的白裤子而得名。

（一）服饰图案传说

白裤瑶服饰具有过膝白裤五指印、背绣瑶王印的特点。白裤瑶男子的白色齐膝裤上的每边都会绣上五条红色的花纹，女子的贯头衣上绣着瑶王印图案（图1–3、图1–4）。有学者认为，白裤瑶服饰图案和瑶王有着密切的联系。据说在很久以前，壮族的莫氏土司设计骗走了瑶王印，然后进攻瑶区。瑶王在作战过程中受了重伤，用两只沾满鲜血的手支撑在膝盖上，印下了十条红色的血印。在他快支撑不住的时候，用沾满了鲜血的双手在衣服上画了瑶王印。为了纪念瑶王的英勇事迹，白裤瑶族的后人就在男子齐膝裤两边绣上五条红色的花纹，在女子贯头衣上绣上瑶王印图案，象征着瑶王坚强不倒的精神。

也有学者认为，南丹瑶族女子贯头衣后背图案为"井田"图案，是春秋末期"井田制"瓦解后瑶族把"井田制"图形蜡印和绣制在女子背心衣上，以示纪念，是"井田制"图形的历史印证。

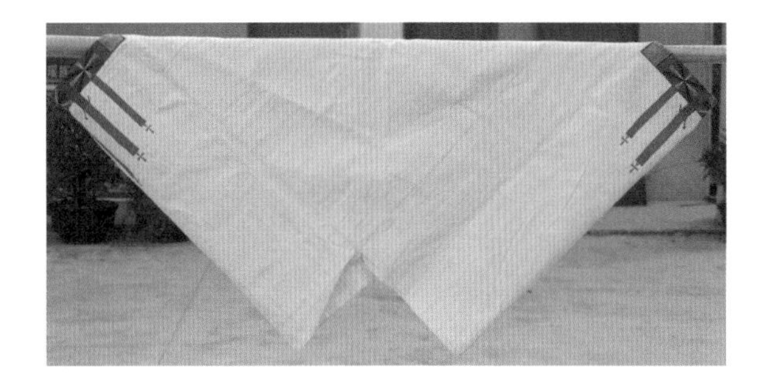

图 1-3　男子花裤五指印图案

图 1-4　女子贯头衣瑶王印图案

（二）关于鸡图腾崇拜

白裤瑶的衣服上都绣有"鸡仔纹"图案（图 1-5），因为白裤瑶的居民是比较信奉鸡，特别是雄鸡。关于白裤瑶信奉鸡有这样一个传说：古时候天上有十个太阳，后来被人们射下了九个，这时候最后一个太阳也怕人躲起来了。人们就这样在黑暗中度过了 12 天 12 夜。后来人们就把公鸡请出来打鸣叫唤太阳，公鸡叫了整整七七四十九天，终于把太阳叫出来了，人们又见到了光明。从此白裤瑶就比较信奉雄鸡，认为雄鸡是具有神性和灵性的生物，能驱赶邪恶保平安，给人们带来光明和希望。因此，白裤瑶日常生活中无论是白事还是红事都会用到鸡，而且还将其图案运用到服饰制作上。白裤瑶男子的花衣及盛装上衣的造型及图案就很明显地展示了白裤瑶鸡图腾的崇拜情结。白裤瑶认为鸡最漂亮的就是背上的羽毛和脚，因此在制作花衣及男子盛装上衣的时候将上衣后背中间的衣角翘起来，象征着鸡的尾巴，两边开衩是鸡的翅膀，绑腿带上的花纹就像是鸡脚上的纹路（图 1-6）。

图 1-5　鸡仔纹图案

（三）白裤瑶服饰的色彩

每个民族的服饰在色彩选择上都和本民族的历史、性格特征和精神有着不可分割的联系。白裤瑶男子的服饰一般以黑白两色为主，盛装上会镶蓝色的边，绣红色"鸡仔"图案，裤子上绣红

图 1-6　绑腿带纹样

色五指印。白裤瑶男子服饰黑白配是有一定的历史原因的。在白裤瑶中，穿黑色的上衣意为俭朴之意。白裤瑶居民历来都深居山林，其生存条件比较恶劣，因而他们只求能够维持生计就好。男子作为维持家庭生计的主力，自己穿着越简朴则表示自己越有能力、越有本事。在南方，黑色象征着土地，很多民族都崇尚黑色。白裤瑶服饰尚黑、重白、喜红的选择，其实是一种自然的选择，象征着对天地神灵的崇拜。同时，白裤瑶服饰这种黑白红搭配的形式，也体现了白裤瑶男子黑白分明、干净利落、光明磊落的民族性格。

三、白裤瑶的“油锅”组织

白裤瑶民族至今还保留着自己的族群（服饰）形象身份，与该文化在相当长的历史时期内以“族内”封闭式的自我习俗为主导意识有关，如“油锅”组织、丧葬习俗等独特的文化现象，都是促成该民族特色保持至今的重要原因。白裤瑶的“油锅”组织是白裤瑶文化的重要组成部分，在白裤瑶的日常生产和生活中具有不可替代的功能。“油锅”的意思就是说大家同吃一锅饭，有事情相互帮助。白裤瑶的“油锅”组织主要以血缘和地域为纽带，由一个有威信的长者作为头人，按照“油锅”内的传统规约来组织生产生活、主持宗教仪式、调解纠纷等。这维持了白裤瑶社会的团结和稳定，又保证了各项事务能够顺利地进行。

简单来说，白裤瑶的“油锅”组织具有以下两个功能。第一，生产管理功能。白裤瑶目前还处于农业文明时期，常常通过“油锅”组织成员之间的相互帮助制度来解决劳动力不足的问题。第二，规范和协调功能。白裤瑶的“油锅”组织在长期的发展过程当中形成了很多传统规约来规范和协调组织内成员的行为和关系。比如以诚待人、孝敬父母、不许偷盗等，通过这些规约维持了白裤瑶良好的社会秩序。白裤瑶的“油锅”组织是白裤瑶社会管理中的一种本土制度。

四、白裤瑶的丧葬习俗

白裤瑶至今还保留着较为完整的传统丧葬习俗，其葬礼仪式也有着自身的独特性。白裤瑶的葬礼场面相当壮观，甚至比喜庆的日子还要隆重。

白裤瑶葬礼仪式主要由六大步骤组成，即报丧、击鼓造势、砍牛祭祀、跳猴棍舞、长队送葬、长席宴客。每逢家中老人过世，“油锅”组织就会去舅舅家报丧。为表示对逝者的尊重与哀痛，通常会击鼓造势为其送葬；砍牛祭祀；一边敲打木鼓和铜鼓，一边跳着像猴子攀援、爬树的猴棍舞，接着两组沙枪队及亲朋、村民送故人上山下葬。完毕后，主人家设长桌宴宴请送葬的人群（图 1-7 ~ 图 1-11）。

图 1-7　白裤瑶铜鼓

图 1-8　砍牛祭祀（广西里湖白裤瑶生态博物馆提供）

图 1-9　跳猴棍舞

图 1-10　长队送葬

图 1-11　长席宴客

们的脚步节奏左右摇摆。过去男女均跣足不履，这种习俗由来已久。清道光《庆远府志》记庆远府属瑶人事说：『瑶人素不著履，其足皮皴厚，行于棱石丛棘中，一无所损。』其服饰可以说是白裤瑶族群审美中最有特色的文化形态，也是区别于其他族群最直接的标志。

白裤瑶与其他瑶族支系命名方式相同，都是因其服饰特点而得名的。白裤瑶的服饰形制为上衣下裳制，服饰形象要素包括衣装与配饰两个部分。成人及儿童的穿衣是由上衣、裤子、裙子搭配头饰、腰饰、腿饰组成的服饰装饰形象，即男童随成年男子着花衣，女童随成年女子穿着贯头衣；腰间系带，腿上绑布装饰，头戴童帽，童帽有银帽、花帽、黑帽三种，男童只佩戴银帽、花帽。

成年男子服饰有三种形制，即花衣、盛装、黑衣。花衣与黑衣都是日常生活中穿着的上衣，盛装上衣同样是重大节日时穿着的服装。贯头衣、盛装、黑衣三种形制搭配相同款式的百褶裙造型。成年男女的服饰配饰有头饰、腰饰、腿饰、鞋等物品，从头到脚分别为包头巾、吊花、腰带、针筒、绑腿（婚前男女无头饰物装饰）。

在白裤瑶地区，妇女们一年中除了农忙（干农活），其他时间几乎都用在制作服饰上，她们制作一套服饰需要通过自种、自纺、自织、自画、自染、自绣等多重工艺，耗时一年左右。

白裤瑶服饰衣装款式虽然单一，但衣着与配饰受当地社会环境、生活、审美等诸多因素影响形成了具有明显地域符号特色的、丰富多彩的衣饰文化风景线。时至今日，白裤瑶人仍将传统服饰作为日常服饰穿着之选，地域服饰整体保持着较为完整的传统特色。

第二章　白裤瑶服饰形制种类与特征

白裤瑶是一个由原始社会生活形态直接跨入现代社会生活形态的族群。清乾隆《庆远府志》卷十《杂类志·琐言》曾记载，南丹、荔波一带的瑶族妇女，『不独衣裳不相连，而前胸后背，左右两袖，俱各异体，着时方以钮子联之，真异服也！』清李文琰《庆远府志》卷十《杂类志·诸蛮》也说，南丹土州『瑶人居于瑶山，男女皆蓄发，男青短衣、白裤草履，女花衣花裙，短齐膝。』妇女多喜戴银饰，如手镯、耳环、项圈等，腰旁常佩戴一个装针线的小布袋，行走起来，那百褶裙和腰上的针线袋随着人

不分季节在日常生活中穿着的上衣，黑衣搭配相对花裤略简单的白裤穿着，花衣则可任意搭配花裤或略简单的白裤穿着。盛装上衣是在重大节日时穿着的服装。盛装上衣配花裤穿着，有时候，花衣也出现在盛装场合，是由于盛装上衣难于制作、不便清洗，或者是因为经济条件的制约，许多人不舍得穿着盛装上衣。因此，在一些并非十分隆重的节日时男子也穿着花衣。

成年女子服饰同样有贯头衣、盛装、黑衣三种形制。黑衣是冬季穿着的上衣，贯头衣是不分季节，可在

第一节　衣与裳

衣是指人穿在身上用以蔽体的东西。《说文》称："衣：象形。"甲骨文字形上面像领口，两旁像袖筒，底下像两襟左右相覆，为上衣形。裳字从尚从衣，意为"摊开""展开"，与"衣"联合起来表示"展开的（下）衣""衣摆"，引申义为男女穿着的下衣。白裤瑶衣与裳是一种社会文化现象的反映，是区分其他族群的标志。白裤瑶族衣裳由于受当地生活环境、风俗、信仰、审美特性等的影响，造就了该民族服饰的样式变化、材质色彩与纹样风格，记录了特定历史时期的生产力状况和科技水平，反映了人们的审美观念和生活情趣。在白裤瑶，服饰的构成要素是按一定传统文化模式做出的装饰形式，由丰富的织、染、绣、缝工艺语言汇集成美的形态整体，并产生独特的审美。

一、男子

白裤瑶男子的花衣、盛装、黑衣形象分别由上衣、裤子和配饰等要素组成，三种形制的上衣都以黑色为主调，造型是立领对襟无纽扣。花衣、盛装上衣款（花衣上衣为单层造型，盛装上衣为多层造型）形制结构相同，色彩均为蓝、黑两种颜色，即在领子、门襟、袖口、前后片衣摆处皆有4指宽（1指宽约1.5cm）的蓝色布块镶边；后背衣摆中心、两侧衣摆处有开衩；用作镶边的蓝色布块在两侧缝开衩、后中开衩处包边折叠成两翼造型；后片下摆、后衩包边上以橙红色、黑色丝线刺绣"米字纹"的图案装饰。另一种上衣为纯黑色调，即黑衣（一种颜色），是单层对襟短衣，矮立领造型且领子本布包边，门襟与领连接处用橙红色丝线包边绣制，用长为1拃（1拃约16cm）外加0.5指长（1指长约8cm）的花边作为门襟装饰；衣片前胸两侧各用白色丝线绣制长方形装饰图案，后幅中线齐股处有一个长4指宽（6cm）的"八字形"开衩。

男子服饰裤子有花裤与白裤两种形制，除装饰纹样有区别外，造型尺寸、结构完全相同。花裤搭配盛装，相对花裤略为简单的白裤搭配黑衣，穿着花衣时两种裤子都可以搭配穿着。裤子腰宽5拃（80cm），裤裆呈三角形造型，裤腿长至膝盖处结束。

白裤瑶的男子（童）裤子有着悠久的历史。据说裤子刚开始有三种类型。

第一种称作牛头裤，是在田间干活或打猎时穿的，没有人会在集会上穿这种裤子，因为它没有花边修饰，没有美感，导致后来逐渐消失。

第二种是便装裤子，既可以在平时干活时穿着，也可以在集会上穿着。

第三种是盛装裤子（花裤），古时候人们也把它当作随葬品，但后来随着社会生产力的发展和人们生活水平的提高，一些富有的人家也在重大集会上穿，近十几年来，这种裤子开始在白裤瑶生活中流行起来，现在也有人穿着盛装裤，但大部分都是在婚宴、葬礼或者一些重大节庆时才穿。

白裤瑶的裤子有很多特别之处。样式具有浓郁的民族特色，制作精良，穿着具有独特的技巧。现今的两种类型裤子样式基本相同，只是在图案上有些差别；裤裆都很宽大，但裤脚比较窄，仅适合包裹人的膝盖，长度都是达到膝盖之处。据说是为了方便人们干活和捕猎活动。

裤子的制作方法也很特别。现在的裤子制作方法大部分都是沿用以前的，但也有些变化。制作裤子的布料主要是白裤瑶妇女自己织成的土布。随着社会发展，现在也有部分人直接从市场上买织好的布来制作。妇女们会选择较好的布料，认真制作。

男子服饰配饰部分包括内外包头巾、吊花、腰带、绑腿等。在白裤瑶，每个成年男子十几岁时（身高接近成人）便会有一套其母亲或者姐妹为其制作的全套服饰。白裤瑶小伙子平时生活、劳作时穿上花衣或黑衣，到了节日、婚典时会换上母亲或姐妹为其准备好的精致整齐的盛装迎接幸福，盛装时的外表装饰对他们而言显得异常重要。

（一）男子花衣

如图2-1所示，男子花衣形象由上衣、裤子、包头巾、腰带、大小绑布、绑腿带等组成。

图 2-1　白裤瑶男子花衣效果图

图 2-2　白裤瑶男子盛装效果图

上衣为单层造型，色彩为蓝、黑两种颜色，在领子、门襟、袖口、前后片衣摆、后中开衩、侧缝开衩处皆有 4 指宽（6cm）的蓝色布块镶边。后片下摆、后中开衩包边上刺绣橙红色、黑色丝线缝制的“米字纹”装饰图案。

裤子为白色自织棉布裁缝而成，长度至膝盖处，由两块 4 拃（64cm）长、3 拃（48cm）宽的纵向纱向布，以及一块 4 拃（64cm）长、3 拃（48cm）宽的横向纱向布组成裤身结构，裤腿、裤口部位有绣花纹样装饰。

包头巾（婚后男子开始盘髻）长 7 拃 +1 指长（120cm）、宽为 1.5 指长（12cm），白色包头巾螺旋式包紧在头部。

黑腰带由长 10 拃（160cm）、宽 1 拃 +1 指长（24cm）的黑布包光布边缝制而成。

小腿处装饰大小绑布且在靠近膝盖位置绑一对绑腿带，将绑带绳向下交叉缠绕在小腿上。

（二）男子盛装

如图 2-2 所示，男子盛装形象由上衣、裤子、包头巾、花腰带、吊花、大小绑布、绑腿带组成。

上衣为四层结构，其中衣身造型外层最短，向内依次层层增加衣服长度；袖子外层最长，向内依次层层减短长度。款式视觉具有丰富的层次感，立领，对襟上衣没有纽扣，主色彩为黑色搭配浅蓝色，后背衣摆中心、两侧有开衩，浅蓝色布块在领襟、门襟、袖口、前后片衣摆、后背衣摆开衩，两侧开衩处镶边，后中开衩，后背下摆的多层包边布上绣由橙红色、黑色丝线组成的“米字纹”装饰图案。

裤子为白色自织棉布裁缝而成，长度至膝盖处，由两块 4 拃（64cm）长、3 拃（48cm）宽的纵向纱向布，以及一块 4 拃（64cm）长、3 拃（48cm）宽的横向纱向布组成裤身结构，裤腿、裤口部位有绣花纹样装饰。

婚后男子开始盘髻用的包头巾长 7 拃 +1 指长（120cm）、宽为 1.5 指长（12cm），白色包头巾螺旋状包紧在头部后，再用一条长 10 拃（160cm）、宽 1 拃 + 1 指长（24cm）的黑布顺折后盘绕在白色包头巾的外侧。

男子盛装腰带又称花腰带，是白裤瑶民族服饰中一种不可替代的装饰物，花腰带为长 10 拃（160cm）、宽 1 拃（16cm）的白布绣花三等份折叠缝制而成。

吊花是装饰在男子盛装上衣的饰物，是通过丝线编绳，银片、天然树果（薏苡）、人造玻璃球等穿制而成，将（吊花）绳子的一头固定在盛装上衣领子后中（长度以下摆齐为准）与上衣连接装饰。

大绑布长 10 拃（160cm）、宽 1 拃 + 1 指长（24cm）；小绑布长 8 拃（128cm）、宽约 1 指长 +1 指宽（10cm）。绑腿带长 2 拃 + 1 指长（40cm）、宽 4 指宽（6cm），依次靠近脚踝至膝盖处平行缠绕排列造型。

（三）男子黑衣

如图 2-3 所示，男子黑衣形象由上衣、裤子、包头巾、腰带、大小绑布、绑腿带组成。

图 2-3 白裤瑶男子黑衣盛装效果图

图 2-4 白裤瑶女子贯头衣效果图

上衣为单层对襟短衣，短衣有袖子但没有纽扣，门襟与领子的连接处用橙红色丝线包边绣制长 1 拃 + 0.5 指长（20cm）的花边作为门襟装饰，前片（前胸）左右片用白色丝线绣制 1.5cm × 2cm 的长方形纹样装饰图案，立领较为低矮，纯黑色调，黑衣双侧开衩、后中开衩造型。

裤子为白色自织棉布裁缝而成，长度至膝盖处。裤子造型是由两块 4 拃（64cm）长、3 拃（48cm）宽的纵向纱向布，以及一块长 4 拃（64cm）、宽 3 拃（48cm）的横向纱向布组成裤身结构，裤口部位有绣花纹样装饰。

婚后男子开始盘髻用的包头巾长 7 拃 +1 指长（120cm）、宽 1.5 指长（12cm），白色包头巾螺旋包紧在头部。

腰带又称黑腰带，为长 10 拃（160cm）、宽 1 拃 +1 指长（24cm）的黑布包光布边缝制而成。无吊花装饰，小腿处装饰大小绑布且在靠近膝盖位置绑一对绑腿带，将绑带绳向下交叉缠绕在小腿上。

二、女子

白裤瑶女子贯头衣、盛装、黑衣形象分别由上衣、裙子和配饰组成，三种形制上衣都以黑色为主调。贯头衣、盛装上衣形制结构相同，色彩都为蓝、黑两种颜色，贯头衣上衣为单层造型，盛装上衣为多层造型。

无领无袖（褂衣）贯头衣由前幅、后幅、连衣袖三部分组成，长度刚到裙腰，腋下无扣，两侧不缝合，仅肩角处相连，上部正中留口不缝合，贯头而入。其胸前是与肩宽相等的长方形黑色方布，无图案无镶边；背后是一块与前幅等宽的有蜡染图案的正方形蓝黑色绣花布；下摆处用 4 指宽（6cm）的蓝布镶边，蓝布镶边上饰有米字纹图案，前后幅的两侧都缝有一条黑色的布环，布环宽约 1 指长（9cm），其周长比前幅、后幅的长度之和还要略长一些。另一种上衣为纯黑色调，即黑衣（冬衣）。黑衣为双层对襟短衣，有袖子但没有纽扣，领子顺衣身色彩为黑色矮立领造型，前门襟、领口连接处用橙红色丝线包边绣长 1 拃（16cm）的花边为袋口装饰。

白裤瑶女子不管身着什么服装都搭配百褶裙，裙子不分冬夏，裙子主色以黑蓝两色相间，配以橙、黄蚕丝布及红色丝线刺绣花边作为装饰图案，裙前交合处有一块挡布，可遮挡百褶裙的接缝，也可起到美观与装饰作用。

女子服饰配饰部分有包头巾、吊花、腰带、针筒、绑腿等。

在白裤瑶，每个成年女子与成年男子一样，十几岁时（身高约接近成人）便会有一套其母亲或自己制作的全套服饰，平时生活、劳作时穿上贯头衣或黑衣，到了节日、婚典，换上精致整齐的盛装迎接幸福。

（一）女子贯头衣

如图 2-4 所示，白裤瑶女子贯头衣整体服饰形象由上衣、百褶裙、包头巾、腰带、针筒、裙遮片、大小绑布、绑腿带组成。上衣前幅为单层结构，百褶裙不分冬夏。包头巾为黑色，

图 2-5　白裤瑶女子盛装效果图

图 2-6　白裤瑶女子黑衣盛装效果图

长 3 拃（48cm）、宽 2 拃 +0.5 指长（36cm），包光布边后对折，从前额往后包裹头发，最后将两条白色带子从后往前自左向右平绕两周，布条尾部扎在左前额部位。女子腰带为长 10 拃（160cm）、宽 1 拃（16cm）的黑布折叠而成。女子贯头衣形象中腰间还装饰有一个针筒，它不光起装饰作用，同时用来装绣花针便于手工劳作。针筒是白裤瑶女子用来装绣花针的“盒子”。它既是装饰在腰间的饰物，又是白裤瑶女子不可缺少的手工劳作的工具，由筒套、筒芯、绳子穿制而成。小腿处装饰大小绑布，且装饰一双绑腿带在小腿的中间位置，将绑腿带重叠缠绕在绑腿带上方。

（二）女子盛装

如图 2-5 所示，女子盛装由上衣、百褶裙、包头巾、腰带、裙遮片、吊花、针筒、大小绑布、绑腿带组成。上衣前片、袖子均为双层，后片为三层结构，外层的较短，里层的较长，款式视觉层次感丰富。盛装的百褶裙与贯头衣的裙子一样。吊花长 4 拃（64cm），通过丝线编绳，将银片、天然树果（薏苡）、人造玻璃球等装饰在后片腰间部位。百褶裙、包头巾、腰带、大绑布、小绑布造型及穿戴方法与贯头衣穿着方式基本相同，盛装绑腿带在女子贯头衣的穿戴基础上由一双绑腿带增加至四双，绑腿带依次靠近脚踝至膝盖处平行缠绕排列。

（三）女子黑衣

如图 2-6 所示，女子黑衣（冬衣）由上衣、百褶裙、包头巾、腰带、裙遮片、大小绑布、绑腿带组成。上衣为双层对襟短衣，有袖子无纽扣，与衣身同色的立领造型低矮，双边门襟与领子的连接处用橙红色丝线包边绣长 1 拃（16cm）作为袋口装饰，百褶裙、包头巾、腰带、裙遮片、大绑布、小绑布、绑腿带造型及穿戴方法与贯头衣穿着方式基本相同。

三、孩童

白裤瑶儿童（男童、女童）服装形制、穿戴方式与成人男女服装穿着完全相同。在白裤瑶，当孩子呱呱落地时，多用白色自织土布包裹。长大后，男孩穿的第一条裤子是只有三根花柱装饰的裤子。据说穿这种裤子也有一定的程序，即每个白裤瑶小男孩要穿破三条绣有三跟花柱的裤子，才可以穿上与成年男子一样的裤子。由于历史的变迁，现在的白裤瑶男孩只要穿过三条三根花柱的裤子就可穿与成年男子样式一样的裤子了。白裤瑶女童出生后的第一条裙子纹样与成年女子的裙子略有不同，且裙摆不用刺绣装饰，用红布代替，等到 6 岁以上身材接近成人时，就会穿上家中长辈亲手缝制的成人衣服。

（一）男童装

如图 2-7 所示，男童服装与男子花衣装扮

图 2-7　白裤瑶男童装效果图

图 2-8　白裤瑶女童装效果图

基本相同，由上衣、裤子、童帽、腰带、小绑布、花绑带组成。上衣为单层结构，立领的对襟上衣没有纽扣，主色彩为蓝黑色配浅蓝色。后背衣摆中心处和两侧衣摆处有开衩，在领子、门襟、袖口、前后片衣摆、后中开衩、侧缝开衩处皆有 0.5 指长（约 4cm）的浅蓝色布块镶边，使两侧开衩、后中开衩处包边折叠成两翼造型，后中开衩、后背下摆包边布上刺绣图案装饰。裤子为白色土布裁缝而成，长度至膝盖下，可以是开裆和缝合两种（分年龄），裤脚、裤口部位有绣花纹样装饰。男童帽有花帽、银帽两种。无吊花装饰。小绑布绑腿，花绑带（一对）靠近膝盖位置顺绑带绳向下交叉缠绕在小腿上。随着儿童的年龄增长，随腿长可以增加花绑带。

（二）女童装

如图 2-8 所示，白裤瑶女童服装由上衣、百褶裙、童帽、腰带、裙遮片、吊花、小绑布、花绑带组成。上衣前片为单层结构，百褶裙、腰带、小绑布、花绑带造型及穿戴方法与成年女子贯头衣基本相同。女童可佩戴黑帽、花帽、银帽三种帽子；腰间装饰吊花；小绑布绑腿，花绑带（一对）靠近小腿的中间位置，绑带绳重叠缠绕在其上方。

第二节　服饰配件

白裤瑶民族很重视头饰，他们的首服制度沿袭秦汉衣制。白裤瑶男子、女子在结婚之后便开始包头禁发。

女子在佩戴头巾时需要先把长发在脑后扎好，成发髻状，然后用一张黑布沿中线对折叠成双层结构，中间对准前额，从前往后包裹头发，但只把前额的头发包住，让挽扎在脑后的头发结自然隆起，最后将两条白色带子从后向前、自左向右地平行缠绕两周，布条尾部扎在左前额部位翘起，好似锦鸡头上的翎毛。

白裤瑶的男子包头习俗俗称为“禁发”，他们佩戴头巾的过程是先将头发拧成一股，再用一条白色包头巾螺旋状包紧，从前额顶经两侧盘绕在头上，在脑后处留出一段发尾，使发型近似于锦鸡的头部，有向后伸长并翘起的冠毛，之后再用一条长 10 拃（160cm）、宽 1 拃 +1 指长（24cm）的黑布顺折后盘绕在白头巾的外侧，但又不把白头巾全部遮盖，使上下都能看见缠绕着头发的白头巾。

白裤瑶服饰中的腰带是其服饰整体造型重要的部分，有搭配盛装服饰出现的花腰带以及用来搭配花衣与黑衣造型的黑腰带两种款式形制。在瑶寨，成年的白裤瑶男女都有绑腿习俗。每年农历十月开始入冬时，人们就开始打绑腿用以御寒，直至次年春天才将其收起。

一、头饰配件

白裤瑶成人与儿童分别有其相对应的头饰装饰配件，用以搭配不同服饰造型。这些头饰装饰配件的佩戴，各有讲究，是白裤瑶民间传统习俗的一个延续与传承。

（一）男子头巾

男子头巾是白裤瑶民族服装饰物之一。相传白裤瑶未婚前男女皆可留短发与光头，结婚以后，头发长长到鼻子时就要开始包头，否则会受到本民族其他成员的歧视。男子包头巾包括白色包头巾与黑色包头巾两种，是由白裤瑶妇女自织白色土布制作而成，如图 2–9、图 2–10 所示。白色包头巾直接螺旋状包裹男子头部，多搭配花衣与黑衣造型出现；白色包头巾包头方式简洁方便，是生活劳作中经常出现的头饰造型。黑色包头巾由自织白色土布染色而成，长度比白色包头巾长 1 拃 + 1 指长（40cm），宽度是白色包头巾的 2 倍，多次折叠后盘绕在白色包头巾螺旋状布块外侧，层层向外隆起，起到装饰美观的作用，多搭配盛装造型出现。

图 2–9　白裤瑶男子白色包头巾

图 2–10　白裤瑶男子黑色包头巾

1. 男子白色包头巾

（1）男子白色包头巾形制。男子白色包头巾长 7 拃 +1 指长（120cm）、宽 1.5 指长（12cm），如图 2–11 所示。

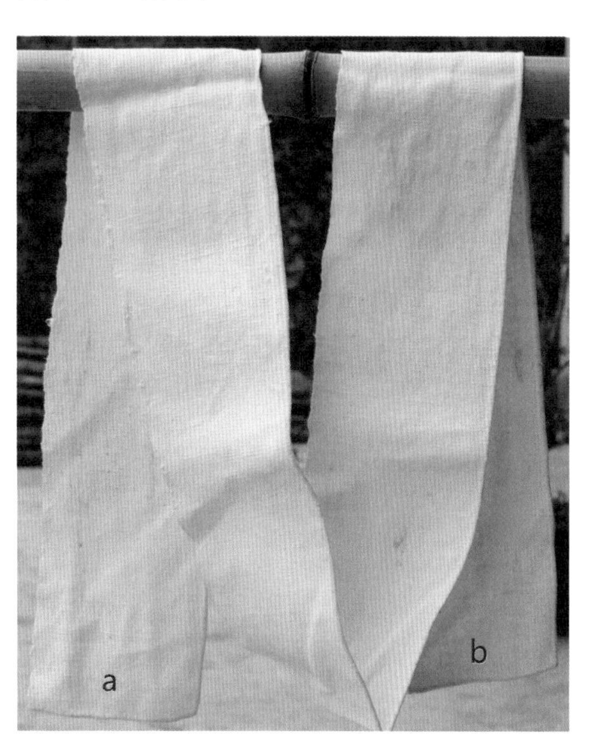

图 2–11　男子白色包头巾

（2）男子白色包头巾包头方法。如图 2–12 ~ 图 2–15 所示。将白色包头巾中间部分对准前额头，双向朝后在额头（后）交叉。首先用嘴巴固定头巾 a 边，双手旋转头巾 b 边；同样的方法，将旋转后的头巾 b 边用嘴巴固定，旋转头巾 a 边。最后，将旋转好的螺旋状布条在额头前交叉打结在头部固定。

图 2-12　将白色包头巾中间部位对准前额头

图 2-13　将白色包头巾双向朝后在额头（后）交叉

图 2-14　将头巾两边交叠缠绕

图 2-15　将旋转好的螺旋状布在头部固定

120cm
布幅光边
a
男子包头巾 ×1
b
12cm

图 2-16　男子包头布展开图

（3）男子白色包头巾包头过程解析。如图 2-16 所示，男子白色包头巾展开为单层长方形造型结构，具体包头过程解析如图 2-17 所示，白色包头巾单层包裹前额，在脑后交叉，头巾两侧旋转成螺旋状于前额交会，多余布条交叉隐藏于前额处起到固定头巾的作用。

2. 男子黑色包头巾

（1）男子黑色包头巾形制。男子黑色包头巾长 10 拃（160cm）、宽 1 拃 + 1 指长（24cm），如图 2-18 所示。

（2）男子黑色包头巾包头步骤解析。如图 2-19、图 2-20 所示，将黑色包头巾沿中线对折叠成双层结构，再沿折叠好的双层布块中线再次折叠，呈现四层造型。将折叠完成的黑色包头巾中间部分对准前额白色包头巾螺旋布块部位，双向朝后在额头（后）交叉层叠盘绕，最后将多余布条在额头左侧交叉藏于黑色包头巾内用以固定。

图 2-18　男子黑色包头巾

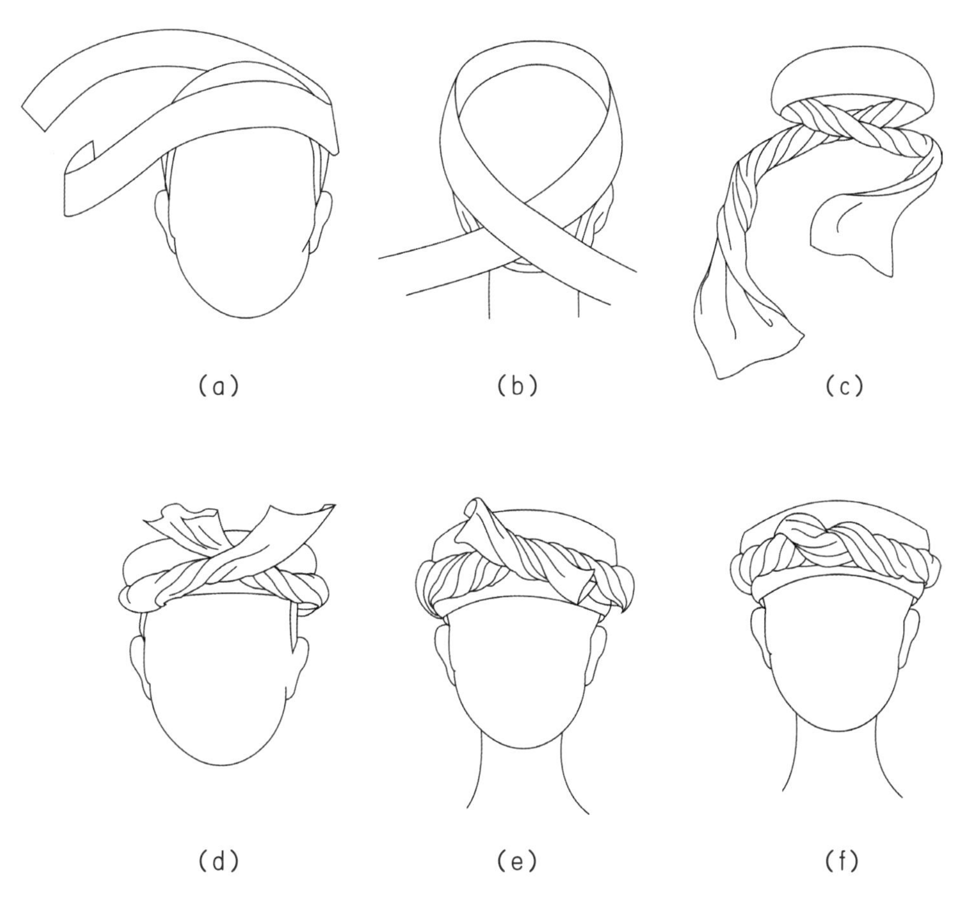

图 2-17　男子白色包头巾包头过程解析

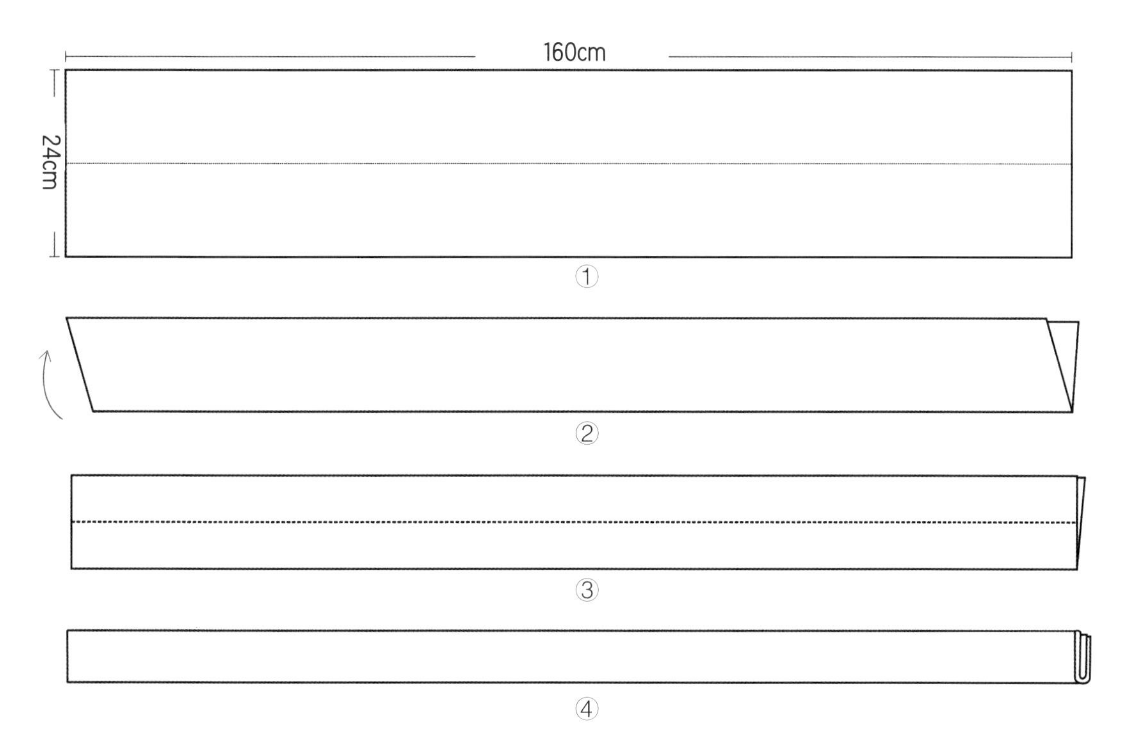

图 2-19　黑色包头巾折叠图

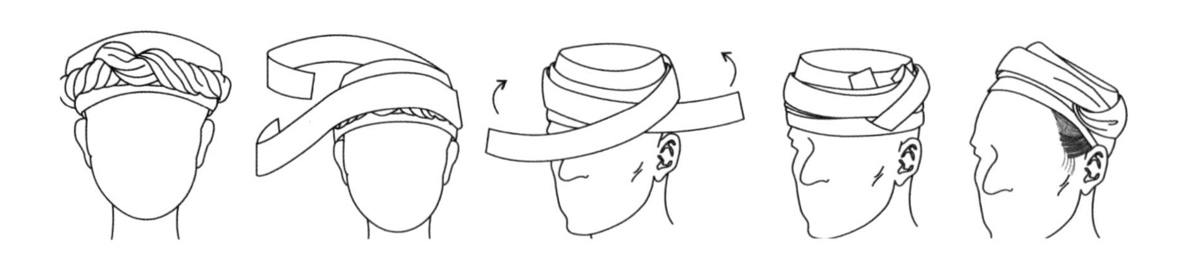

图 2-20　男子黑色包头巾包头过程解析

（二）女子头巾

如图 2-21 所示，女子包头巾是白裤瑶民族女子服饰中装饰物之一，包头巾由黑色布巾、两根白色绳子共同组成，由白裤瑶妇女自织白色土布制作而成，白色绳子起到固定黑色头巾的作用。白裤瑶妇女婚前可留短发，结婚以后，等头发长长到鼻子时就要开始包头禁发，否则会受到本民族的歧视。包头是白裤瑶妇女结婚与否的重要标志。

1. 女子包头巾形制

如图 2-22 所示，女子包头巾长 3 拃（48cm）、宽 2 拃 +1.5 指长（36cm）；女子包头绳长 8 拃 +1.5 指长（140m）、宽约 1 指宽（1cm）。

2. 女子包头巾与绳的结合

如图 2-23、图 2-24 所示，将黑色包头巾与白色布绳连接。方法是两根白绳子分别从黑色包头巾右侧上下两角穿绳扣内穿过，反绕过穿绳扣并从穿绳扣另一端穿过，然后将绳子在穿绳扣内套结固定。

3. 女子包头方法

如图 2-25 所示，将系好绳的黑色包头巾中间部位对准前额，从前面往后包裹头发，白色带子从后往前自左向右环绕包头巾下端额头处，两条白色包头绳尾部扎在左前额平行缠绕的绳子内，起到固定包头巾的作用，调整绳子松紧度，包头完成。

（三）儿童帽子

童帽是白裤瑶男、女童配搭的头饰。白裤瑶童帽分花帽、银帽、黑帽三种类型，男童可佩戴花帽与银帽两种帽子，女童则可佩戴花帽、银帽、

图 2-21　白裤瑶女子包头巾效果图

图 2-22　女子包头巾、绳

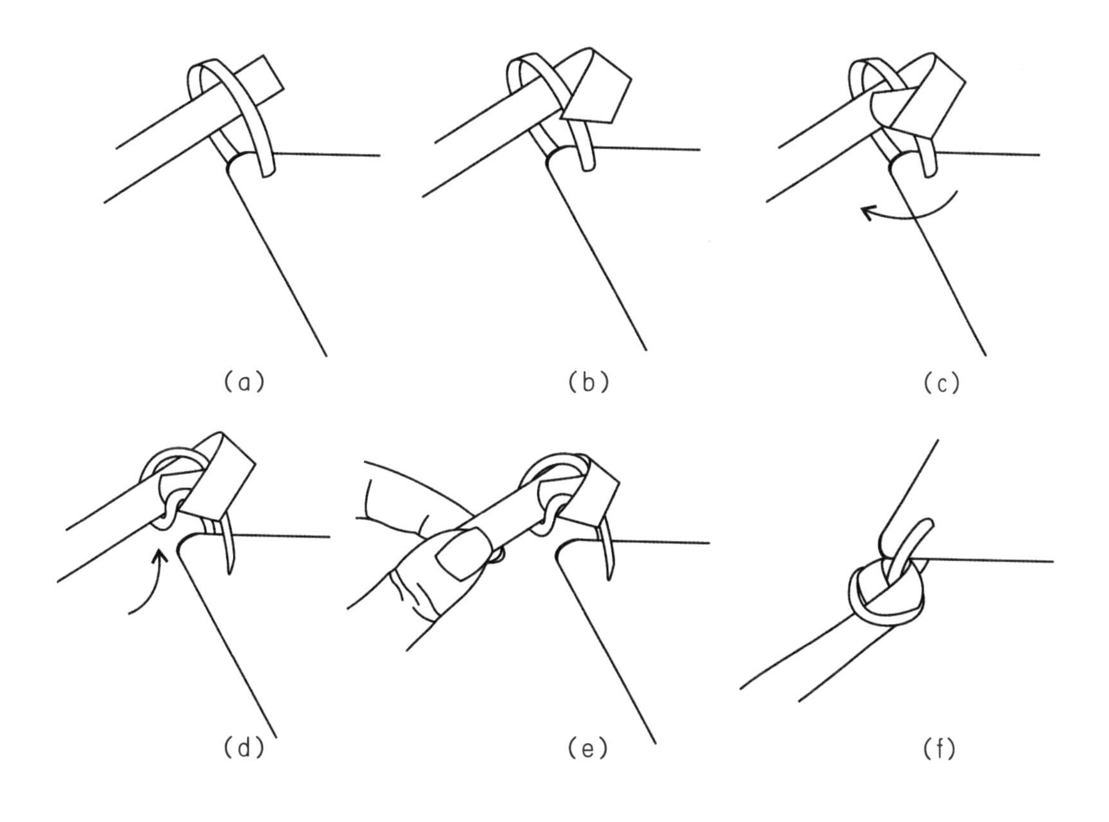

图 2-23　女子包头巾与布绳连接示意图

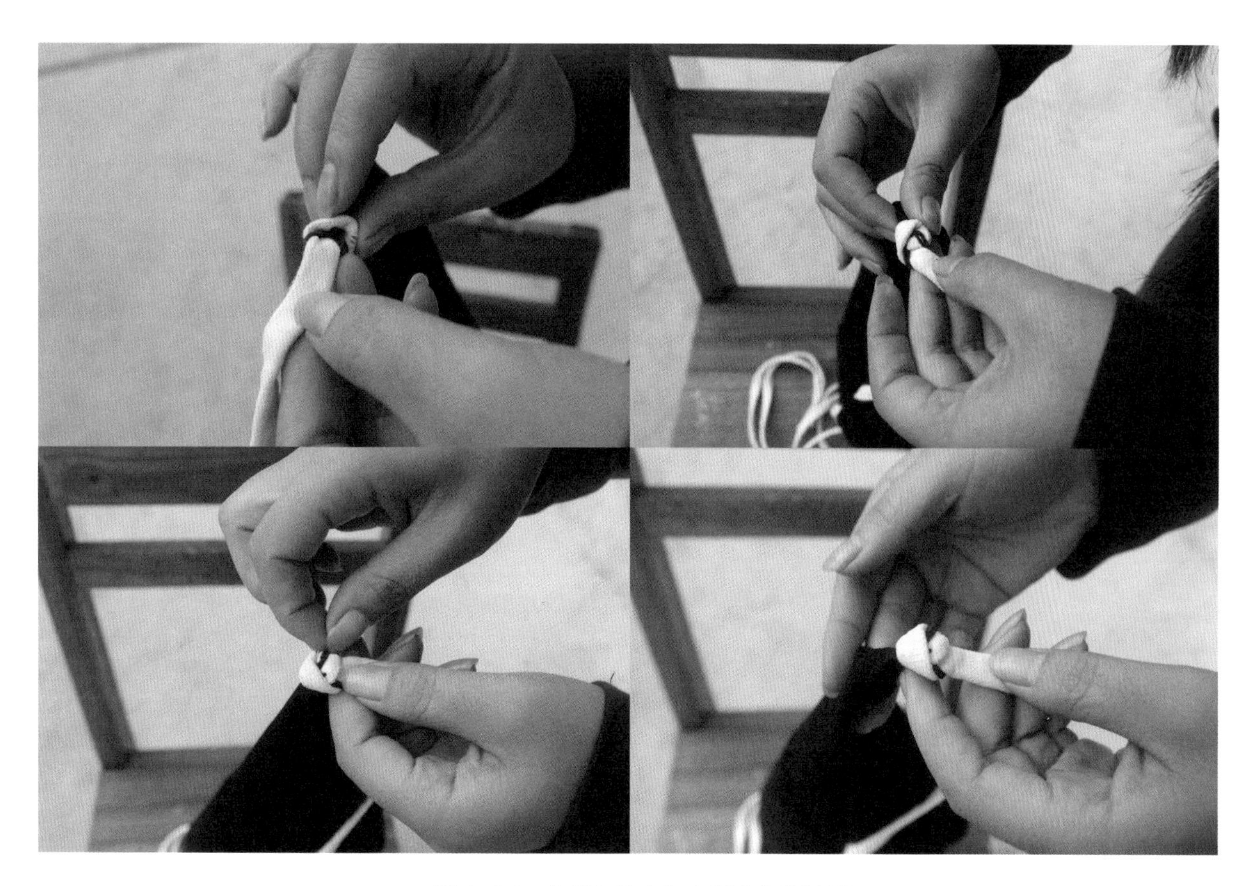
图 2-24　女子包头巾与布绳实物连接图

图 2-25　女子包头过程

黑帽三种。儿童帽子是由白裤瑶妇女自织土布，经过染色、刺绣、缝制等多种工艺制作而成，黑帽与花帽较为轻便，因此只要满月的婴儿都可以佩戴。由于银帽有银饰品比较重，所以 5 个月以上的孩子才可以佩戴。

1. 花帽

如图 2-26 所示，花帽是由帽顶和帽檐两部分装饰组成。帽顶为黑色、帽檐为浅蓝色，帽檐前额处用橙红色、黑色丝线绣制“花纹样（米字纹）”与“鸡纹样”图案装饰，是白裤瑶男、女童都可佩戴的饰物。

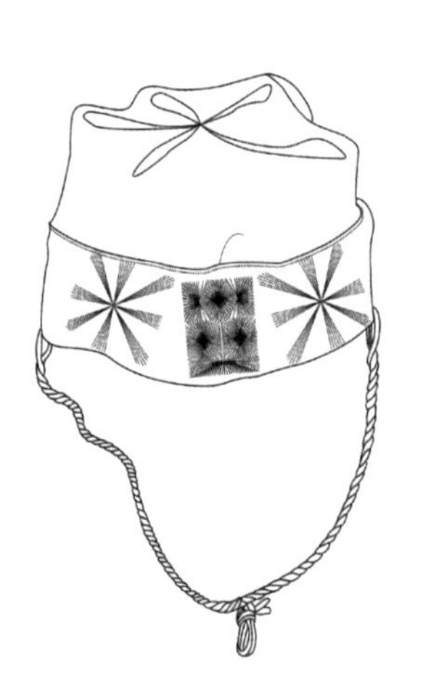

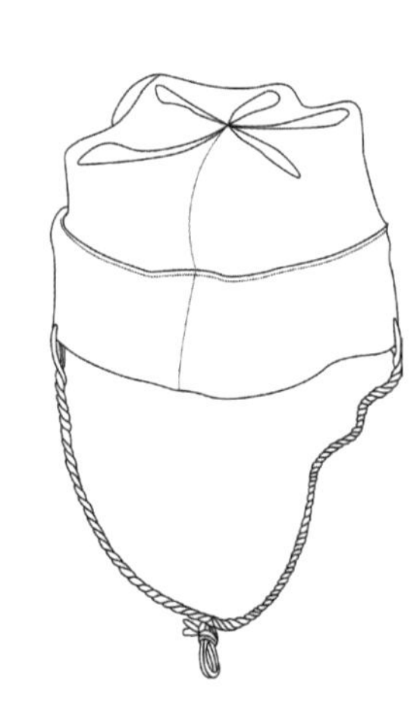

图 2-26　花帽款式图

2. 银帽

银帽是在花帽的基础上演变而来的。银帽由帽顶和帽檐两部分装饰自制银牌、银片、吊坠、绣花组成，银帽前额有九个人像的银饰，对准后脑勺挂的是五个铃铛、四只鸡，它们将交替排列在对应位置后缝制，最临近人像两侧的是呈对称状态的“月亮”造型。银帽不分男童女童都可佩戴，只是男童银帽帽顶有一条橙红色、黑色丝线手工刺绣而成的绣条装饰物，女童则无。如图 2-27、图 2-28 为男童银帽造型，图 2-29、图 2-30 为女童银帽造型。

3. 黑帽

如图 2-31 所示，黑帽是银帽、花帽的帽顶，由一块染黑的土布折叠缝制而成，没有任何花形装饰，是白裤瑶女童佩戴的饰物之一。

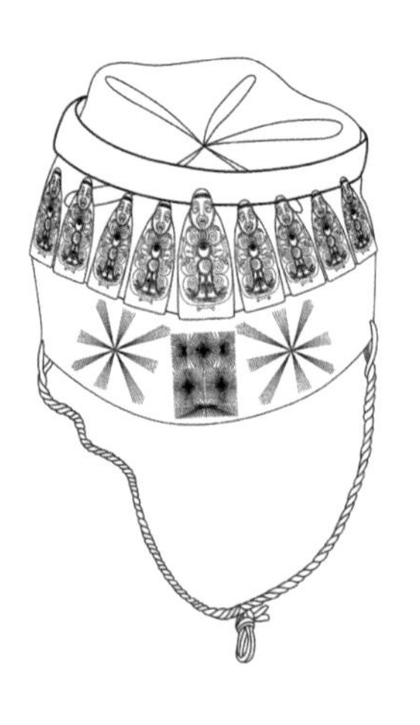

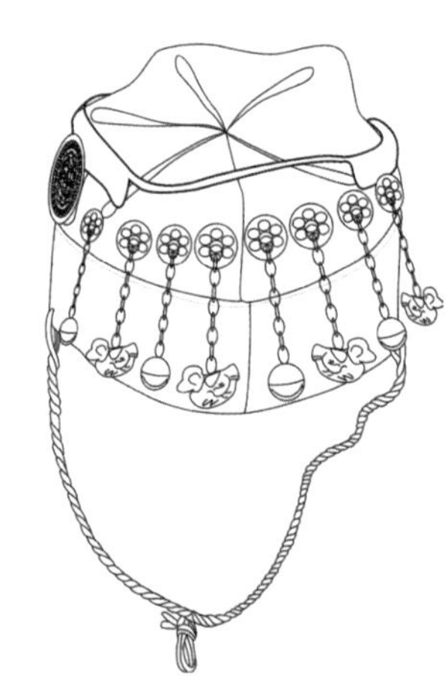

图 2-27　男童银帽款式图

图 2-28　男童银帽实物图

图 2-29　女童银帽实物图

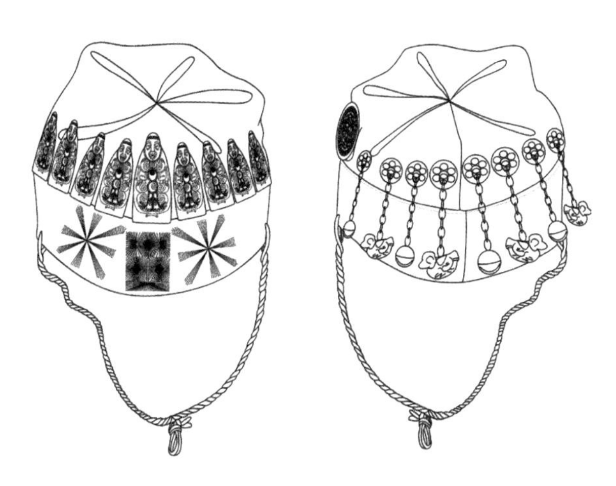

图 2-30　女童银帽款式图

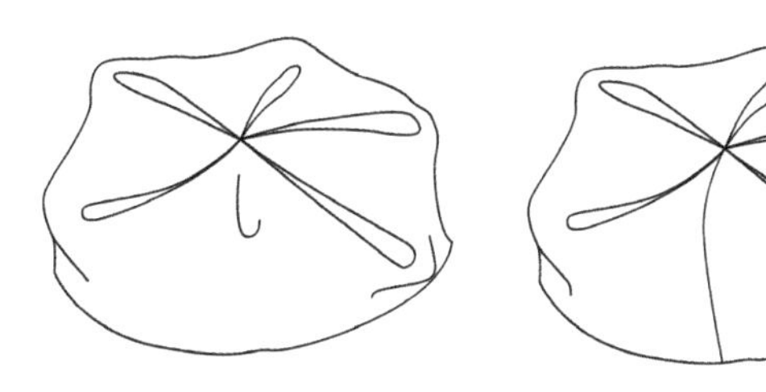

图 2-31　女童黑帽款式图

二、腰饰配件

（一）男子腰饰配件

男子腰饰配件包括男子花腰带、男子黑腰带、吊花三种饰物。

1. 男子花腰带

如图 2-32 所示，男子盛装腰带又称花腰带，是盛大节日时白裤瑶男子搭配盛装的饰物。男子花腰带也是白裤瑶青年男女的定情信物之一，在恋爱期间，女方会精心绣制一条花腰带送给男方，表达对男方的爱慕之情。男子花腰带长 10 拃（160cm）、宽约 3 指宽（5cm），分为黑、白两种，黑色和白色的花腰带只是制作时所选择的布料不同。花腰带正面手工刺绣图案装饰，图案正中对准盛装上衣后中开衩部位，由后向前绕过两侧缝开衩上端，在前门襟交会处打结系紧，将左右衣片固定于前身。

2. 男子黑腰带

如图 2-33 所示，白裤瑶男子用来搭配花衣、黑衣造型的腰部装饰物又称为黑腰带。男子黑腰带长 10 拃（160cm）、宽 1 拃 + 1 指长（24cm），与男子黑色包头巾大小、形制、制作方法完全一致。黑腰带在搭配花衣造型时腰带中部位置对准后中开衩，由后向前平行绕过两侧缝开衩上端，在前门襟交会处打结系紧，将左右衣片固定于前身；在搭配黑衣造型时，腰带中间部位对准后中腰部以下靠近臀部的位置平行绕向前门襟交会处打结，将前身左右衣片固定。

图 2-33　男子黑腰带实物效果图

3. 吊花

如图 2-34 所示，吊花是装饰在男子盛装上衣的饰物。将吊花绳子的一头固定在盛装上衣领子后中部位（长度以下摆对齐为准），在穿着盛装上衣时，男子花腰带系在最外层，将吊花绳子夹（固定）在腰带与盛装上衣之间。花腰带系紧后，后中垂吊的两串吊花分别放置在后中开衩的左右两侧。当人穿衣走动时，吊花被固定在身后装饰

图 2-32　男子花腰带实物效果图

图 2-34 吊花实物装饰位置

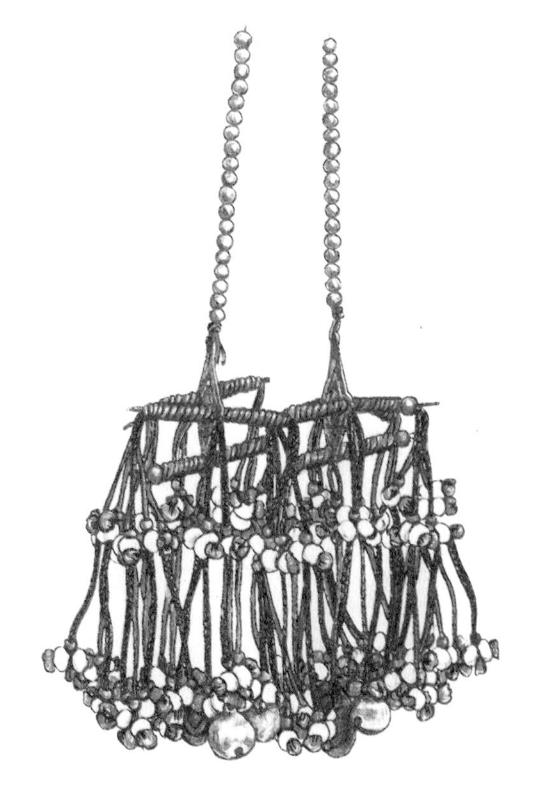

图 2-35 吊花效果图

上衣后片。如图 2-35 所示，吊花是通过丝线编绳，将银片、天然树果（薏苡）、人造玻璃球等（随喜好可以添加装饰物）穿制而成的装饰物。

（二）女子腰饰配件

女子腰饰配件包括女子黑腰带、针筒、吊花三种饰物。

1. 女子黑腰带

如图 2-36 所示，白裤瑶女子黑腰带用来搭配女子贯头衣、盛装、黑衣三种服饰造型。女子黑腰带长 10 拃（160cm）、宽 1 拃（16cm），比男子黑腰带窄 1 指长（8cm）。黑腰带在搭配女子贯头衣及女子盛装时，腰带从连衣袖及后幅

图 2-36 女子黑腰带实物效果图

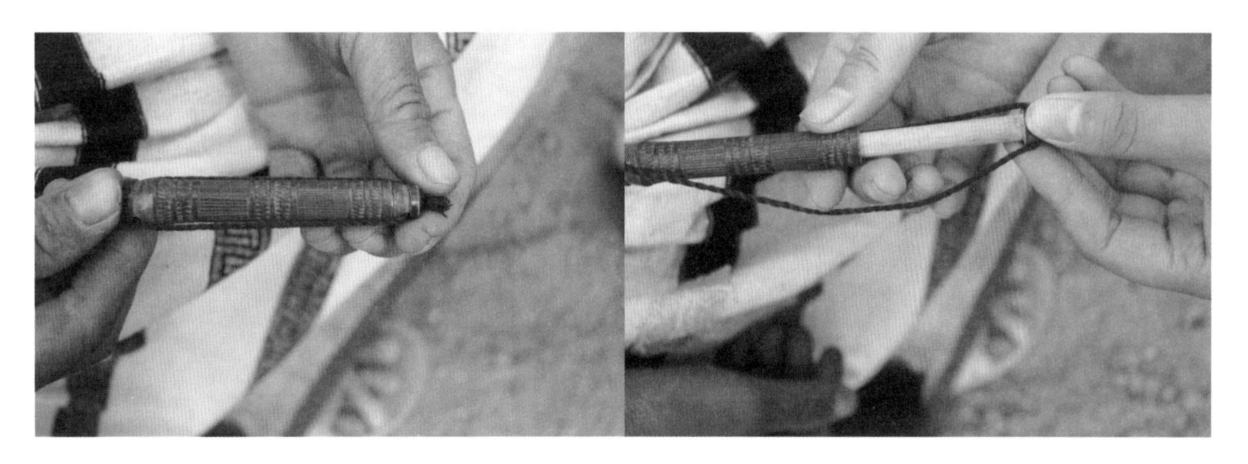

图 2-37　针筒实物

衣片内穿过，平行绕至前幅衣片腰下部位打结，结头自然下垂。在搭配女子黑衣造型时，腰带系在腰部以下靠近臀部的位置平行绕向前门襟交会处打结，固定前身左右衣片。女子黑腰带的另一个作用就是将针筒系在腰带之上，便于随身携带使用。

2. 针筒

针筒是白裤瑶女子用来装绣花针的“盒子”。它既是装饰在腰间的饰物，又是白裤瑶女子不可缺少的手工劳作的工具，如图 2-37、图 2-38 所示。

3. 吊花

如图 2-39、图 2-40 所示，吊花是装饰在女子盛装上衣的饰物。将两根吊花绳子的一头分别固定在女子盛装上衣后片两侧包边止点的位置，当人穿衣走动时，吊花随人的摆动动态出现在人的前后侧来装饰盛装。

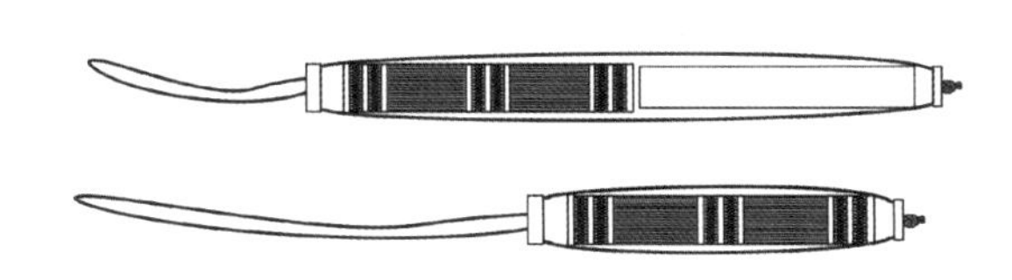

图 2-38　针筒效果图

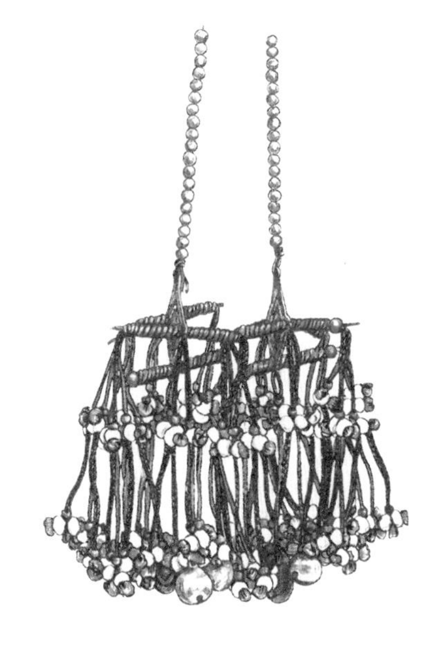

图 2-39　吊花效果图

图 2-40　吊花实物装饰位置

（三）儿童腰饰配件

儿童腰饰配件包括黑腰带、吊花两种饰物。

1. 黑腰带

童装黑腰带搭配男童上衣、女童贯头衣造型。童装黑腰带长6拃（96cm）、宽1.5指长（12cm）。男童黑腰带佩戴方式与男子花衣黑腰带佩戴方式一致。女童黑腰带佩戴方式与女子贯头衣黑腰带佩戴方法一致。

2. 吊花

儿童吊花是装饰女童贯头衣的腰部装饰物，儿童吊花连接绳较短，吊花形制及佩戴方式与成年女子吊花一致。

三、成人与儿童腿饰配件

白裤瑶成人与儿童腿部装饰物又称为绑腿，它既是御寒保暖的服饰配饰，又是白裤瑶人民搭配服饰造型的重要装饰物。男子大绑布有黑白两种颜色，而女子大绑布则只有黑色。搭配盛装时，男子系五六双绑腿带（根据腿的长短变化）造型，女子则系4双绑腿带造型。男童与女童没有大绑布，只有小绑布与绑腿带，由于体型原因一般只打1对绑腿带，绑腿方式与男女成人绑腿方式基本相同。

（一）男子（童）绑腿

男子（童）绑腿是白裤瑶男子（童）服饰中最为华丽的装饰物。成年男子的绑腿由大绑布、小绑布、绑腿带三个部分组成，男童则只有小绑布、绑腿带两个部分。如图2-41所示，搭配男子花衣、黑衣造型（男童搭配花衣）时，将小绑布缠在靠近脚踝的位置，大绑布均匀包裹小腿平行缠绕，且在靠近膝盖位置绑一对绑腿带，将绑带绳向下交叉缠绕在小腿上造型。如图2-42所示，男子绑腿搭配盛装造型时，绑腿带脚踝至膝盖处平行缠绕排列造型。

（二）女子（童）绑腿

女子（童）绑腿是白裤瑶女子（童）腿部装饰物。成年女子的绑腿由大绑布、小绑布、绑腿带三个部分组成，女童则只有小绑布、绑腿带两个部分。如图2-43所示，搭配女子贯头衣、黑衣造型（女童搭配贯头衣）时，将小绑布缠在靠近脚踝的位置，大绑布均匀包裹小腿并于膝盖后成“V”字造型，在小腿的中间位置系一对绑腿带，将绑带绳重叠缠绕在绑腿带上方造型。如图2-44所示，女子绑腿搭配盛装造型时，绑腿带脚踝至膝盖处平行缠绕排列造型。

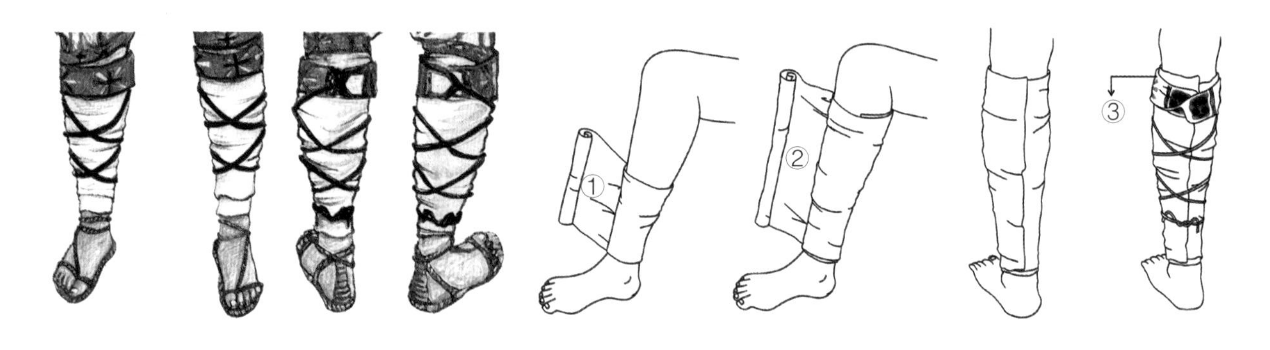

图2-41　男子花衣、黑衣（男童花衣）造型绑腿过程解析

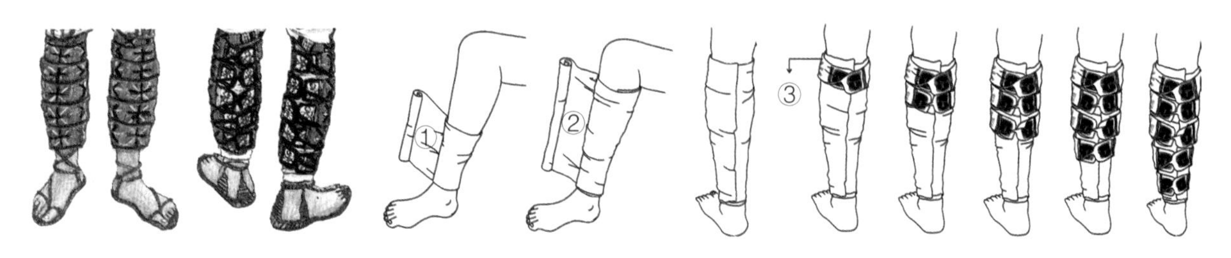

图2-42　男子盛装造型绑腿过程解析

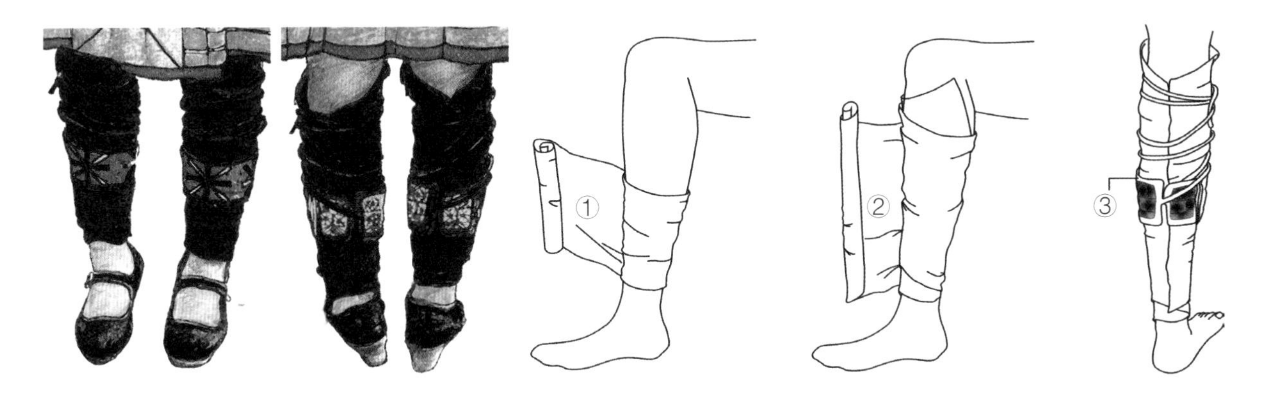

图 2-43　女子贯头衣、黑衣（女童贯头衣）造型绑腿过程解析

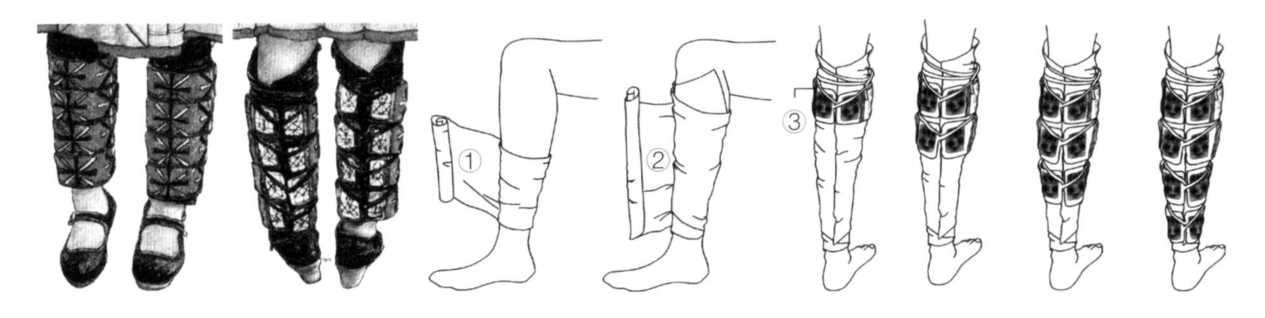

图 2-44　女子盛装造型绑腿过程解析

第三章　白裤瑶服饰纹样种类与特征

白裤瑶服饰极具特色，它以古朴厚重、形制独特的特性区别于瑶族其他支系服饰形象，一年四季，白裤瑶男子穿着的至膝白色土布大裆裤是最引人注目的，女子贯头衣背后极具原始意味的『井田』图案，随着人的走动而摇曳多姿的百褶裙，都会立刻让人辨认出这就是白裤瑶。

第一节
白裤瑶服饰纹样与种类

白裤瑶服饰纹样具有极为丰富的生存土壤、独特的艺术品位和强烈的趣味视觉，表现出较为原始的形象特征和造型方式，其造型手段概括为“观物取象”，深刻地反映了白裤瑶人天性质朴、单纯乐观的精神世界，同时也表现出白裤瑶独有的视觉语言的运用，是我们不可多得的形象化资料。白裤瑶服饰纹样由构图、线条、色彩等元素构成，它的形象视觉表现出了白裤瑶民族的精神寄托、宗教信仰、天道观念、美学思想以及文化内涵。白裤瑶服饰纹样不仅来源于与他们生活紧密相连的自然环境，同时与白裤瑶历史变迁、发展都有着密切的联系。由原始社会生活形态直接跨入现代社会生活形态的族群，历经迁徙、战争、疾病等苦难，渴望借“万物由神灵创造”的思想来解释自然界的奇异现象，将自然界的现象拟人化、神化，为白裤瑶服饰纹样的产生提供了最原始的题材。白裤瑶服饰纹样大多是对物体的意象或抽象表达，体现出该民族最原始的精神需求及渴望。表 3–1 是对白裤瑶服饰中所表现出来的纹样图形的概括与归纳。

第二节
衣裳纹样

白裤瑶服饰分男女（儿童与成人服饰基本相同）两大类。其成年男女服饰又包括三种形制形象，即男子花衣形象、盛装形象、黑衣形象，女子贯头衣形象、盛装形象、黑衣形象。男女童形象除头饰外，基本随成年男女日常形象穿着，即男童为男子花衣形象，女童为女子贯头衣形象。

一、男子（童）衣裳纹样

男子花衣、盛装上衣的纹样装饰集中出现在上衣后背下摆边饰；黑衣上衣纹样装饰集中出现在前胸部位。三种上衣形制分别以盛装搭配花裤、黑衣搭配白裤、花衣与两种裤子都可以搭配为穿着造型。花裤上的纹样装饰集中出现在裤腿、裤口边饰部位；白裤上的纹样装饰集中出现在裤口边饰部位。男童服饰纹样装饰与成人男装基本相同。

表 3–1　白裤瑶服饰基础纹样对照表

序号	纹样名称	纹样	装饰部位
1	剪刀		女子（童）上衣、背带、天堂被等
2	小人		女子（童）上衣、男子花腰带、天堂被等
3	嘎拉伯（一朵花）		女子（童）上衣、女子葬礼服、背带、天堂被、男子裤子、男童帽等
4	老鼠脚		女子上衣、男子花腰带等

续表

序号	纹样名称	纹样	装饰部位
5	嘎冬		女子上衣、男女葬礼服、天堂被等
6	嘎嘎		女子（童）上衣、女子葬礼服等
7	蝴蝶		男女葬礼服等
8	母		女子上衣、天堂被、男女葬礼服等
9	公		女子（童）上衣、女子葬礼服等
10	小路		女子上衣、女子葬礼服等
11	小人仔		女子（童）上衣、背带、天堂被、百褶裙等
12	鸡		女子（童）上衣、男子（童）上衣、背带、男子花腰带、天堂被、男女葬礼服、男子（童）裤子、绑腿、男女童帽等
13	尼		女子（童）上衣和百褶裙、男女葬礼服等
14	花（巴嘎）		童装上衣后片下摆、童帽、童绑腿、男子花腰带、男女葬礼服、男子裤子等

续表

序号	纹样名称	纹样	装饰部位
15	嘎咚努 （小鸟）		女子上衣、女子葬礼服等
16	花枝		男子（童）裤子等
17	猪脚花		女子百褶裙等
18	朵丫		女子（童）上衣、背带、天堂被等

（一）男子（童）花衣、盛装上衣纹样

如图3-1、图3-2所示，白裤瑶男子花衣、盛装上衣（男童花衣）纹样以“花”“鸡”等基础纹样要素组成单位纹，重复（二方连续）排列，采用手工绣花的工艺方法完成装饰效果。黑衣上衣纹样以“鸡”纹样要素为单位纹，手工刺绣完成装饰效果。“花”纹样形状近似汉字中的“米”字，很多学者称其为“米”字纹；“鸡”纹样则是由多个“米”字纹组合成的纹样。

在白裤瑶服饰中，“鸡”图案是最明显、运用最广泛的纹样要素之一，在白裤瑶服饰品类中均有所体现。“鸡”图案是白裤瑶先民出于对鸡的崇拜心理而产生的视觉仿生再现。

其次是“米”字纹图案的运用。“米”字纹在瑶语中称为“巴嘎”，意为“水架子的形状”，具有一定的象征意义。据说白裤瑶族曾经生活在拥有丰富水源的地方，但由于战乱不断，这个多灾多难的民族举族迁徙多次，最后才定居于大山之中。由于地理、地质的原因，导致水源问题一

图3-1　男子盛装、花衣后片下摆装饰

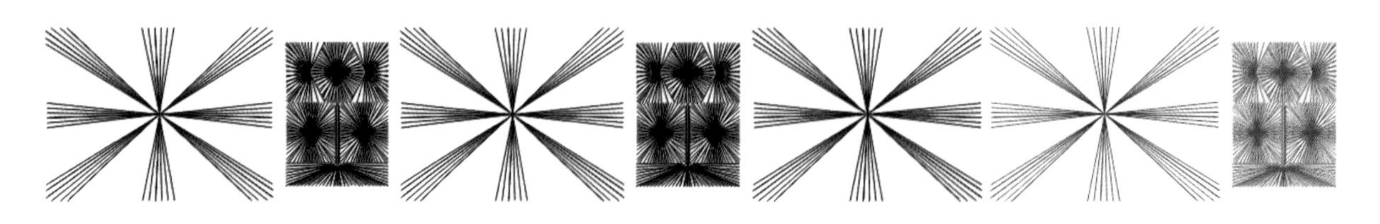

图3-2　男子盛装、花衣（男童花衣）后片下摆纹样结构图、骨骼单位

直困扰着白裤瑶人。“米”字纹图案或许是白裤瑶先人对水源思念的外在表象。

民族符号的产生，并不是空穴来风，从人类学的角度来说，它反映了种族在自然演变中的选择与认同。

（二）男子黑衣上衣纹样

如图 3-3 所示，白裤瑶男子黑衣纹样集中出现在上衣前胸部位，由“鸡”纹样要素构成单位纹，采用绣花工艺方法完成装饰。

（三）男子（童）裤装纹样

白裤瑶的服饰象征是白色的裤子。

1. 白裤瑶花裤裤腿纹样

白裤瑶男子（童）花裤裤腿纹样主要装饰出现在裤腿（侧）和裤口部位。如图 3-4 所示，裤腿纹样为“五根花柱”组合而成的单独纹样，通过手工刺绣完成装饰效果。

2. 白裤瑶花裤裤口纹样

如图 3-5、图 3-6 所示，白裤瑶男子（童）花裤裤口部位（裤牌）纹样为复合纹样，由中心纹样“ ”和边框纹样“ ”组成。裤口部位（裤牌）基础纹样要素有 5 种类型，①、③、⑤纹样要素组成边框纹样，②、④纹样要素组成中心纹样。

二、女子（童）衣裳纹样

女子贯头衣、盛装上衣纹样集中出现在上衣后背。百褶裙纹样集中出现在裙身、裙边饰部位。女童服饰纹样装饰与成年女子贯头衣服饰形象基本相同。

（一）女子（童）上衣纹样

女子（童）上衣纹样是瑶族文化的一个组成部分，与白裤瑶族生产生活、道德及宗教信仰有着密切的联系。白裤瑶女子（童）上衣纹样（贯头衣、盛装上衣、女童贯头衣）集中出现在上衣后背部位，俗称“大方形纹样”，是以“井纹”“田纹”几何纹样充当“骨骼”表现纹样主体，以人物、动物、植物、生活用品等纹样要素组成中心纹样、边框纹样或中层纹样、周边纹样或边框纹样、边

图 3-3　男子黑衣实物、装饰细节及纹样骨骼单位

图 3-4　男子（童）花裤实物、五根花柱纹样实物、纹样结构图

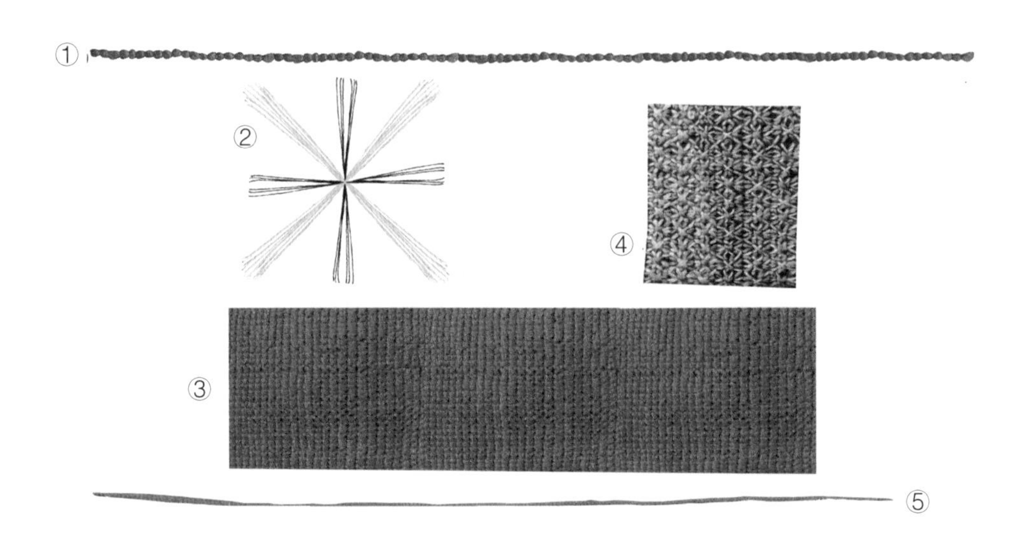

图 3-5　男子（童）花裤裤牌纹样及纹样要素

图 3-6　男子（童）花裤裤牌纹样结构图、骨骼图

饰纹样单位纹样整体，采用粘膏染色、绣花工艺方法完成装饰效果。

白裤瑶女子（童）上衣纹样常随寓意变化，改变基础纹样布局排序，使每一个大方形纹样表现不同的情感故事。相传其背部的图案是瑶王印，为吸取“和亲盗印”的惨重教训，白裤瑶人从幼女开始，自觉地把瑶王的图章绘绣在她们所穿布褂的背上，以此代代相传，迄今不止；也有专家及学者认为，“井纹”“田纹”是井田制的历史印证；另有说法称，“井纹”“田纹”图案是西周推行“井田制”时，国王规定凡耕种周王土地者，必须加印西周国章，以区别他国的国章，方便管理；也有人说，因为春秋末期经济的繁荣与发展导致了“井田制”逐步瓦解，“初税亩”实行，使许多人又沦为新的奴隶，瑶民为了记录这一重大的历史变革，将“井纹”“田纹”模型刻在了木头上；还有人说，因为战国时期战乱频繁，各诸侯规定所有“朵翟”（瑶语：男子）必须应征，“朵威”（瑶语：女子）留守，瑶民首领决定将这个“井田制”版图交给妇女保管，为安全保存，白裤瑶“朵威”就改用粘膏染和绣制的方法装饰在贯头衣上。

采用粘膏染和刺绣技艺制作服饰在白裤瑶流传至今，其纹样布局一直遵循“田纹”“井纹”骨骼与多种纹样要素共同构成纹样整体，在瑶寨走访，无论询问哪个妇女为什么这样绘制图案，答案只有一个，即“祖先是这样画的，母亲是这样教的”[1]。因此，白裤瑶女子（童）上衣纹样来源只是民间传说所致，没有详细的资料可考究，图案沿袭了千百年历史未发生形制的变更。

白裤瑶女子（童）上衣“田纹”纹样基本是以四个“公”纹样分割成“田”字形状，四块“田”里布满“嘎拉伯”（瑶语：一朵花），“田”里有时会出现“人仔图案”而形成“田字”中心纹；在中心纹四周装饰“人仔图案”或四个“鸡仔图案”（“人仔”和“鸡仔”位置固定且以“田”为中心对称）；再向外的“人仔”“鸡仔”又被“嘎

[1] 何宁. 白裤瑶服饰元素及其再设计的应用研究 [D]. 上海：东华大学，2010.

拉伯”包围着；最后，“嘎拉伯”的外围被方形黑框封闭起来。“井纹”纹样也是如此，以“母”纹样为中心向四周对称扩散形成“井”字，与“田纹”一样构图向四周井然有序地扩散。“井纹”构图中很少有“人仔图案”和“鸡仔图案”出现，多以象征着生产生活的衍生图案如“鸟”“且巴（瑶语：做豆腐用的桥）”“路”“巴嘎”“草帽线”“嘎拉伯”装饰“井纹”。有时候，白裤瑶人把“井纹”中的中心纹设计为“母”纹，把“井纹”四周的图案设计为“公”纹（“母”代表掌管权势的人，“公”则是权力次之），意思是说“井纹”的分配格局中间为大，八方为小[1]。

白裤瑶女子（童）上衣“大方形”纹样无论是“田纹”还是“井纹”构图，都反映出服饰所包含的固定类别的纹样排列程式化的特点。白裤瑶服饰所呈现的技艺都是靠口传心授，妇女们把自己的生产生活和历史变迁表现在服饰上，形成当今穿在身上的白裤瑶民族历史。

1. 女子（童）上衣纹样骨骼分类

本章采集 25 件女子贯头衣、盛装后背大方形纹样图例（包括女童上衣后背纹样）进行分析，归纳出白裤瑶女子贯头衣、盛（童）装上衣后背纹样图例“井型”“田型”骨骼特征。同时，将其服饰纹样变化按规律归类如下。

（1）“井型 –1”组合纹样骨骼（图 3–7、

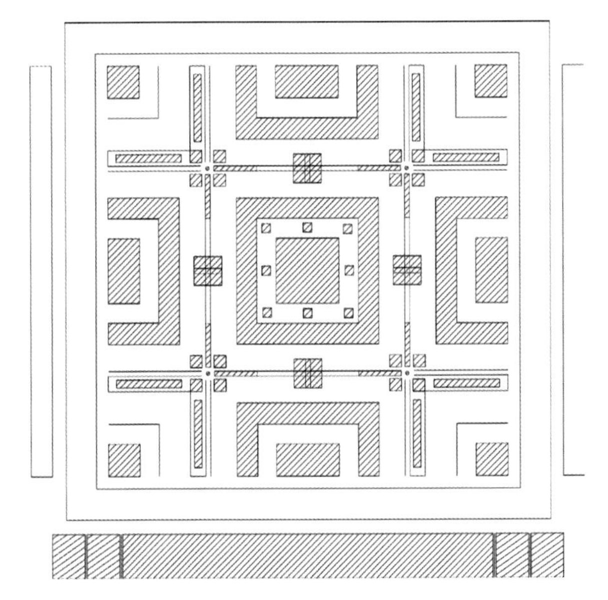

图 3–7 “井型 –1”组合纹样骨骼图

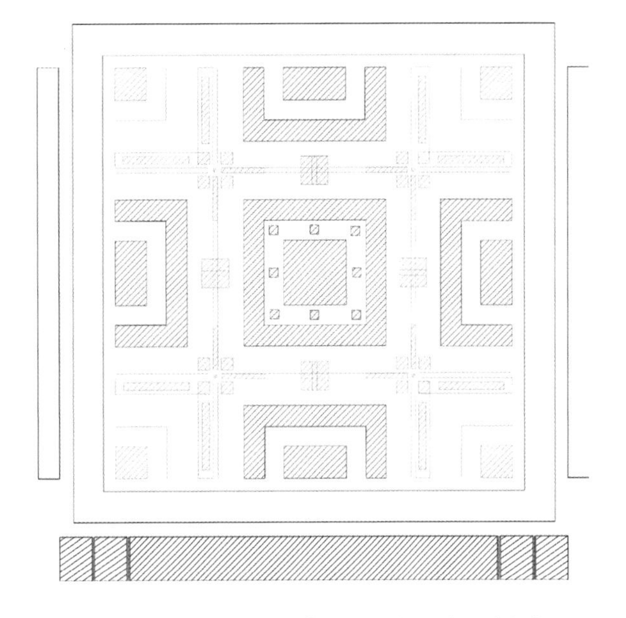

图 3–8 “井型 –1”组合纹样骨骼要素解析

图 3–8）。由中心纹样、边框纹样、周边纹样、边饰纹样四个部分组合而成。

（2）“井型 –2”组合纹样骨骼（图 3–9、图 3–10）。由中心纹样、边框纹样、周边纹样、边饰纹样四个部分组合而成。

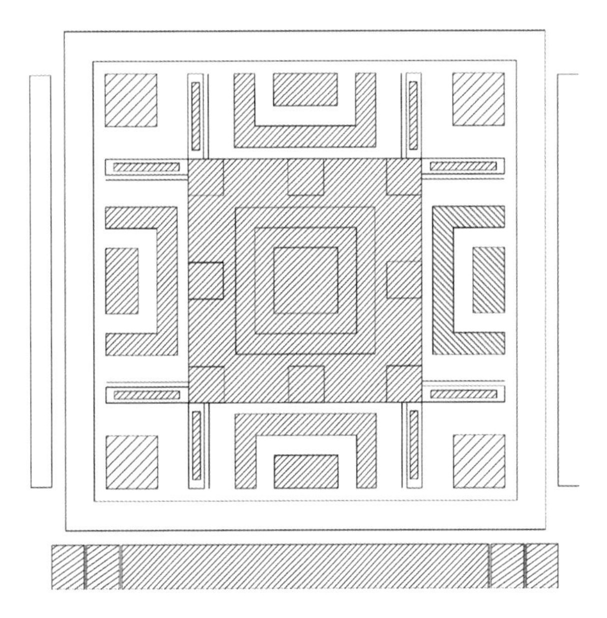

图 3–9 “井型 –2”组合纹样骨骼图

[1] 陆朝金 . 白裤瑶服饰文化的解读 [J]. 柳州师专学报，2012.08.，27（4）：5.

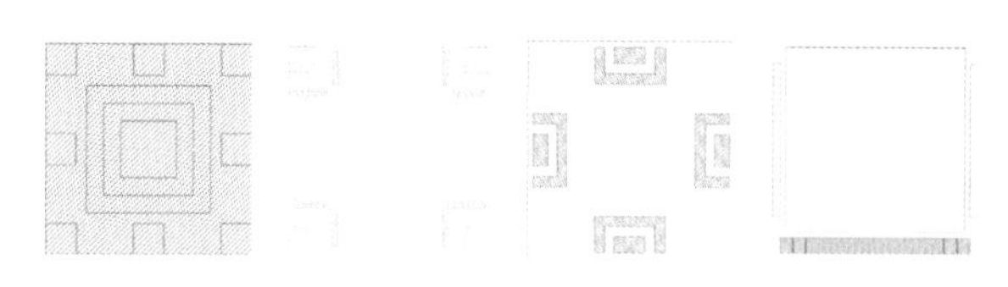

（3）“田型 -1”组合纹样骨骼（图 3-11、图 3-12）。由中心纹样、中层纹样、边框纹样、边饰纹样四个部分组合而成。

（4）“田型 -2”组合纹样骨骼（图 3-13、图 3-14）。由中心纹样、中层纹样、边框纹样、边饰纹样四个部分组合而成。

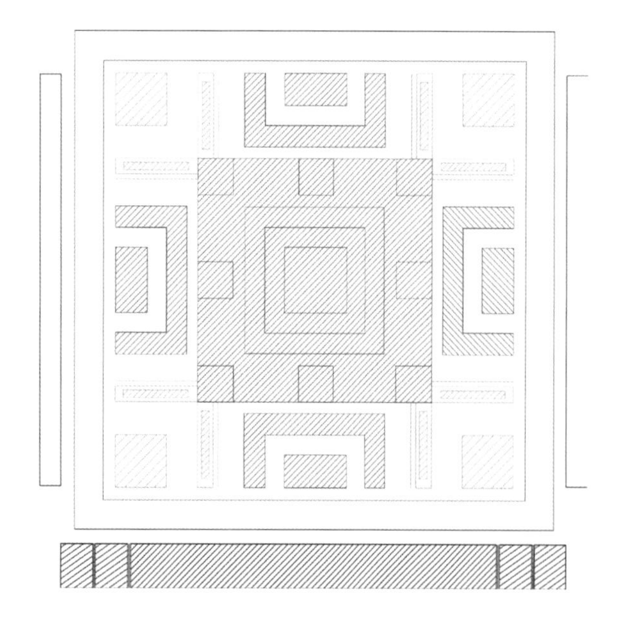

图 3-10　“井型 -2”组合纹样骨骼要素解析

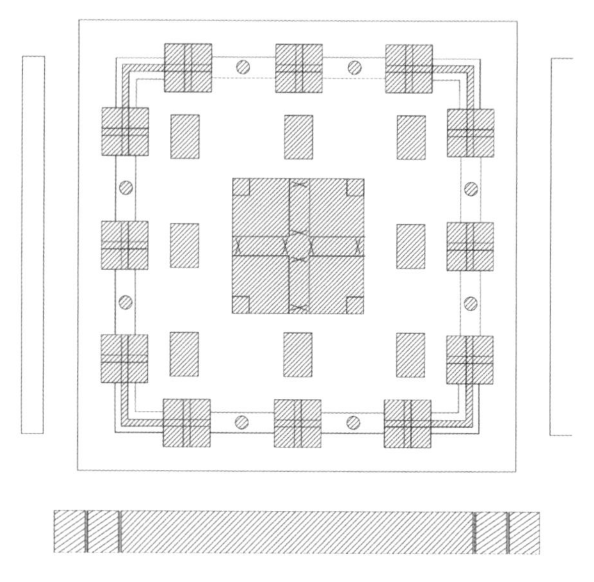

图 3-11　“田型 -1”组合纹样骨骼图

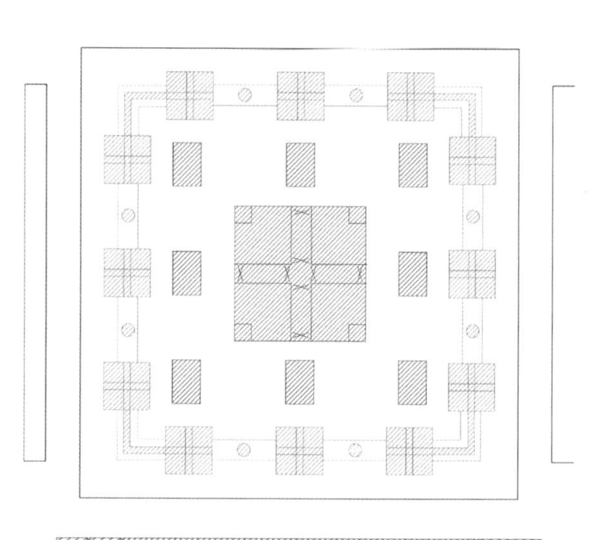

图 3-12　“田型 -1”组合纹样骨骼要素解析

2.“井型 -1”骨骼纹样实例解析

（1）“井型 -1-1”实物案例。图 3-15 为白裤瑶女装后背效果图，图 3-16 包括大方形组合纹样、下摆纹样、袖窿纹样三个部分内容。大方形组合纹样为该效果图中心部分，由 19 种基础纹样要素组成，其中，由 ③ 、④ 、⑩ 、⑬ 、⑮ 纹样要素组成中心纹样，由 ①、② 、⑤ 、⑦ 、⑨ 、⑫ 、⑭ 、⑯ 、⑲ 纹样要素组成边框纹样，由 ⑦、⑰ 纹样要素组成周边纹样，由 ⑥ 、⑧ 、⑪ 、⑱ 、⑲ 纹样要素组成边饰纹样。

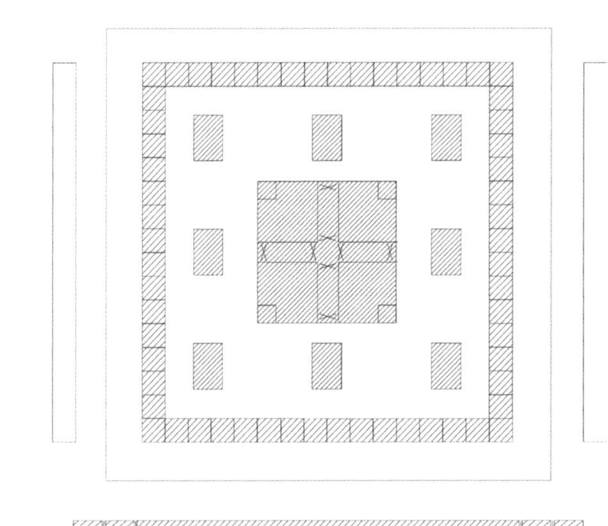

图 3-13 “田型 -2”组合纹样骨骼图

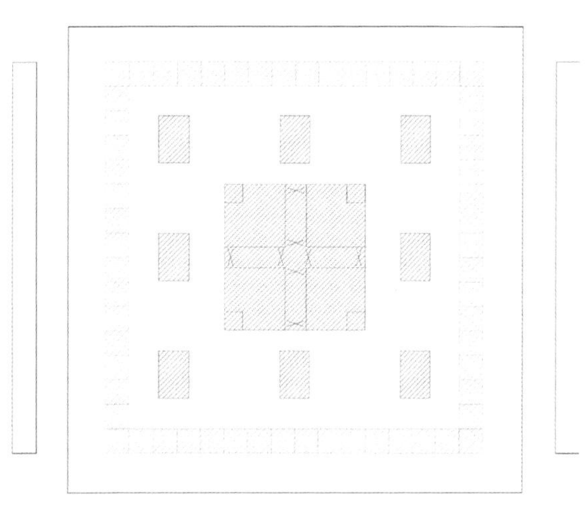

图 3-14 “田型 -2”组合纹样骨骼要素解析

图 3-15 “井型 -1-1”白裤瑶女装后背效果图

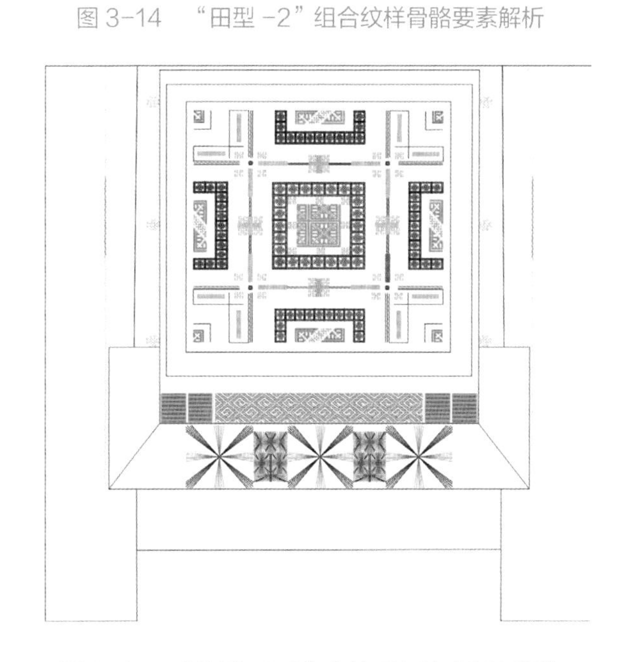

图 3-17 “井型 -1-2”白裤瑶女装后背效果图

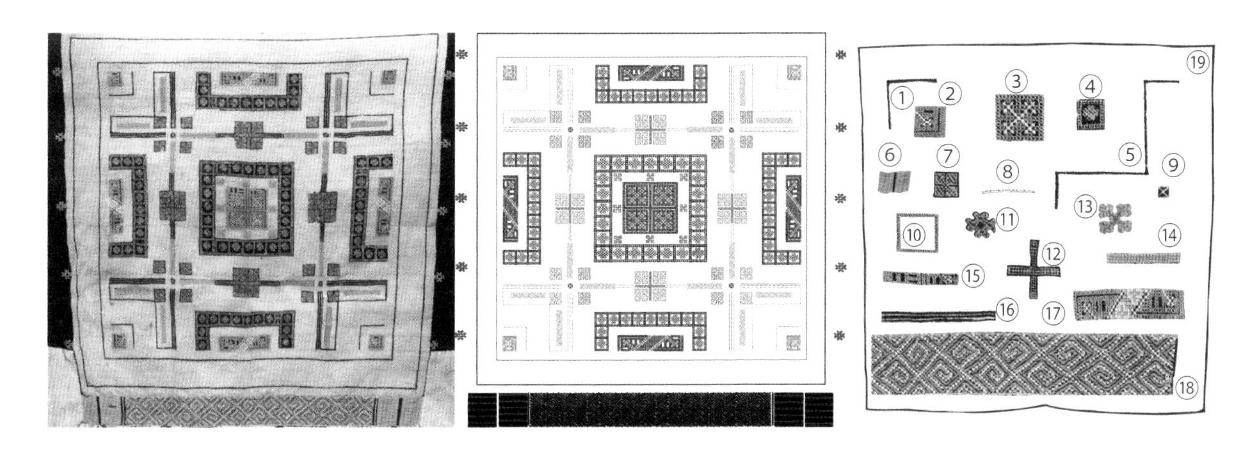

图 3-16 “井型 -1-1”组合纹样实物、结构、纹样要素解析图

（2）“井型 -1-2”实物案例。图 3-17 为白裤瑶女装后背效果图，图 3-18 包括大方形组合纹样、下摆纹样、袖窿纹样三个部分内容。大方形组合纹样为该效果图中心部分，由 20 种基础纹样要素组成。其中，由③、④、⑤、⑦、⑬、⑮纹样要素组成中心纹样，由①、②、④、⑥、⑧、⑨、⑪、⑫纹样要素组成边框纹样，由⑤、⑭、⑱、⑳纹样要素组成周边纹样，由⑩、⑯、⑰、⑲、⑳纹样要素组成边饰纹样。

（3）“井型 -1-3”实物案例。图 3-19 为白裤瑶女装后背效果图，图 3-20 包括大方形组合纹样、下摆纹样、袖窿纹样三个部分内容。大方形组合纹样为该效果图中心部分，由 21 种基础纹样要素组成。其中，由③、④、⑧、⑪、⑫、⑮纹样要素组成中心纹样，由①、②、③、⑤、⑥、⑦、⑨、⑩、⑬纹样要素组成边框纹样，由④、⑭、㉑纹样要素组成周边纹样，由⑯、⑰、⑱、⑲、⑳、㉑纹样要素组成边饰纹样。

3.“井型 -2”骨骼纹样实例解析

（1）“井型 -2-1”实物案例。图 3-21 为白裤瑶女装后背效果图，图 3-22 包括大方形组合纹样、下摆纹样、袖窿纹样三个部分内容。大方形组合纹样为该效果图中心部分，由 19 种基础纹样要素组成。其中，由②、③、④、⑦、⑧、⑪、⑫纹样要素组成中心纹样，由⑤、⑥、⑬、⑭纹样要素组成边框纹样，由⑦、⑮、⑲纹样要素组成周边纹样，由①、⑨、⑩、⑯、⑰、⑱、⑲纹样要素组成边饰纹样。

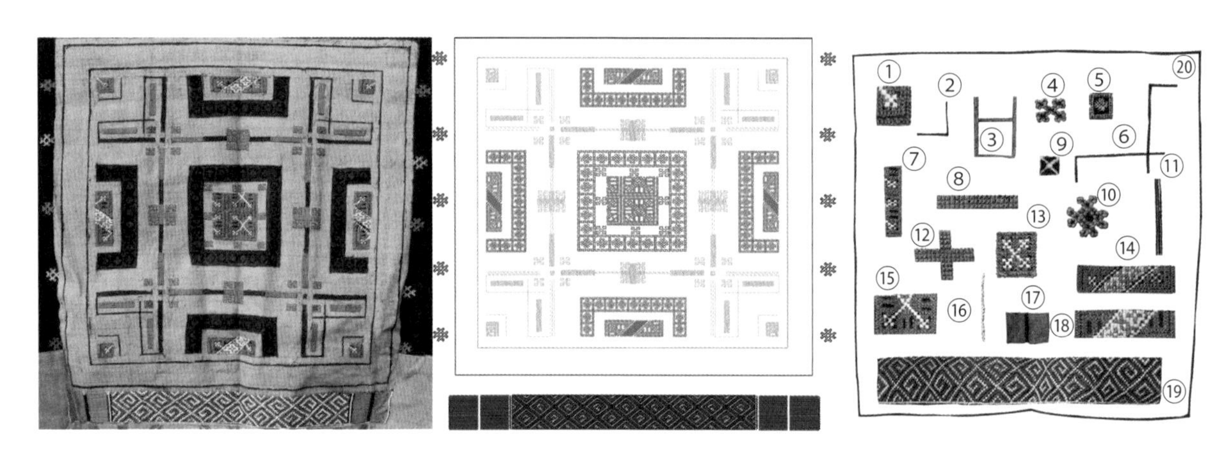

图 3-18 “井型 -1-2”组合纹样实物、结构、纹样要素解析图

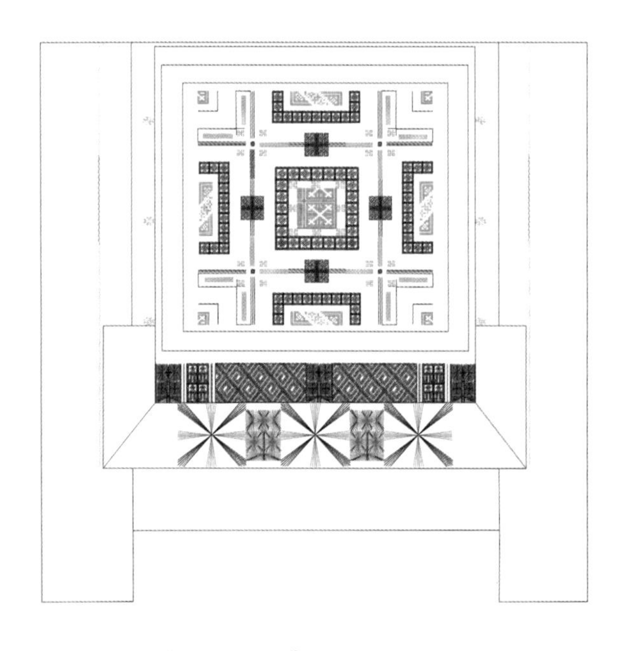

图 3-19 “井型 -1-3”白裤瑶女装后背效果图

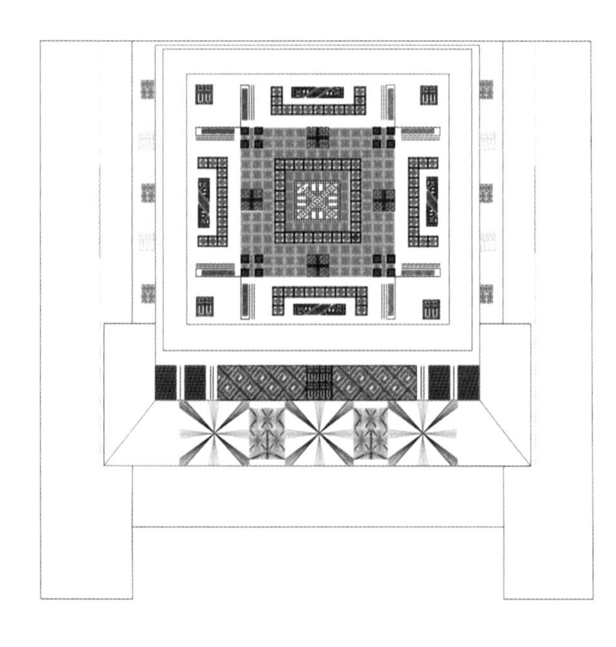

图 3-21 “井型 -2-1”白裤瑶女装后背效果图

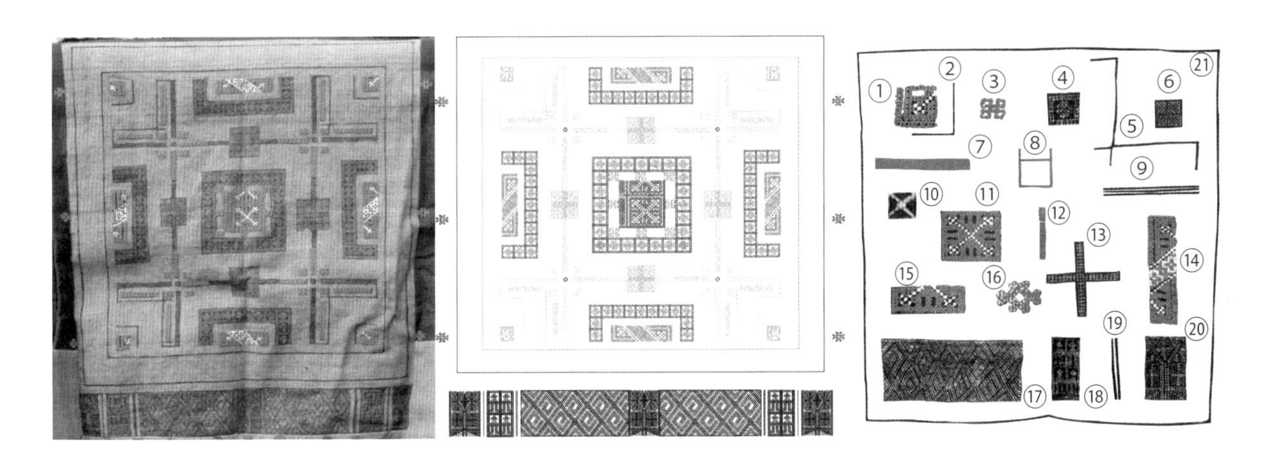

图 3-20 “井型 -1-3”组合纹样实物、结构、纹样要素解析图

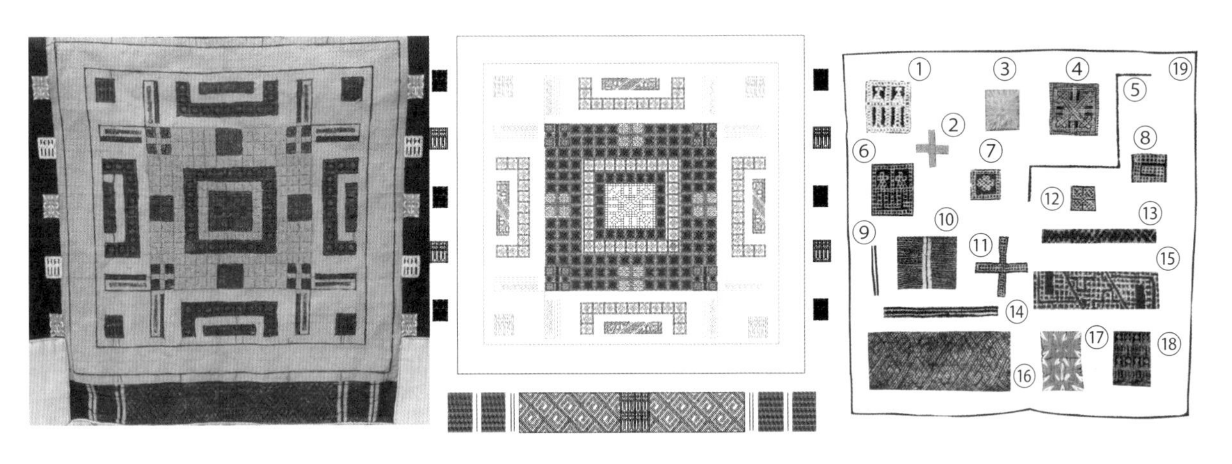

图 3-22 “井型 -2-1”组合纹样实物、结构、纹样要素解析图

（2）“井型 -2-2”实物案例。图 3-23 为白裤瑶女装后背效果图，图 3-24 包括大方形组合纹样、下摆纹样、袖窿纹样三个部分内容。大方形组合纹样为该效果图中心部分，由 15 种基础纹样要素组成。其中，由③、⑤、⑧、⑩、⑪纹样要素组成中心纹样，由①、②、⑥、⑨、⑬纹样要素组成边框纹样，由③、⑫、⑮纹样要素组成周边纹样，由④、⑤、⑦、⑭、⑮纹样要素组成边饰纹样。

（3）“井型 -2-3”实物案例。图 3-25 为白裤瑶女装后背效果图，图 3-26 包括大方形组合纹样、下摆纹样、袖窿纹样三个部分内容。大方形组合纹样为该效果图中心部分，由 16 种基础纹样要素组成。其中，由③、⑤、⑥、⑦、⑨纹样要素组成中心纹样，由①、②、④、⑧、⑪纹样要素组成边框纹样，由⑤、⑩、⑯纹样要素组成周边纹样，由⑥、⑫、⑬、⑭、⑮、⑯纹样要素组成边饰纹样。

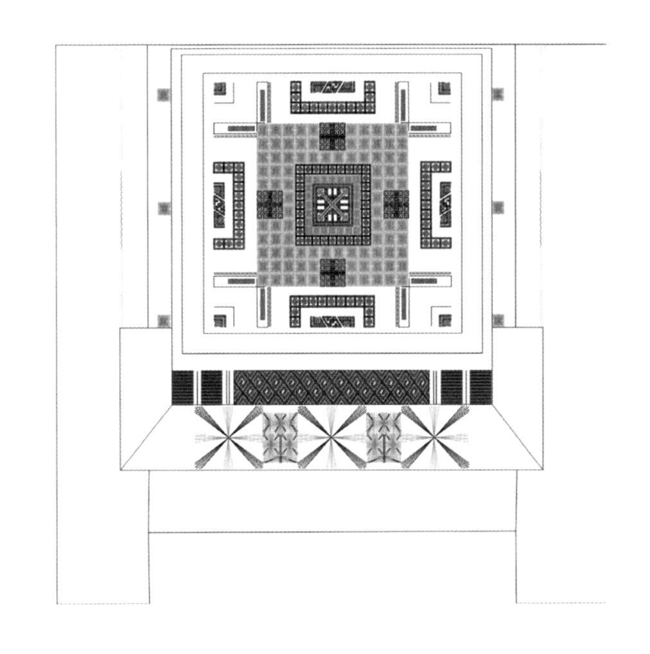

图 3-23 “井型 -2-2”白裤瑶女装后背效果图

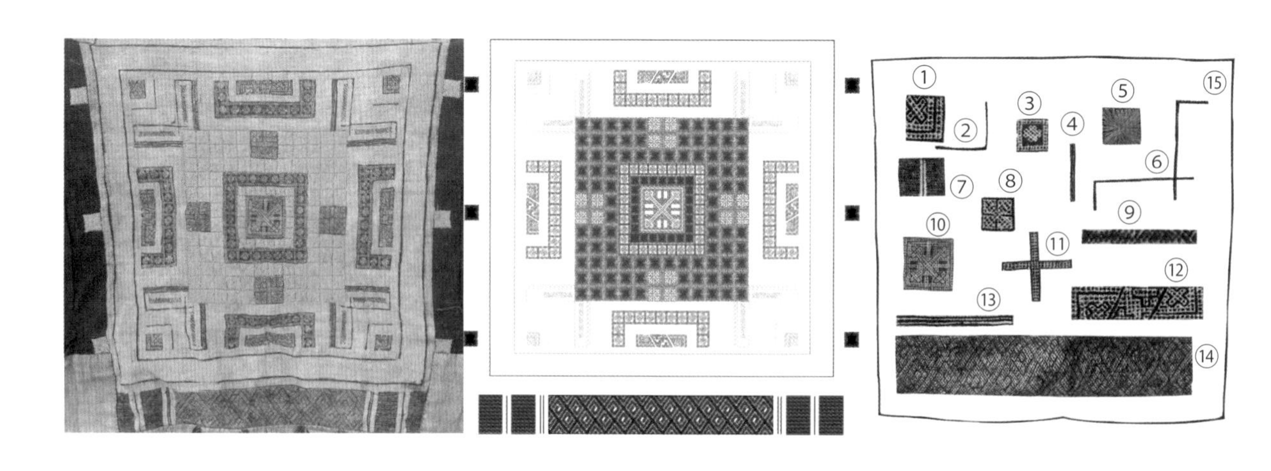

图 3-24 “井型 -2-2”组合纹样实物、结构、纹样要素解析图

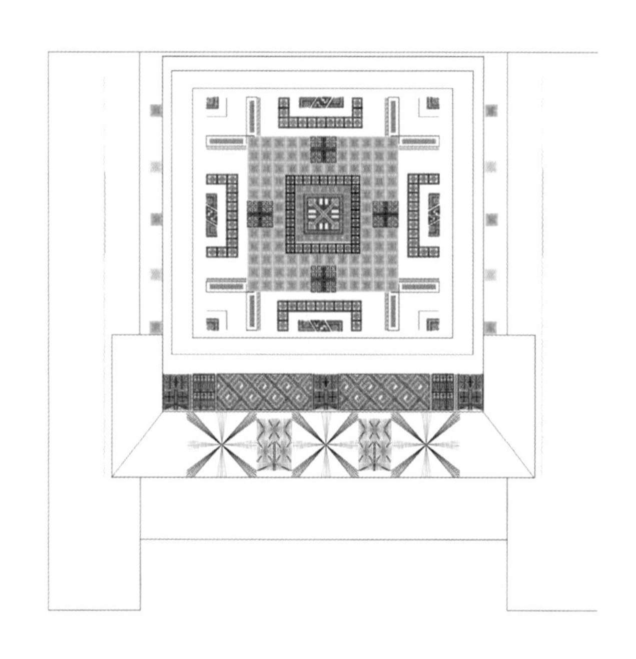

图 3-25 “井型 -2-3”白裤瑶女装后背效果图

4.“田型—1”骨骼纹样实例解析

（1）“田型 -1-1”实物案例。图 3-27 为白裤瑶女装后背效果图，图 3-28 包括大方形组合纹样、下摆纹样、袖窿纹样三个部分内容，大方形组合纹样为该效果图中心部分，由 13 种基础纹样要素组成。其中，由 ①、②、③、④、⑤、⑥、⑧、⑩ 纹样要素组成中心纹样，由 ⑦、⑧ 纹样要素组成中层纹样，由 ①、②、⑥ 纹样要素组成边框纹样，由 ②、⑨、⑪、⑫、⑬ 纹样要素组成边饰纹样。

（2）“田型 -1-2”实物案例。图 3-29 白裤瑶女装后背效果图，图 3-30 包括大方形组合纹样、下摆纹样、袖窿纹样三个部分内容。大方形组合纹样为该效果图中心部分，由 17 种基础纹样要素组成。其中，由 ③、⑤、⑧、⑨、⑫、⑭、

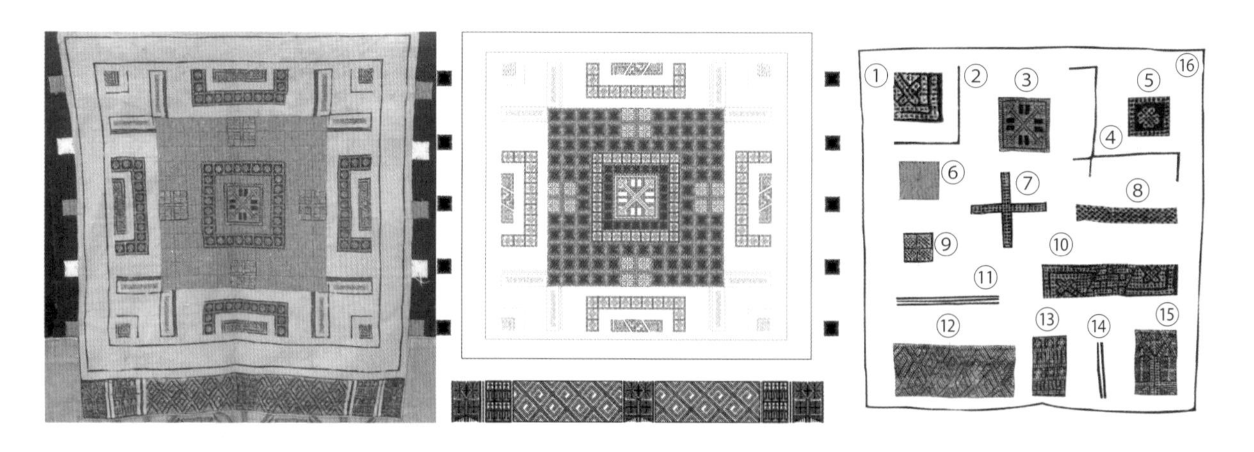

图 3-26 “井型 -2-3”组合纹样实物、结构、纹样要素解析图

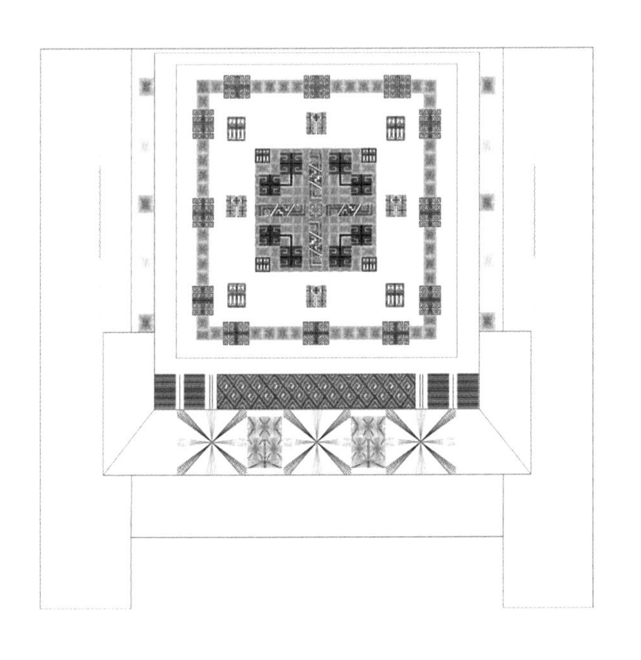

图 3-27　“田型 -1-1”白裤瑶女装后背效果图

图 3-29　“田型 -1-2”白裤瑶女装后背效果图

图 3-28　“田型 -1-1”组合纹样实物、结构、纹样要素解析图

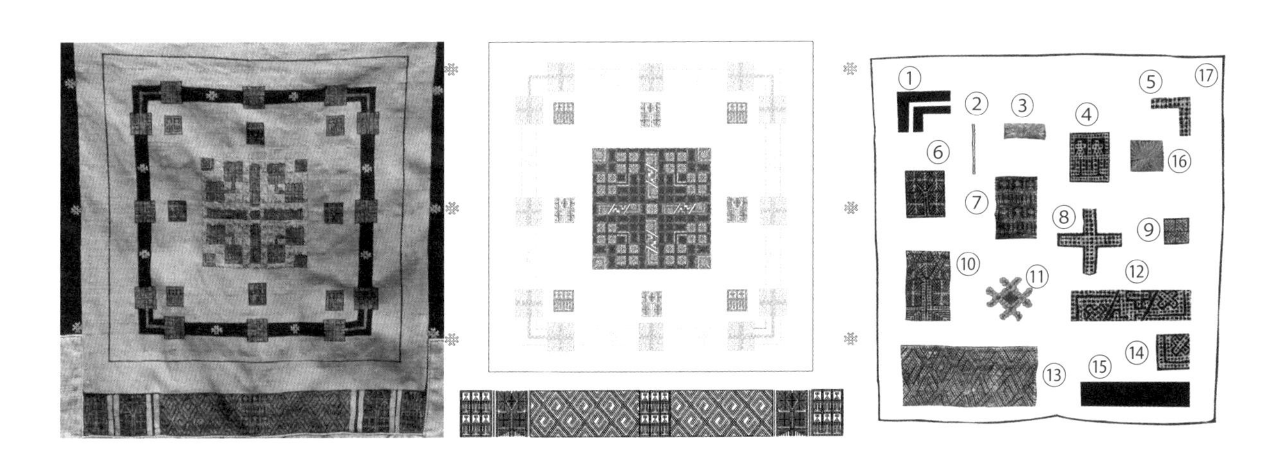

图 3-30　“田型 -1-2”组合纹样实物、结构、纹样要素解析图

⑯ 纹样要素组成中心纹样，由 ④、⑥ 纹样要素组成中层纹样，由 ①、⑤、⑧、⑨、⑪、⑮ 纹样要素组成边框纹样，由 ②、⑦、⑩、⑪、⑬、⑰ 纹样要素组成边饰纹样。

（3）“田型 -1-3”实物案例。图 3-31 为白裤瑶女装后背效果图，图 3-32 包括大方形组合纹样、下摆纹样、袖窿纹样三个部分内容。大方形组合纹样为该效果图中心部分，由 16 种基础纹样要素组成。其中，由 ②、③、⑦、⑫ 纹样要素组成中心纹样，由 ⑥、⑬ 纹样要素组成中层纹样，由 ①、④、⑤、⑧、⑨、⑩ 纹样要素组成边框纹样，由 ②、⑪、⑭、⑮、⑯ 纹样要素组成边饰纹样。

（4）“田型 -1-4”实物案例。图 3-33 为白裤瑶女装后背效果图，图 3-34 包括大方形组

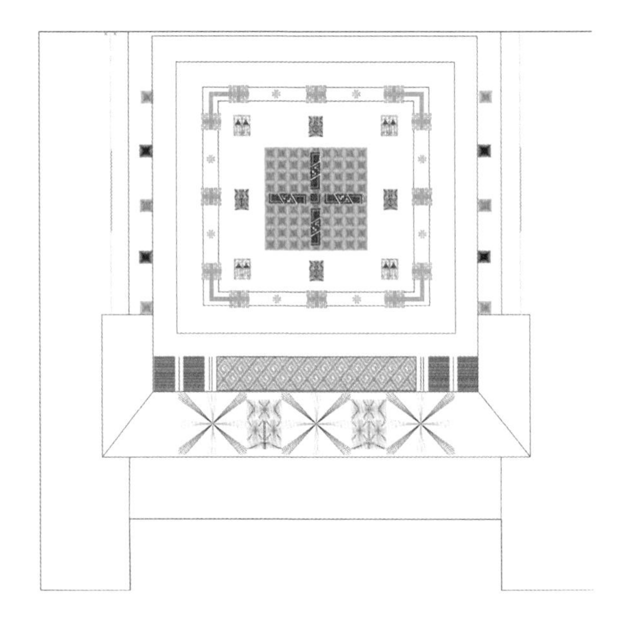

图 3-31 “田型 -1-3”白裤瑶女装后背效果图

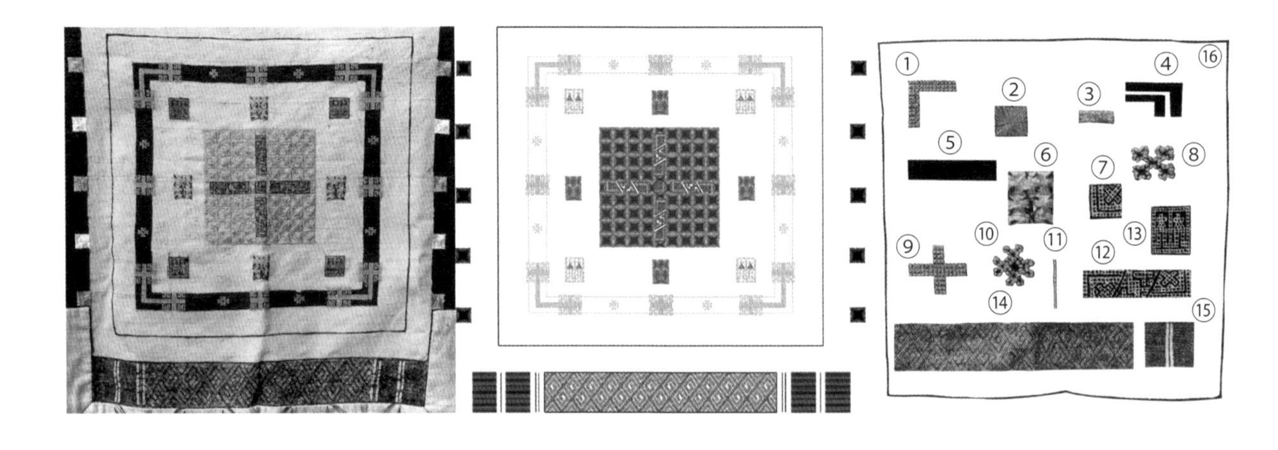

图 3-32 “田型 -1-3”组合纹样实物、结构、纹样要素解析图

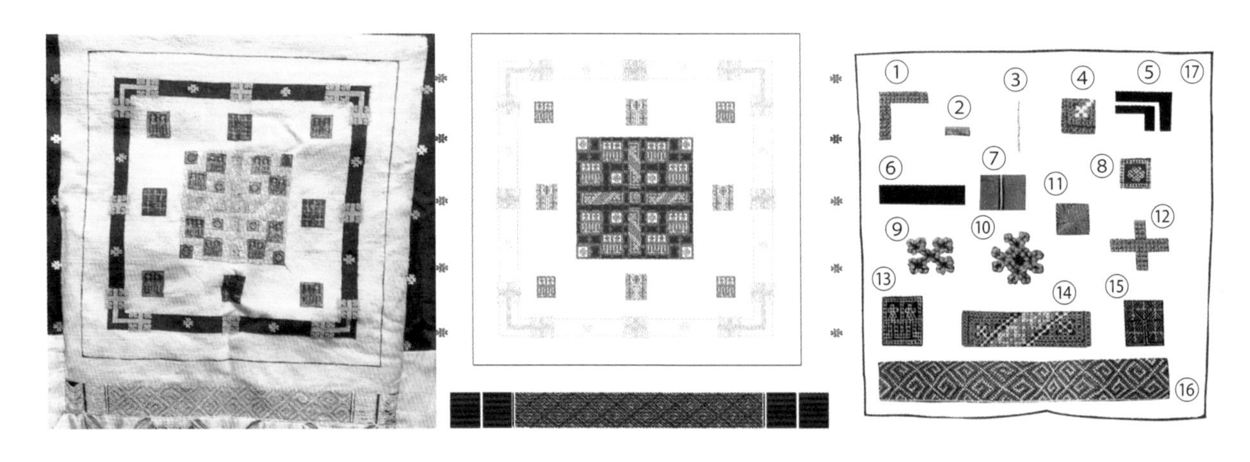

图 3-34 “田型 -1-4”组合纹样实物、结构、纹样要素解析图

合纹样、下摆纹样、袖窿纹样三个部分内容。大方形组合纹样为该效果图中心部分，由 17 种基础纹样要素组成。其中，由 ②、④、⑧、⑪、⑬、⑭ 纹样要素组成中心纹样，由 ⑬、⑮ 纹样要素组成中层纹样，由 ①、⑤、⑥、⑨、⑩、⑫ 纹样要素组成边框纹样，由 ③、⑦、⑩、⑯、⑰ 纹样要素组成边饰纹样。

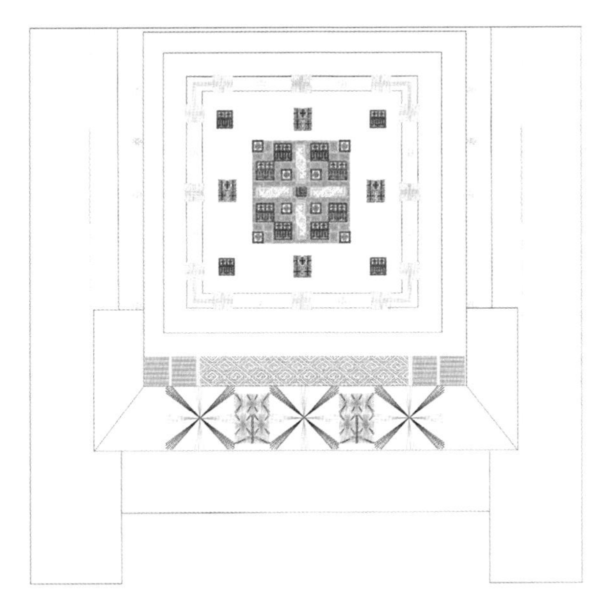

图 3-33 “田型 -1-4”白裤瑶女装后背效果图

（5）“田型 -1-5”实物案例。图 3-35 为白裤瑶女子（盛装）服饰后背效果图，图 3-36 包括大方形组合纹样、下摆纹样、袖窿纹样三个部分内容。大方形组合纹样为该效果图中心部分，由 12 种基础纹样要素组成。其中，由 ②、⑤、⑥、⑩ 纹样要素组成中心纹样，由 ③、④ 纹样要素组成中层纹样，由 ①、③、⑤、⑧ 纹样要素组成边框纹样，由 ③、⑦、⑨、⑪、⑫ 纹样要素组成边饰纹样。

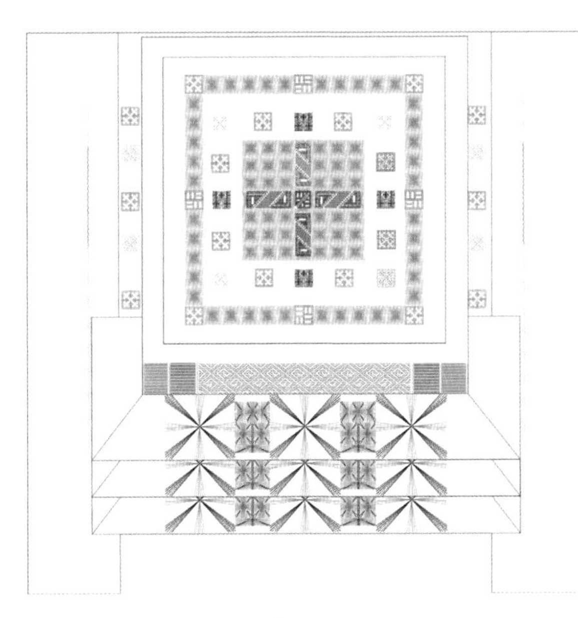

图 3-35 “田型 -1-5”白裤瑶女装后背效果图

5.“田型—2”骨骼纹样实例解析

（1）“田型 -2-1”实物案例。图 3-37 为白裤瑶女装后背效果图，图 3-38 包括大方形组合纹样、下摆纹样、袖窿纹样三个部分内容。大方形组合纹样为该效果图中心部分，由 11 种基础纹样要素组成。其中，由 ①、②、③、④、⑤、⑨ 纹样要素组成中心纹样，由 ⑦ 纹样要素组成中层纹样，由 ① 纹样要素组成边框纹样，由 ①、⑥、⑧、⑩、⑪ 纹样要素组成边饰纹样。

（2）“田型 -2-2”实物案例。图 3-39 为白裤瑶女装后背效果图，图 3-40 包括大方形组合纹样、下摆纹样、袖窿纹样三个部分内容。大方形组合纹样为该效果图中心部分，由 10 种基础纹样要素组成。其中，由 ②、③、④、⑧ 纹样要素组成中心纹样，由 ①、⑥ 纹样要素组成中层

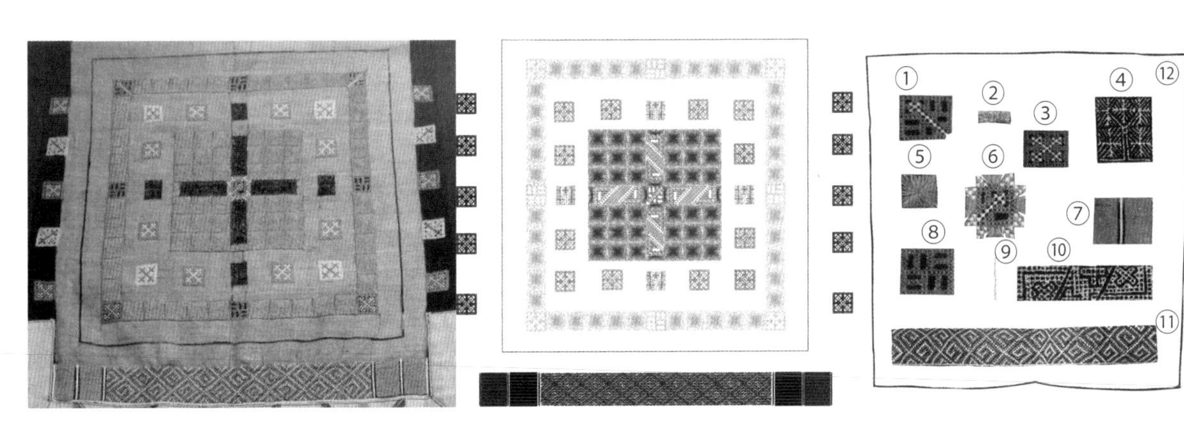

图 3-36 “田型 -1-5”组合纹样实物、结构、纹样要素解析图

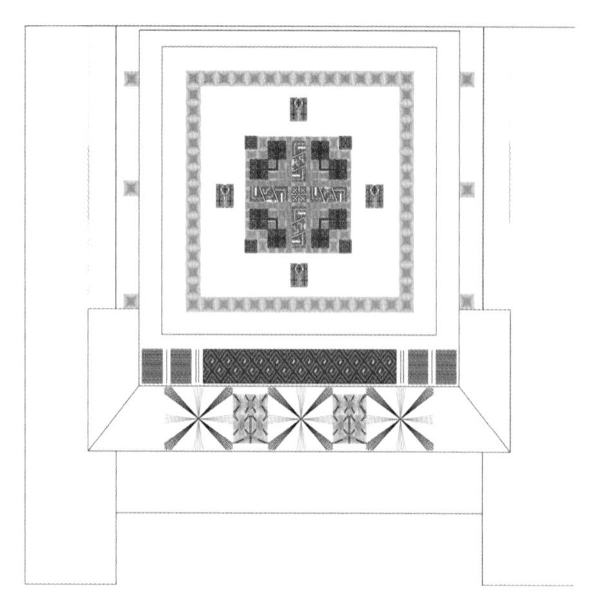

图 3-37 “田型 -2-1”白裤瑶女装后背效果图

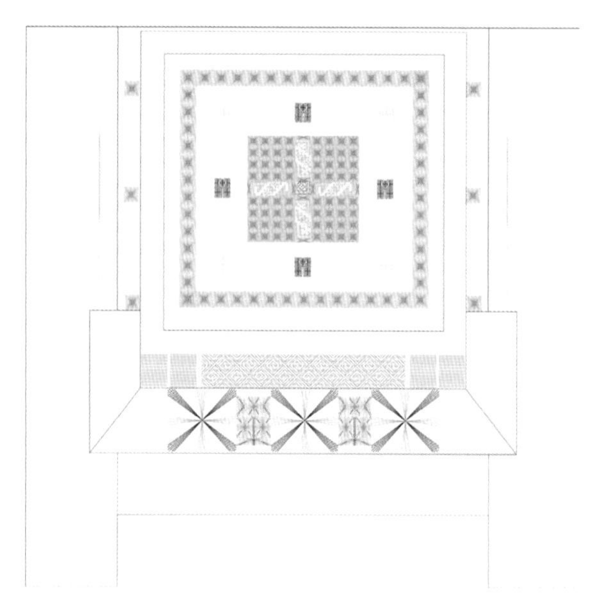

图 3-39 “田型 -2-2”白裤瑶女装后背效果图

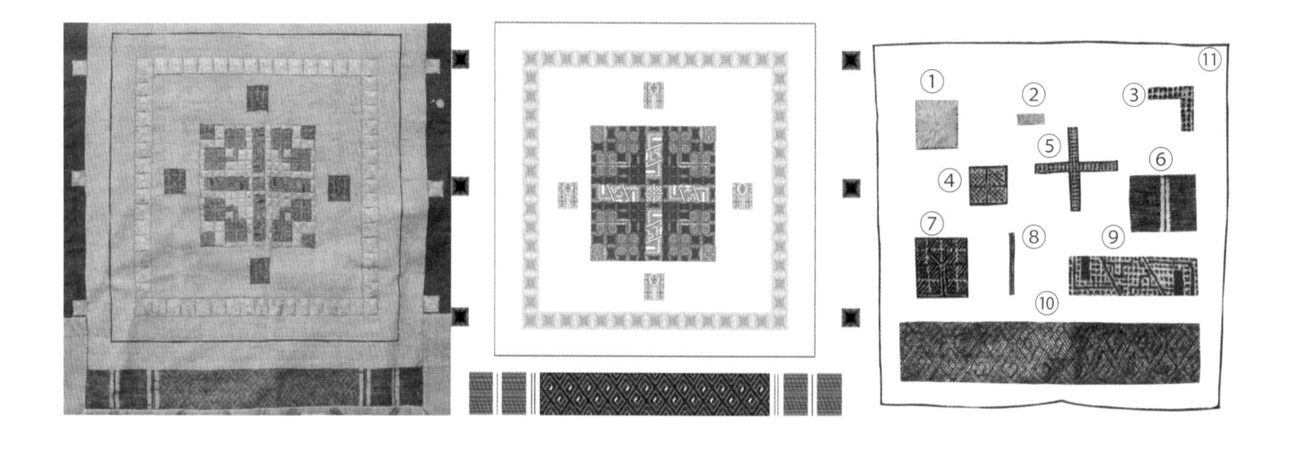

图 3-38 “田型 -2-1”组合纹样实物、结构、纹样要素解析图

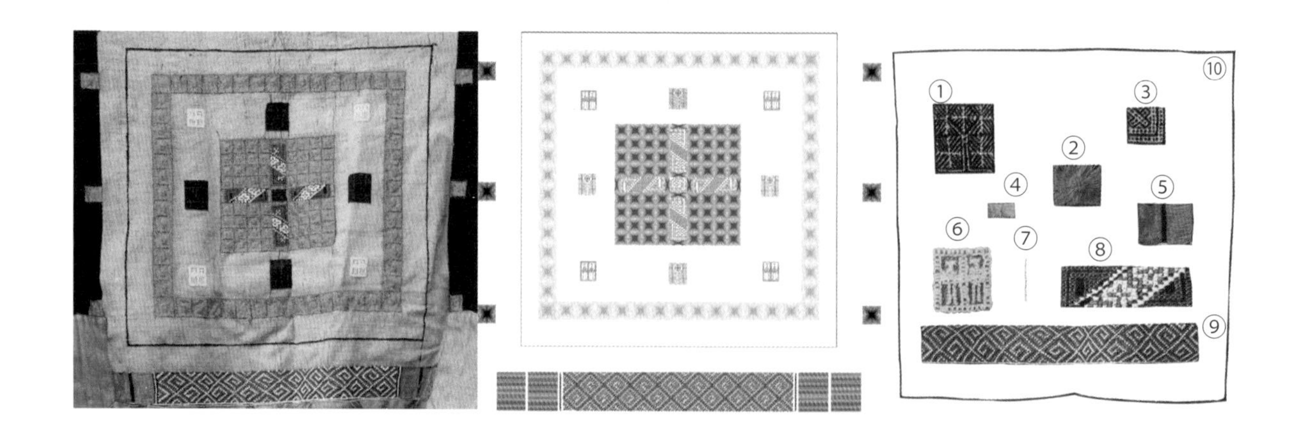

图 3-40 “田型 -2-2”组合纹样实物、结构、纹样要素解析图

纹样，由②纹样要素组成边框纹样，由②、⑤、⑦、⑨、⑩纹样要素组成边饰纹样。

（3）“田型-2-3”实物案例。图3-41为白裤瑶女装（盛装）后背效果图，图3-42包括大方形组合纹样、下摆纹样、袖窿纹样三个部分内容。大方形组合纹样为该效果图中心部分，由10种基础纹样要素组成。其中，由②、⑤、⑥、⑧纹样要素组成中心纹样，由③、⑦纹样要素组成中层纹样，由②纹样要素组成边框纹样，由①、③、④、⑨、⑩纹样要素组成边饰纹样。

（4）“田型-2-4”实物案例。图3-43为白裤瑶女装后背效果图，图3-44包括大方形组合纹样、下摆纹样、袖窿纹样三个部分内容。大方形组合纹样为该效果图中心部分，由14种基础纹样要素组成。其中，由①、③、④、⑤、⑥、⑦、⑩纹样要素组成中心纹样，由②、⑨纹样要素组成中层纹样，由⑤纹样要素组成边框纹样，由⑤、⑧、⑪、⑫、⑬、⑭纹样要素组成边饰纹样。

（5）“田型-2-5”实物案例。图3-45为白裤瑶女装后背效果图，图3-46包括大方形组合纹样、下摆纹样、袖窿纹样三个部分内容。大方形组合纹样为该效果图中心部分，由11种基础纹样要素组成。其中，由②、③、④、⑤、⑥、⑨纹样要素组成中心纹样，由①纹样要素组成中层纹样，由③纹样要素组成边框纹样，由③、⑦、⑧、⑩、⑪纹样要素组成边饰纹样。

（6）“田型-2-6”实物案例。图3-47为白裤瑶女装后背效果图，图3-48包括大方形组合纹样、下摆纹样、袖窿纹样三个部分内容。大方形组合纹样为该效果图中心部分，由16种基

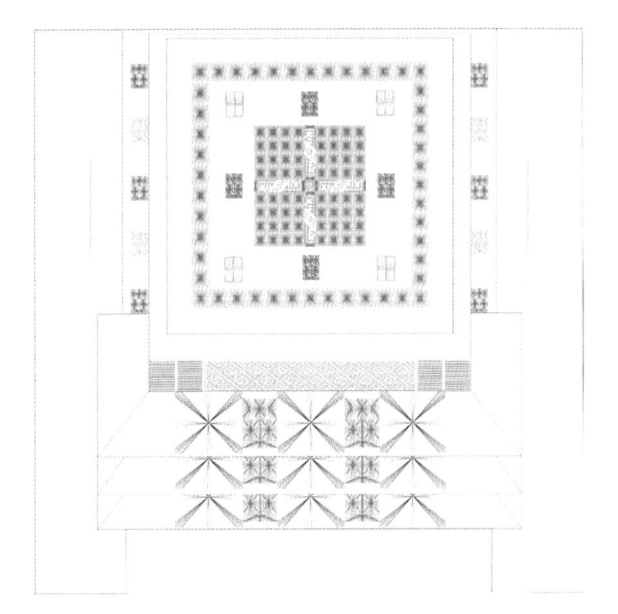

图3-41 “田型-2-3”白裤瑶女装（盛装）后背效果图

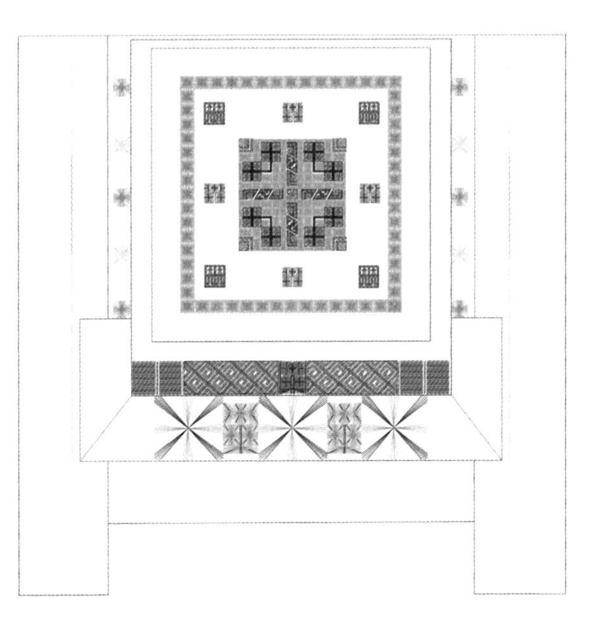

图3-43 “田型-2-4”白裤瑶女装后背效果图

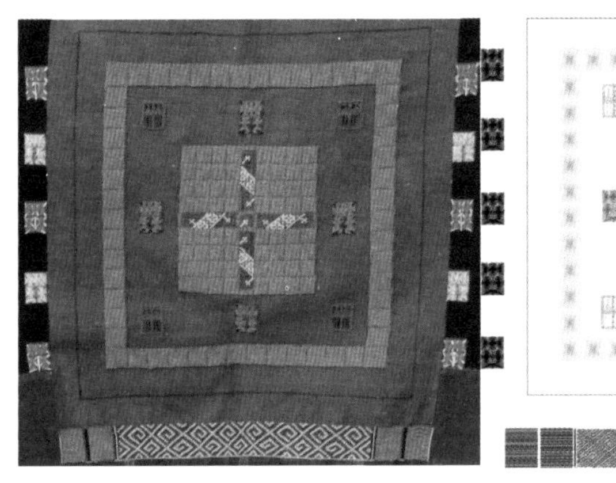

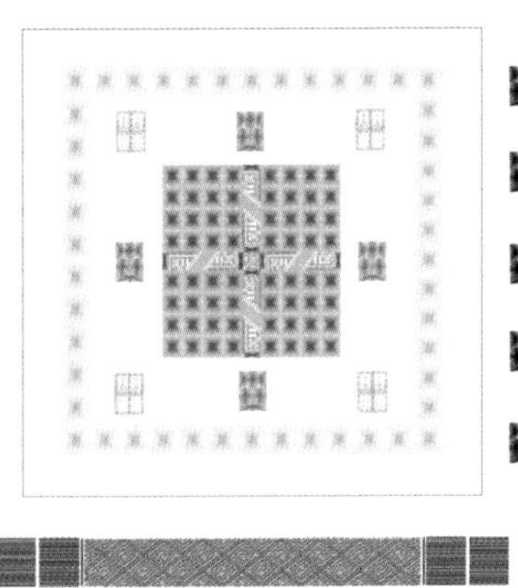

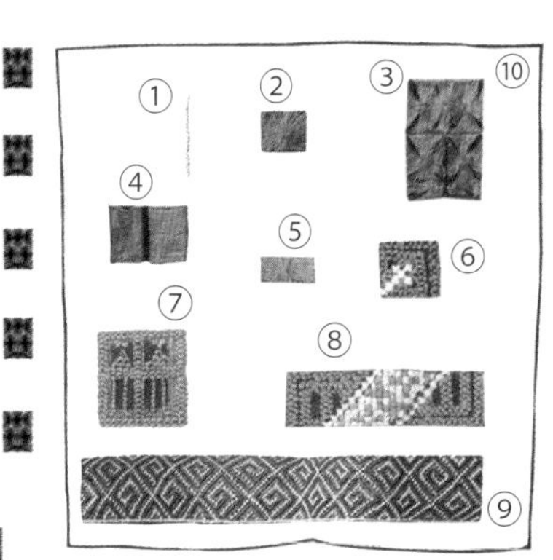

图3-42 “田型-2-3”组合纹样实物、结构、纹样要素解析图

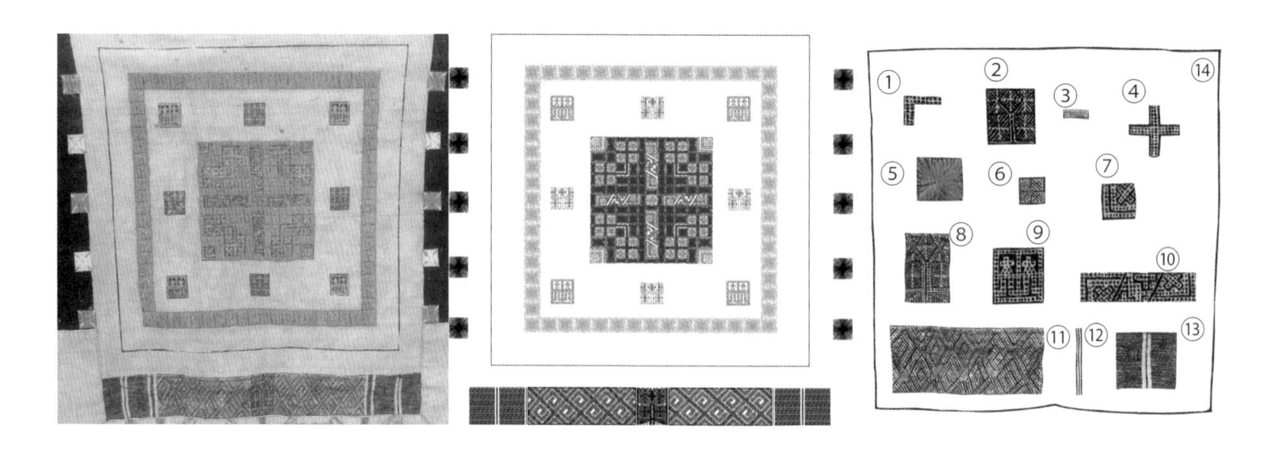

图 3-44 “田型 -2-4”组合纹样实物、结构、纹样要素解析图

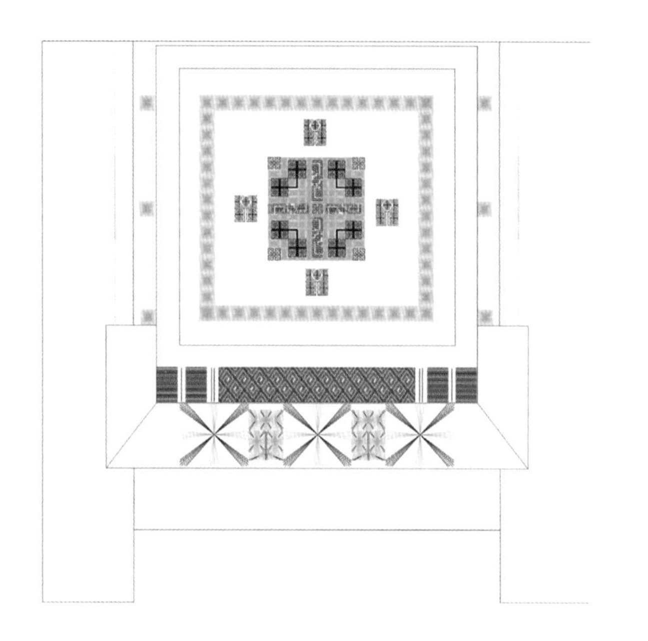
图 3-45 “田型 -2-5”白裤瑶女装后背效果图

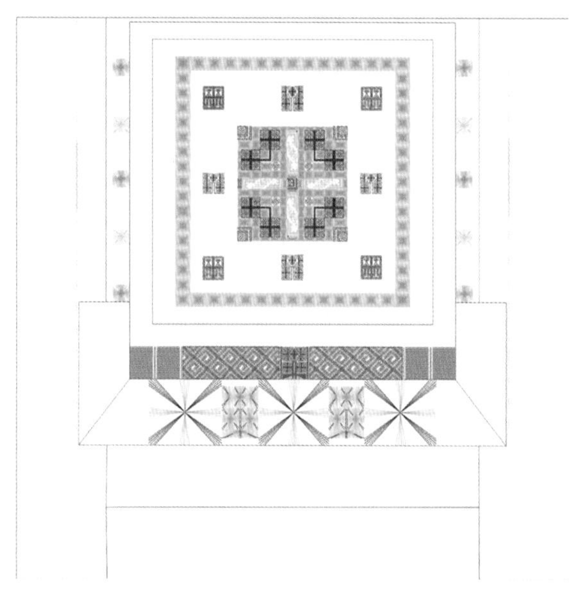
图 3-47 “田型 -2-6”白裤瑶女装后背效果图

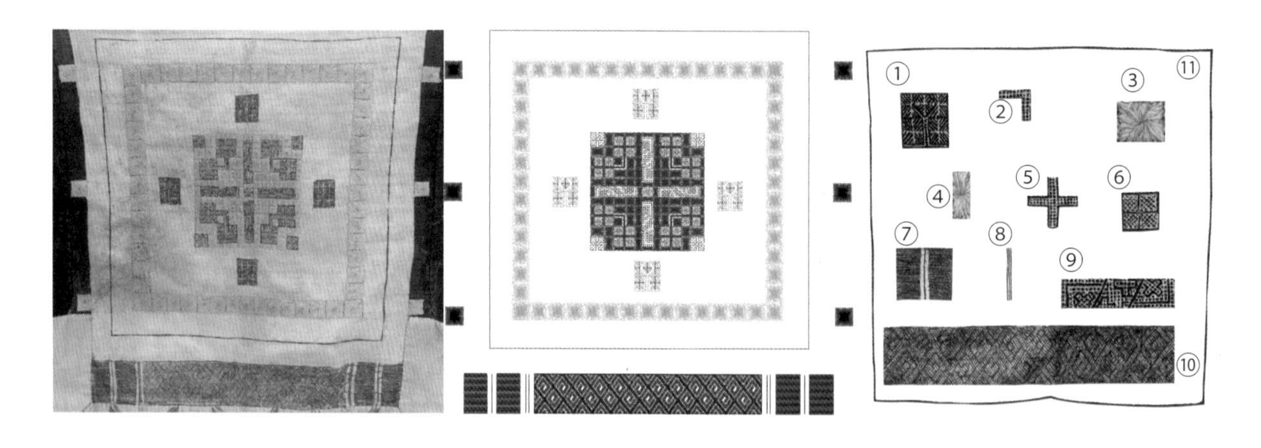

图 3-46 “田型 -2-5”组合纹样实物、结构、纹样要素解析图

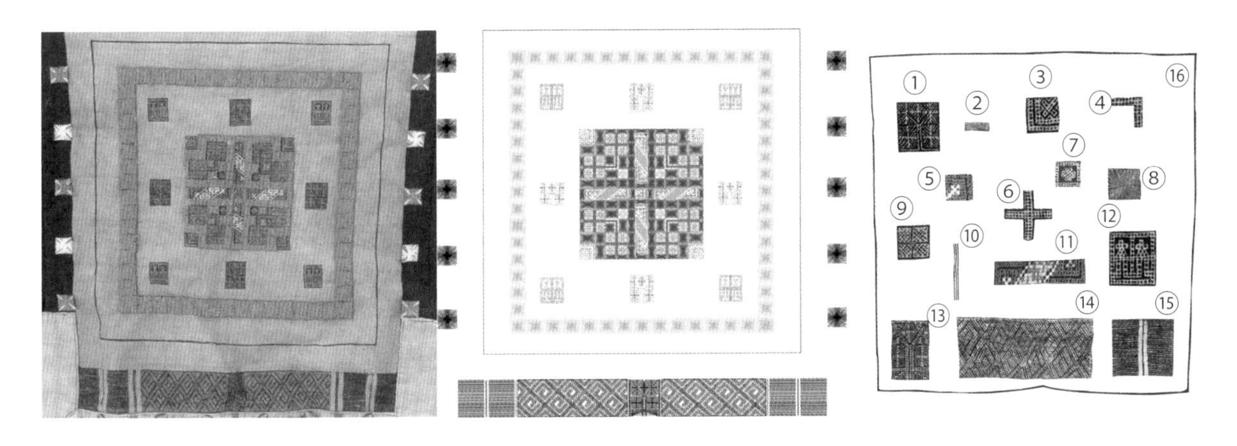

图 3-48　“田型 -2-6”组合纹样实物、结构、纹样要素解析图

础纹样要素组成。其中，由②、③、④、⑤、⑥、⑦、⑧、⑨、⑪纹样要素组成中心纹样，由①、⑫纹样要素组成中层纹样，由⑧纹样要素组成边框纹样，由⑧、⑩、⑬、⑭、⑮、⑯纹样要素组成边饰纹样。

（7）“田型 -2-7”实物案例。图 3-49 为白裤瑶女装后背效果图，图 3-50 包括大方形组合纹样、下摆纹样、袖窿纹样三个部分内容。大方形组合纹样为该效果图中心部分，由 13 种基础纹样要素组成。其中，由②、③、④、⑤、⑥、⑦、⑨纹样要素组成中心纹样，由①、⑦纹样要素组成中层纹样，由⑥纹样要素组成边框纹样，由⑥、⑧、⑩、⑪、⑫、⑬纹样要素组成边饰纹样。

（8）“田型 -2-8”实物案例。图 3-51 为白裤瑶女装后背效果图，图 3-52 包括大方形组合纹样、下摆纹样、袖窿纹样三个部分内容。大方形组合纹样为该效果图中心部分，由 13 种基础纹样要素组成。其中，由②、③、④、⑤、⑦、⑧、⑨纹样要素组成中心纹样，由①、③纹样要素组成中层纹样，由⑨纹样要素组成边框纹样，由⑥、⑨、⑩、⑪、⑫、⑬纹样要素组成边饰纹样。

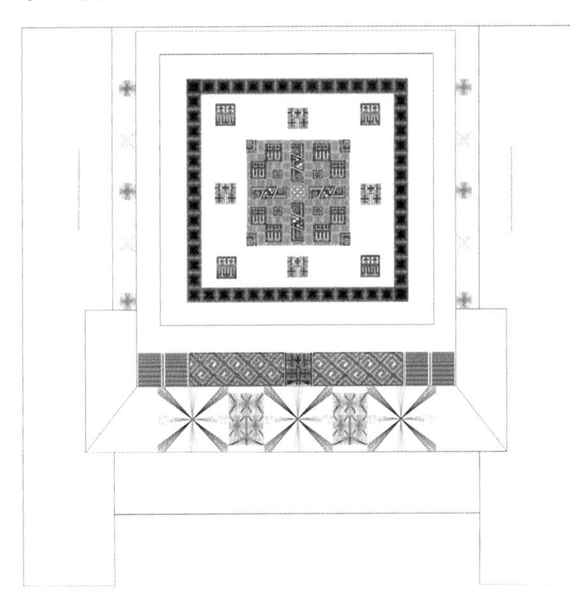

图 3-49　“田型 -2-7”白裤瑶女装后背效果图

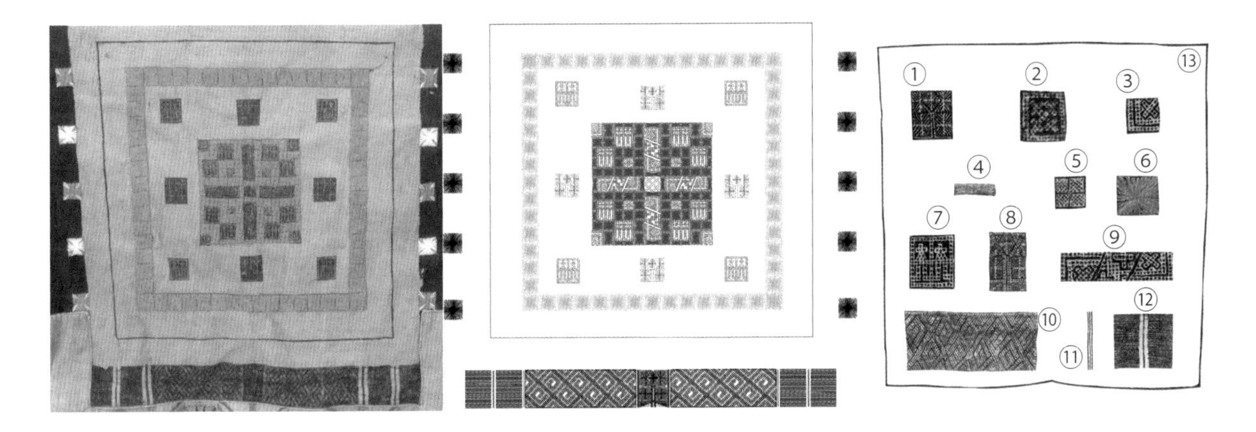

图 3-50　“田型 -2-7”组合纹样实物、结构、纹样要素解析图

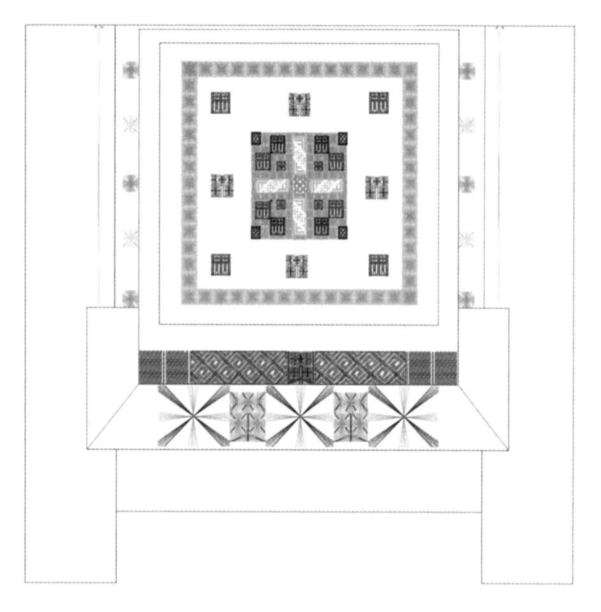

图 3-51　“田型 -2-8”白裤瑶女装后背效果图

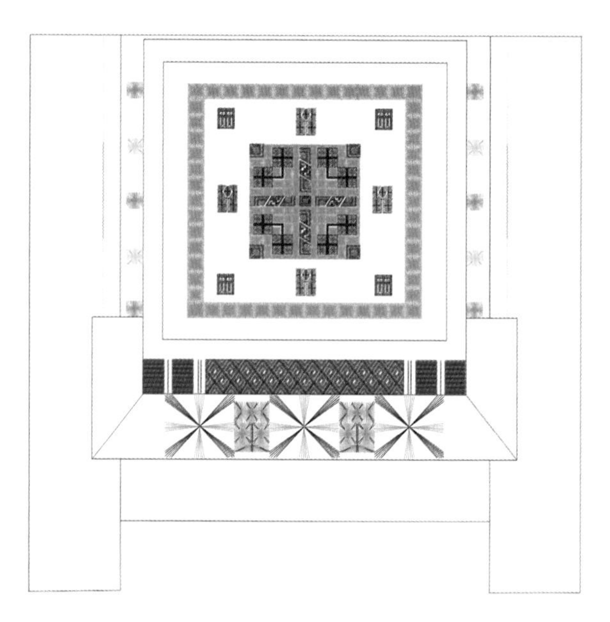

图 3-53　“田型 -2-9”白裤瑶女装后背效果图

图 3-52　“田型 -2-8”组合纹样实物、结构、纹样要素解析图

（9）“田型 -2-9”实物案例。图 3-53 为白裤瑶女装后背效果图，图 3-54 包括大方形组合纹样、下摆纹样、袖窿纹样三个部分内容。大方形组合纹样为该效果图中心部分，由 13 种基础纹样要素组成。其中，由 ②、③、④、⑤、⑥、⑦、⑩ 纹样要素组成中心纹样，由 ①、⑧ 纹样要素组成中层纹样，由 ④ 纹样要素组成边框纹样，由 ④、⑨、⑪、⑫、⑬ 纹样要素组成边饰纹样。

（10）“田型 -2-10”实物案例。图 3-55 为白裤瑶女装后背效果图，图 3-56 包括大方形组合纹样、下摆纹样、袖窿纹样三个部分内容。大方形组合纹样为该效果图中心部分，由 14 种基础纹样要素组成。其中，由 ①、②、③、④、

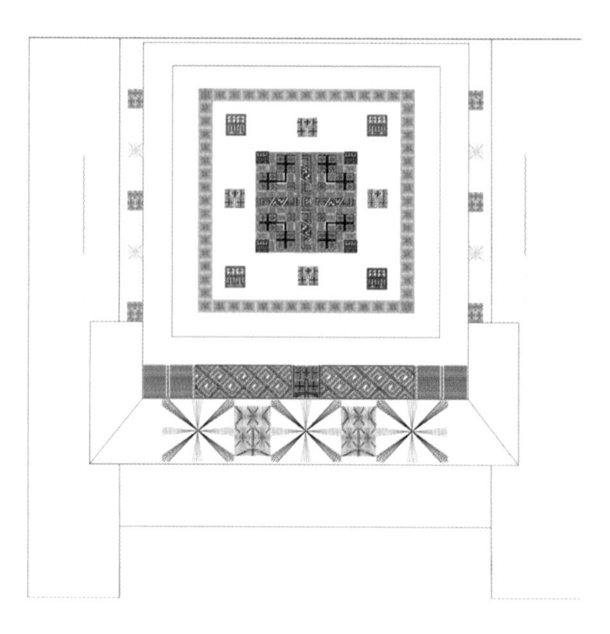

图 3-55　“田型 -2-10”白裤瑶女装后背效果图

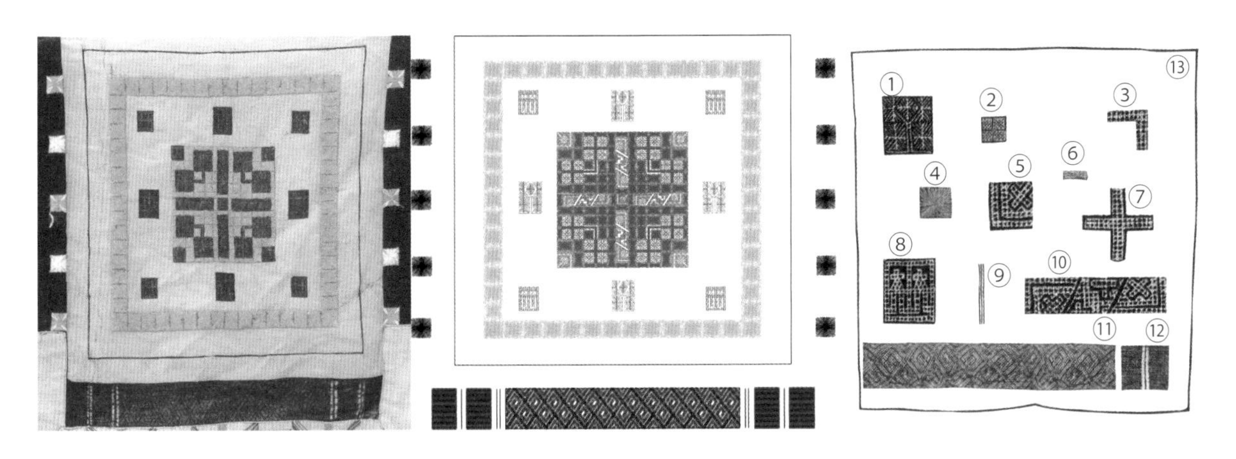

图 3-54 “田型 -2-9”组合纹样实物、结构、纹样要素解析图

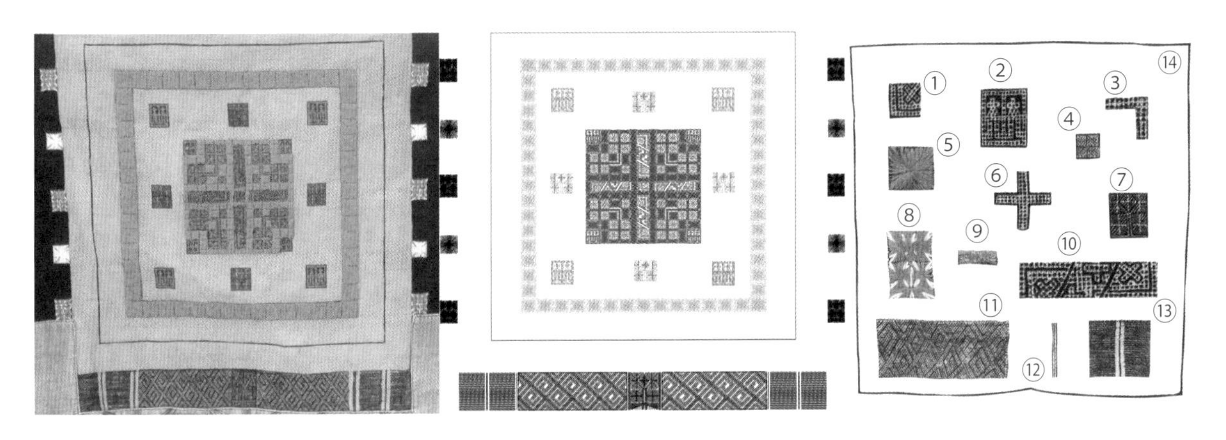

图 3-56 “田型 -2-10”组合纹样实物、结构、纹样要素解析图

⑤、⑥、⑨、⑩ 纹样要素组成中心纹样，由 ②、⑦ 纹样要素组成中层纹样，由 ⑤ 纹样要素组成边框纹样，由 ⑤、⑧、⑪、⑫、⑬、⑭ 纹样要素组成边饰纹样。

（11）“田型 -2-11”实物案例。图 3-57 为白裤瑶女装后背效果图，图 3-58 包括大方形组合纹样、下摆纹样、袖窿纹样三个部分内容。大方形组合纹样为该效果图中心部分，由 13 种基础纹样要素组成。其中，由 ②、③、⑤、⑥、⑦、⑧、⑩ 纹样要素组成中心纹样，由 ④、⑧ 纹样要素组成中层纹样，由 ② 纹样要素组成边框纹样，由 ②、④、⑨、⑪、⑫、⑬ 纹样要素组成边饰纹样。

（12）“田型 -2-12”实物案例。图 3-59 为白裤瑶女童装后背效果图，图 3-60 包括大方形组合纹样、下摆纹样、袖窿纹样三个部分内容。大方形组合纹样为该效果图中心部分，由 15 种

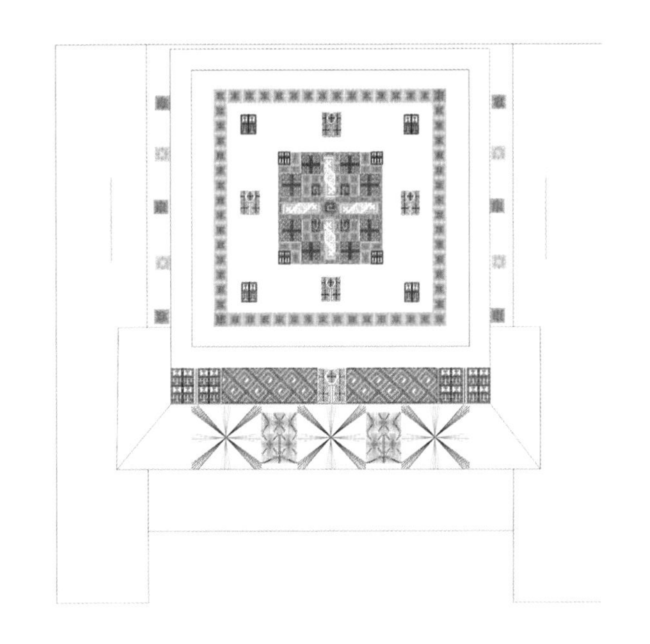
图 3-57 “田型 -2-11”白裤瑶女装后背效果图

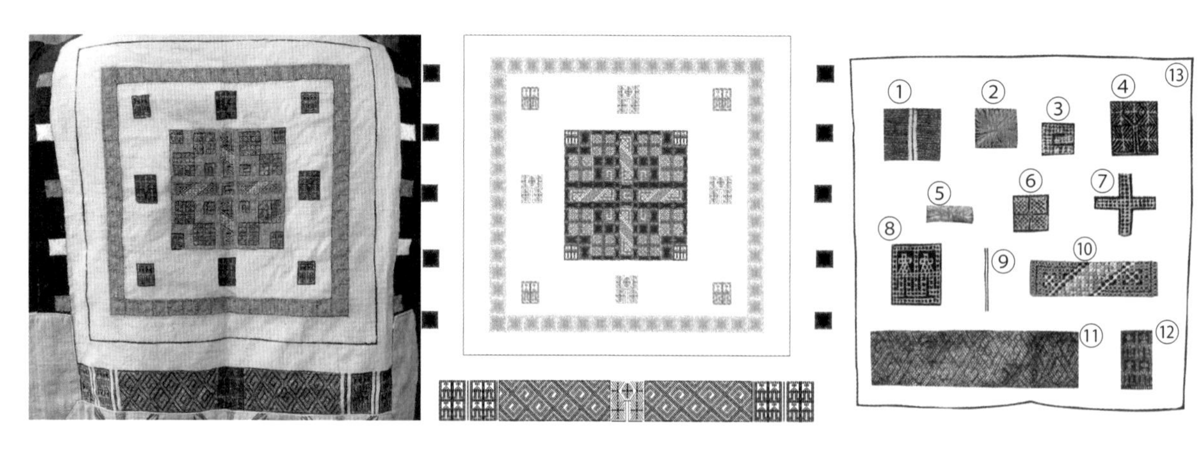

图 3-58　“田型 -2-11”组合纹样实物、结构、纹样要素解析图

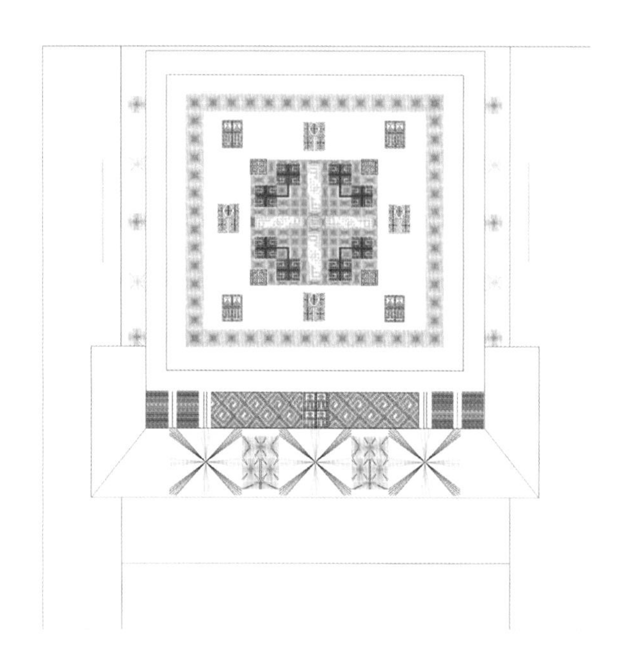
图 3-59　“田型 -2-12”白裤瑶女童装后背效果图

基础纹样要素组成。其中，由②、③、⑤、⑦、⑧、⑨、⑩、⑪纹样要素组成中心纹样，由①、④纹样要素组成中层纹样，由⑪纹样要素组成边框纹样，由⑥、⑪、⑫、⑬、⑭、⑮纹样要素组成边饰纹样。

（13）“田型 -2-13”实物案例。图 3-61 为白裤瑶女童装后背效果图，图 3-62 包括大方形组合纹样、下摆纹样、袖窿纹样三个部分内容。大方形组合纹样为该效果图中心部分，由 11 种基础纹样要素组成。其中，由①、②、③、⑤、⑨纹样要素组成中心纹样，由④、⑥纹样要素组成中层纹样，由⑤纹样要素组成边框纹样，由⑤、⑦、⑧、⑩、⑪纹样要素组成边饰纹样。

（14）“田型 -2-14”实物案例。图 3-63 为白裤瑶女童装后背效果图，图 3-64 包括大方形组合纹样、下摆纹样、袖窿纹样三个部分内容。

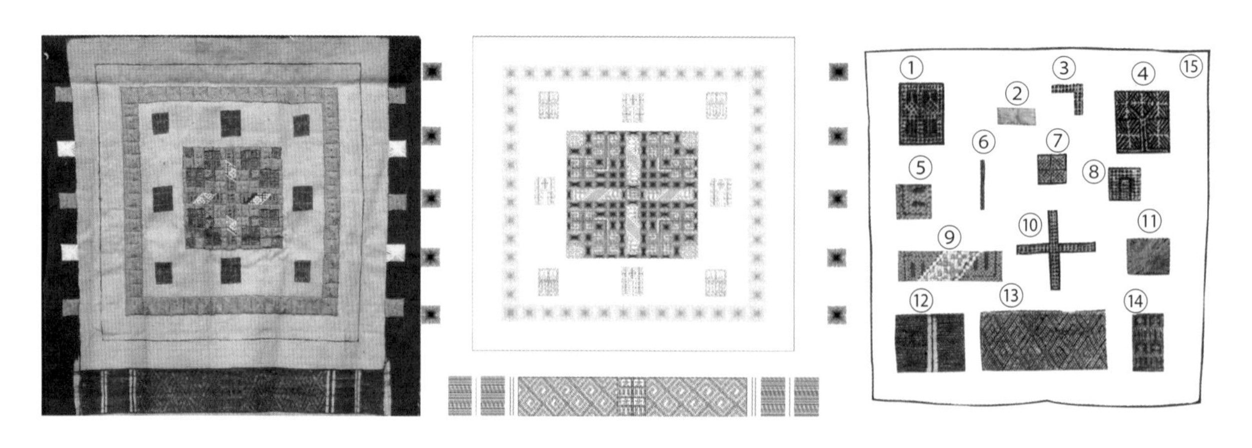

图 3-60　“田型 -2-12”组合纹样实物、结构、纹样要素解析图

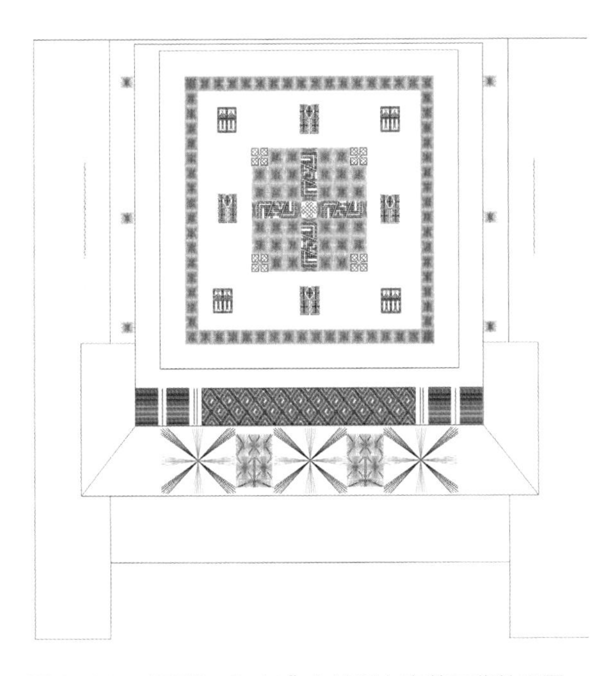

图 3-61 “田型 -2-13”白裤瑶女童装后背效果图

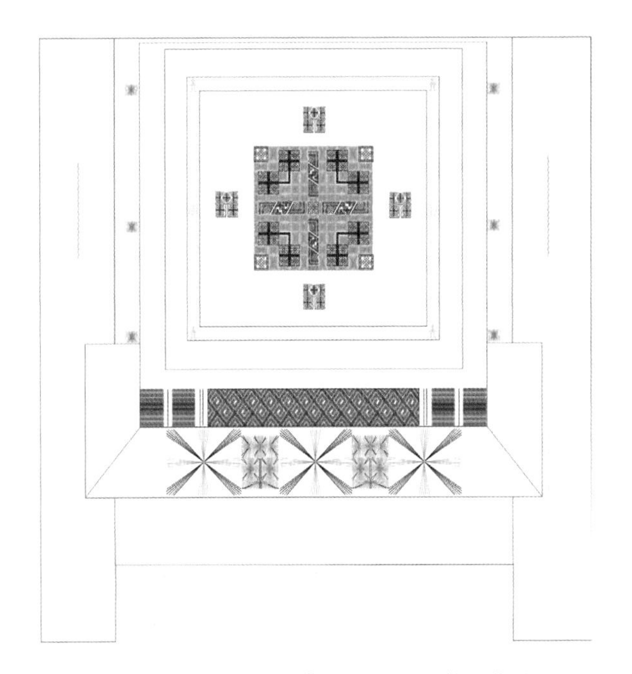

图 3-63 “田型 -2-14”白裤瑶女童装后背效果图

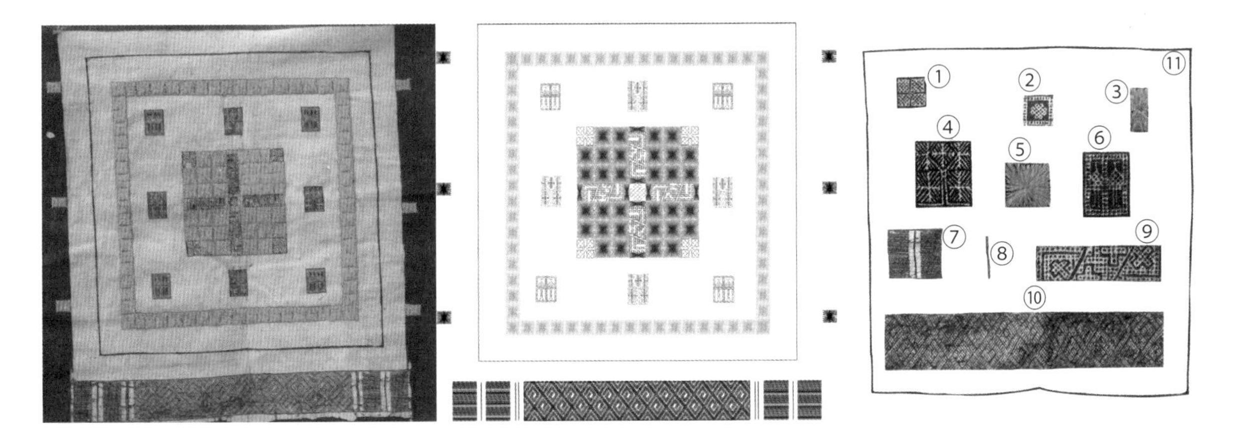

图 3-62 “田型 -2-13”组合纹样实物、结构、纹样要素解析图

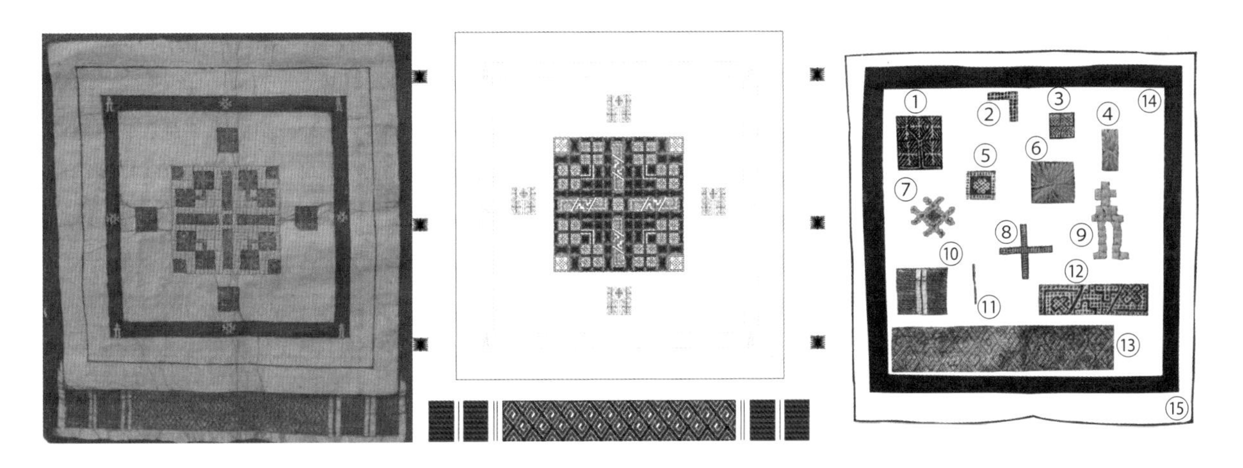

图 3-64 “田型 -2-14”组合纹样实物、结构、纹样要素解析图

大方形组合纹样为该效果图中心部分，由 15 种基础纹样要素组成。其中，由②、③、④、⑤、⑥、⑧、⑫纹样要素组成中心纹样，由①纹样要素组成中层纹样，由⑦、⑨、⑭纹样要素组成边框纹样，由⑥、⑩、⑪、⑬、⑮纹样要素组成边饰纹样。

6. 女子（童）上衣（下摆）纹样

图 3-65 ~ 图 3-67 为白裤瑶女子贯头衣、盛装上衣后背下摆边饰部位装饰，由“花”“鸡”等基础纹样要素组成单位纹重复（二方连续）排列。白裤瑶所有女子（童）上衣后背下摆纹样基本相同。

（二）百褶裙纹样

白裤瑶女子一年四季都身着百褶裙。百褶裙包括裙腰、裙身、裙摆装饰三个要素部分，裙身、裙摆部分有纹样装饰。2 ~ 6 岁女孩的裙子纹样画法有两种，6 岁以上及成人的裙子纹样画法有三种。具体内容详见后文中的实例。

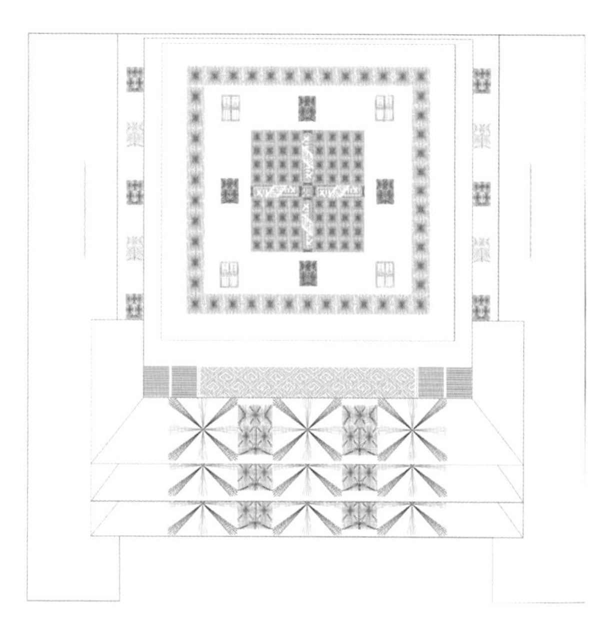

图 3-65　女子盛装上衣后背下摆实例及其效果图

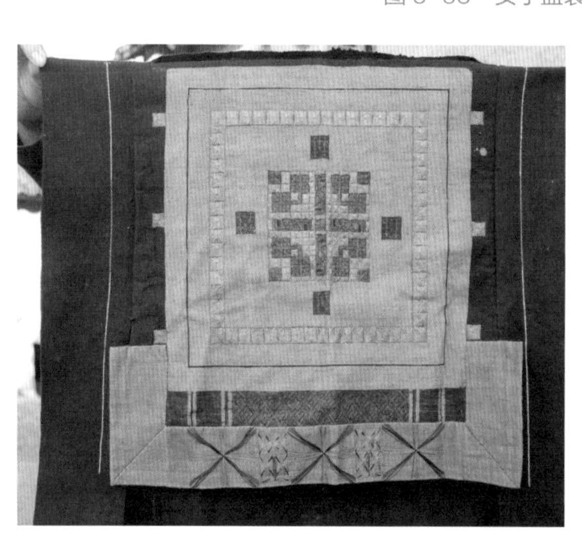
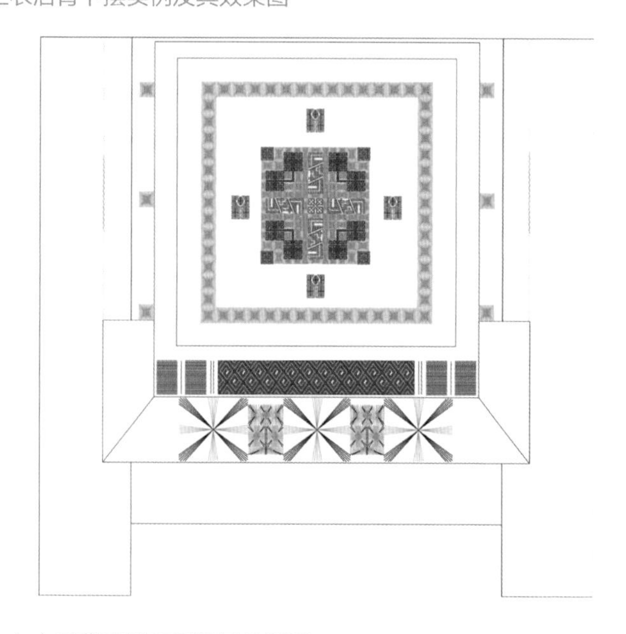

图 3-66　女子贯头衣上衣后背下摆实例及其效果图

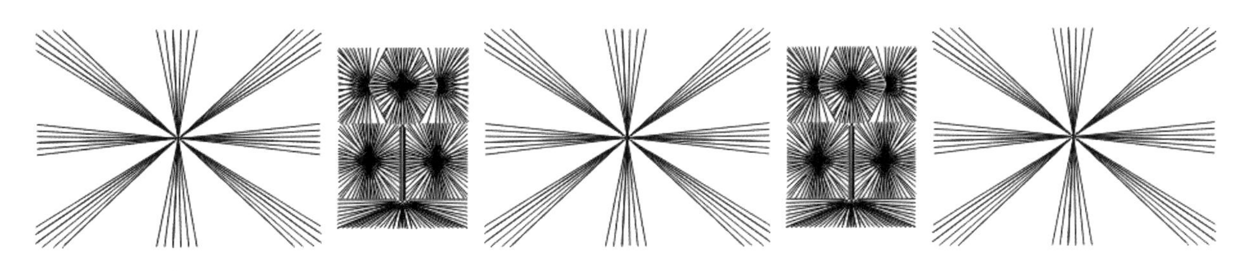

图 3-67　女子贯头衣、盛装上衣（女童贯头衣）后背下摆纹样结构图

1. 百褶裙裙身纹样骨骼单位

白裤瑶女子百褶裙裙身纹样是由黑色装饰纹样搭配蓝底二方连续构成（图 3-68），黑色装饰纹样共六条。第一条（最上端）为实黑色直条无纹样单位纹定位造型，为手针锁褶上腰头部分；第二条为实黑色直条无纹样，与黑色直条纹样交错定位造型；第三条为两条相同实黑色直条无纹样交错定位造型；第四条为两条不同宽度黑色直条单位纹样交错定位造型；第五条为一条同宽度黑色直条单位纹定位造型；第六条为一条同宽度实黑色直条单位纹定位造型（为裙边布托）。

2. 成人百褶裙纹样解析

白裤瑶女子百褶裙裙身纹样多基于回纹进行变化。如菱形结构中填充回形纹样；回纹竖向直线排列，回纹横向层叠排列等。据资料考证，白裤瑶人把百褶裙上的菱形纹样叫做“尼”，与汉语“钱”“钱袋”的意思相同，白裤瑶人称“尼要一串一串、一挂一挂才得”，所以大多“尼”的纹样都是连续出现在背牌下方和裙边处作为装饰。白裤瑶女子所穿的裙子都会有两条由回形纹组成的长条形图案，这两条具有深刻含义的图案象征着白裤瑶人印象中的长江、黄河，在裙子装饰接缝部位与这两条长条形图案的相接处绘有人

图 3-68　裙身纹样骨骼单位

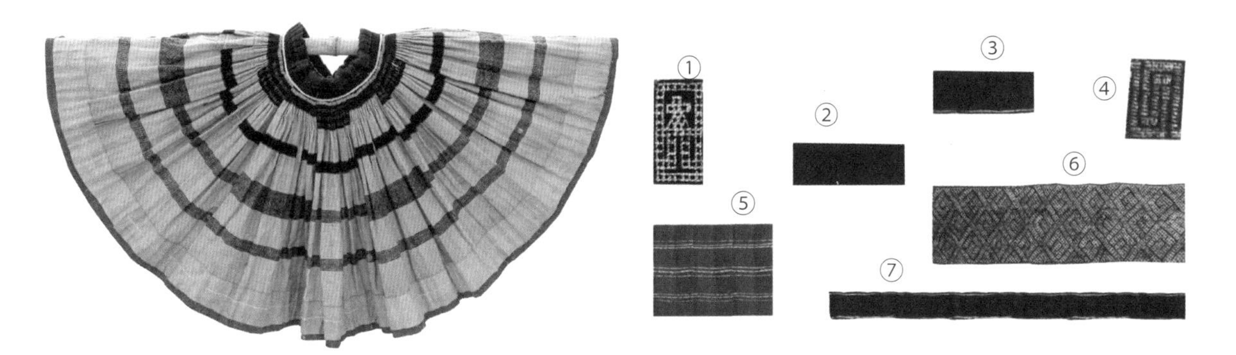

图 3-69　百褶裙实物 1 及其 7 种纹样要素

仔图案，寓意人是从这个地方来的，也就是白裤瑶祖先曾生活在两河沿岸[1]。

在三种成人实例裙身纹样画法中，第二、第三种裙身分别有其变化纹样出现，纹样基本骨骼相同，但纹样组合有局部变化。

（1）成人百褶裙实物 1 案例。如图 3-69、图 3-70 所示，裙身纹样是由菱形结构中填充回形纹样有序排列。回纹竖向直线排列，两端装饰人仔图案等 7 种基础纹样要素并由此组成装饰画面的组合纹样。

（2）成人百褶裙实物 2 案例。如图 3-71、图 3-72 所示，裙身纹样是由回纹横向层叠排列、回纹竖向直线排列等 6 种基础纹样要素组成具有装饰画面的组合纹样。图 3-73、图 3-74 的裙身纹样是由回纹横向层叠排列、回纹竖向直线排列、两端装饰风车图案等 8 种基础纹样要素组成装饰画面构成组合纹样。这两款裙身纹样基本相同，只是局部纹样有所变化。

（3）成人百褶裙实物 3 案例。裙身纹样是由回纹竖向直线排列等 6 种基础纹样要素组成装

图 3-70　百褶裙实物 1 裙身 7 种纹样及骨骼结构解析

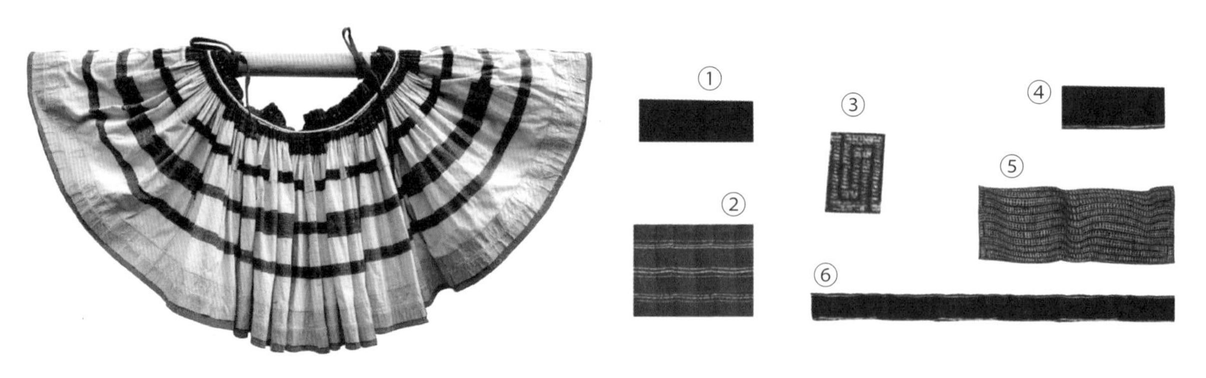

图 3-71　百褶裙实物 2 及其 6 种纹样要素

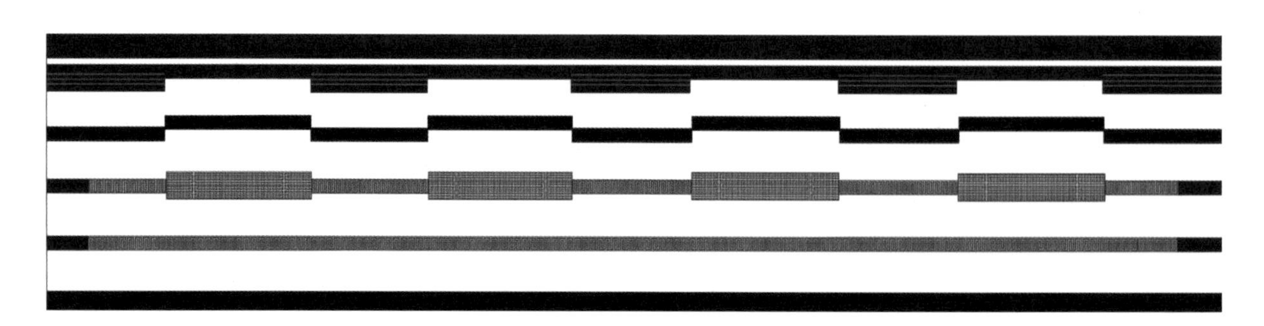

图 3-72　百褶裙实物 2 裙身 6 种纹样及骨骼结构解析

[1] 何宁 . 白裤瑶服饰元素及其再设计的应用研究 [D]. 上海：东华大学，2010.

图 3-73　百褶裙实物 2 及其 8 种纹样要素

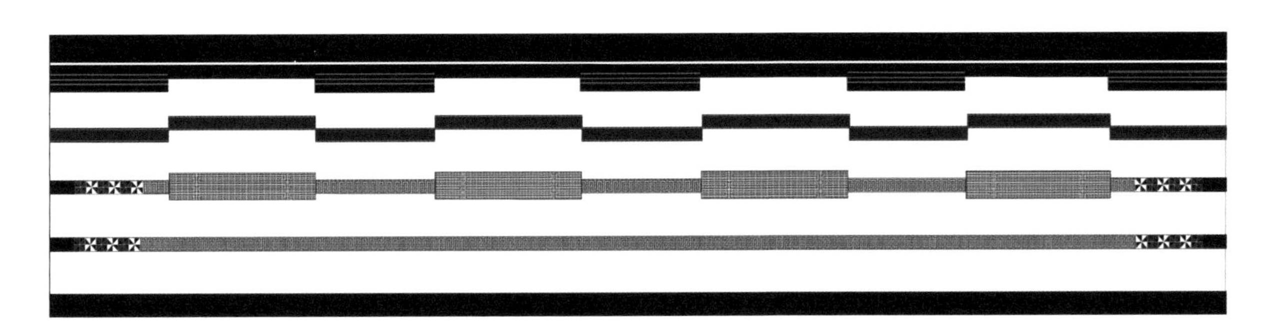
图 3-74　百褶裙实物 2 裙身 8 种纹样及骨骼结构解析

饰画面构成的组合纹样（图 3-75、图 3-76），图 3-77、图 3-78 的裙身纹样是由菱形结构中填充回形纹样等 7 种基础纹样要素组成装饰画面构成组合纹样。这两款裙身纹样基本相同，只是局部纹样有变化。

3. 女童百褶裙纹样解析

（1）女童百褶裙实物 1 案例。如图 3-79、图 3-80 所示，女童裙身纹样是由菱形结构中填充回形纹样，下面一层将点密集排列成网状等 5 种基础纹样要素组成装饰画面构成的组合纹样，是女童出生后的第一条百褶裙图案样式。

（2）女童百褶裙实物 2 案例。如图 3-81、图 3-82 所示，女童裙身纹样是由菱形结构中填充回形纹样、回纹竖向直线排列等 5 种基础纹样要素组成装饰画面构成的组合纹样。

4. 百褶裙裙摆装饰纹样

白裤瑶女子百褶裙包括裙腰、裙片、裙摆装饰。如图 3-83 所示，裙摆装饰纹样是附在百褶裙裙身下摆边缘的装饰。只有成年女子裙摆才有这种装饰，儿童裙摆采用相同色彩的布代替。白裤瑶女子百褶裙裙摆装饰纹样是由菱形结构中填充回形纹样（1 个纹样要素重复排列、四方连续组成单位纹）完成装饰，如图 3-84 所示。

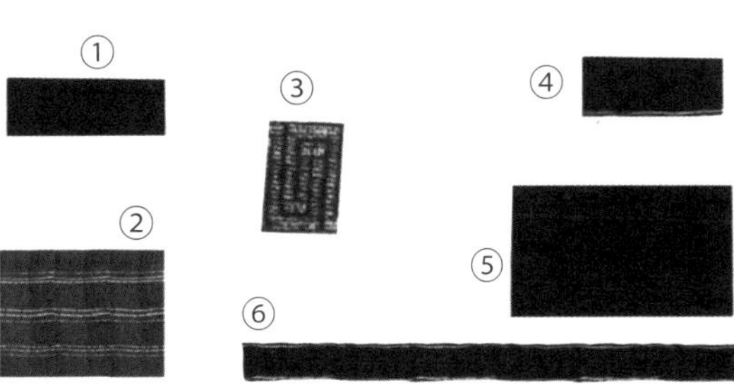

图 3-75　百褶裙实物 3 及其 6 种纹样要素

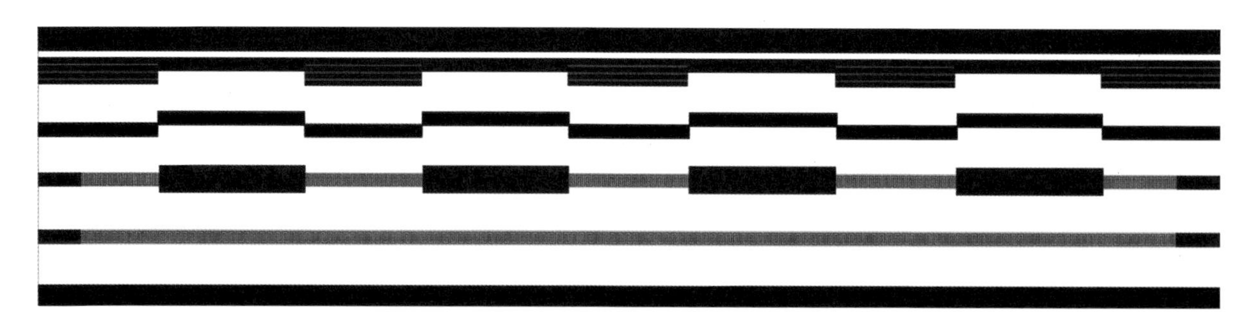

图 3-76　百褶裙实物 3 裙身 6 种纹样及骨骼结构解析

图 3-77　百褶裙实物 3 及其 7 种纹样要素

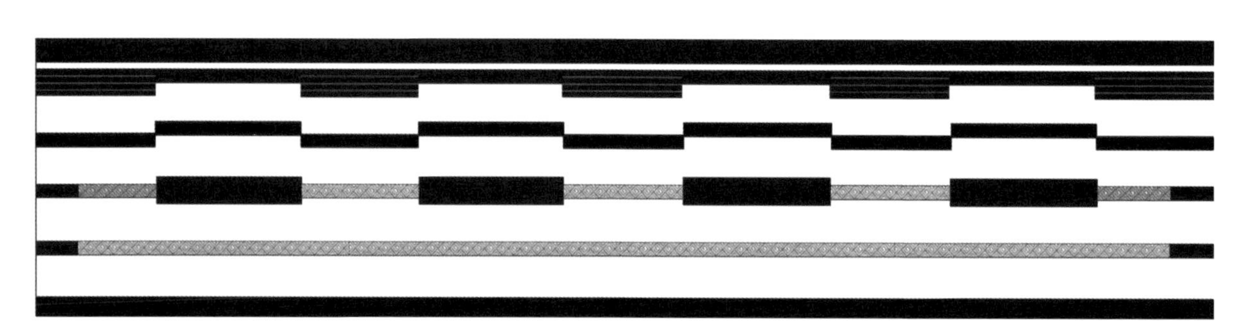

图 3-78　百褶裙实物 3 裙身 7 种纹样及骨骼结构解析

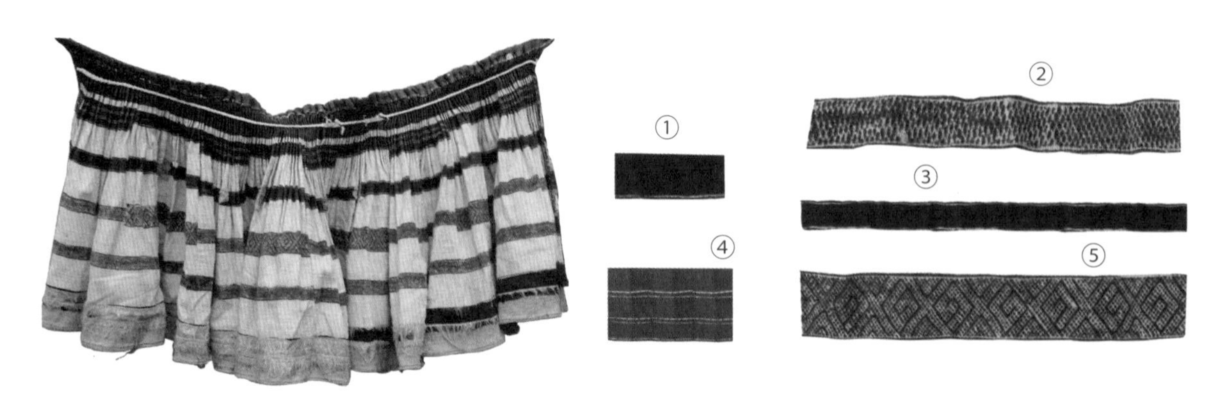

图 3-79　女童百褶裙实物 1 及其 5 种纹样要素

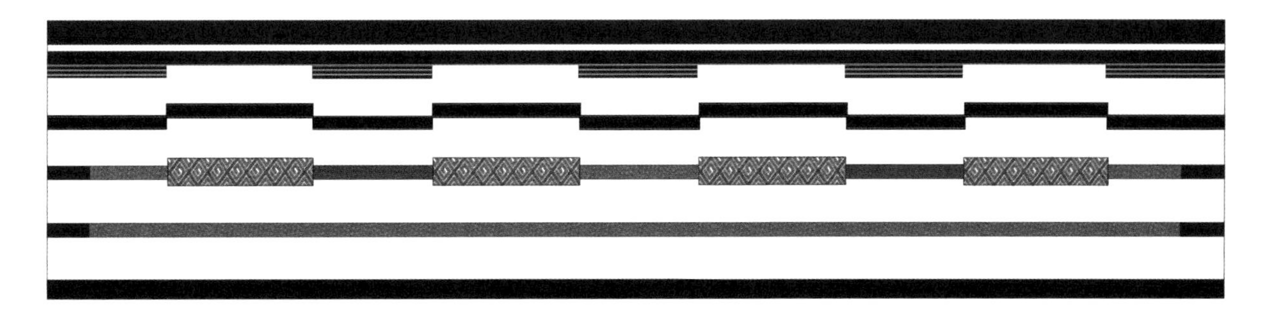

图 3-80　女童百褶裙实物 1 裙身 5 种纹样及骨骼结构解析

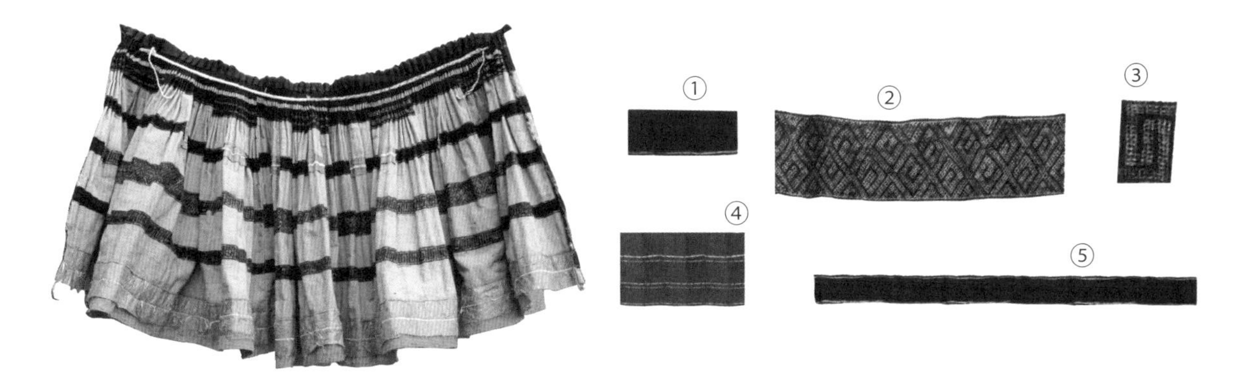

图 3-81　女童百褶裙实物 2 及其 5 种纹样要素

图 3-82　女童百褶裙实物 2 裙身 5 种纹样及骨骼结构解析

图 3-83　女子百褶裙裙摆饰物

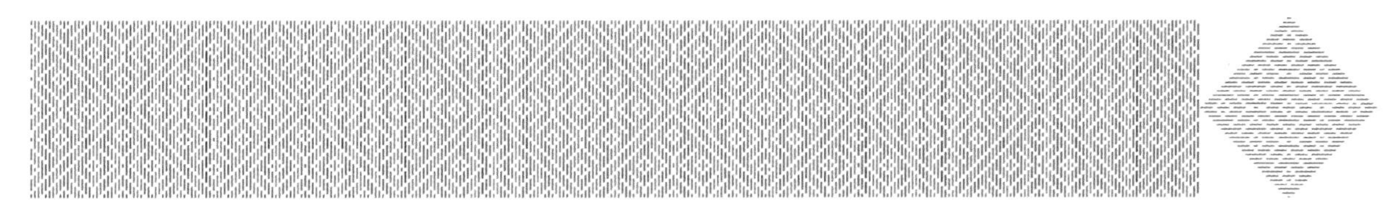

图 3-84　女子百褶裙裙摆纹样结构图、纹样骨骼单位

第三节　服饰配件纹样

服饰配件是指与服装进行整体配套的附属物，是除了服装以外的其他服装配饰的总称。白裤瑶民族服饰配件是指从头、腰到腿相应的配件装饰物，包括头饰、腰饰、腿饰等，它们不光拥有各自独特的造型形制，还具有各自相对应的具有装饰意味的花纹或图形。辛勤的白裤瑶人将自己本民族的历史与大自然的鬼斧神工状态用独特的审美视角规律化、抽象化地表现在自己的服饰上，又通过服饰图案的独特之美来展示生活的美、理想的美和追求的美。

一、童帽

童帽是白裤瑶童装服饰工艺精品，童帽结构形制与纹饰装饰贴近其民族生活审美愿望，沿袭地方礼仪习俗，反映了白裤瑶人在与自然的抗衡中对事物的认识和升华以及审美意识。白裤瑶童帽有银帽、花帽、黑帽三种形制，花帽是银帽的基础。银帽、花帽两种童帽形制中，除帽檐绣条是男童银帽独有外，帽口纹样装饰完全相同。黑帽形制是银帽、花帽之帽顶无装饰纹样的形制。

（一）男童银帽帽檐绣条纹样

如图 3–85、图 3–86 所示，白裤瑶童帽纹样主要以男童帽檐绣条（花帽无）、帽口绣条装饰为主，帽檐绣条纹样骨骼要素由中心纹样“ ”和边框纹样“ ”组成。其单位纹是由 10 种基础纹样组成的。①、②、③、⑤、⑥、⑦、⑧、⑨ 纹样要素组成中心纹样，④、⑥、⑩ 纹样要素组成边框纹样。

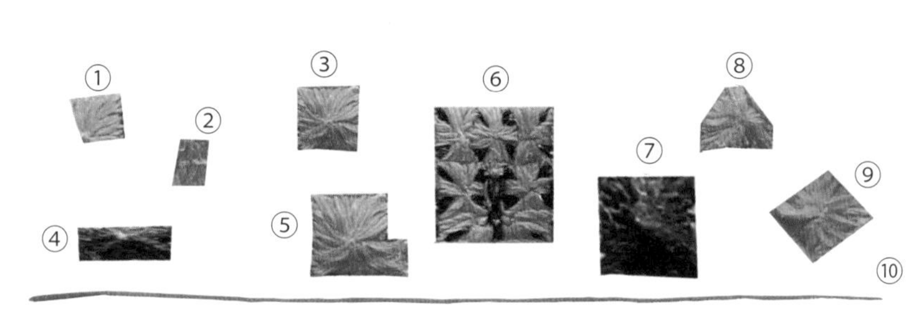

图 3–85　男童帽实物、纹样要素图

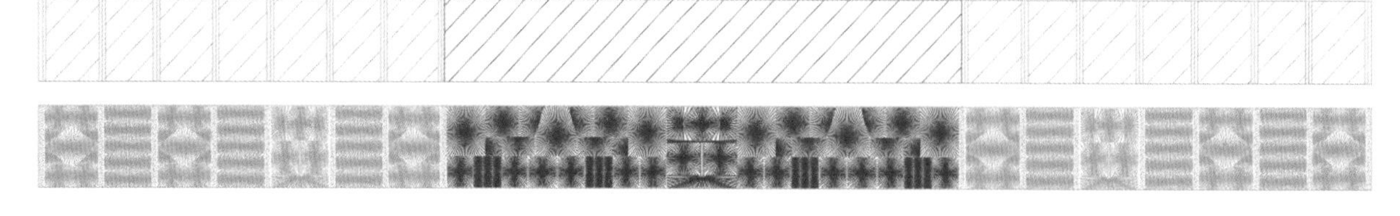

图 3–86　男童帽檐绣条纹样骨骼及结构图

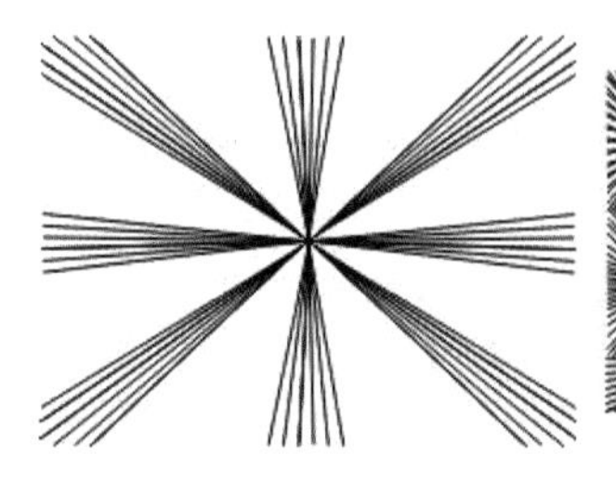

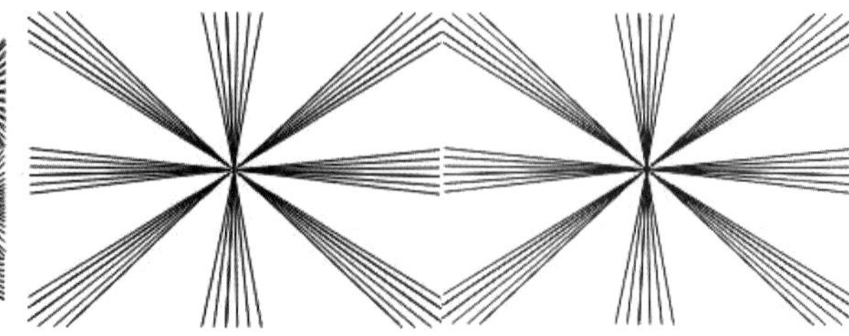

图 3–87　花帽、银帽帽口纹样骨骼、纹样结构图

（二）花帽、银帽帽口纹样

花帽、银帽帽口纹样是由“花”“鸡”两种纹样要素组成单位纹重复排列完成装饰（图3–87）。

二、男子腰带纹样

腰带是服装穿着时促使服装贴合身体、塑造形体美的一个重要物件。腰带作为一种基本的服饰物，它除了以精美、质朴的制作工艺，相应的装饰纹样来实现其审美和实用的双重功能外，在漫长的历史发展长河与民族的生产与生活、社会与人伦、思维与心理等不同文化层面上，还是一种“服饰符号”，常常成为人们权力、地位的象征和联络情感的信物。

（一）花腰带纹样

在白裤瑶服饰形象中，腰带有黑腰带、花腰带两种，黑腰带无纹样装饰。白裤瑶花腰带又分为黑白两种，早期的花腰带装饰较统一，基本采用黄、白、绿三种颜色为主装饰基调。随着社会的发展和周边民族的影响，白裤瑶花腰带花纹图案日趋多样化。制作一条花腰带需要 15 ~ 20 天时间，可选择自织白布、黑布为底，用不同颜色的绣花线来装饰纹样直到完成。花腰带纹样分为 9 个纹样单位（中间为 3 个“花”纹样，两头纹样可以是“鸡”纹样，也可以是其他纹样，用 4 个单位纹隔开），左右对称。花腰带不光是白裤瑶人在盛大节日和葬礼时着盛装的配饰物，它还是白裤瑶青年男女的定情信物之一。在白裤瑶，拥有花腰带的人不多。这是因为对于一些家境贫寒的人来说，受经济条件制约，想做一条花腰带是十分困难的事。相反，拥有的花腰带越多，表明他的家庭越富裕，地位也就越高。

时至今日，花腰带在不同的地方有一定的装饰差异，主要表现在图案和颜色上的变化。在里湖一带，白裤瑶妇女所绣花腰带大都是选择自织白布为底布。荔波瑶山乡的白裤瑶妇女以前制作花腰带时是选择白色自织棉布为底布，但现在却选择用自织的黑色棉布为底布。在八圩乡，白裤瑶妇女制作花腰带采用黑色自织棉布为底布。

（二）花腰带纹样组合与变化

1. 男装花腰带实物 1 案例

如图 3–88、图 3–89 所示，白裤瑶男子盛装花腰带是以自织白色土布为底布，纹样骨骼由中心纹样“ ”和边框纹样“ ”来构成表现的。男（盛）装花腰带实物 1 基础纹样要素有 11 种，②、③、④、⑤、⑥、⑨、⑩ 纹样要素组成中心纹样，①、⑦、⑧、⑪ 纹样要素组成边框纹样。

图 3–88　男装花腰带实物 1 及纹样要素

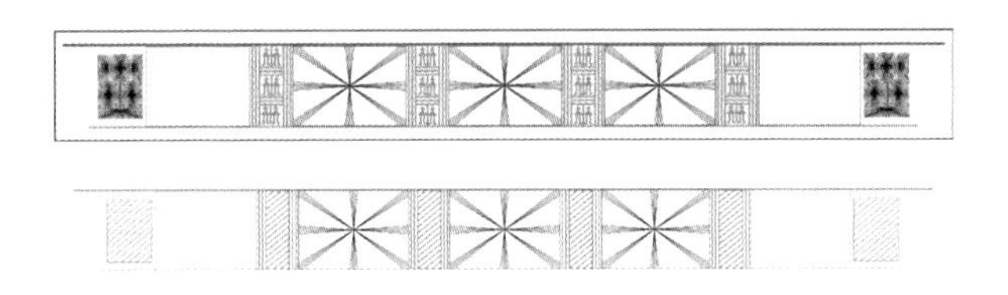

图 3–89　男装花腰带实物 1 纹样结构、骨骼图

2. 男装花腰带实物 2 案例

如图 3–90、图 3–91 所示，白裤瑶男子盛装花腰带是以自织白色土布为底布，纹样骨骼由中心纹样“ ”和边框纹样“ ”来构成表现的。男（盛）装花腰带实物 2 基础纹样要素有 19 种，②、⑤、⑥、⑩、⑪、⑭、⑮、⑯、⑰ 纹样要素组成中心纹样，①、③、④、⑦、⑧、⑨、⑫、⑬、⑱、⑲ 纹样要素组成边框纹样。

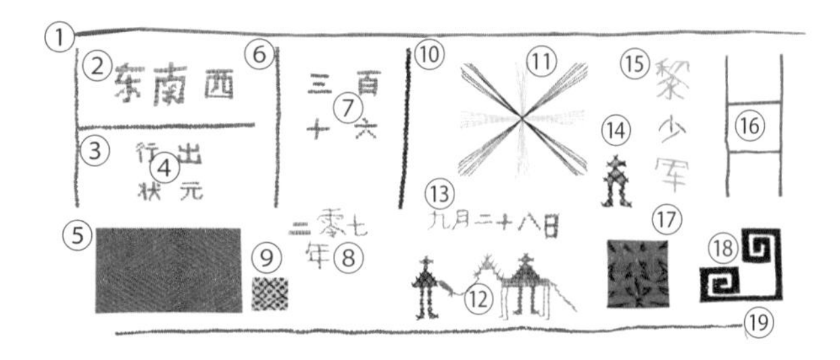

图 3-90　男装花腰带实物 2 及纹样要素

图 3-91　男装花腰带实物 2 纹样结构、骨骼图

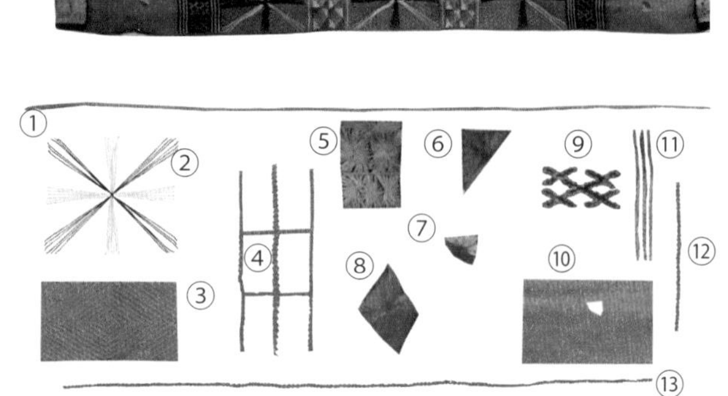

图 3-92　男装花腰带实物 3 及纹样要素

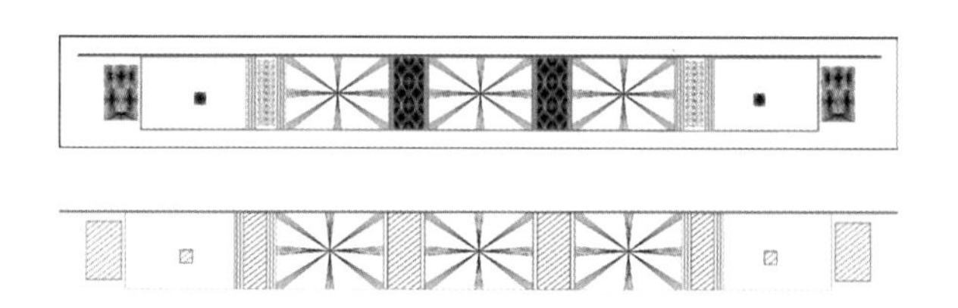

图 3-93　男装花腰带实物 3 纹样结构、骨骼图

3. 男装花腰带实物 3 案例

如图 3-92、图 3-93 所示，白裤瑶男子盛装花腰带是以自织白色土布为底布，纹样骨骼由中心纹样“　”和边框纹样“　”来构成表现的。男（盛）装花腰带实物 3 基础纹样要素有 13 种，②、③、④、⑥、⑧、⑨、⑪、⑫ 纹样要素组成中心纹样，①、⑤、⑦、⑩、⑬ 纹样要素组成边框纹样。

4. 男装花腰带实物 4 案例

如图 3-94、图 3-95 所示，白裤瑶男子盛装花腰带是以自织白色土布为底布，纹样骨骼由中心纹样“　”和边框纹样“　”来构成表现的。男（盛）装花腰带实物 4 基础纹样要素有 14 种，②、③、④、⑤、⑥、⑧、⑩、⑬ 纹样要素组成中心纹样，①、⑦、⑨、⑪、⑫、⑭ 纹样要素组成边框纹样。

图 3-94　男装花腰带实物 4 及纹样要素

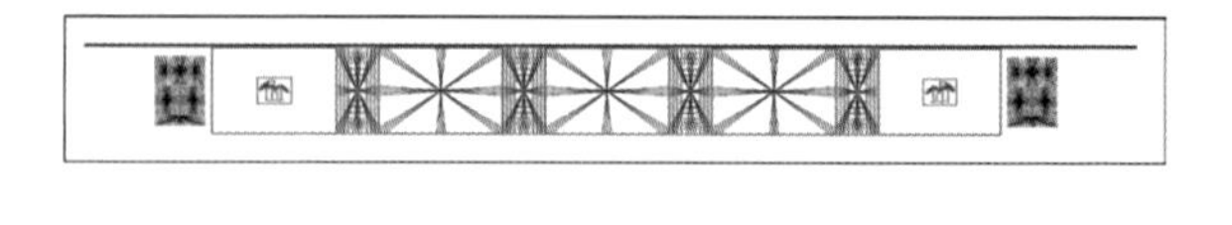

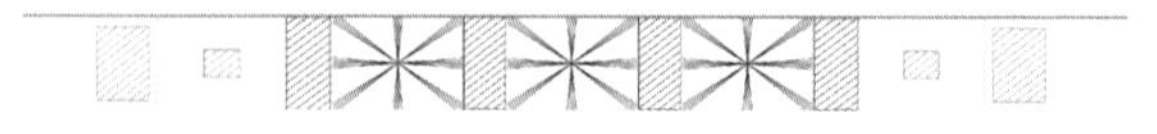

图 3-95　男装花腰带实物 4 纹样结构、骨骼图

三、绑腿纹样

在白裤瑶服饰形象中，绑腿是其中的装饰配件之一。绑腿纹样主要表现在绑腿带，每年 6 ~ 8 月，是白裤瑶妇女制作服饰最忙碌的日子，技艺娴熟的妇女连续绣制五六天便可以完成一双绑腿带。

（一）绑腿形制种类

绑腿形制是由小绑布、大绑布和绑腿带三个部分组成，形制尺寸基本相同。男子大绑布有黑色与白色两种，女子大绑布只有黑色。黑色绑布在裁剪完成之后用白线勾边。白色绑腿布只需简单打边即可。童装绑腿由小绑布和绑腿带两个部分组成，其形制纹样与成年男女一样，尺寸偏小，绑腿方法与男子花衣、黑衣服饰造型绑腿方法相同，小绑布包裹腿部，系上绑腿带，由于体型原因一般只打 1 双绑腿带。

绑腿步骤是，第一步，将小绑布缠在靠近脚踝的位置，以便大绑布可以均匀包裹整个小腿；第二步，在小绑布上包大绑布，男子的大绑布平行缠绕，女子则讲究在靠近膝窝处留两个角，呈“V”字口；第三步，打绑腿带，在生活中，人们通常只打 1 双绑腿带，男子的绑腿带系于靠近膝盖的位置，绑腿带两侧的两条绳子向下交叉缠绕在小腿上，女子的绑腿带通常系于小腿的中间位置，两条绳子重叠缠绕在绑腿带上方。一些老人因不喜花哨，而将绑腿带花面朝内，反面朝外系在小腿上。

盛装绑腿带的绑法与便装不同，男子盛装通常绑 5 双绑腿带，最多不会超过 6 双；女子则一般绑 4 双。一片一片的绑腿带依次排下来，无论与男子的白裤子还是女子的百褶裙搭配，都更显灿烂，韵味十足。

由于层层包裹会使小腿血液循环不畅而导致发痒，人们习惯在布缝中插一根筷子，用以挠痒或整理绑布。在白裤瑶人群中，每人一般有 2 双以上的绑腿，一新一旧，旧的用于日常生活，新的则在出门走亲戚时使用，条件好的家庭还可以每人备一套盛装绑腿。每年农历十月开始入冬时，人们就开始打绑腿以御寒，直至次年春天才将其收起。人们往往只洗绑布，少洗绑腿带，洗好后用布条扎成一捆存在木箱中以便下次使用，1 双绑布可以使用一两年。逢葬礼，部分人会着盛装绑腿送逝者最后一程，以示对已故亲人的尊重和沉痛悼念。元宵节庆时，人们也会着盛装绑腿到街上赶集，成群结队的白裤瑶男女在集市上来回走动，互相观赏，成为瑶乡里一道靓丽的风景线。

绑腿除了御寒保暖以外，还有其他特殊意义。白裤瑶青年男女谈恋爱的时候，女方会送给男方自己绣制的绑腿以示爱意，寄托相思之情。在女子出嫁时，母亲和阿姨等人会送绑腿带和其他服饰给女婿，表达对女儿女婿的疼爱与祝福。在婚礼上，还会将绑腿绑在刀上，刀又绑在伞上，由送亲队伍中的人扛着，护送新娘直至新郎家中，作驱魔辟邪之用。若婚后女子没有生育儿女，可以用绑腿带作为求子信物，回娘家送给舅舅或兄弟等人，娘家人会剪一双花纸让女子放在衣物里，撑着伞小心带回家，期望能实现女子早生贵子的愿望。绑腿的制作工艺与花样至今少有变化，但用途与穿戴习惯却已逐步演变。

（二）绑腿带纹样

白裤瑶绑腿带纹样是以自织黑布为底布，纹样骨骼是以三个“花”配底纹为中心纹样、“鸡”为边框纹样的二方连续组合而成。如图 3-96、图 3-97 所示，绑腿带纹样骨骼是由中心纹样“　”和边框纹样“　”构成表现的。其中绑腿（带）基础纹样要素有 7 种，②、④ 纹样要素组成中心纹样，①、③、⑤、⑥、⑦ 纹样要素组成边框纹样。

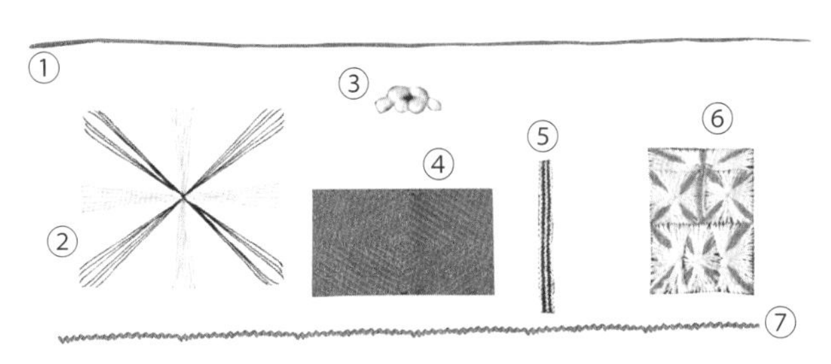

图 3-96　绑腿带实例及纹样要素图

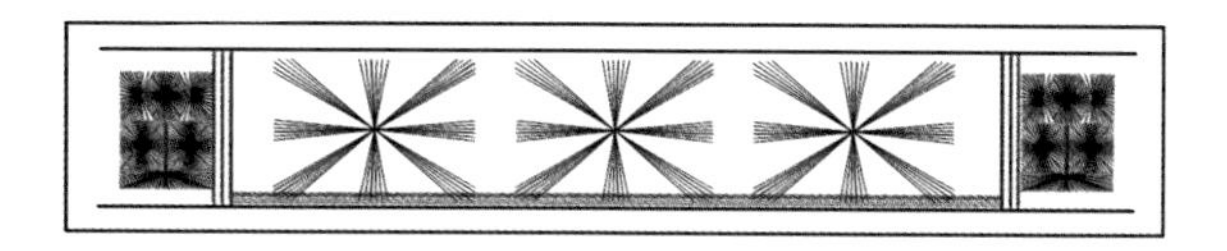
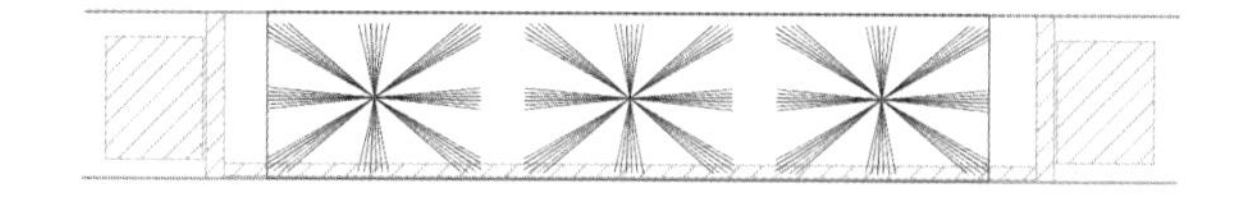

图 3-97 绑腿带纹样结构、骨骼图

四、娃崽背带纹样

背带（背扇、背究、裹背）是用以背负孩子的“襁褓”。《说文解字》中《玉篇·衣部》:“褪，襁褓，负儿衣也。织缕为之，广八寸，长二尺，以负儿于背上也。”由此可见，我们的祖先早就使用背带养育孩子了。古代背带不论南北都普遍使用，而当下背带多为南方少数民族妇女的专属用品。由于居住的自然环境、历史文化、宗教信仰不同，各民族形成了风格各异、多姿多彩且具有自己民族文化内涵的背带艺术。[1]

白裤瑶地区娃崽背带是将孩子裹起来竖立着背伏在母亲背上的辅助品。白裤瑶人长期生活在崇山峻岭之中，生存环境恶劣，资源稀缺，加之妇女是家庭的主要劳动力，为了解放她们的双手，娃崽背带伴随着她们抚养孩子、生产劳作，成为白裤瑶妇女不可缺少的生活辅助品。

娃崽背带是由白裤瑶自织白布染色、刺绣缝制而成的。造型整体呈“T”形，由“背布”“带布”与“背带挡片”三个部分组成。背带大体呈单一的蓝色，“背布”则装饰有精美的画、染、绣“大方形”骨骼纹样。由于色彩、形制、刺绣图案的构成差异，背带呈现出风格相同但各具特色的种类特点。

从白裤瑶娃崽背带的整个格局来看，背带（图案）纹样绘制的特点保持了“大方形”纹样的基本特征。但白裤瑶娃崽背带“大方形”纹样只局限于“田纹”骨骼（造型整体基本保持“田纹”骨骼基础形态，以“大方形”骨骼为参照，随寓意改变纹样局部造型），虽然背带构图及排列各有不同，却“异”中有“同”。例如，以“人仔”“鸡仔”或“花”图案为中心向四方发散延伸，延伸处绘制有“人仔”图案或“鸡仔”图案，旁边布满“嘎拉伯”（瑶语：一朵花）或“朵丫”，再向外则是由“花”“剪刀”纹样组成的一个有规律的四周对称的框架造型。由此可见，娃崽背带所包含的固定纹样排列方式，同样具备有相对程式化的特点。

（一）娃崽背带纹样骨骼

娃崽背带装饰纹样出现在背带的背部中心部位，纹样主骨骼呈“田型”结构形式。图 3-98、图 3-99 的纹样是由中心纹样、中层纹样、边框纹样、边饰纹样四个部分组合而成。

（二）娃崽背带纹样

1. 娃崽背带实物 1 案例

图 3-100 为白裤瑶娃崽背带纹样效果图，其单位纹样主骨骼呈“田型”骨骼结构形式。如图 3-101 所示，其单位纹是由 12 种基础纹样组成的，②、③、④、⑥ 纹样要素组成中心纹样，⑦、⑧ 纹样要素组成中层纹样，①、⑤、⑨ 纹样

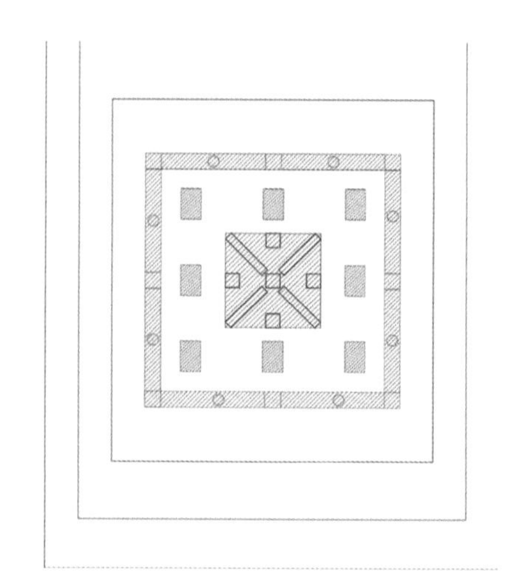

图 3-98 “田型“组合纹样骨骼图（一）

[1] 周俊萍. 布努瑶《背带歌》的文化内涵与生命寄寓 [D]. 桂林：广西师范大学 ,2014.

图 3-99 “田型”组合纹样骨骼（二）

要素组成边框纹样，⑩、⑪、⑫ 纹样要素组成边饰纹样。

2. 娃崽背带实物 2 案例

图 3-102 为白裤瑶娃崽背带纹样效果图，其单位纹样主骨骼呈“田型”骨骼结构形式。如图 3-103 所示，其单位纹是由 12 种基础纹样组成的，②、③、④、⑥ 纹样要素组成中心纹样，⑦、⑧ 纹样要素组成中层纹样，①、⑤、⑨ 纹样要素组成边框纹样，⑩、⑪、⑫ 纹样要素组成边饰纹样。

3. 娃崽背带实物 3 案例

图 3-104 为白裤瑶娃崽背带纹样效果图，其单位纹样主骨骼呈“田型”骨骼结构形式。如图 3-105 所示，其单位纹是由 14 种基础纹样组

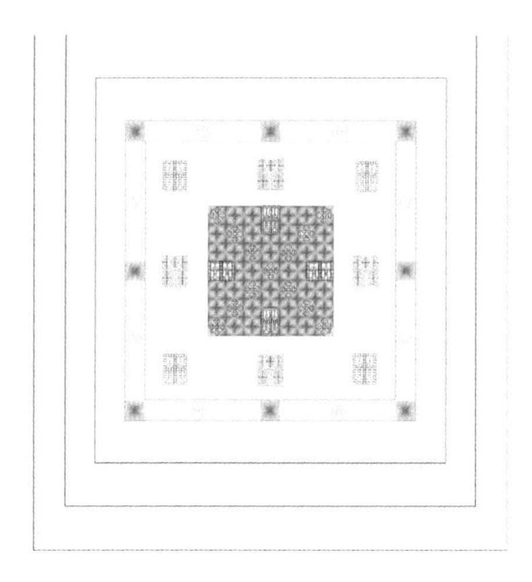

图 3-100 娃崽背带实物 1 主纹样效果图

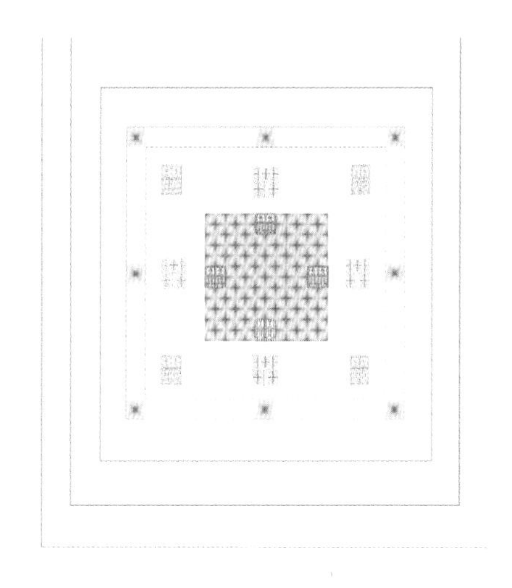

图 3-102 娃崽背带实物 2 主纹样效果图

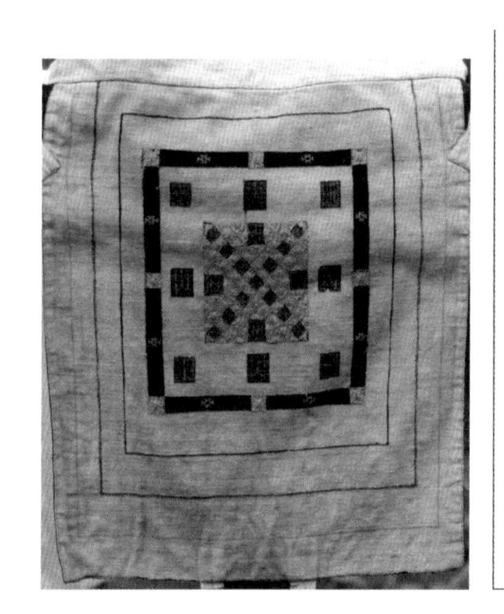

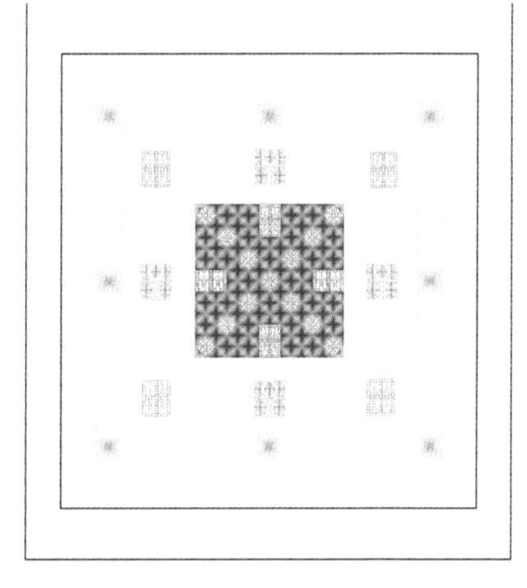

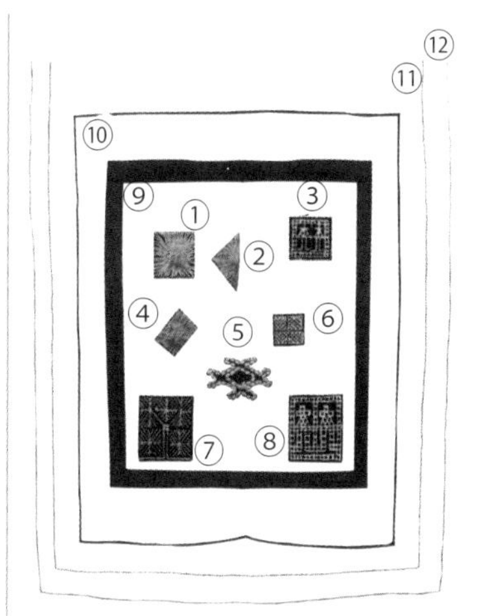

图 3-101 娃崽背带实物 1 大方形组合纹样实物、结构、纹样要素图

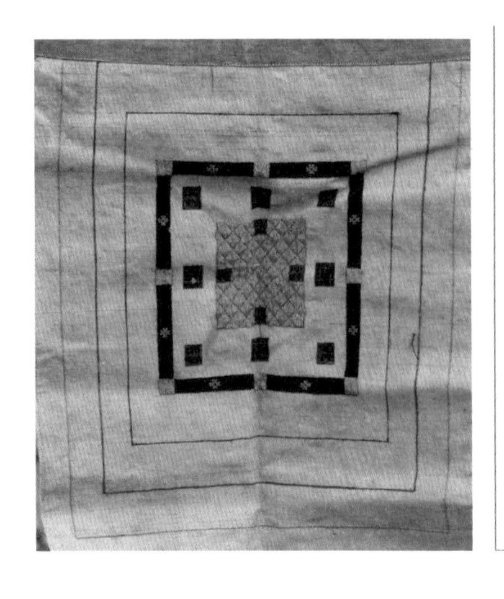

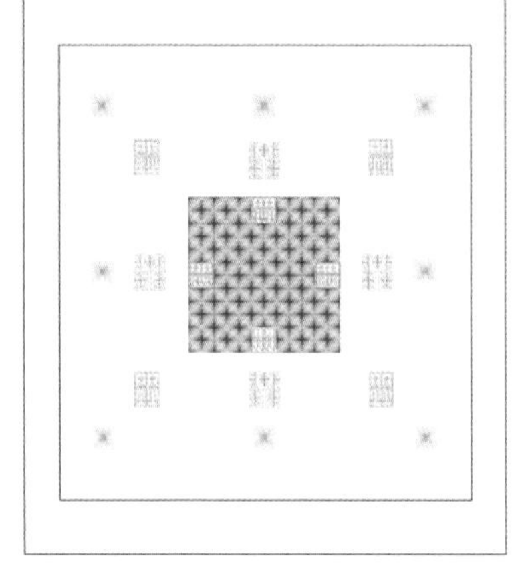

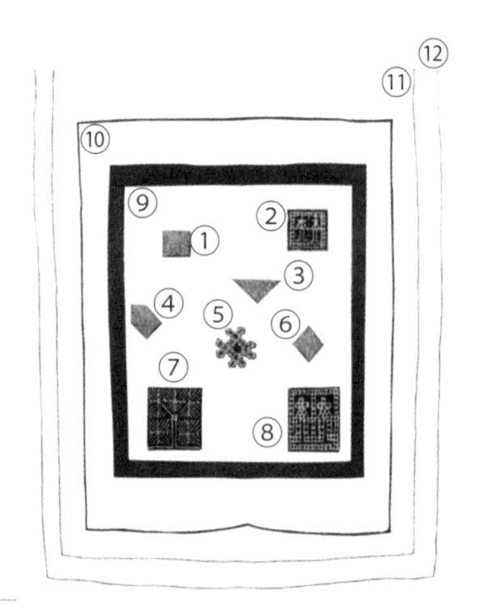

图 3-103　娃崽背带实物 2 大方形组合纹样实物、结构、纹样要素图

成的，①、③、④、⑥、⑦、⑧、⑩纹样要素组成中心纹样，⑧、⑨纹样要素组成中层纹样，②、⑤、⑪纹样要素组成边框纹样，⑫、⑬、⑭纹样要素组成边饰纹样。

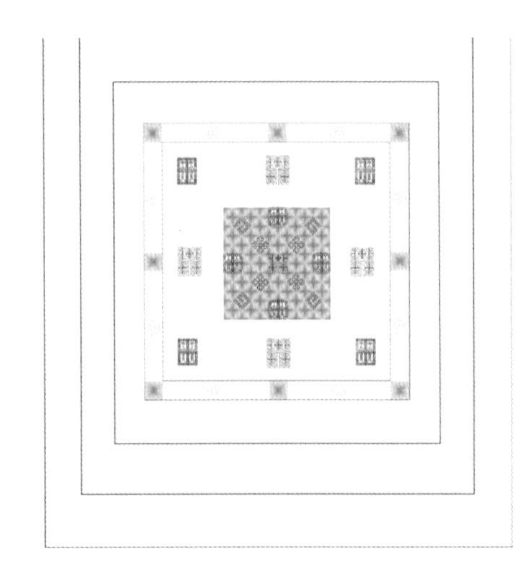

图 3-104　娃崽背带实物 3 主纹样效果图

4. 娃崽背带实物 4 案例

图 3-106 为白裤瑶娃崽背带纹样效果图，其单位纹样主骨骼呈“田型”骨骼结构形式。如图 3-107 所示，其单位纹是由 15 种基础纹样组成的，①、④、⑤、⑥、⑧、⑨、⑪纹样要素组成中心纹样，⑨、⑩纹样要素组成中层纹样，②、③、⑦、⑫纹样要素组成边框纹样，⑬、⑭、⑮纹样要素组成边饰纹样。

5. 娃崽背带实物 5 案例

图 3-108 为白裤瑶娃崽背带纹样效果图，

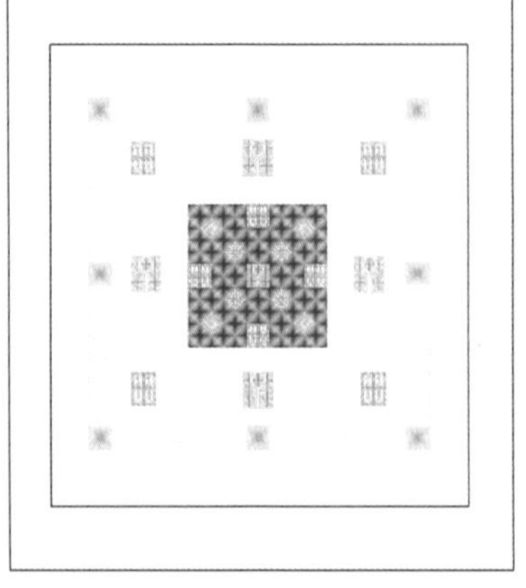

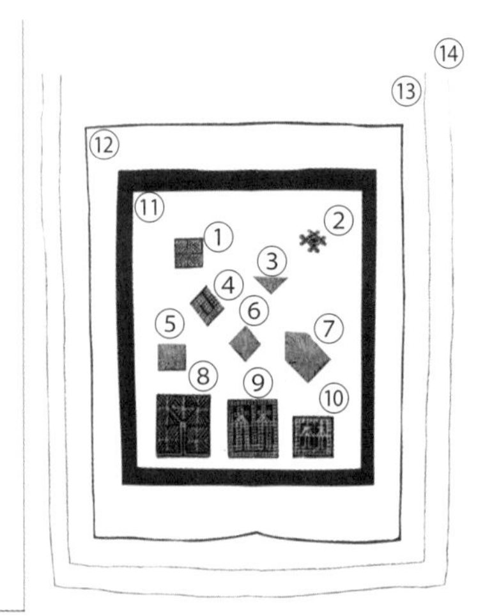

图 3-105　娃崽背带实物 3 大方形组合纹样实物、结构、纹样要素图

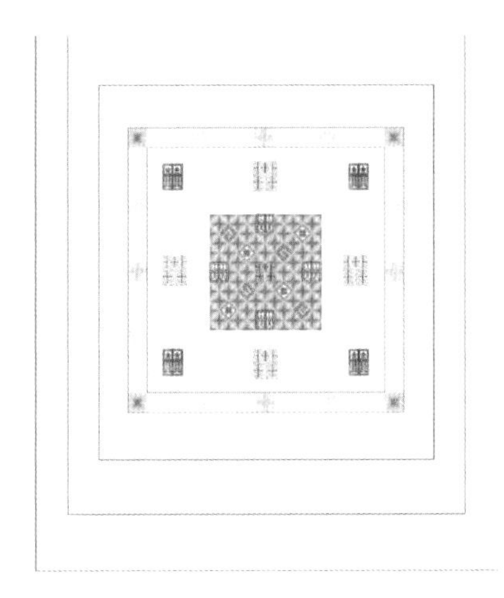

图 3-106　娃崽背带实物 4 主纹样效果图

图 3-108　娃崽背带实物 5 主纹样效果图

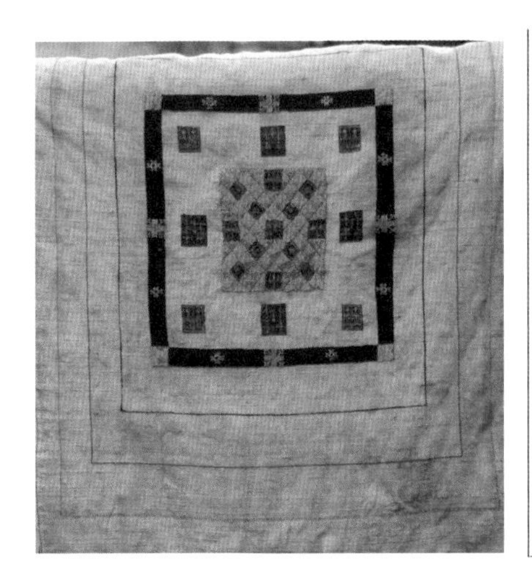

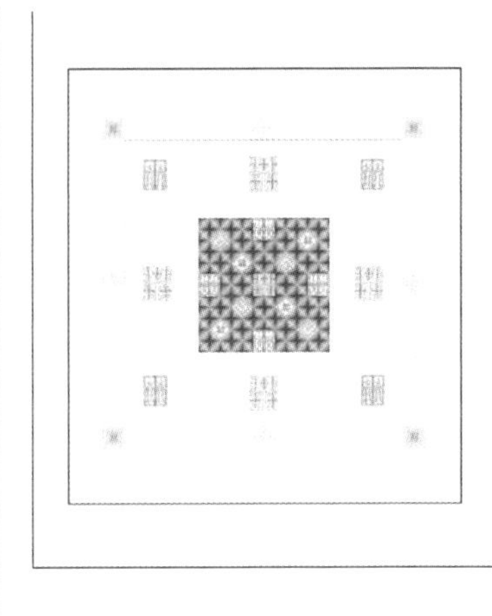

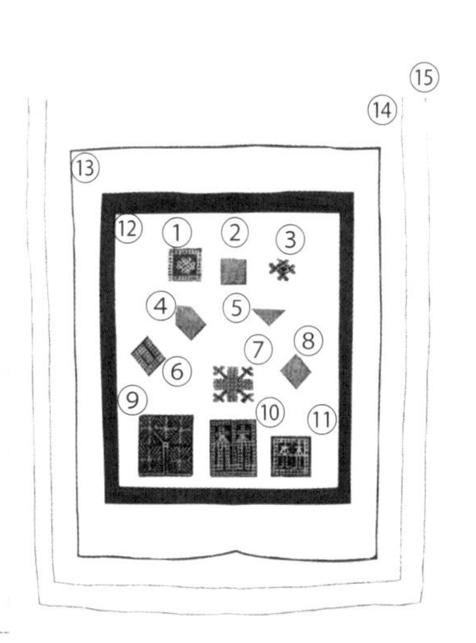

图 3-107　娃崽背带实物 4 大方形组合纹样实物、结构、纹样要素图

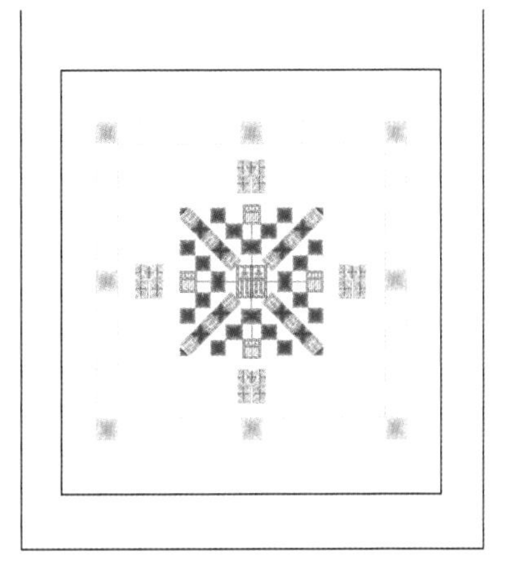

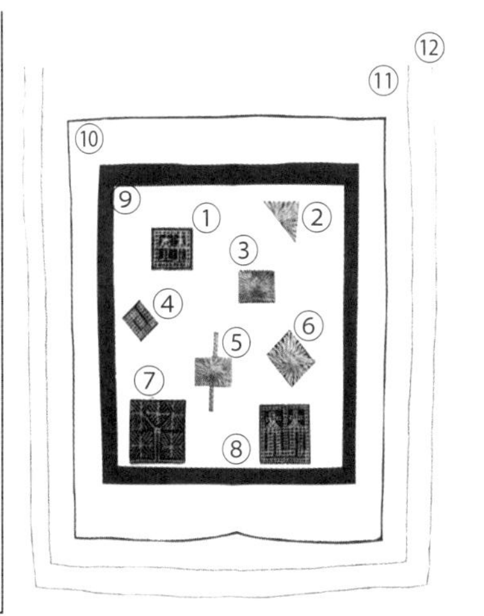

图 3-109　娃崽背带实物 5 大方形组合纹样实物、结构、纹样要素图

其单位纹样主骨骼呈“田型”骨骼结构形式。如图 3–109 所示，其单位纹是由 12 种基础纹样组成的，①、②、③、④、⑤、⑥、⑧ 纹样要素组成中心纹样，⑦ 纹样要素组成中层纹样，③、⑨ 纹样要素组成边框纹样，⑩、⑪、⑫ 纹样要素组成边饰纹样。

6. 娃崽背带实物 6 案例

图 3–110 为白裤瑶娃崽背带纹样效果图，其单位纹样主骨骼呈“田型”骨骼结构形式。如图 3–111 所示，其单位纹是由 11 种基础纹样组成的，②、③、⑤ 纹样要素组成中心纹样，⑥、⑦ 纹样要素组成中层纹样，①、④、⑧ 纹样要素组成边框纹样，⑨、⑩、⑪ 纹样要素组成边饰纹样。

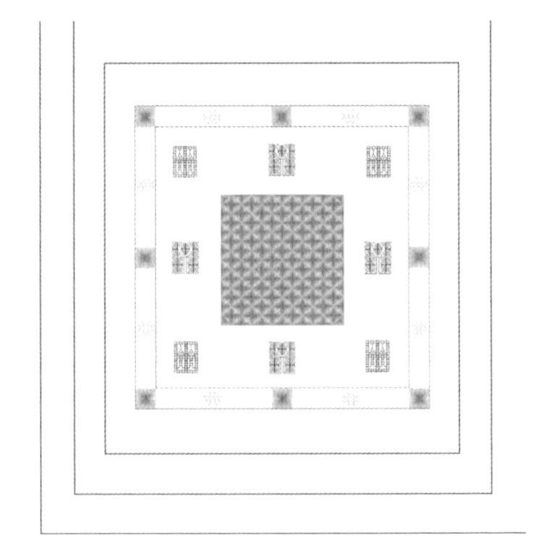

图 3–110　娃崽背带实物 6 主纹样效果图

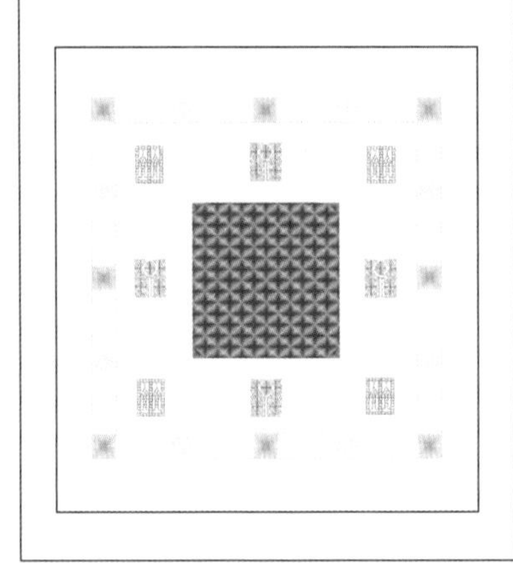

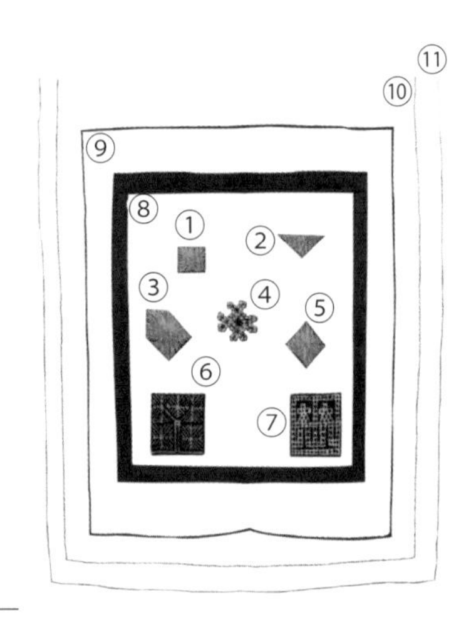

图 3–111　娃崽背带实物 6 大方形组合纹样实物、结构、纹样要素图

第四节　葬礼饰物纹样

丧葬作为一种社会民俗和文化现象，深受特定的宗教信仰、思想感情、历史传统、社会发展水平以及经济活动方式等诸多方面因素的影响，更直接地体现着人们的人生观、价值观与生死观。在民俗学著作中，一般都把丧葬列入人生礼仪之中，看作是人生的最后一项“通过礼仪”，标志着人生旅程的终结。[1]

白裤瑶民风淳朴，丧葬习俗尤为独特，砍牛送葬、打铜鼓、跳猴舞、送葬礼饰物等是白裤瑶为死者举行葬礼的仪式。葬礼饰物是给死者的陪葬品，据博物馆人员介绍，村里每逢有人下葬，亲戚朋友们都拿出一种粘膏画、染的画片来参加葬礼，这种画片每一家都会提前制作储存，以备随时使用。参加葬礼时，人们会根据与死者的亲疏远近关系来选择画片是否有刺绣图案。画片是用来盖在死者脸上的陪葬品，葬礼画片区分男女，呈“井”字造型骨骼，在中间画有一个正方形纹样，四周画有四个长方形纹样，这种粘膏画、染的画片是女子的陪葬品。据当地人介绍，葬礼饰物的绘制特点是，画片上不再绘有“人仔”图案和“鸡

[1] 安丽哲 . 长角苗礼俗服饰考察 [J]. 内蒙古大学艺术学院学报，2010（2）:60–66.

仔”图案，而是绘制了更多的物种，如鸟形图案等，用长方形纹样或正方形纹样寓意权力大小，正方形纹样代表“母”，寓意权力比较大；长方形纹样代表“公”，寓意权力次之。还有一种粘膏画、染的画片便是男子的陪葬品，主题图案是四个正方形纹样，这个画面上没有所谓的“公”纹样，而是由四个正方形“母”纹样构成“公”，这也是辨别画片归属的一个主要区别。白裤瑶葬礼饰物纹样的大小不一、图案异中有同，其变化主要表现为随寓意改变基础纹样布局，使得每一个大方形纹样表现出不同的情感故事。

一、天堂被纹样

葬礼仪式一方面是对死者一生事业、贡献、社会影响的总评和追念，另一方面是对死者进入信仰中的世界表达的各种祝福。天堂被是白裤瑶举行“砍牛送葬”仪式中盖在棺材上的装饰品，希望死者在“冥界”能够安逸地享受和人间天堂一样的生活。当死者棺材抬出大门口时，将天堂被盖在死者棺材上；棺材下葬之前，再将天堂被从棺材上拿下来带回家中，旨在悼念死者，表达活人祈祷死者来世“上天堂”的祝福。

（一）天堂被纹样骨骼

白裤瑶天堂被骨骼表现为第一层纹样“　”和第二层纹样“　”组合的二方连续纹样骨骼（图 3–112、图 3–113）。

图 3–112　天堂被纹样骨骼图

图 3–113　天堂被纹样骨骼要素解析

（二）天堂被纹样

1. 天堂被实物 1 案例

图 3–114 为白裤瑶葬礼天堂被实物 1 及其纹样效果图、结构图、纹样要素解析图，纹样由 24 种基础纹样要素组成天堂被纹样单位。其中①、②、③、④、⑥、⑦、⑧、⑨、⑩、⑪、⑫、⑬、⑰、㉒、㉓纹样要素组成第一层纹样；④、⑤、⑭、⑮、⑯、⑱、⑲、⑳、㉑、㉔纹样要素组成第二层纹样。

2. 天堂被实物 2 案例

图 3–115 为白裤瑶葬礼天堂被实物 2 及其纹样效果图、结构图、纹样要素解析图，由 27 种基础纹样要素组成天堂被纹样单位。其中①、②、③、④、⑤、⑥、⑦、⑧、⑨、⑩、⑪、⑫、⑬、⑰、⑱、㉔、㉕纹样要素组成第一层纹样；④、⑭、⑮、⑯、⑲、⑳、㉑、㉒、㉓、㉕、㉖、㉗纹样要素组成第二层纹样。

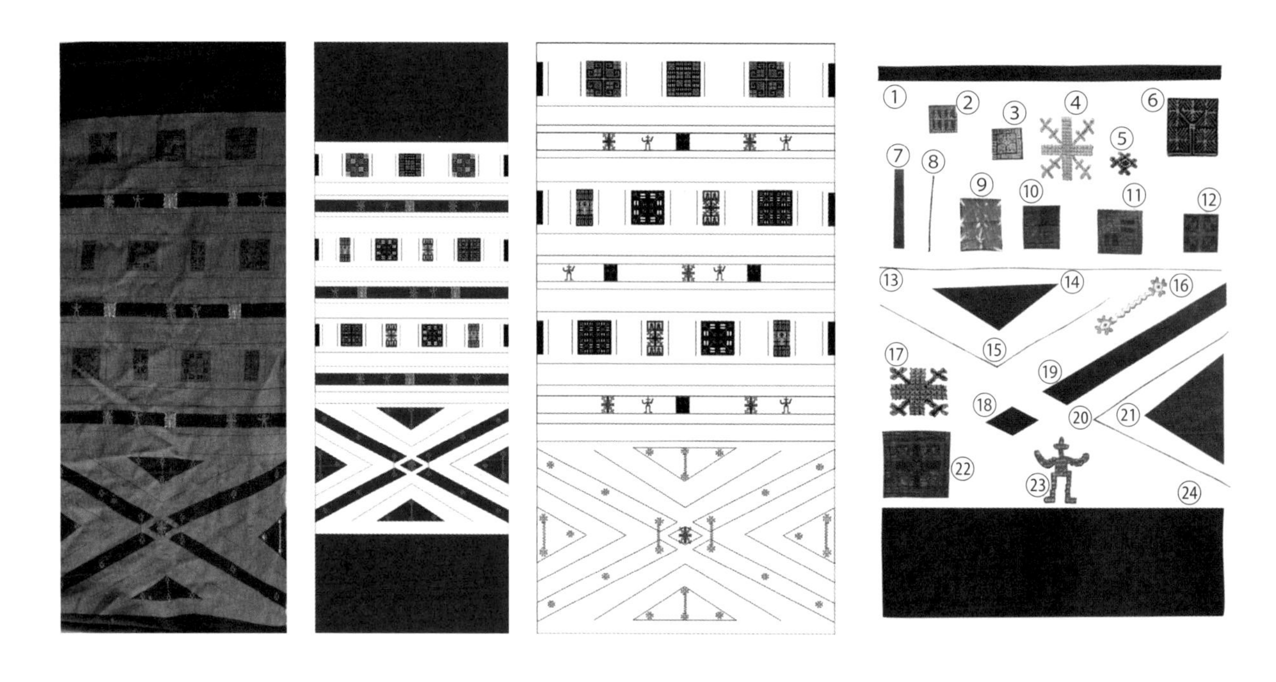

图 3-114　天堂被实物 1 及其纹样效果图、结构图、纹样要素图

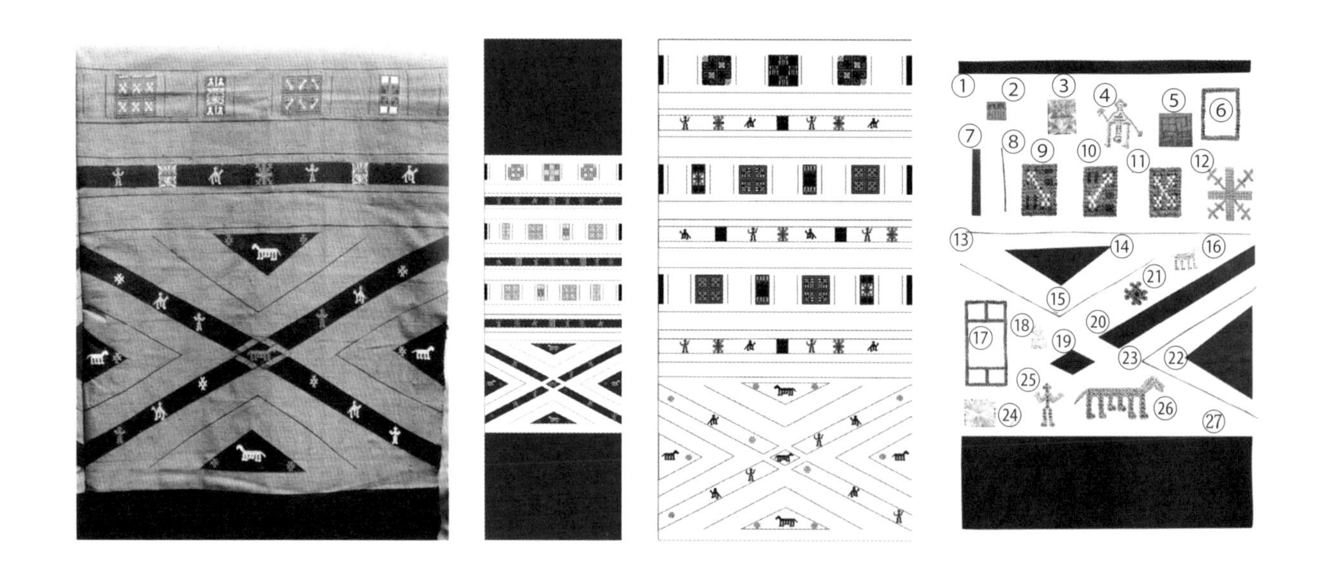

图 3-115　天堂被实物 2 及其纹样效果图、结构图、纹样要素图

3. 天堂被实物 3 案例

图 3-116 为白裤瑶葬礼天堂被实物 3 及其纹样效果图、结构图、纹样要素解析图，由 19 种基础纹样要素组成天堂被纹样单位。其中 a、b、c、d、e、f、g、h、i、j、p、q、r 纹样要素组成第一层纹样；c、k、l、m、n、o、s 纹样要素组成第二层纹样。

4. 天堂被实物 4 案例

图 3-117 为白裤瑶葬礼天堂被实物 4 及其纹样效果图、结构图、纹样要素解析图，由 21 种基础纹样要素组成天堂被纹样单位。其中，①、②、③、④、⑤、⑥、⑦、⑧、⑨、⑩、⑪、⑭、⑮、⑲、⑳ 纹样要素组成第一层纹样；①、⑫、⑬、⑯、⑰、⑱、㉑ 纹样要素组成第二层纹样。

图 3-116　天堂被实物 3 及其纹样效果图、结构图、纹样要素图

图 3-117　天堂被实物 4 及其纹样效果图、结构图、纹样要素图

二、男子葬礼画片

白裤瑶男子葬礼上，人们根据关系远近赠送画片给予死者陪葬。 该画片是在一个平面上绘 4 个方形图案，中间夹杂 5 个小长方形图案。传说绘制这种图案的画片陪葬品，到了阴间会变成死者的帽子。相传人死后要经过很多地方，其中有一处是烈日山，太阳烤得人睁不开眼，经过的人要戴帽子遮住阳光才能过，但要换很多帽子，所以在白裤瑶有人过世，亲戚就会送很多这样的陪葬画片。

（一）男子葬礼画片纹样骨骼

男子葬礼画片纹样多以组合纹样呈“田型”骨骼形式出现。如图 3–118、图 3–119 所示，其纹样是由中层纹样、四角纹样、边饰纹样三个部分组合而成的。

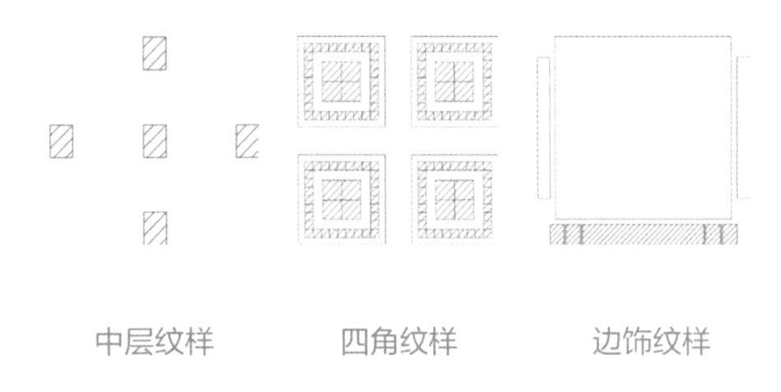

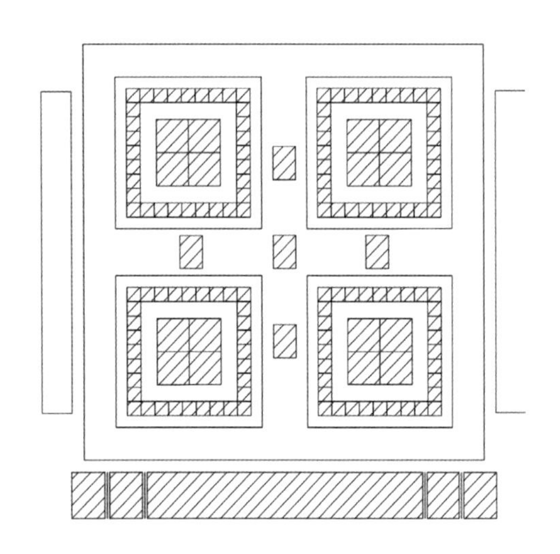

图 3–118 “田型”组合纹样骨骼图

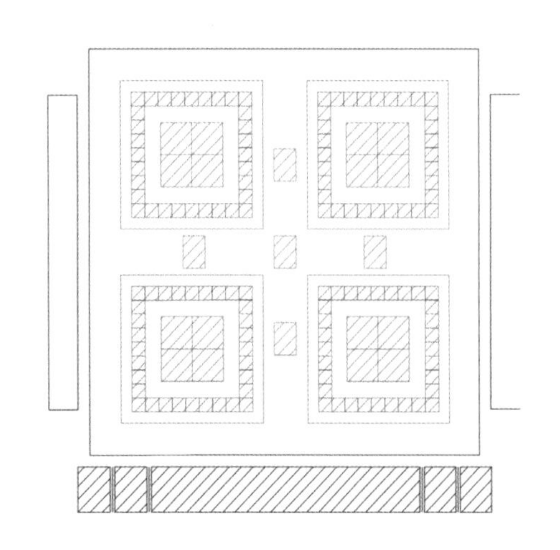

图 3–119 “田型”组合纹样骨骼要素解析

（二）男子葬礼画片纹样

1. 男子葬礼画片实物 1 案例

图 3–120、图 3–121 为白裤瑶男子葬礼画片实物 1 及其效果图、结构图、纹样要素图，由 8 种基础纹样要素组成男子葬礼画片单位纹。其中，⑤ 纹样要素组成中层纹样，①、②、③ 纹样要素组成四角纹样，④、⑤、⑥、⑦、⑧ 纹样要素组成边饰纹样。

2. 男子葬礼画片实物 2 案例

图 3–122、图 3–123 为白裤瑶男子葬礼画片实物 2 及其效果图、结构图、纹样要素图，由 11 种基础纹样要素组成男子葬礼画片单位纹。其中，②、③、④ 纹样要素组成中层纹样，①、⑤、⑧ 纹样要素组成四角纹样，⑥、⑦、⑨、⑩、⑪ 纹样要素组成边饰纹样。

3. 男子葬礼画片实物 3 案例

图 3–124、图 3–125 为白裤瑶男子葬礼画片实物 3 及其效果图、结构图、纹样要素图，由 14 种基础纹样要素组成男子葬礼画片单位纹。其中，⑤、⑥、⑦、⑨ 纹样要素组成中层纹样，①、②、③、④ 纹样要素组成四角纹样，⑧、⑩、⑪、⑫、⑬、⑭ 纹样要素组成边饰纹样。

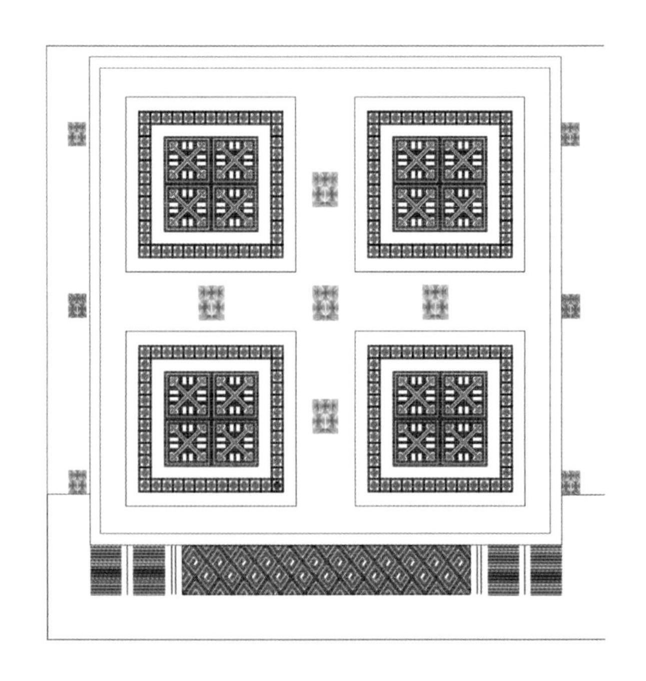

图 3–120 男子葬礼画片实物 1 效果图

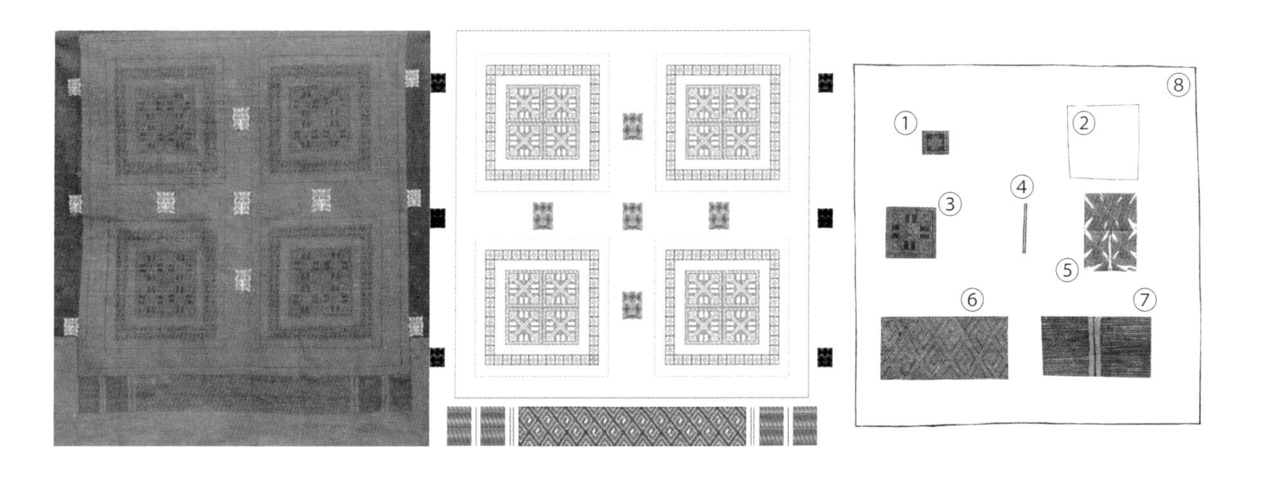

图 3-121　男子葬礼画片实物 1、结构、纹样要素图

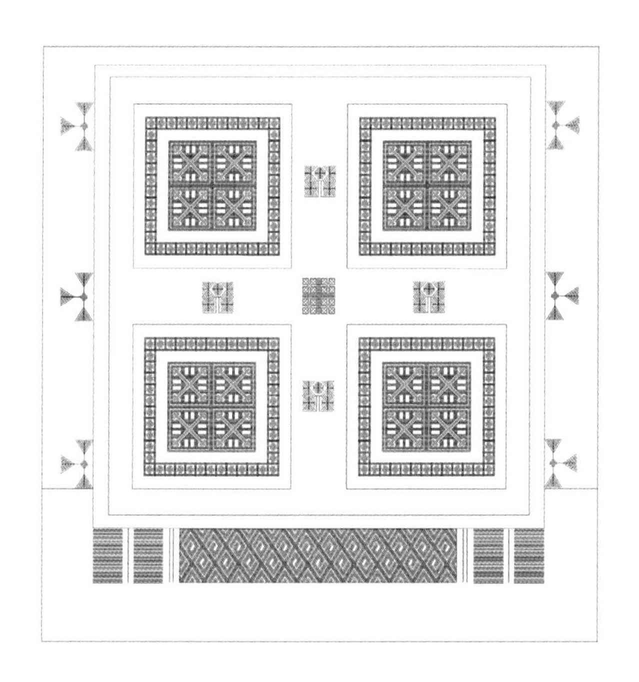

图 3-122　白裤瑶男子葬礼画片实物 2 效果图

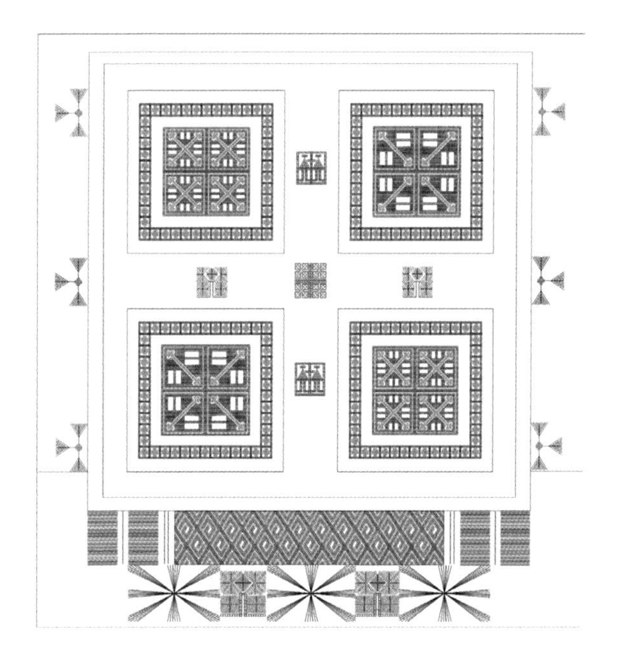

图 3-124　白裤瑶男子葬礼画片实物 3 效果图

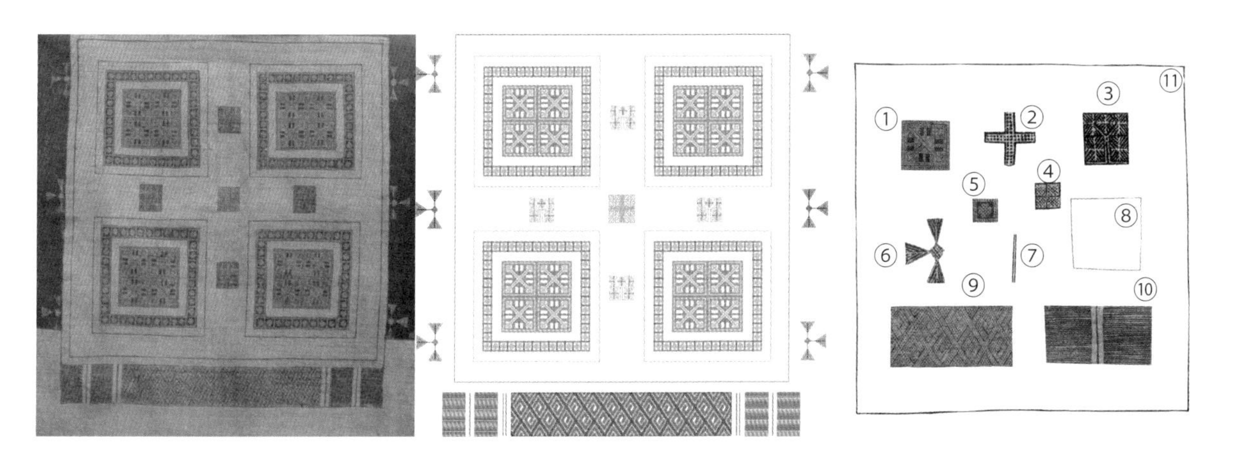

图 3-123　男子葬礼画片实物 2、结构、纹样要素图

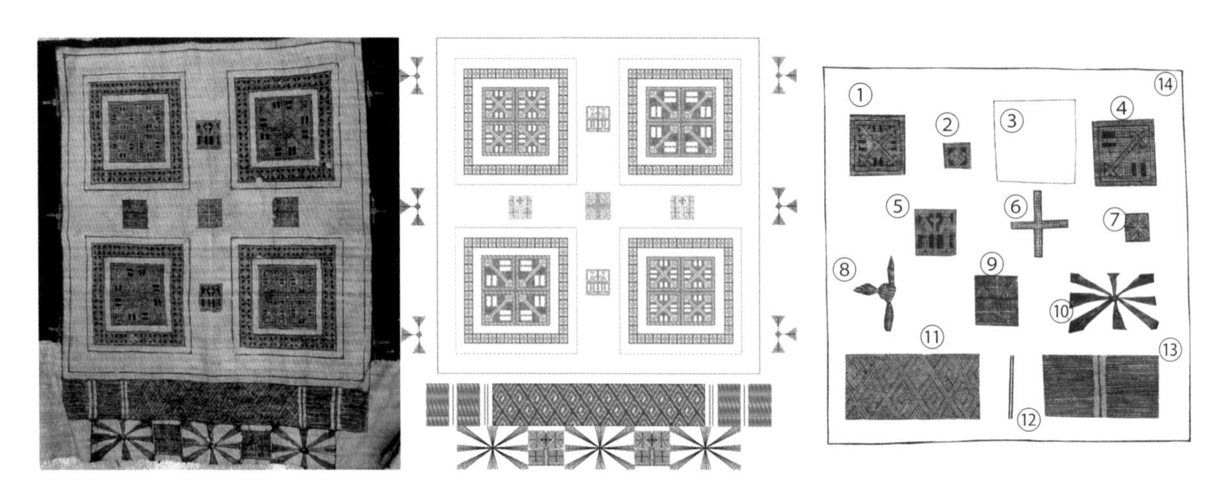

图 3-125　男子葬礼画片实物 3、结构、纹样要素图

三、女子葬礼画片

白裤瑶女子葬礼上，人们根据关系远近赠送画片给予死者陪葬。该画片是一个“井”字把一个平面分成了九个面，而在每个面上画上对称相同的图案。从其分配的格局里可看出，中间为大，八方为小，白裤瑶称中间的为“母”。

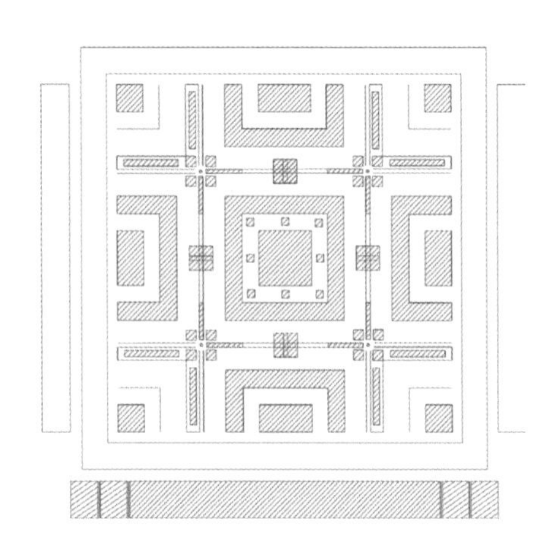
图 3-126　“井型”组合纹样骨骼图

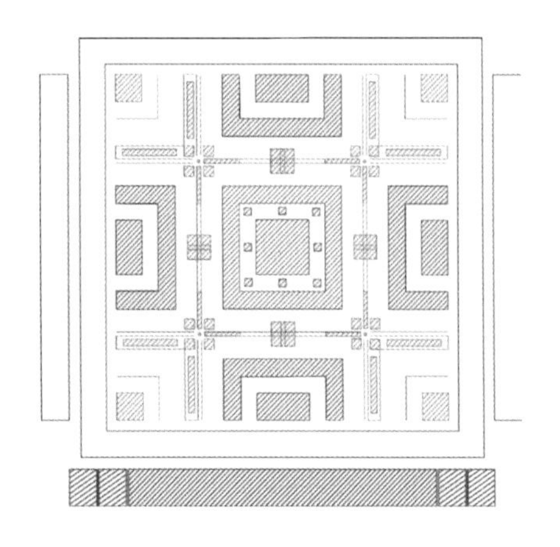
图 3-127　“井型”组合纹样骨骼要素解析

（一）女子葬礼画片骨骼

白裤瑶女子葬礼画片纹样多以组合纹样呈“井型”结构形式出现。如图 3-126、图 3-127 所示，它是由中心纹样、边框纹样、周边纹样、边饰纹样四个部分组合而成。

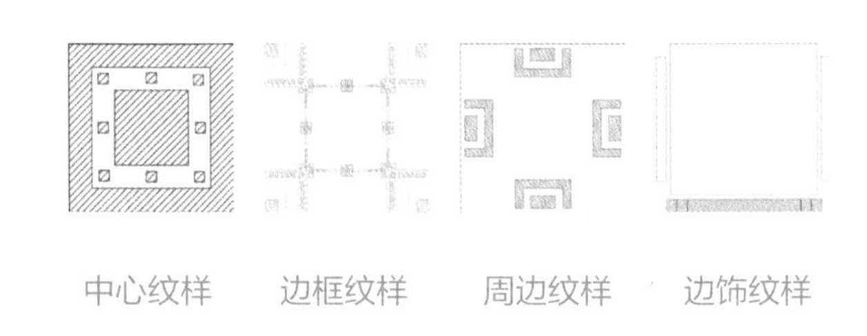

（二）女子葬礼画片纹样

1. 女子葬礼画片实物 1 案例

图 3-128、图 3-129 为白裤瑶女子葬礼画片效果图、实物图、结构图及纹样要素图，由 16 种基础纹样要素组成女子葬礼画片单位纹。其中，②、⑥纹样要素组成中心纹样，①、③、④、⑤、⑥、⑦、⑧、⑨、⑫纹样要素组成边框纹样，⑥、⑬、⑯纹样要素组成周边纹样，⑩、⑪、⑭、⑮、⑯纹样要素组成边饰纹样。

2. 女子葬礼画片实物 2 案例

图 3-130、图 3-131 为白裤瑶女子葬礼画片效果图、实物图、结构图及纹样要素图，由 18 种基础纹样要素组成女子葬礼画片单位纹。其中，②、⑥、⑪纹样要素组成中心纹样，①、④、⑤、⑦、⑨、⑪、⑬、⑯纹样要素组成边框纹样，⑥、⑭、⑱纹样要素组成周边纹样，③、⑧、⑩、⑫、⑮、⑯、⑰、⑱纹样要素组成边饰纹样。

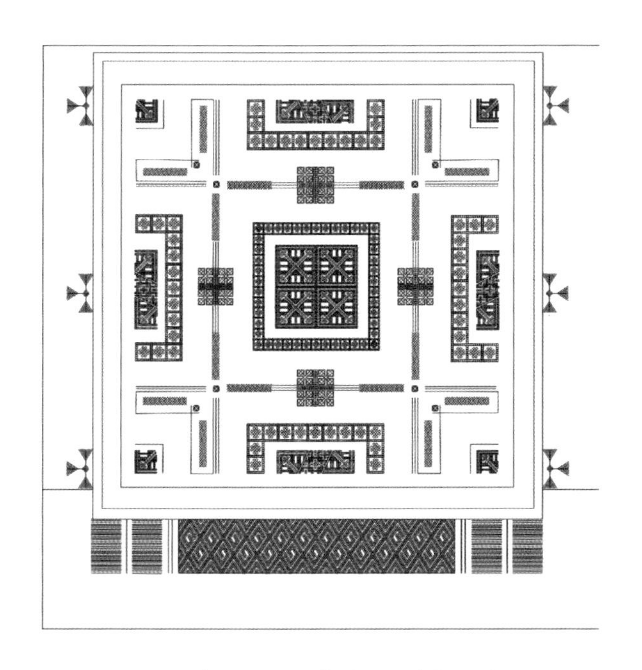

图 3-128　白裤瑶女子葬礼画片实物 1 效果图

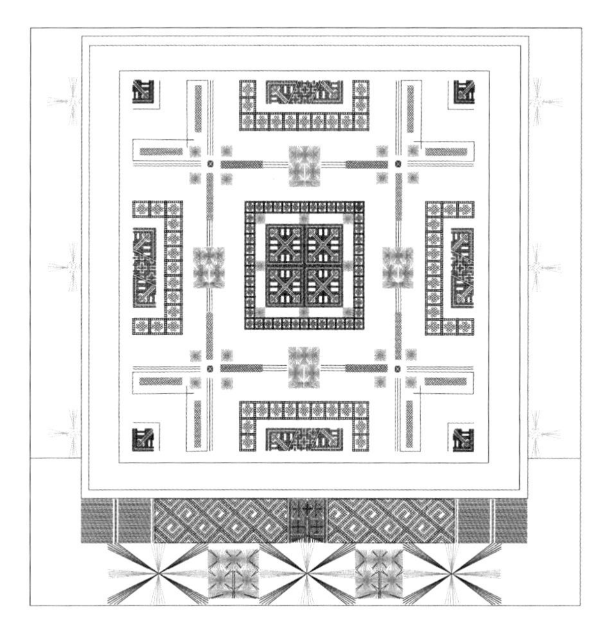

图 3-130　白裤瑶女子葬礼画片实物 2 效果图

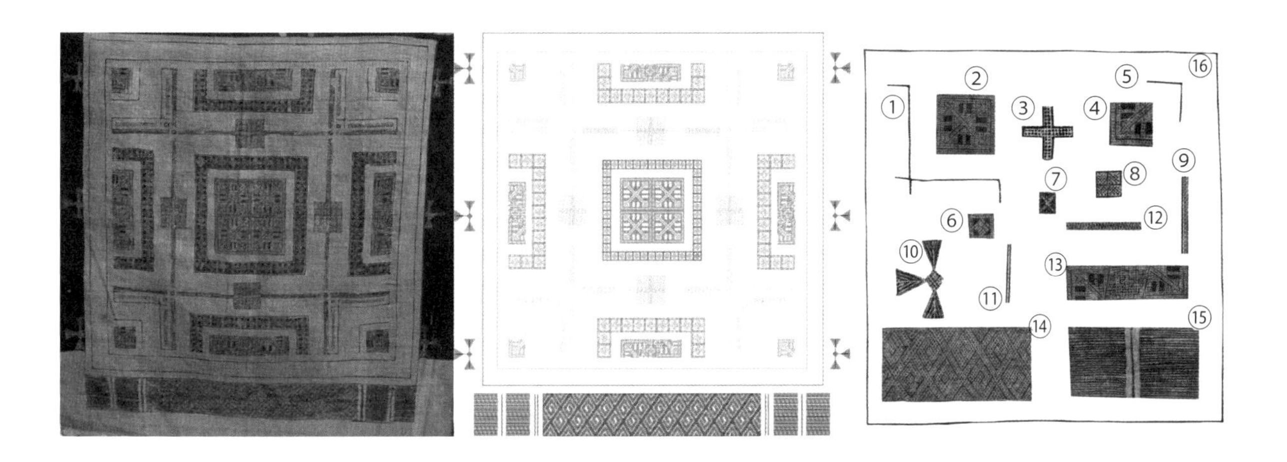

图 3-129　女子葬礼画片实物 1 及其结构、纹样要素图

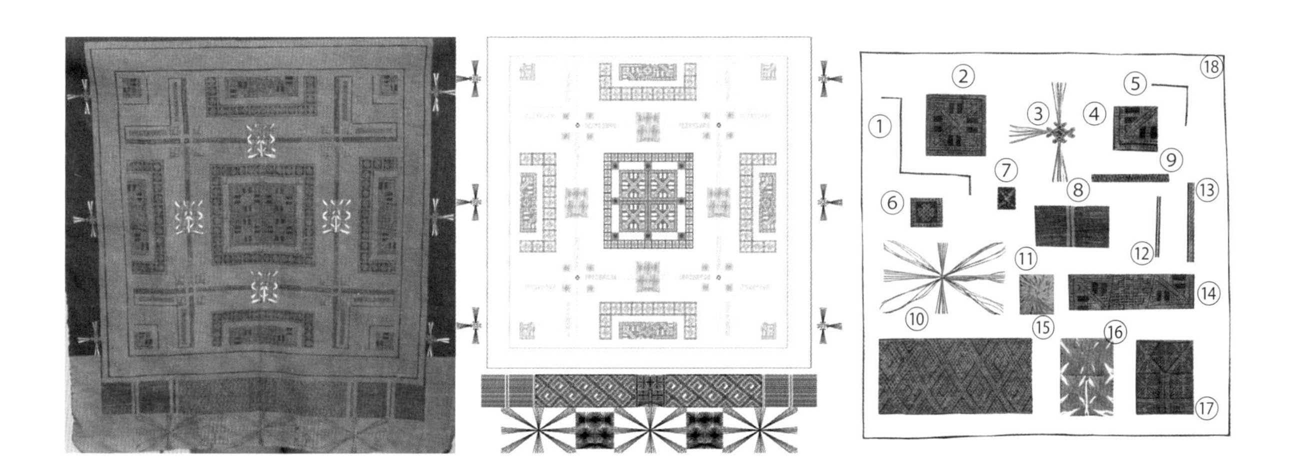

图 3-131　女子葬礼画片实物 2 及其结构、纹样要素图

造物观念等文化属性，创造了区别于其他民族文化团体的文化观念，完善民族服饰文化符号化的特征。

第四章　白裤瑶手工织、染技艺

从草木皆衣到本民族服饰语言的形成，白裤瑶服饰在自然演变中不断地完善、成熟，形成了一套完备的代表着白裤瑶民族特色的服饰制作工艺流程，即自织、自染、自绣、自制。白裤瑶的服饰制作是以『织』和『染』开始的，『织』指织布、『染』指粘膏染。织染技艺的出现，一方面让白裤瑶从此进入了用布蔽体取暖的时代；另一方面，自从有了布，白裤瑶有了一个展现其民族文化属性的载体，记录他们的历史变迁、崇拜信仰、自然人文、

第一节　纺织

白裤瑶妇女精于纺织，至今仍保留着一套完整的手工制作技术。手工棉织布又称“土布”“粗布”“家织布”，要经过纺纱、煮纱、晒纱、卷纱、跑纱、梳纱、卷纱、穿网筘、织布加工步骤才能得到，是制作白裤瑶服饰的主要面料。

一、纺纱

纺纱指的是给棉纤维加捻。白裤瑶人用手摇纺车进行纺纱，具体纺纱步骤是，把如图 4-1 所示的去籽棉花先弹松，搓成拇指粗细的棉条；然后把棉条端尖上的纤维粘在木锭子尖上，摇转纺车；高速旋转的木锭子产生加捻、卷绕的作用，边摇边用左手把棉条的纤维抽出来，就把棉花纤维捻绞成棉纱线（图 4-2）了。

二、煮纱和晒纱

将棉纱线用草灰水、山芍汁液分别煮水浸泡，可以增加棉纱线的柔软度和韧性。煮纱和晒纱过程有以下 7 个步骤。

① 每年的八九月是稻子收割的季节，这时稻草最多、最新鲜。将稻草在田间或空地上烧成灰（图 4-3），装在袋子里作为煮纱备用材料。

② 准备一个竹篮子，篮子下层放上稻草和土布作为过滤的滤网。然后将稻草灰放进篮子里，加温水过滤出草灰水（图 4-4、图 4-5）。

③ 将过滤的草灰水与事先做好的棉纱线一同倒进锅中，大火煮开。煮的过程中，在锅里加入一个玉米棒作为定时器，在锅上盖上一层胶布。约 4h 以后（玉米棒完全裂开），将纱线捞出、拧干（图 4-6、图 4-7）。

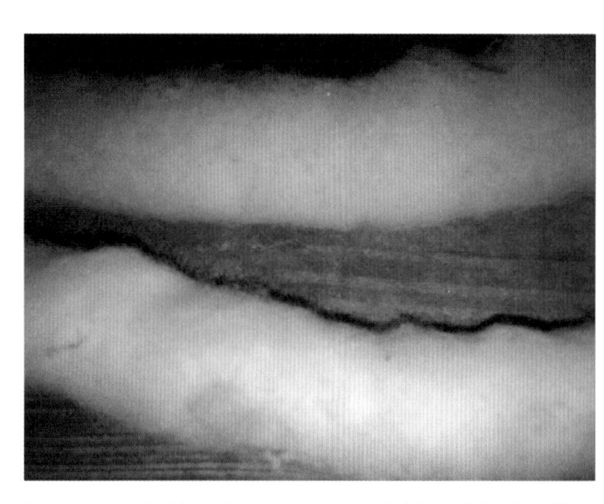

图4-1　去籽棉花（广西南丹里湖白裤瑶博物馆提供）

图 4-2　棉纱线

图 4-3　烧稻草（广西南丹里湖白裤瑶博物馆提供）

图 4-4　稻草灰

图 4-5　过滤的草灰水

图 4-6　加入玉米棒作为定时器
（广西南丹里湖白裤瑶博物馆提供）

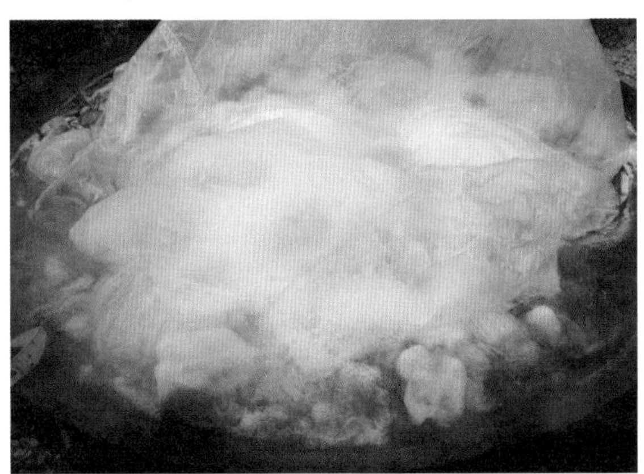

图 4-7　盖上胶布作为锅盖
（广西南丹里湖白裤瑶博物馆提供）

图 4-8　晒纱（一）

④ 把纱线在清水中洗涤干净，纱线圈均匀排列穿在竹竿上晒干（图 4-8）。

⑤ 把山芍（图 4-9）（比例为 5kg 棉纱线需要 4kg 山芍）去泥，用刷子清洗干净，去皮，在木盆中捣碎成黏泥状后，加入清水，用稻草秆包住山芍在水中反复揉搓（因山芍泥太滑，稻草秆可以方便揉搓出汁液），直到清水变成黏稠的乳白色液体为止。

⑥ 取牛油（图 4-10）与蜂蜡（图 4-11）混合，在火上融化成汁液；将黏稠的山芍汁液放进锅中煮开，把事先准备好的牛油与蜂蜡混合汁液沿锅四周倒进山芍汁中，用容器搅拌均匀。

⑦ 晒干的纱线再一次放进盆中，将煮开的山芍汁倒进盆里，用木棍搅拌纱线，直到汁液完全浸透纱线为止，取出纱线，拧干，重新晾晒（图 4-12）。在晾晒过程中，要将纱线中混进的山芍渣抖掉。

三、卷纱

卷纱是将处理完的纱线转移到纱筒上。利用卷纱机（图 4-13）将煮纱后晒干的棉纱线缠绕成一锭锭的棉纱团，为跑纱做准备。

取出煮好的纱线整理整齐后套在转纱机的撑圈上，将卷纱机的另一头放上缠纱芯，找出纱线的“头”并将其缠绕在缠纱芯上。通过转纱机的轮轴驱动，使纱圈转移到缠纱芯上。在卷纱过程中如果有断开的线头，要打结接紧，为跑纱做准备（图 4-14 ~ 图 4-19）。

图 4-9　山芍（广西南丹里湖白裤瑶博物馆提供）

图 4-10　牛油

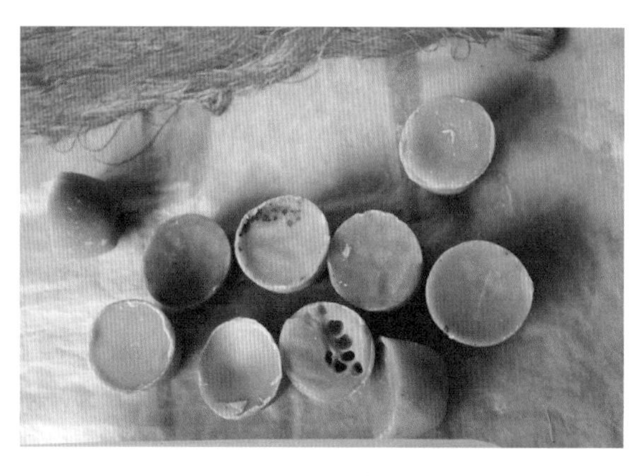

图 4-11　蜂蜡

图 4-12　晒纱（二）

图 4-13　卷纱机

四、跑纱

跑纱是织布前对经纱上机前的排列布局。利用竹竿（图 4-20）、木桩（图 4-21）、木槌（图 4-22）、跑纱机（图 4-23）、铁筘与穿筘刀（图 4-24）等工具，按幅宽布局经纱位置。把 10 个棉纱团（图 4-25）装到跑纱机上，在事先丈量并定桩的空场地上徒步来回沿跑纱路径环绕，将纱线由下到上有规律地盘绕在木桩上。具体步骤是丈量场地、定桩、纱团上机、跑纱、穿筘。

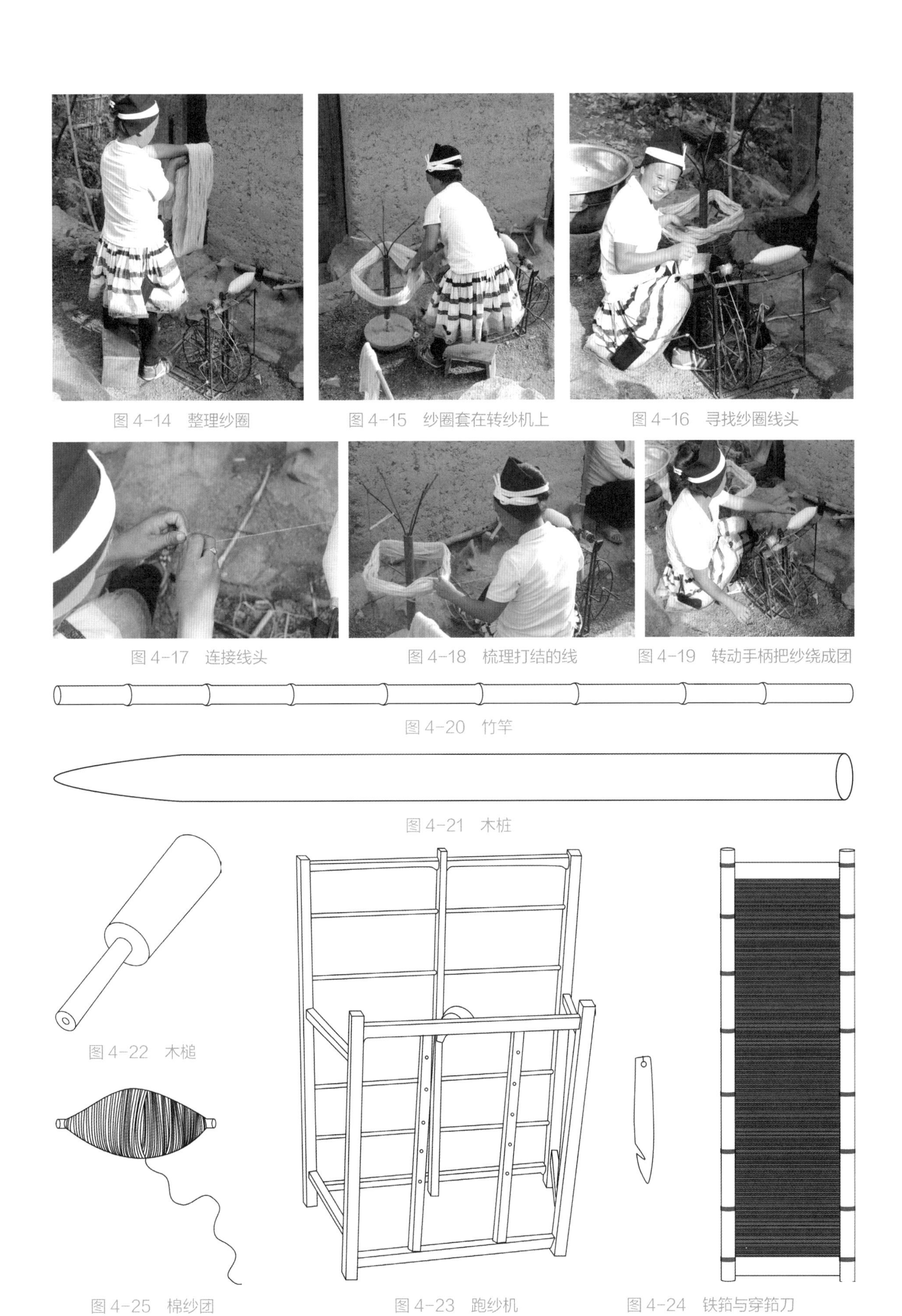

图 4-14 整理纱圈

图 4-15 纱圈套在转纱机上

图 4-16 寻找纱圈线头

图 4-17 连接线头

图 4-18 梳理打结的线

图 4-19 转动手柄把纱绕成团

图 4-20 竹竿

图 4-21 木桩

图 4-22 木槌

图 4-25 棉纱团

图 4-23 跑纱机

图 4-24 铁筘与穿筘刀

1. 丈量场地

依据棉纱线的数量，用竹竿在空场地上进行测量，定出打桩的点，为经纱长度位置布局。

2. 定桩

测量好场地大小，定出起点 *a*（跑纱由此开始也由此结束）、折点 *b*（跑纱路径的转折点）和中间分流点 *c*（跑纱中间经纱的支撑位）。在确定的方位点上将木桩定位（图 4–26），木桩与木桩按照“回”字走向规律排列，形成跑纱路径（图 4–27）。

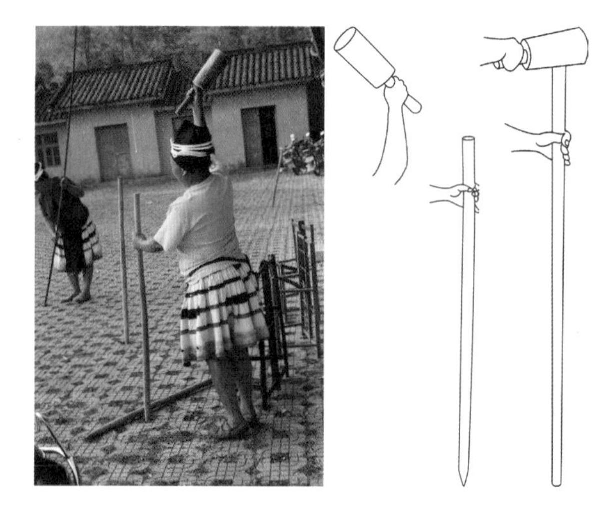

图 4–26　将木桩放在定位点上

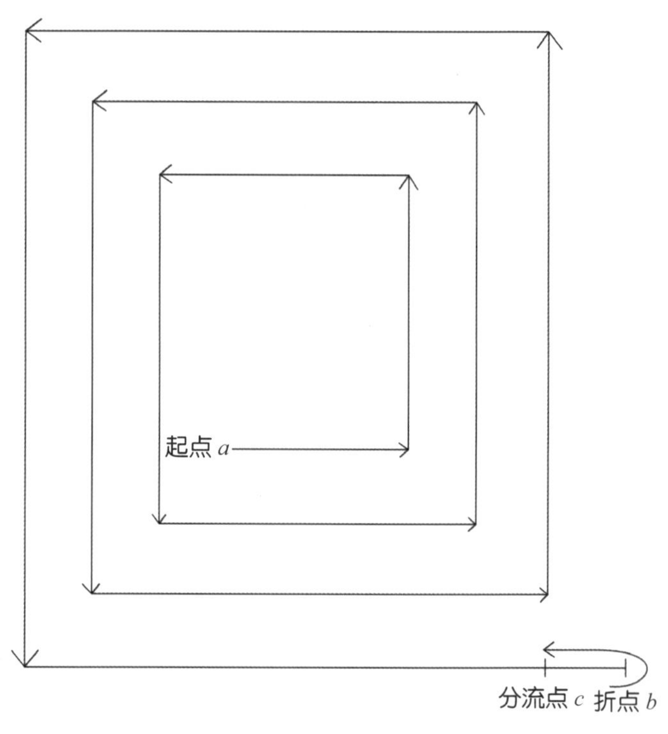

图 4–27　跑纱路径示意图

3. 纱团上机

如图 4–28 所示，将跑纱机后端的竹竿卸下，使竹竿从棉纱团的空芯位穿过，再将上好纱团的竹竿套回跑纱机上，找出每个纱团的线头从对应跑纱机的前端小孔穿出。

如图 4–29 所示，*a*、*b*、*c*、*d*、*e*、*f*、*g*、*h*、*i*、*j* 纱团上机后，由纱团 *a* 对应孔 1、纱团 *b* 对应孔 2、纱团 *c* 对应孔 3、纱团 *d* 对应孔 4、纱团 *e* 对应孔 5、纱团 *f* 对应孔 6、纱团 *g* 对应孔 7、纱团 *h* 对应孔 8、纱团 *i* 对应孔 9、纱团 *j* 对应孔 10 的顺序将纱头分别从对应的孔中穿出。

4. 跑纱

跑纱为 3 人一组，每组分别将跑纱机上小孔穿出的 10 根纱按次序打结成 5 对，套在起点 *a* 桩上。

从起点 *a* 桩位置开始，在木桩固定好的路径范围内，由 1 人穿筘，2 人进行跑纱。从起点 *a* 出发，依照图 4–30 的跑纱路径，由内向外，围绕路径环绕。将纱线由下而上平行环绕在木桩之上，以“8”字形绕过分流点 *c* 处至折点 *b* 后，原路返回至起点 *a*（图 4–31、图 4–32）。至此为一个

图 4–28　纱团上机过程图

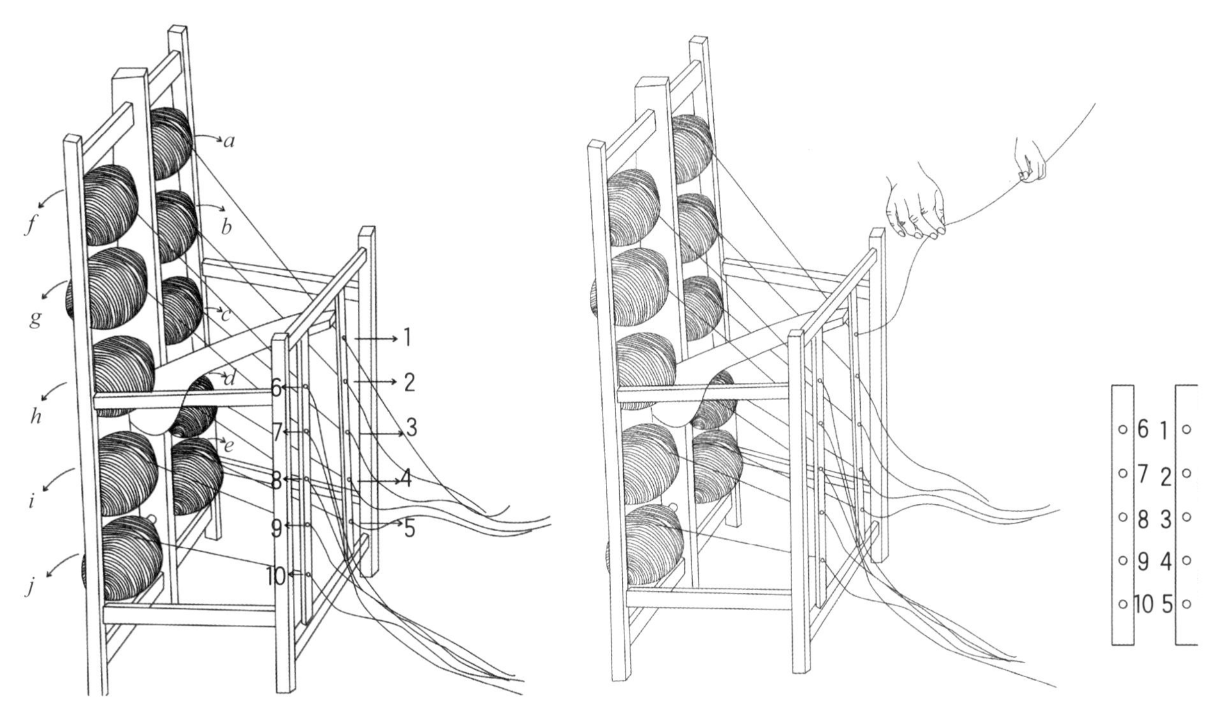

图 4-29　纱团与跑纱机对位图

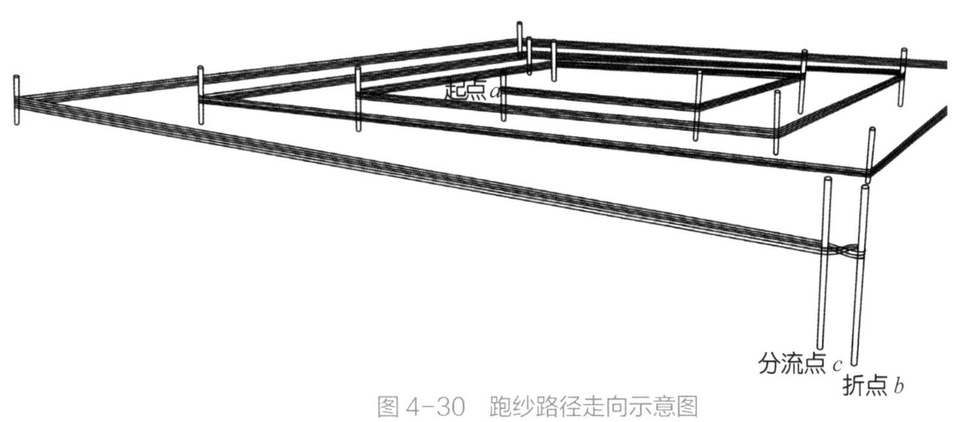

图 4-30　跑纱路径走向示意图

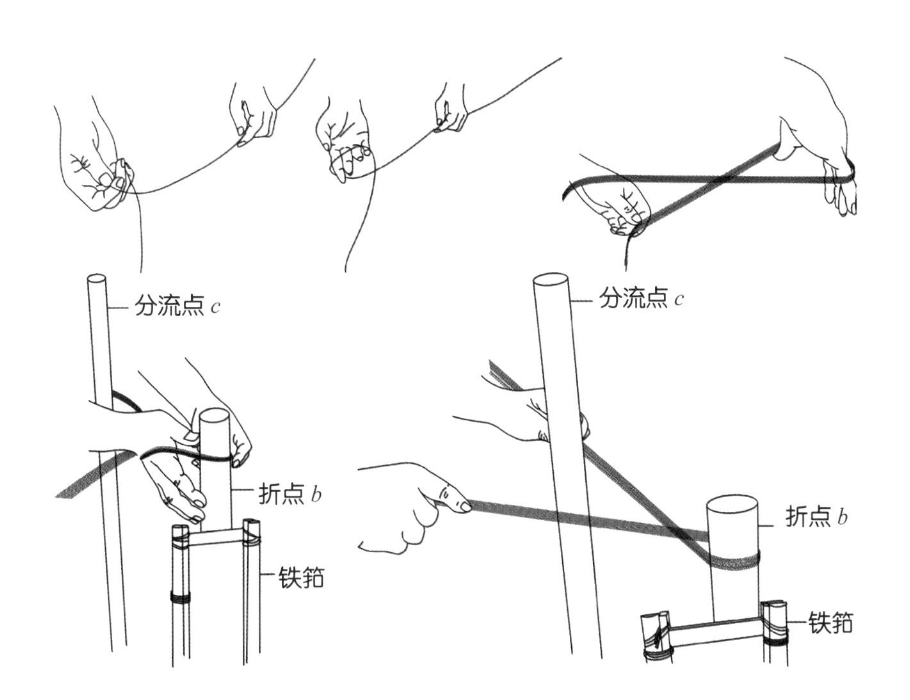

图 4-31　跑纱路径“8”字形绕过分流点 c 处至折点 b 折回起点 a

图 4-32　跑纱

来回。来回的次数根据纱线的重量来决定。

5. 穿筘

筘是指织布机上用来分离经纱的工具。如图 4-33 所示，将筘平行绑在折点 *b* 桩上，穿筘刀绳绑在筘的下端。如图 4-34 所示，从筘的下端点 *a* 间隙开始，对应折点 *b* 桩上的经线点 *a*，在穿筘刀的作用下使经纱通过筘间隙。如图 4-35、图 4-36 所示，穿筘刀从筘的间隙将经纱套住，并使其通过筘间隙后，保持穿筘刀绳在经纱环的中间。

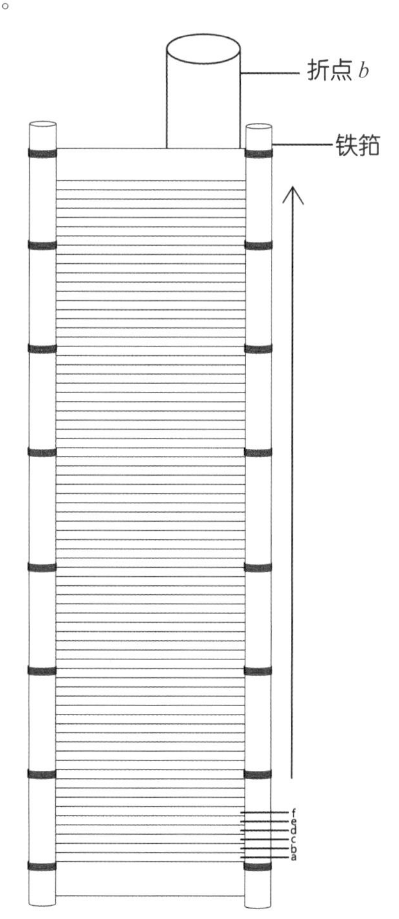

图 4-33　筘绑在折点 *b* 桩上

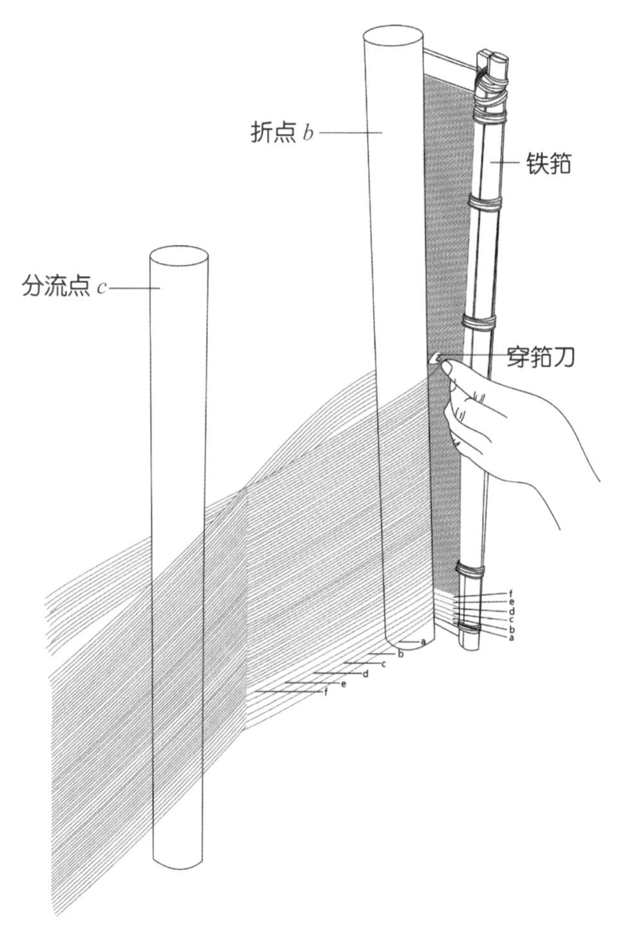

图 4-34　穿筘(一)

五、梳纱和卷纱

梳纱和卷纱工具如图 4-37 所示，包括卷纱轴、扁担、分离竹筒、卷纱中轴 A、挑杆、木梳、绳子。

穿筘结束后，把跑纱完成的三维路径二维处理。

如图 4-38、图 4-39 所示，将卷纱中轴 A 替代穿筘刀绳位置；分离竹筒 1、2 替代分流点 *c* 桩、折点 *b* 桩位置，从卷纱中轴 A 处开始梳纱。

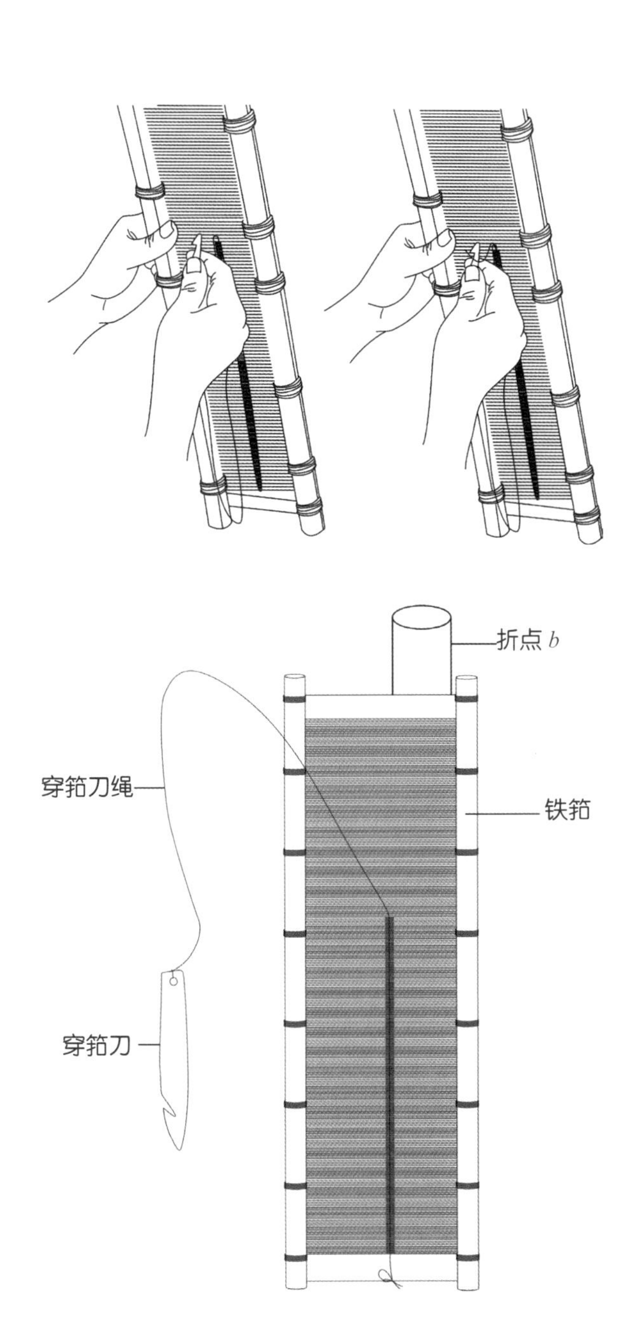

图 4-35　穿筘刀绳穿过通过扣点间隙后的经纱

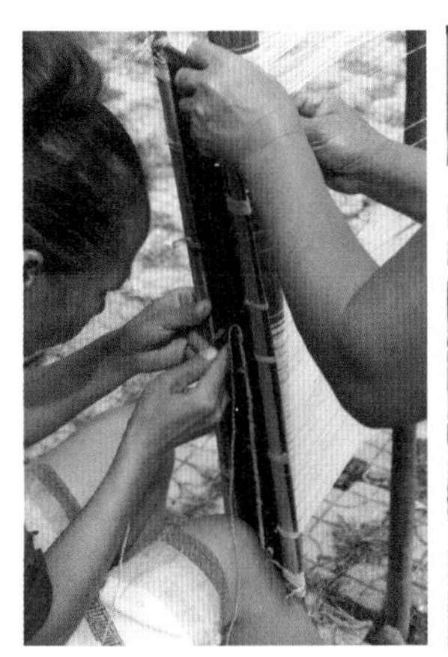

图 4-36　穿筘（二）

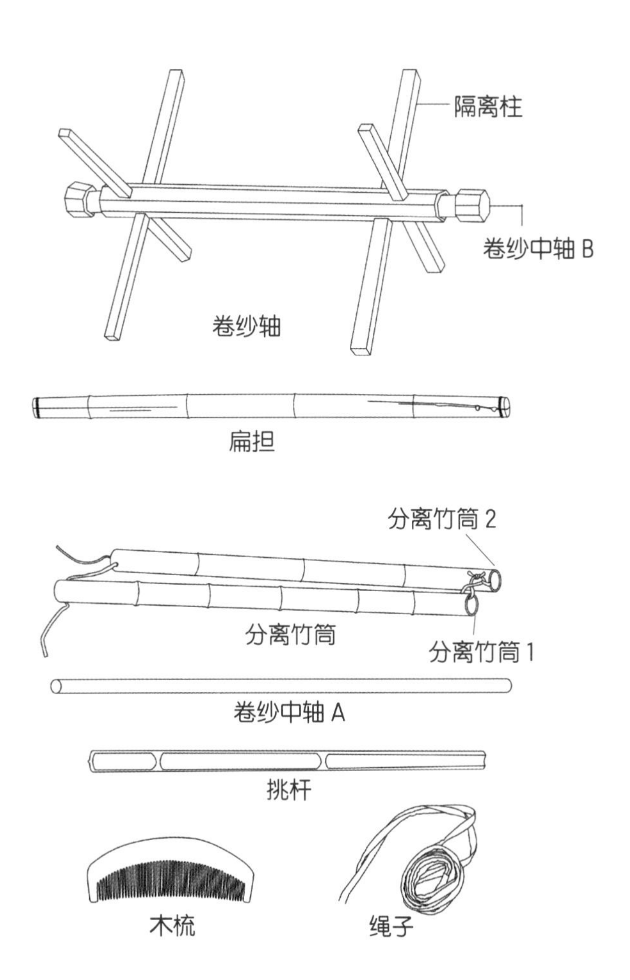

图 4-37　梳纱和卷纱工具

用事先准备好的绳子把分流点 *c* 桩、折点 *b* 桩已经分隔的上下两层纱线分别捆扎；拉紧穿筘刀尾部的线，将穿过铁筘的经纱圈拉出一定的松量，插入卷纱中轴 A。

如图 4-40 所示，双手用力拉紧卷纱中轴 A，使纱线与地面平行，由一人在最前端用木梳梳纱，铁筘同时向前推进，约 120cm 处停下。

如图 4-41 所示，一人向上拉紧铁筘前面用来分离两层纱线的绳子使纱线自然分层。

如图 4-42 所示，在铁筘的后端与卷纱中轴 A 的中间处，将两根分离竹筒分别放在两层纱线之间，并在分离竹筒的尾端用绳子连接固定。

如图 4-43、图 4-44 所示，一人在最前端用木梳梳理纱线，一人双手扶铁筘跟在其后；另外两人分别站在分离竹筒两端，双手紧握分离竹筒，左右来回转动分离竹筒，向前移动。

如图 4-45 所示，梳纱约 2m 时停下上卷纱中轴 B。拉紧卷纱中轴 A 使纱线平行于地面；在

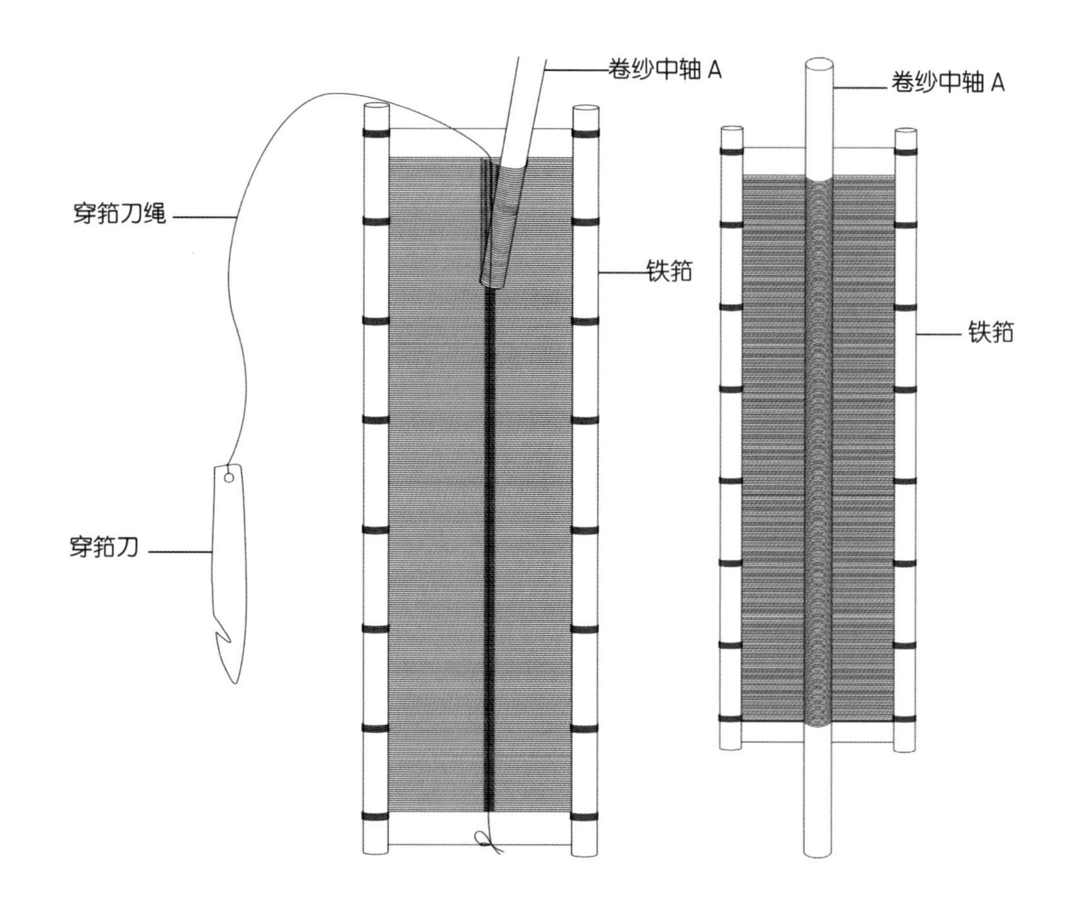

图 4-38　卷纱中轴 A 替代穿筘刀绳位置

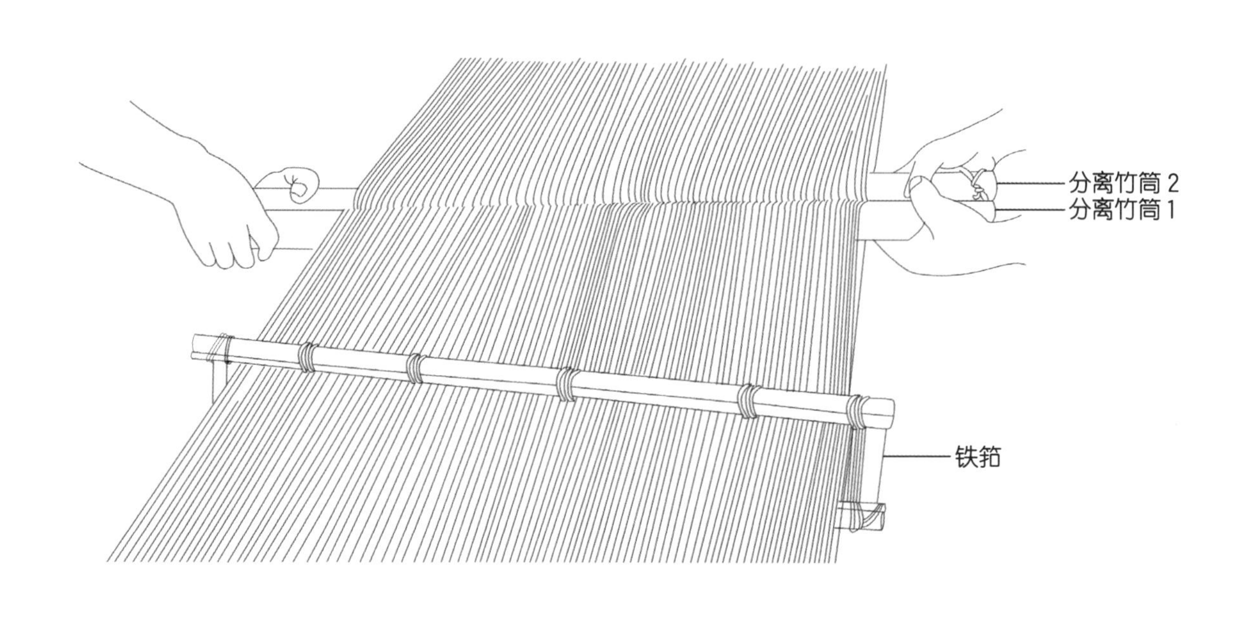

图 4-39　分离竹筒 1、2 替代分流点 *c* 桩、折点 *b* 桩位置

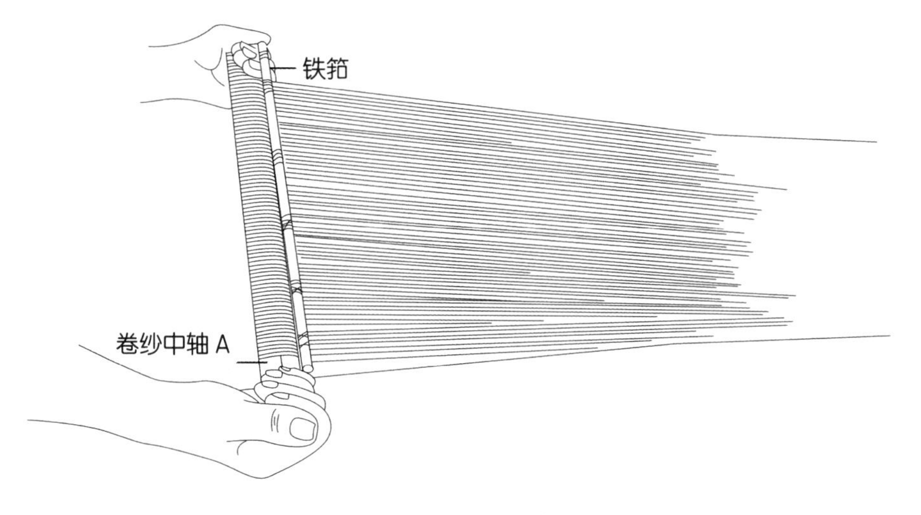

图 4-40　梳纱起步

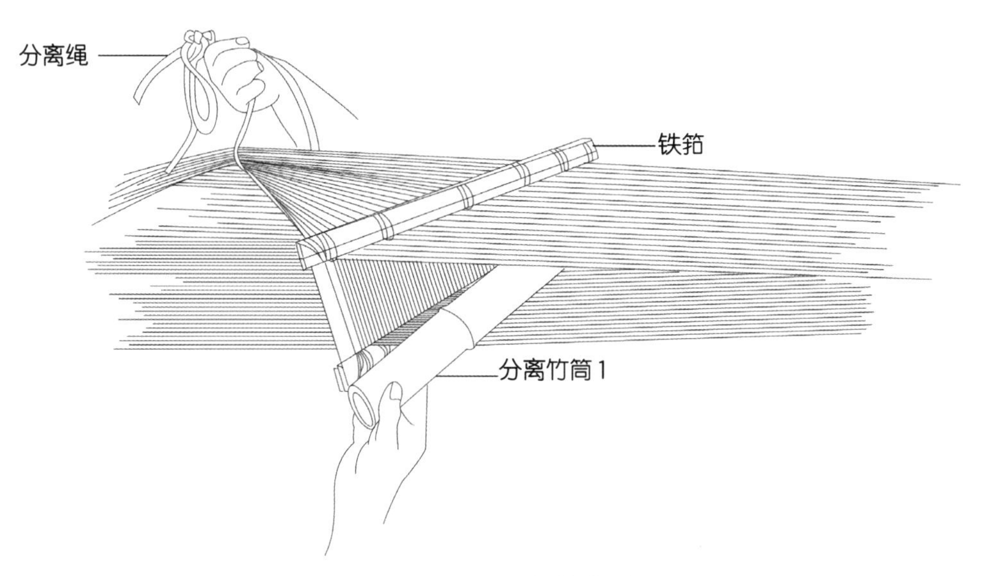

图 4-41　梳纱（一）

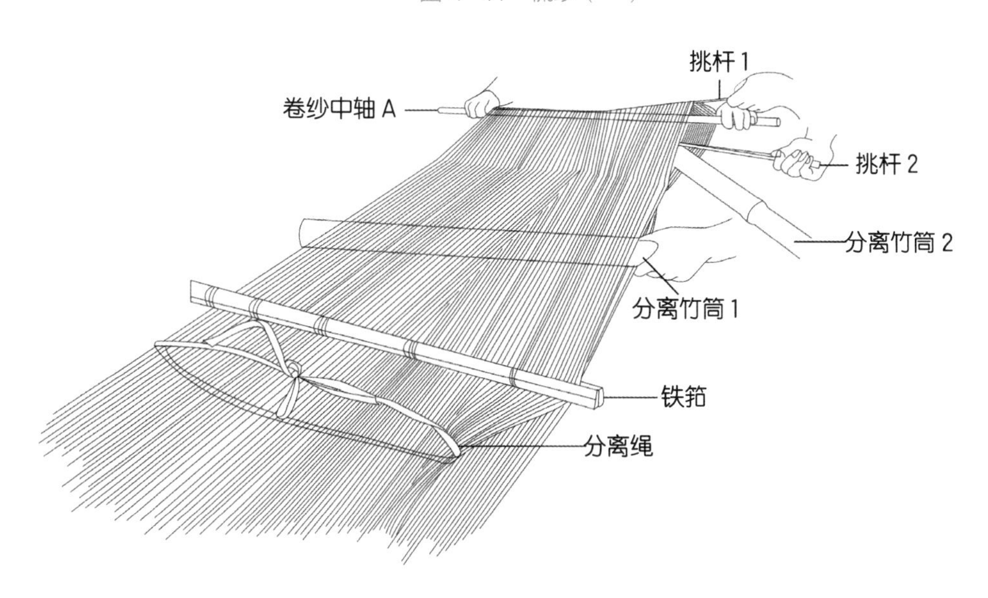

图 4-42　梳纱（二）

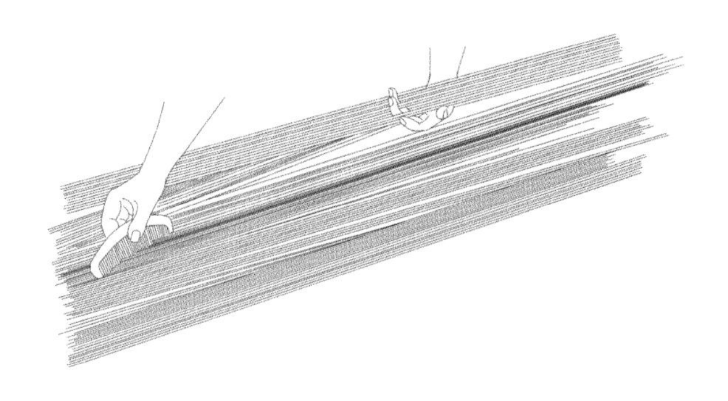

图 4-43　梳纱（三）

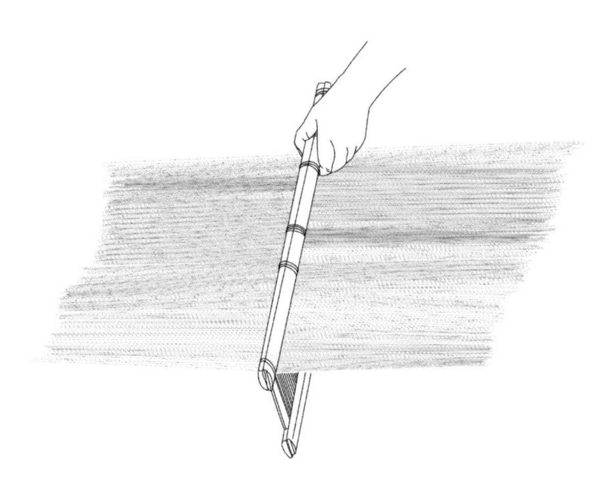

图 4-44　梳纱（四）

腰后绑上一根扁担，卷纱轴放在卷纱中轴 A 下，使卷纱中轴 A 架在卷纱中轴 B 的两端隔离桩上；扁担两头分别通过绳子与卷纱中轴 B 两头的凹槽处连接，并留出人的站位；双手握住卷纱轴的隔离桩向下推，梳理好的纱线就自然卷在轴上。

如图 4-46、图 4-47 所示，卷纱过程中，每两个隔离桩中间夹一根竹条，用来分离纱线，使织布时纱线更为整齐。

图 4-48 为梳理完成的纱线；图 4-49 为梳纱和卷纱过程。

六、穿网综

穿网综是经纱上机前的准备工序。剪断经纱将其穿在网综上，然后装机织布。准备好两排网综（图 4-50）；将卷纱轴上末端的纱线剪开，形成上下两层纱线（图 4-51）。

如图 4-52、图 4-53 所示，取出准备好的网综，将上下两层纱分别按照顺序穿过网综。网综的穿线方法是奇数纱从后综综眼穿过，拉至前综处从综眼穿过；偶数纱从后综综眼穿过，拉至前综从两个综眼的间隙穿过。详细步骤参照图 4-54。

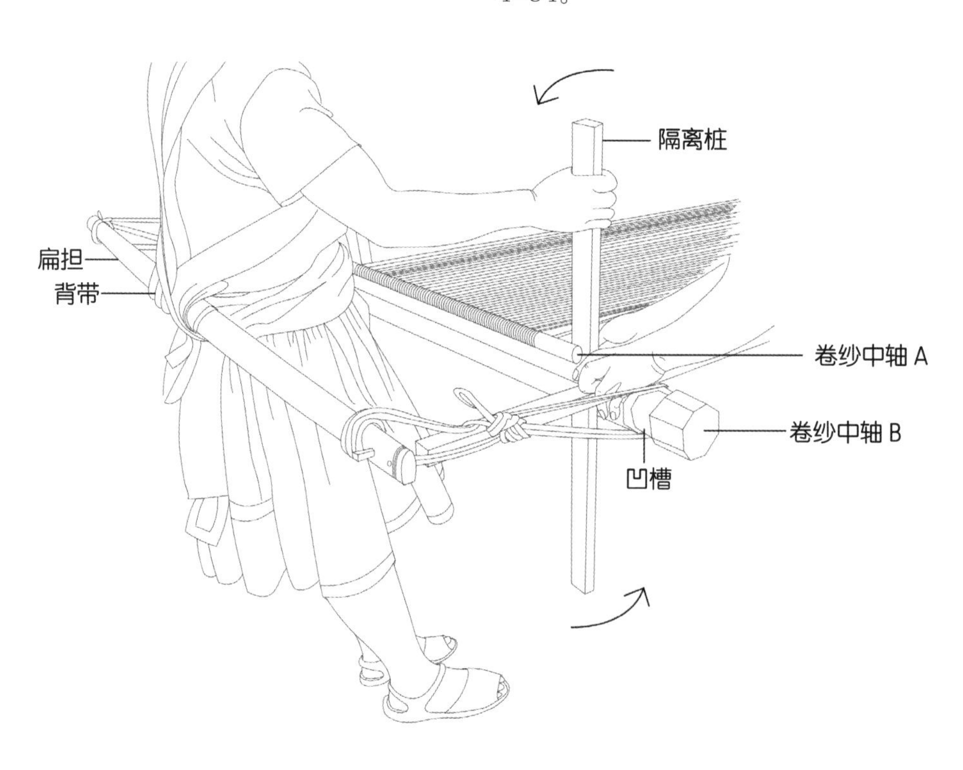

图 4-45　纱线上机

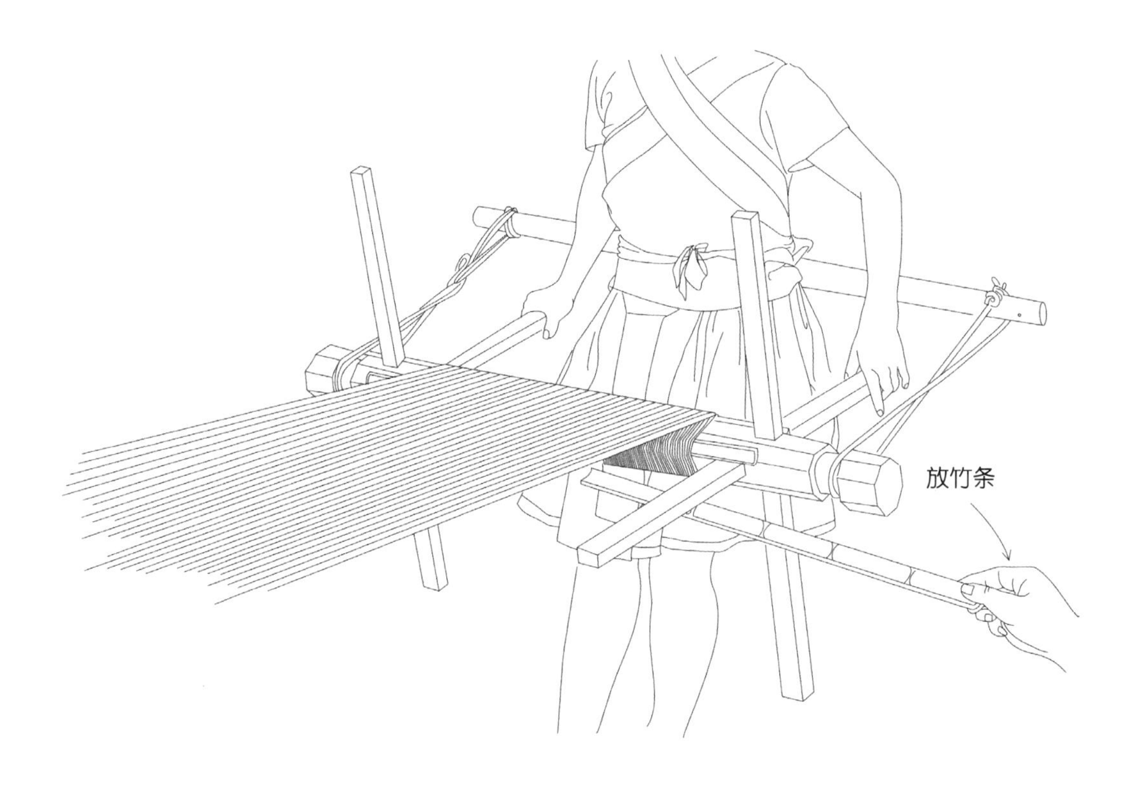

图 4-46　卷纱（一）

七、织布

网综穿好后，将经纱卷轴装在织布机上开始织布（图 4-55）。织布工通过网综套环分别把单、双数的经纱综框联系起来。综框在织机装置的作用下交错提升经纱，使纬纱交错穿入。当整个经纱组成的经面被纬纱交织以后，织物也就完成了。

八、蚕丝布的形成

据白裤瑶生态博物馆工作人员介绍，蚕丝布是指白裤瑶人通过养蚕自制的丝织品。白裤瑶人制作蚕丝布是将蚕放在光滑平板上反复吐丝，最后形成类似纸一样的布料，可用来装饰百褶裙裙边等。

蚕丝布的形成过程有四个步骤，即孵蚕卵、养蚕、吐丝、留蚕卵。

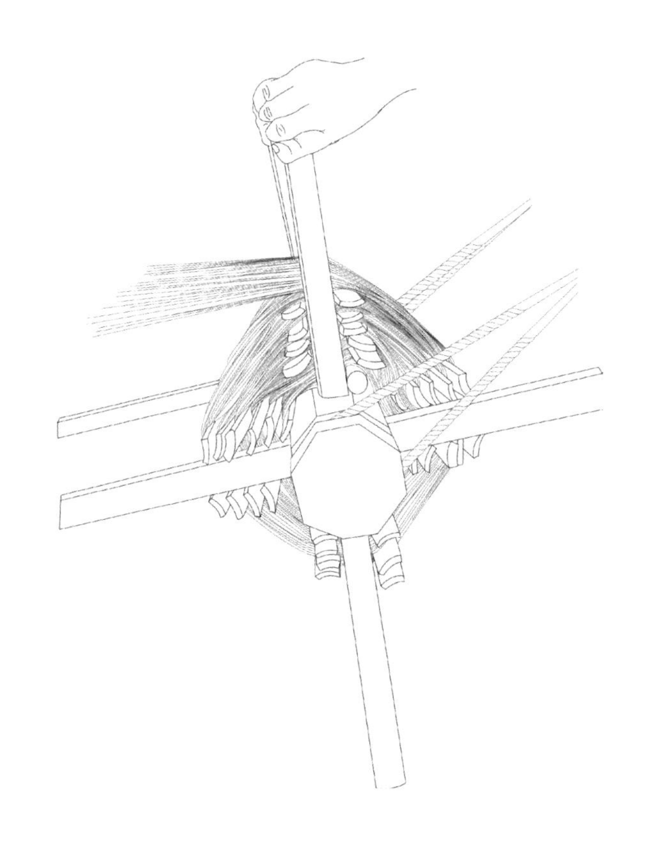

图 4-47　卷纱（二）

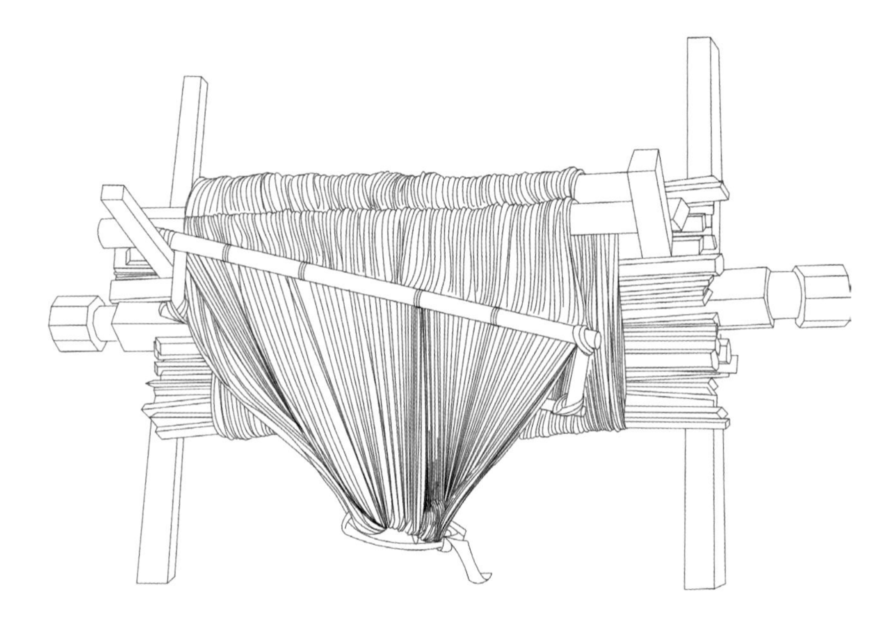

图 4-48　梳纱和卷纱完成

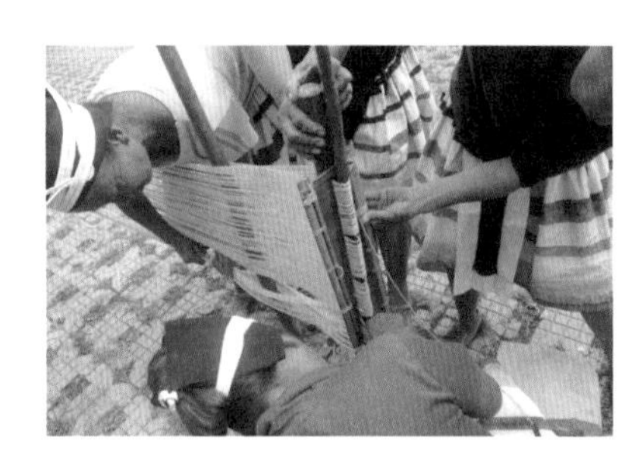

图 4-49　梳纱和卷纱过程

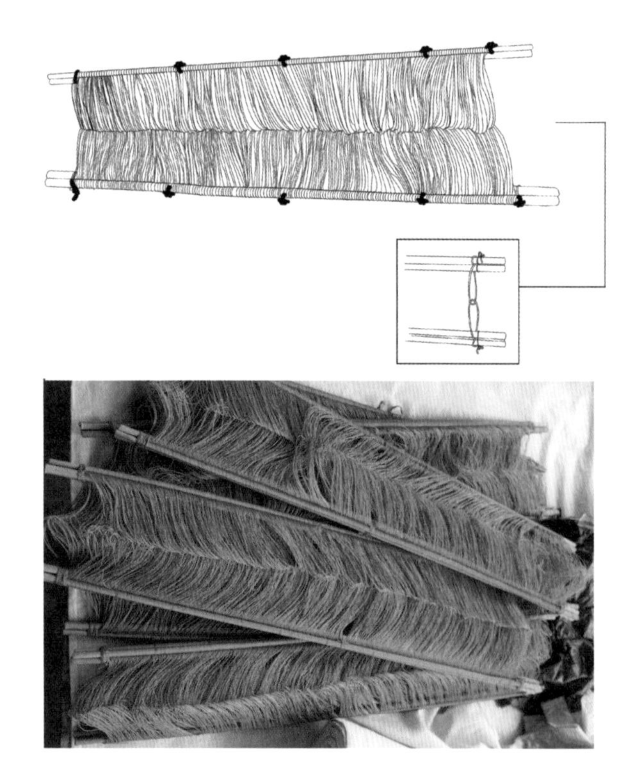

图 4-50　网综

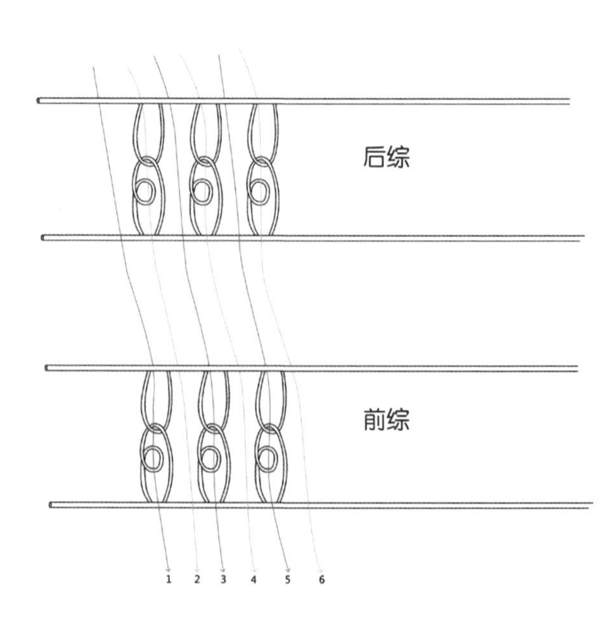

图 4-52　经线穿综眼排列方法

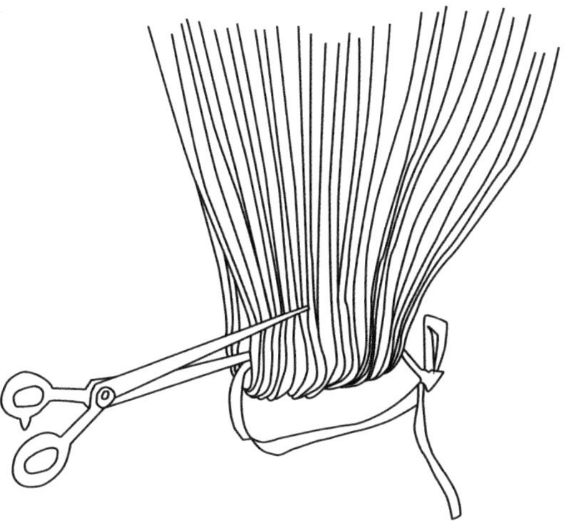

图 4-51　将卷纱轴上末端的纱线剪开

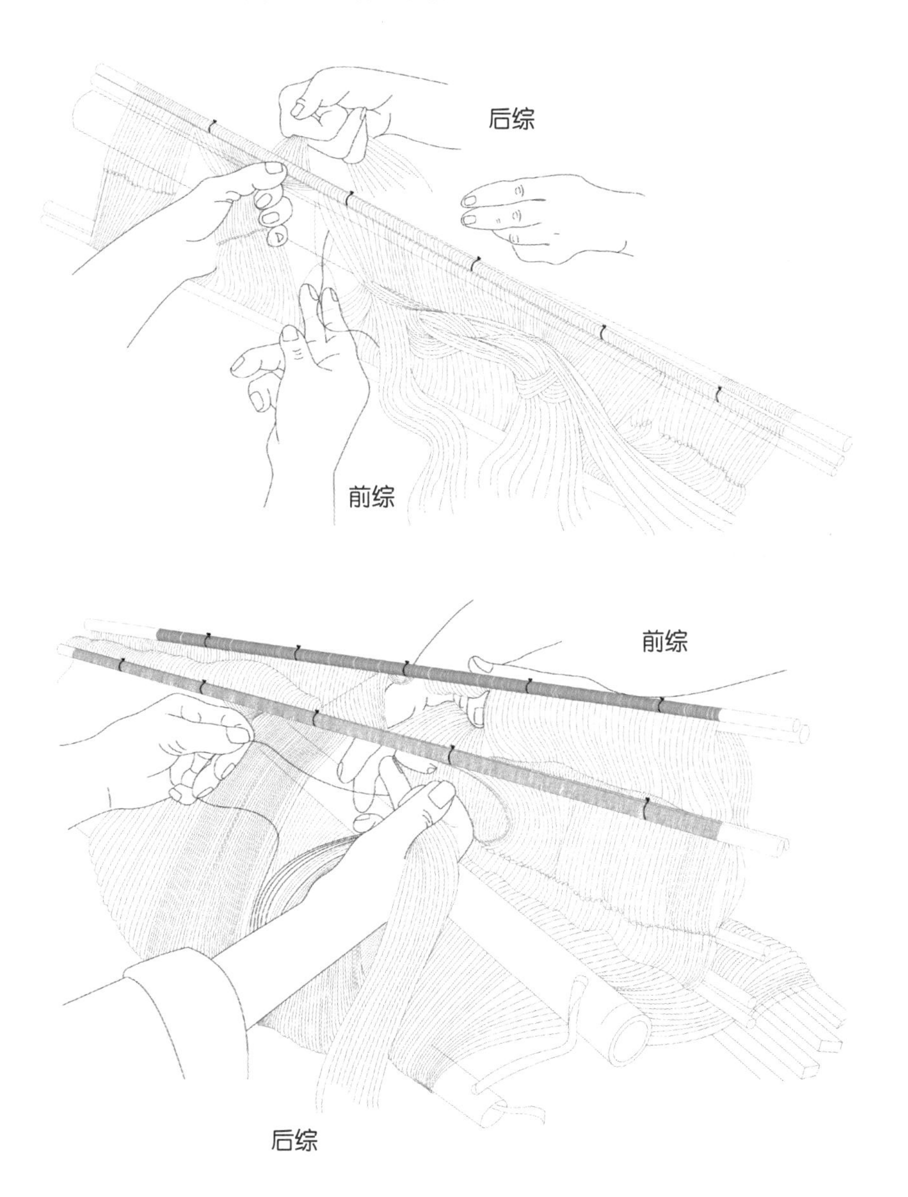

图 4-53　经纱穿综眼方法

（a）将纱按照顺序依次递送（A 面）

（b）另一人穿过网综掏线（A 面）

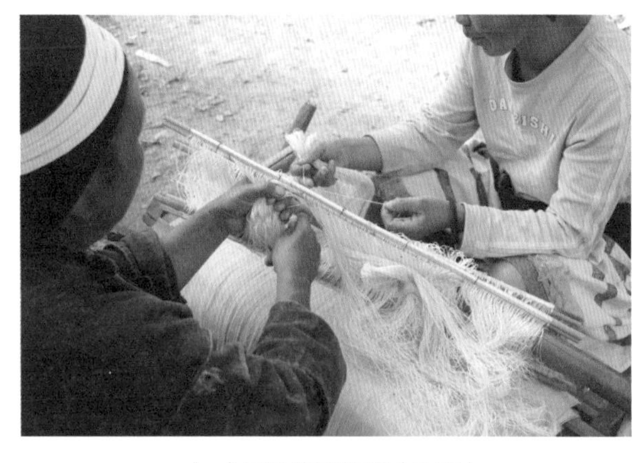

（c）网综绕圈掏线（B 面）

（d）从网综圈内掏出纱线（B 面）

图 4-54　经线穿综眼步骤

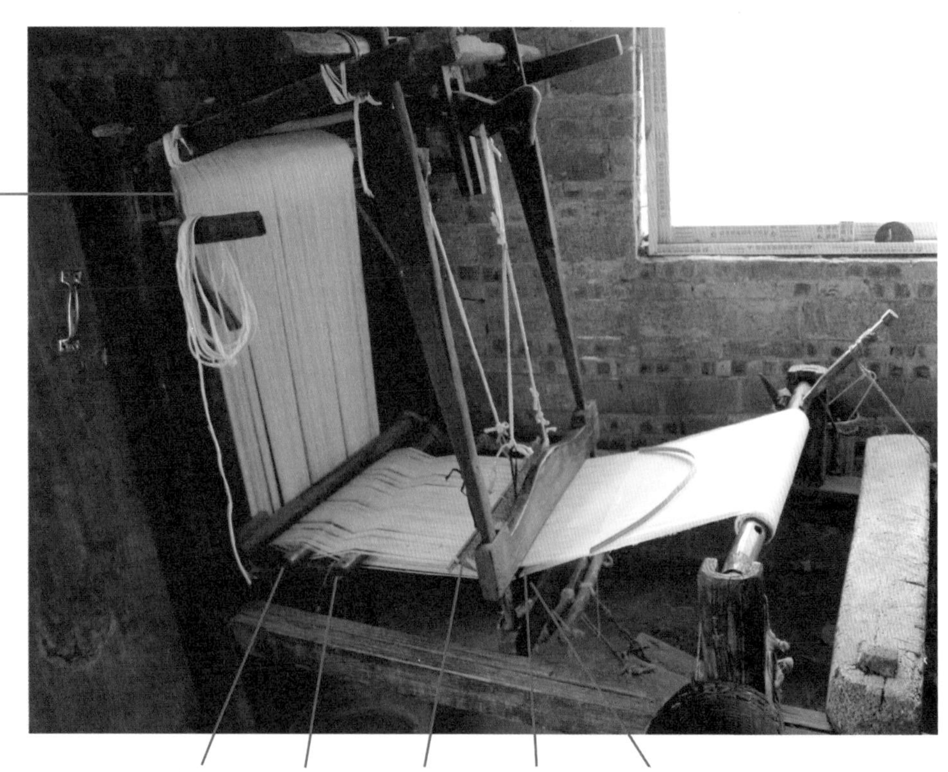

图 4-55　织布机

第二节 染色

据《后汉书·南蛮西南夷列传》记载，古代瑶族先民“织绩木皮，染以草实，好五色衣服”“衣裳斑斓”。可知汉代瑶族人已掌握了植物染色技法，用以丰富衣料的外观；北魏农学家贾思勰在著作《齐民要术》中有详细记载，先是“刈蓝倒竖于坑中，下水”，然后用木、石压住，使蓝草全部浸在水里，浸的时间是“热时一宿，冷时两宿”。将浸液过滤，加石灰水用木棍急速搅动，沉淀后“澄清泻去水”“候如强粥”，则“蓝靛成矣”。直到今天，草木染制衣仍是白裤瑶妇女生活的主体，她们用漫山遍野的植物根、茎、叶、皮提取染液，继而染布、制衣。

一、染色工具

如图4-56所示，白裤瑶妇女染色的工具有竹篮、过滤布、水桶、水瓢、盆、盛放过滤水的容器、染缸等。

二、染色材料

在白裤瑶地区，妇女们染色常常用到的植物染料有蓝靛草、鸡血藤、薯莨、“咚也篾”（瑶语）、“弄倍竹”（瑶语）、山芍等（图4-57）。

三、靛染

在白裤瑶地区，靛染，又称蓝靛浆染，主要染料是蓝靛膏。采集蓝靛草制作成可以染色的蓝靛膏，将自织土布染成藏蓝，接近黑色；再用薯莨重复染色，使黑布泛红；最后用山芍煮水泡布，固色的同时增加布的硬度与韧性，更持久耐穿。

1. 制作蓝靛膏

《本草纲目》说：“靛叶沉在下也，亦作淀，俗作靛。南人掘地作坑以蓝浸泡，入石灰搅拌，澄去水，灰尽入靛，用染青碧。”蓝靛草有野生和种植两种。居住在山区的瑶族至今仍有种植蓝靛草。每年8月，待蓝靛草长到一定高度时，便将蓝靛草的枝、叶割回，放入专制的蓝靛坑或大木桶内加水浸泡，让其充分发酵。十余天后，待枝、

（a）竹篮与过滤布

（b）水桶与水瓢

（c）盆

（d）盛放过滤水的容器

（e）染缸

图4-56 染色工具

（a）蓝靛草

（b）鸡血藤

（c）薯莨

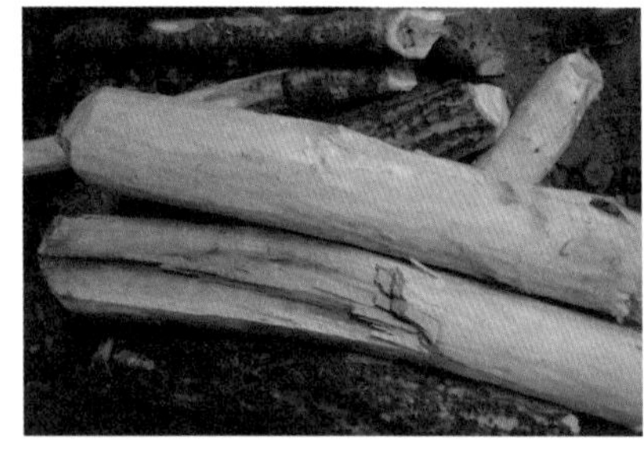

（d）“咚也箆”（瑶语）

（e）“弄倍竹”（瑶语）

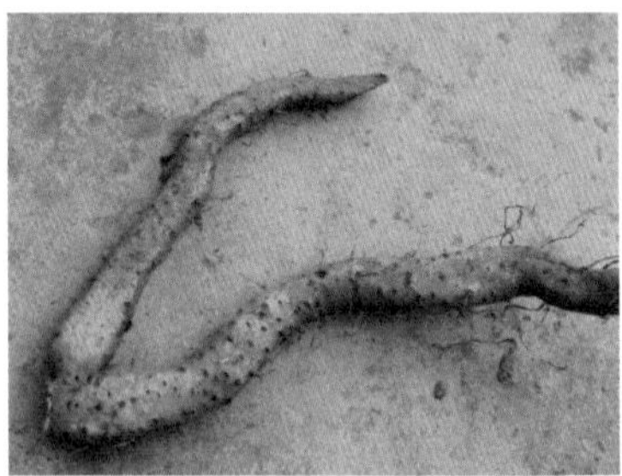

（f）山芍

图 4-57　染色材料

叶全部腐烂，坑中或桶中的水变成深蓝色，发出蓝靛香味时，便将残渣捞起，将蓝靛水过滤干净。用稻草灰滤取适量的碱水，配适量的石灰粉一同放入坑中或桶中，用木棍不停地搅动，待水面泛起大量的绿色泡沫时，就用芭蕉叶等密封坑面或桶面。数日后，待石灰、稻灰碱水和蓝靛水充分混合沉淀时，便可揭开坑面或桶面的覆盖物，将坑中或桶中的水全部舀出倒掉，将凝固于坑底或桶底的蓝靛膏捞起，装入垫有芭蕉叶的竹篓或竹箕中，即为染料。

2. 准备染缸

准备一个干净的缸，用温水过滤草灰，将草灰水倒入缸中。在缸中加入 1000g 蓝靛膏、4 桶水、500g 白酒（白酒的作用是使蓝靛制作的染料更蓝）。用竹棍搅拌缸中的染料，搅拌均匀后静置，之后连续 1 周的时间，每天晚上加 500g 蓝靛膏及 250g 酒，搅拌均匀静置，直到缸中的染液发黑，方可染布。

3. 染布

将布浸泡在缸中，2h 左右拿出，放在架在染缸上的木板上，让布里流出的染液顺着木板流回染缸中；等布晾至半干以后，再放入缸内染色；每天晚上将布拿出放置在木板上，加入适量白酒到缸中，用木棍搅拌均匀、静置；第二天早上继续染色；染 5 ~ 7 天以后，将布清洗净，晒干，再继续染色。重复以上步骤 3 次（约 1 个月时间），蓝靛染完成。

布染好后，将布在水中进行清洗。用手或木棒反复拍打布料，便于清洗掉残留在布上的染料。清洗干净的布料在竹竿或石头上进行晾晒。

为了使蓝靛染好的布隐约透出红色，将整个薯莨放进锅中煮沸，直至沸水变红以后，将晒干的蓝布浸泡在红色染料之中，捞出晾干，重复整个过程数次（约 3 天完成）。

选择野山芍，先用清水洗掉山芍上的泥土，去皮，捣碎，加入温水过滤；将布放进滤液中浸泡，直至完全浸透，可以起到定色、增加布的硬度及韧性等目的；晒干，完成全部染色步骤。

四、粘膏染

粘膏染是白裤瑶古老的传统印染方法之一。

（a）木棒
（b）画刀
（c）刀
（d）铁锅与炭火
（e）绘画案板
（f）网纱

图4-58 粘膏染工具（广西南丹里湖白裤瑶博物馆提供）

其基本原理是在自织棉布上涂抹粘膏汁（与蜡染原理基本相同），然后染色。从整个工艺过程来看，粘膏染似乎比蜡染更为原始古朴。

粘膏染的工具包括木棒、画刀、刀、铁锅与炭火、绘画案板和网纱（图4-58）。

（一）取粘膏

每年农历四月，白裤瑶人会用刀或利斧在粘膏树（图4-59）上凿洞。树洞呈四方形，粘膏树分泌出的膏汁存留在树洞里面（图4-60）。20天至1个月后，就可准备采集粘膏。

取粘膏的方法是先将凿树的钢刀稍微倾斜，按横列的树坑分开凿取，从树的下端逐渐向树的上端凿取。

如图4-61所示，用刀自下而上用力，从树洞中将粘膏挖出放在手中，积攒一定的量后放进盛有草灰水的水桶中。

草灰水（现在多用洗衣粉水）便于取粘膏的过程中，清洗手上黏住的粘膏汁，同时将采集的粘膏放入桶中储存。

图4-59 粘膏树

图 4-60　存留在树洞中的粘膏汁液

图 4-61　挖粘膏（广西南丹里湖白裤瑶博物馆提供）

（二）炼粘膏

取回的粘膏要放在清水里搓洗干净，去掉粘膏中掺杂的树皮杂质；然后与牛油一起熬制，形成混合液体，通过冷却凝结成固体。

每年取回的新鲜粘膏是有限的，因此，会加入往年已经熬制好用剩下的粘膏牛油混合物一同熬制，反复利用。

粘膏配方：新取回的粘膏 500g，加 100 ~ 150g 牛油；反复使用过的粘膏 500g，加 50g 牛油。将大铁锅清洗干净，将新鲜粘膏（图 4-62）放入锅中加热，竹片搅拌；等待其几乎全部熔化成液体时，加入往年熬制使用剩下的粘膏牛油混合物一同熬制（旧的粘膏混合物因使用的时间过长，绘制过程中会沾染染料，因此颜色呈藏蓝色，如图 4-63 所示）；粘膏全部熔化为液体后，将称量好的牛油切碎放进锅中，不停搅拌，与粘膏液体一起熬制；熬制的液体能够顺畅地沿着搅拌竹片向下滴，说明粘膏与牛油比例正好适合。

牛油入锅，小火熬制（图 4-64），直至熬制的混合液体呈清澈胶状物（图 4-65），就可以准备过滤了。将熬制好的混合物，从网纱中过滤到盆子里（图 4-66）。然后将绳子通过木棍悬挂于盆中，等混合物冷却凝结成固体后，绳子也自然凝固在混合固体中（便于将固体混合物从盆中取出），粘膏完成（图 4-67）。

图 4-62　新鲜粘膏（广西南丹里湖白裤瑶博物馆提供）

图 4-63　旧粘膏牛油混合物（广西南丹里湖白裤瑶博物馆提供）

图 4-64　牛油入锅（广西南丹里湖白裤瑶博物馆提供）

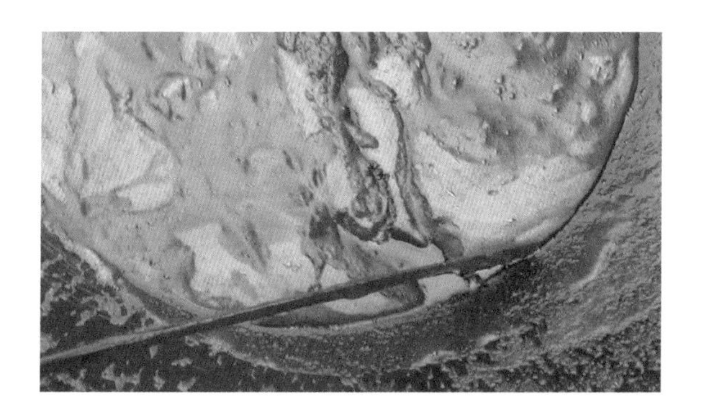

图 4-65　熬制完成（广西南丹里湖白裤瑶博物馆提供）

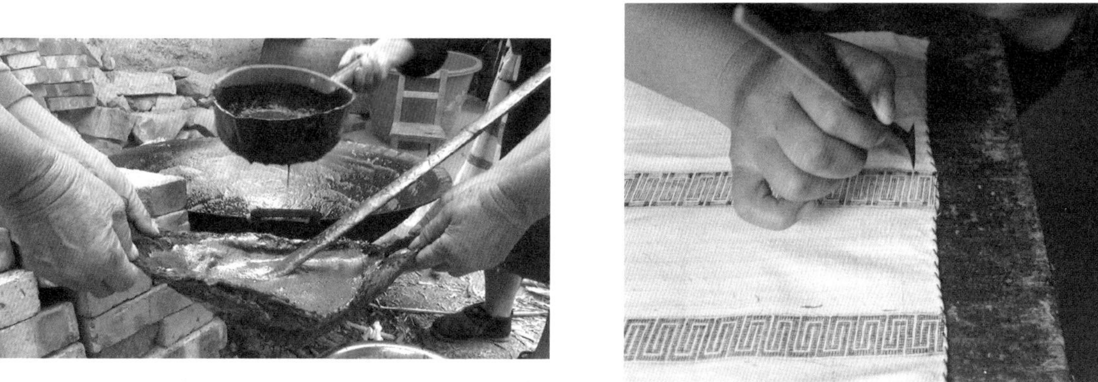

图 4-66　过滤（广西南丹里湖白裤瑶博物馆提供）

（三）画粘膏

将自织土布平铺在绘图用的案板上，用鹅卵石或光滑木棒将布来回磨压，使布变得光滑平整。将熬制好的粘膏与牛油固体混合物放在铁锅中，加热使其熔化。如图 4-68 所示，用画刀蘸取熔化好的液体膏汁在白布上绘制图案（画刀一般用一条竹条夹上一块形似板斧的钢片或铜片制成），大画刀绘制直线与曲线，小画刀绘制图案细节。根据需要，将需留白色或染淡色的地方全部铺满粘膏，为染多个色彩做准备。完成的粘膏画图如图 4-69 所示。

图 4-67　冷却做粘膏扣（广西南丹里湖白裤瑶博物馆提供）

图 4-68　画刀绘制图案

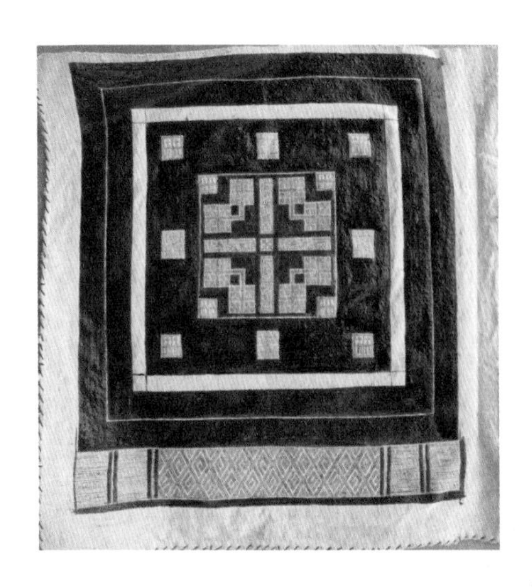

图4-69　完成的粘膏画图（广西南丹里湖白裤瑶博物馆提供）

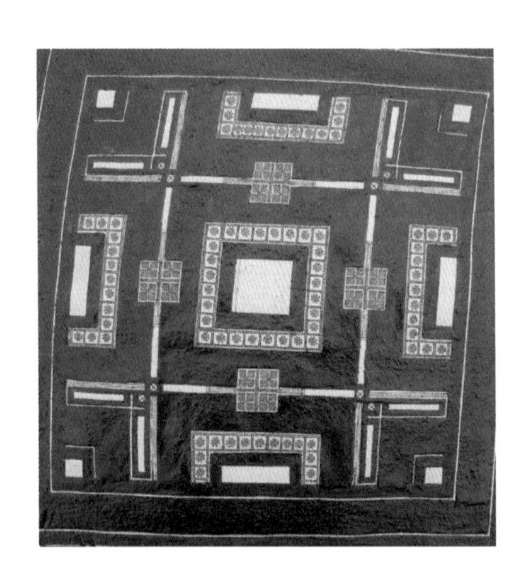

图4-70　画布染色前（南丹里湖白裤瑶生态博物馆提供）

图4-71　画布染色后（南丹里湖白裤瑶生态博物馆提供）

（四）染粘膏画

粘膏画完成以后，用蓝靛、鸡血藤染色，脱膏，淡染色，将画布通过多次处理，形成颜色深浅不同的图案效果，完成染粘膏画全过程。

1. 蓝靛染色

将画好的粘膏画布放进染缸中浸泡（在染缸中加入500g蓝靛膏、250g酒，搅拌均匀静置），1天染3次，晚上将布捞出放在架在染缸上的木板上；第二天早上再将布放进染缸中浸泡染色；重复5天后，将其洗净晾干再继续染色。如此步骤重复1个月即可。画布染色前后见图4-70和图4-71。

2. 鸡血藤染色

为使粘膏画染出的颜色更深，要将鸡血藤的嫩叶捣碎，加入冷水将叶子揉出水来，过滤；再将布放到滤液中浸透并晒干，1天重复6～8次，染2～3天完成（图4-72）。

3. 脱粘膏

草烧成灰后过滤出草灰水，放在锅中煮沸；将染好的粘膏画一同放进锅里，用小火慢煮；直至去除画布上的所有粘膏为止，晾干，准备淡染；脱膏完成以后，脱掉粘膏的地方成白色，其余地方为染好的藏蓝色或黑色（图4-73）。

4. 淡染

将脱膏后的画布放在蓝靛水中浸泡2～3min，使画布的白色部分染成淡蓝色。清洗、晾晒后完成（图4-74）。

五、蚕丝布染色

1. “咚也篾”（瑶语）染黄色蚕丝布

将“咚也篾”根茎劈开，只要里面嫩黄色的部分，放进锅里沸水煮开，直至沸水变成黄色，即为染料。把黄色染料倒入盆中，拿出蚕丝布浸泡在染料之中，反复揉搓，使蚕丝布全部浸上染料，拧干；重新添加染料，将蚕丝布再次揉搓，拧干，晾晒，完成染色（图4-75）。

2. “弄倍竹”（瑶语）染红色蚕丝布

去掉“弄倍竹”的枝干，只留下叶子部分，放入盆中；将“咚也篾”煮沸的黄色染料倒进盆子中，用力揉搓盆中的叶子，直至液体变红，红色液体即为将蚕丝布染成红色的染料。染布步骤与染黄色蚕丝布相同（图4-76）。

图 4-72　鸡血藤染色（南丹里湖白裤瑶生态博物馆提供）

图 4-75　晾晒黄色蚕丝布

图 4-73　脱膏后的画布（南丹里湖白裤瑶生态博物馆提供）

图 4-76　晾晒红色蚕丝布

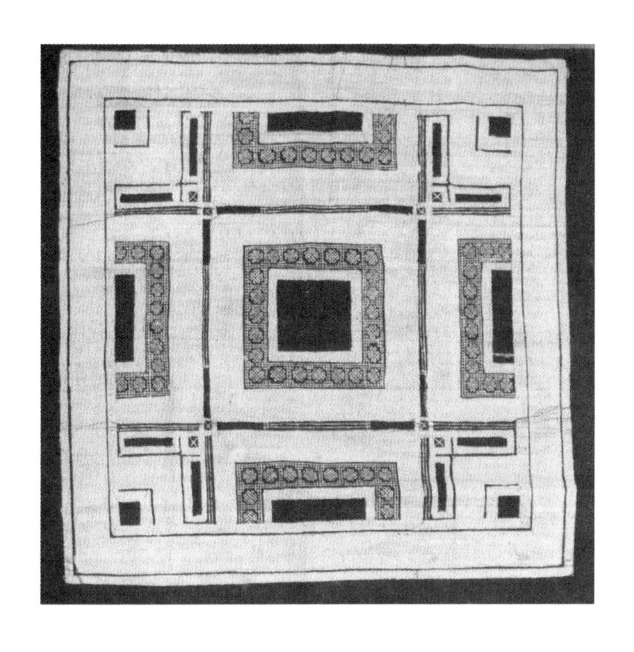

图 4-74　淡染好的粘膏画布

作为山居民族顽强的生命力和乐观的生活态度。每一个刺绣图案都有一个来历或传说，都深含着白裤瑶民族文化与情感的表达，是白裤瑶民族历史与生活的展示，具有传承该民族历史文化的作用。

第五章　白裤瑶手工刺绣技艺

刺绣是用绣针引彩线、以绣迹构成花纹图案的一种工艺，是白裤瑶服饰符号化的又一个表现主体，进一步深入了以『记录』为主导的服饰造物观念。白裤瑶女孩一般从懂事开始便学习刺绣，她们从母亲处讨得青色布、彩色线、针等，或聚在母亲身边，或在刺绣的姑娘群中求教刺绣技巧，长大后便已成为刺绣能手。白裤瑶刺绣具有用针法构成图案的特点，不同的刺绣针法构成了色彩鲜艳、构图明朗、朴实大方的刺绣图案，表达了白裤瑶

刺绣是在布料上用彩色棉线或蚕丝线绣出各种图案纹样。在白裤瑶，哪个姑娘要想受到称赞，不仅要貌美，手工针线活也一定要好。刺绣已经成为白裤瑶姑娘媳妇农忙之余田埂地头、房前屋后的主要工作之一。白裤瑶刺绣图案的骨骼形式多为单独纹样，也有少量的二方连续纹样。在单独纹样中既有复合纹样，也有自由式纹样；刺绣线常用的色彩多为红、黄、黑、白、绿等。刺绣一般多是在衣、裤、裙、绑带、腰带上出现。

绣花工具与材料包括自织染的布、各色刺绣线、自制测量尺、刺绣针等（图 5–1）。

白裤瑶绣花穿针通常以一股线穿针，将穿入针孔的线拉出长 10cm，再将针头从拉出长 10cm 线段的 2/3 处分线入针并出针，以致短线段部分锁住长线段；将穿好的线尾绕成一个圈，针尖从线圈内穿出，拉紧针上的线打结完成（图 5–2）。

白裤瑶妇女刺绣的方法基本以挑花为主，用各种彩色丝线在布背面随手起针，挑绣出各种图案纹样，其针法有十字长短针、平直长短针、斜挑长短针、平挑长短针等。一般说来，挑花图案的纹样都受到十字针脚的限制，整个刺绣过程严格按照布的经纬交织点施针。因此，刺绣造型一般比较概括、简练，以“几何化”呈现。

（a）自织染的布

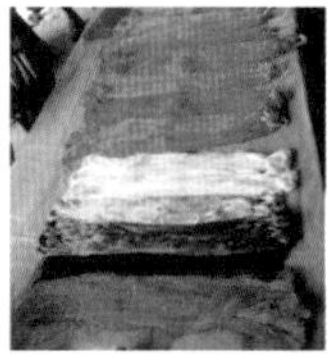
（b）各色刺绣线

（c）自制测量尺

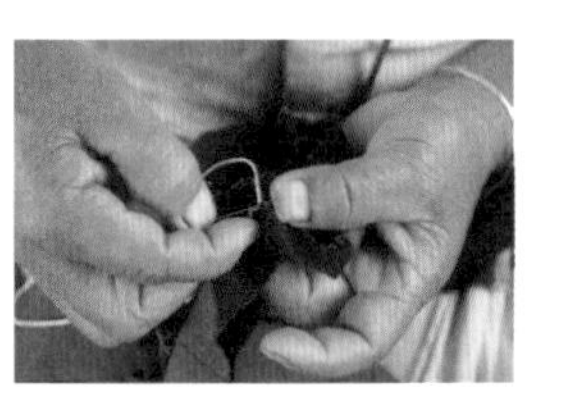
（d）刺绣针

图 5–1　刺绣工具与材料

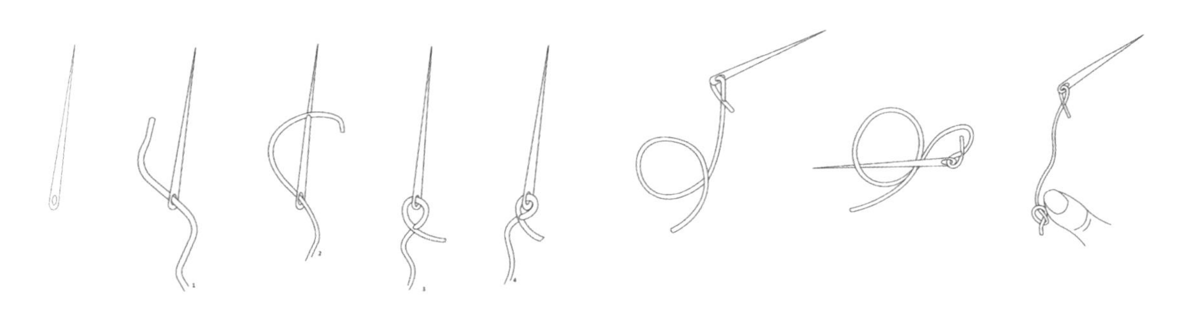
（a）穿针　（b）打结

图 5–2　穿针打结

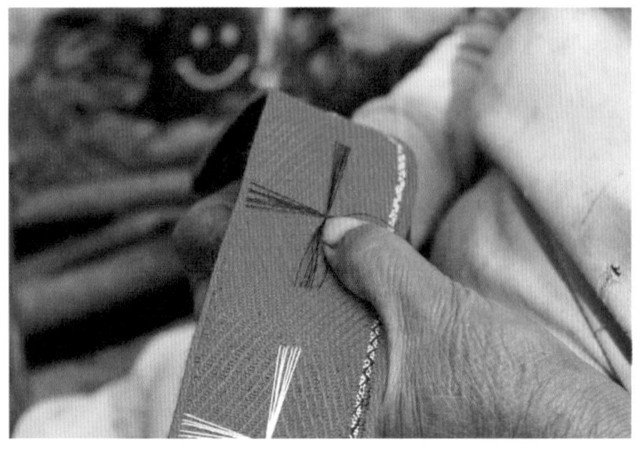

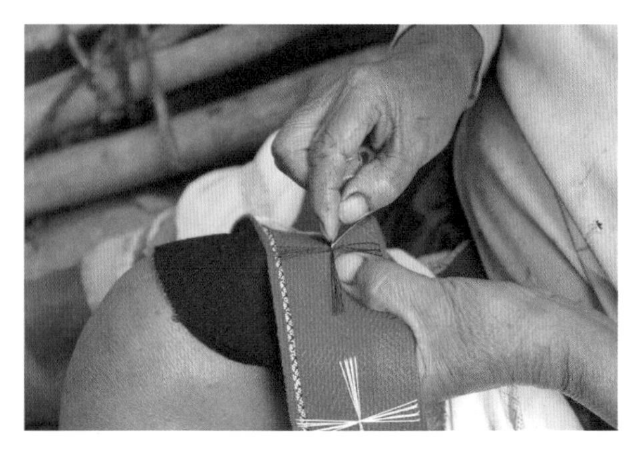

图 5–3　“花”纹样花型刺绣

一、“花”纹样刺绣

“花”纹样针法表现为“米”字造型，为矩形发射状图案造型。刺绣方法为单线长短挑针排列造型。刺绣路径相对对称。成品花型多以黑白、黑色、彩色交叉构成单位纹样造型（图 5–3 ~ 图 5–5）。

1. 装饰部位

“花”纹样刺绣是白裤瑶服饰出现最多的纹样，经常装饰在服装款式的局部和服装配饰的主体上。装饰部位分别为男子（童）花衣下摆（后片）、男子盛装下摆（后片、多层）、女子（童）贯头衣下摆（后片）、女子盛装贯头衣下摆（后片、多层）、男子（童）花裤裤口、男子（童）绑腿带、女子（童）绑腿带、男子盛装花腰带、男女童帽等。

2. 刺绣方法

“花”纹样刺绣框架为矩形，分别由“十”字和“×”字纹交错造型为“米”字图案。造型中，“十”字纹中心点留白，“×”字纹中心点相连。刺绣前将图案及花位定格布局。如图 5–6 所示，点 o 为花位中心点，由点 o 向四周顺延一个等量单位定出花心“×”造型位，随之标注点 a、b、c、d、e、f、g、h 为米字纹发射起点位置。

3. 刺绣步骤

（1）“十”字纹绣花步骤（纵向纹理）

如图 5–7 ~ 图 5–17 所示。

图 5–18 中实线为绣花完成后的“十”字纹纵向纹理，虚线为绣花待完成的“十”字纹横向纹理。“十”字纹横向纹理与纵向纹理绣花方法相同。

（2）“×”字纹绣花步骤（左下右上方向）

如图 5–19 ~ 图 5–29 所示。

图 5–30 中实线为绣花完成后的“×”字纹左下右上方向纹理，虚线为绣花待完成的“×”字纹左上右下方向纹理。“×”字纹左上右下方向横向纹理与左下右上方向纹理绣花方法相同。

如图 5–31 所示，“米”字纹完成。

图 5–4 “花”纹样花型实物图

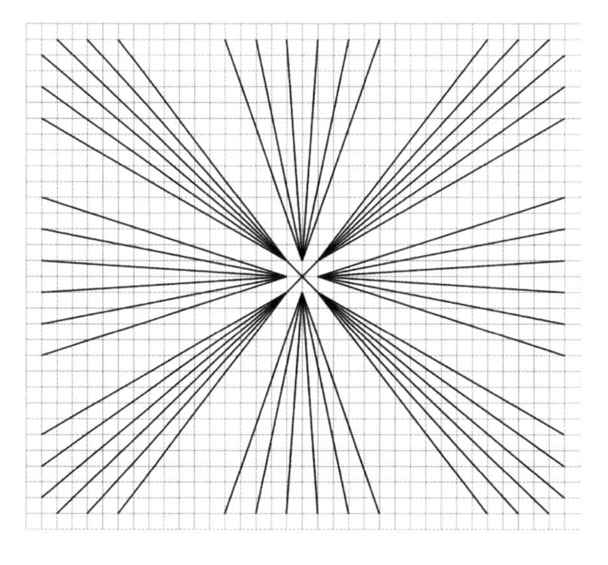

图 5–5 “花”纹样绣花路径图

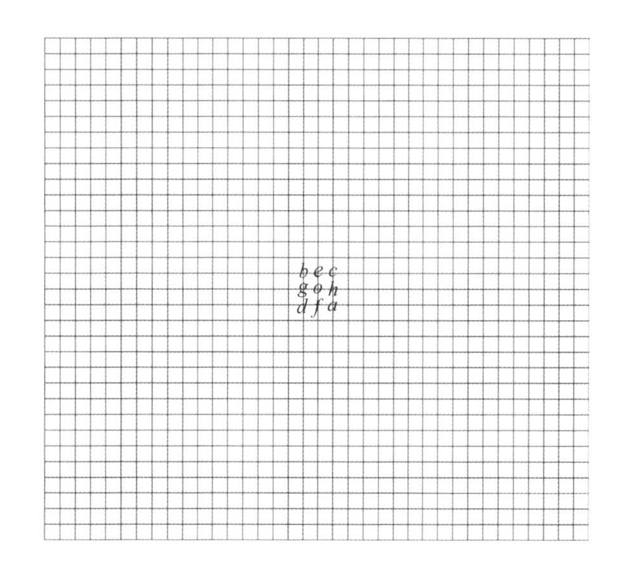

图 5–6 “米”图案花位定格

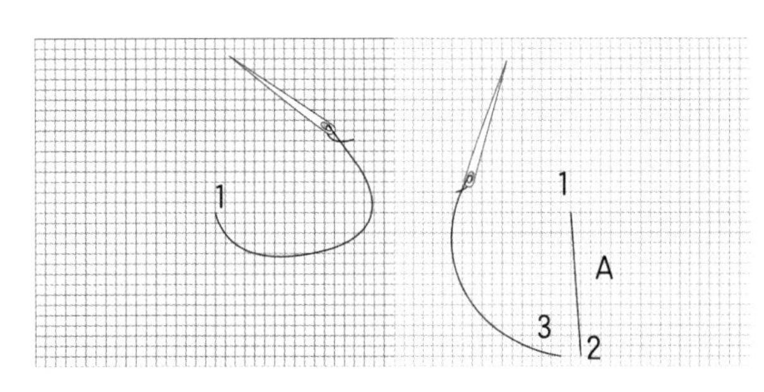

图 5-7　由点ƒ起针为点 1，由点 1 起针后到点 2 入针，点 3 起针，使点 1、2 形成直线 A 单位纹

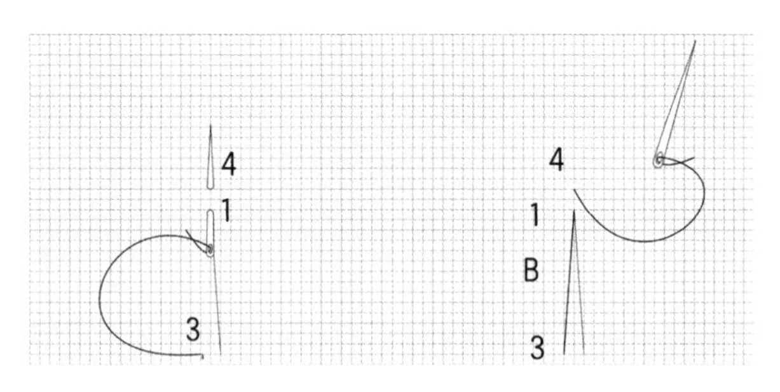

图 5-8　由点 3 起针，到点 1 入针，点 4 起针，使点 3、1 形成直线 B 单位纹

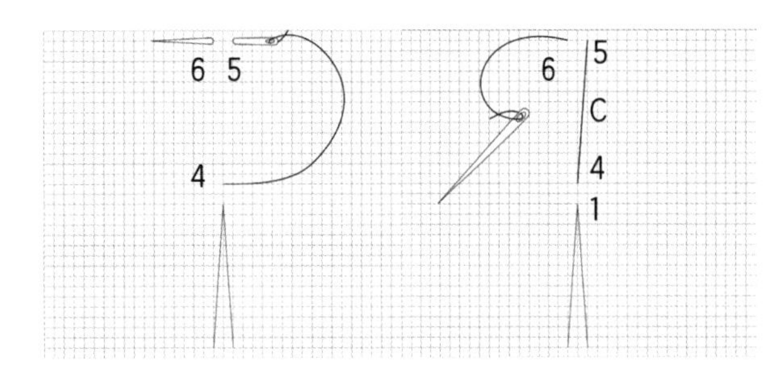

图 5-9　由点 4 起针，到点 5 入针，点 6 起针，使点 4、5 形成直线 C 单位纹

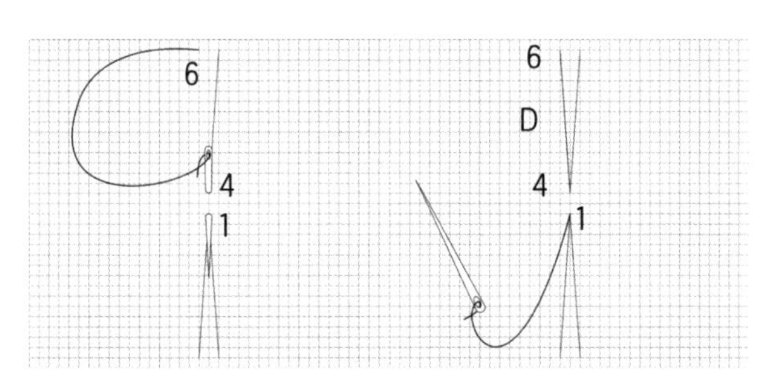

图 5-10　由点 6 起针，点 4 入针，点 1 起针，使点 6、4 形成直线 D 单位纹

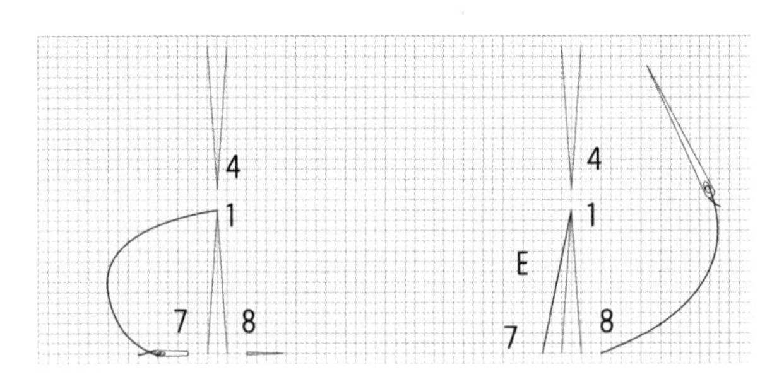

图 5-11　由点 1 起针，到点 7 入针，点 8 起针，使点 1、7 形成直线 E 单位纹

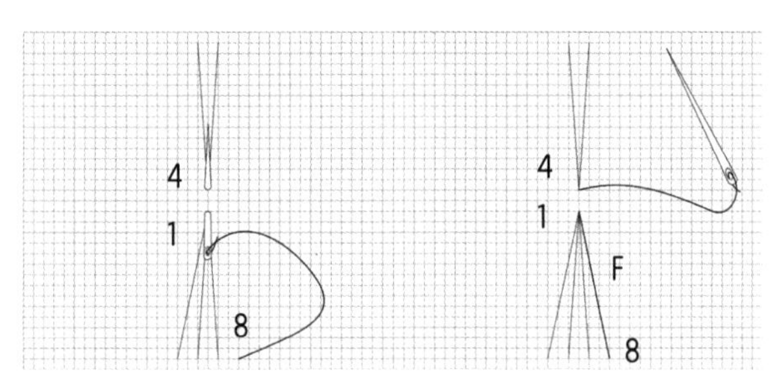

图 5-12　由点 8 起针，点 1 入针，点 4 起针，使点 8、1 形成直线 F 单位纹

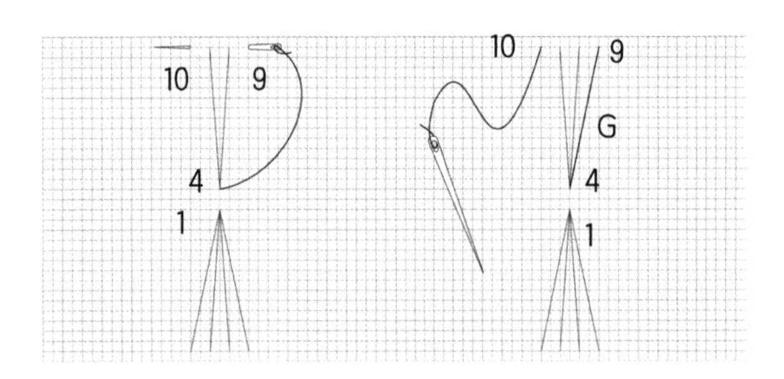

图 5-13　由点 4 起针，到点 9 入针，点 10 起针，使点 4、9 形成直线 G 单位纹

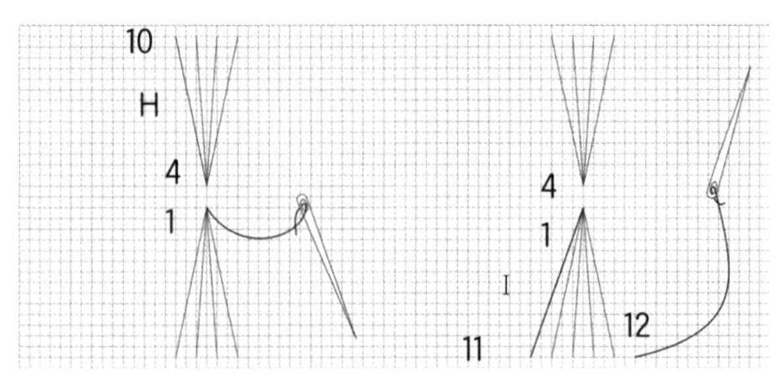

图 5-14　由点 10 起针，到点 4 入针，点 1 起针，使点 10、4 形成直线 H 单位纹；由点 1 起针，到点 11 入针，点 12 起针，使点 1、11 形成直线 I 单位纹

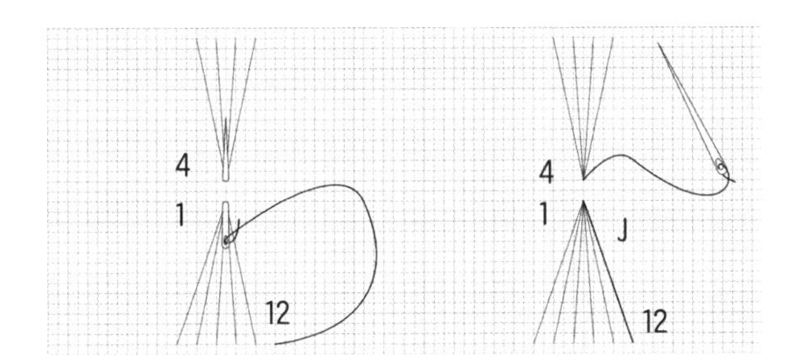

图 5-15　由点 12 起针，到点 1 入针，点 4 起针，使点 12、1 形成直线 J 单位纹

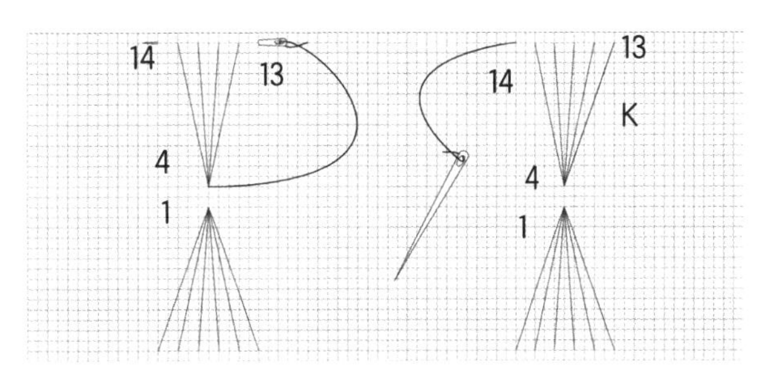

图 5-16　由点 4 起针，到点 13 入针，点 14 起针，使点 4、13 形成直线 K 单位纹

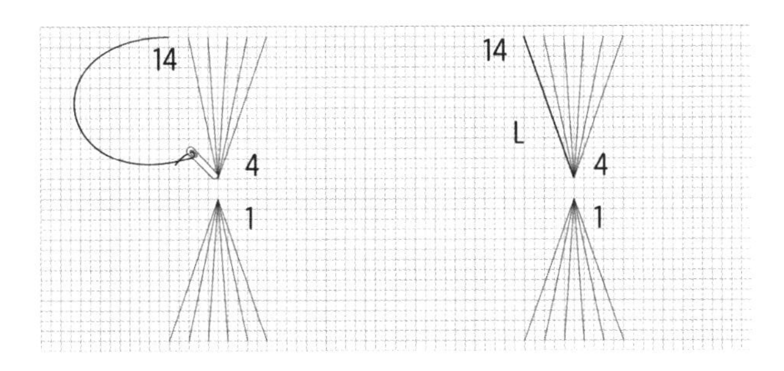

图 5-17　由点 14 起针，到点 4 入针， 使点 14、4 形成直线 L 单位纹，“十”字纹结束

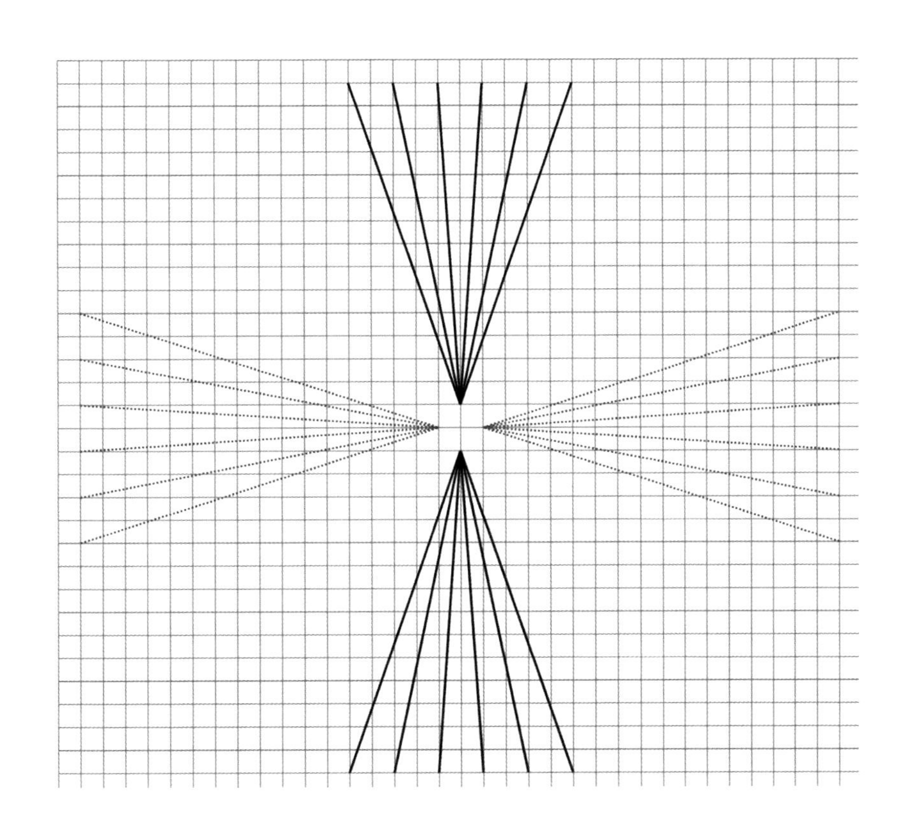

图 5-18　实线为绣花完成后的“十”字纹纵向纹理，虚线为绣花待完成的“十”字纹横向纹理

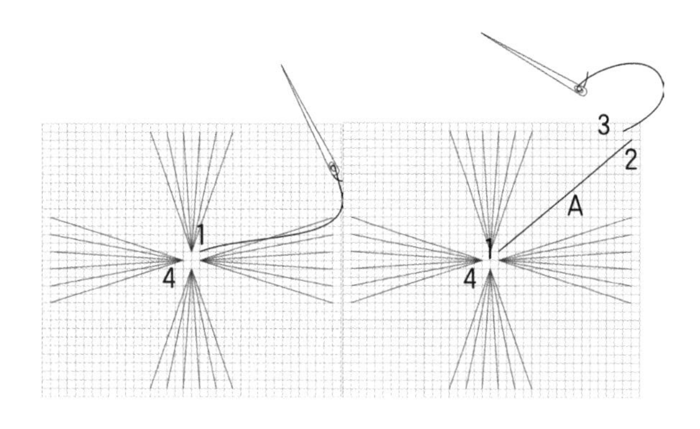

图 5-19　由点 c 起针为点 1，到点 2 入针，点 3 起针，使点 1、2 形成直线 A 单位纹

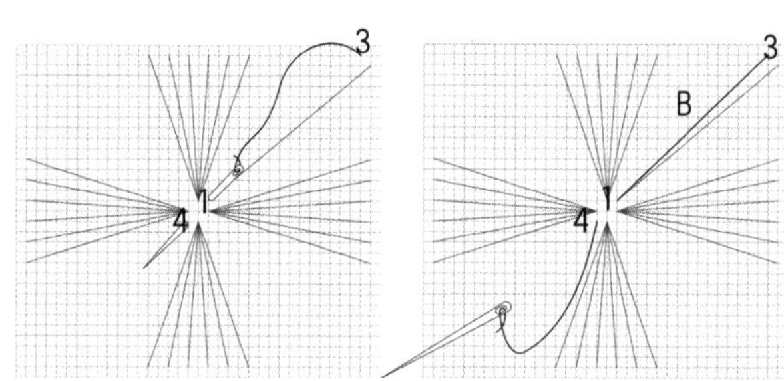

图 5-20　由点 3 起针，到点 1 入针，点 4 起针，使点 3、1 形成直线 B 单位纹

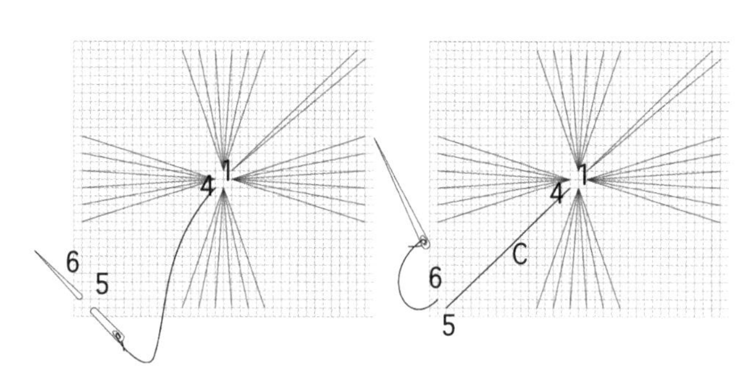

图 5-21　由点 4 起针，到点 5 入针，点 6 起针，使点 4、5 形成直线 C 单位纹

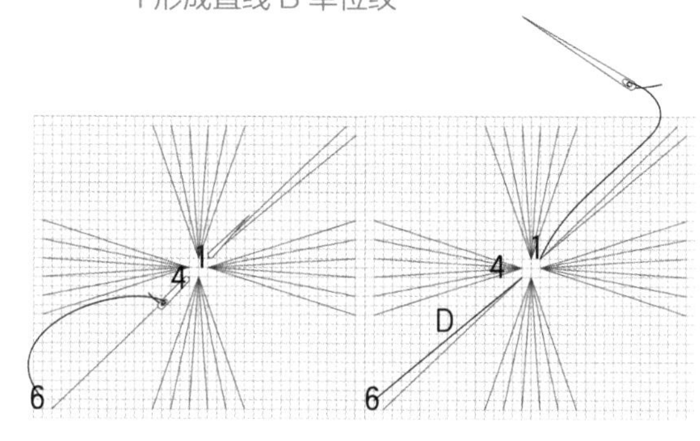

图 5-22　由点 6 起针，到点 4 入针，点 1 起针，使点 6、4 形成直线 D 单位纹

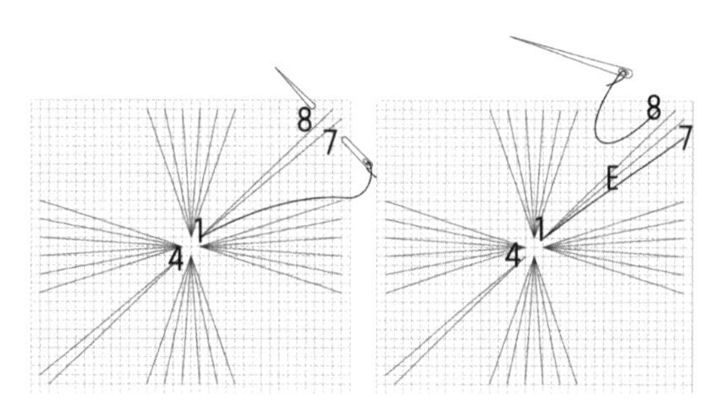

图 5-23　由点 1 起针，到点 7 入针，点 8 起针，使点 1、7 形成直线 E 单位纹

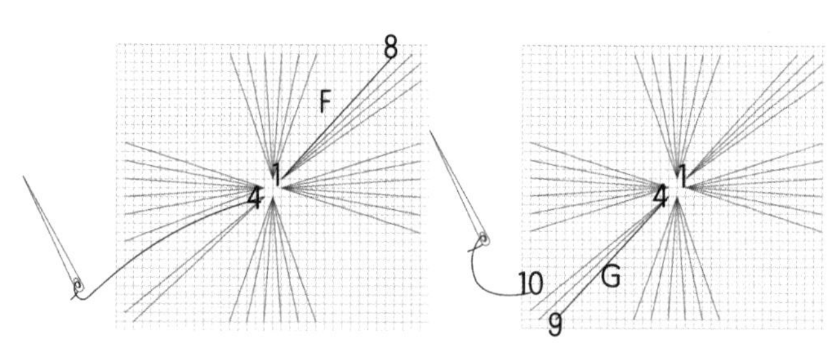

图 5-24　由点 8 起针，到点 1 入针，点 4 起针，使点 8、1 形成直线 F 单位纹；由点 4 起针，到点 9 入针，点 10 起针，使点 4、9 形成直线 G 单位纹

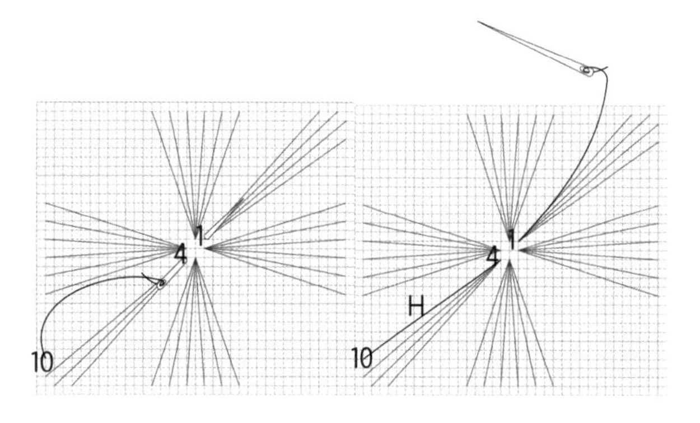

图 5-25　由点 10 起针，到点 4 入针，点 1 起针，使点 10、4 形成直线 H 单位纹

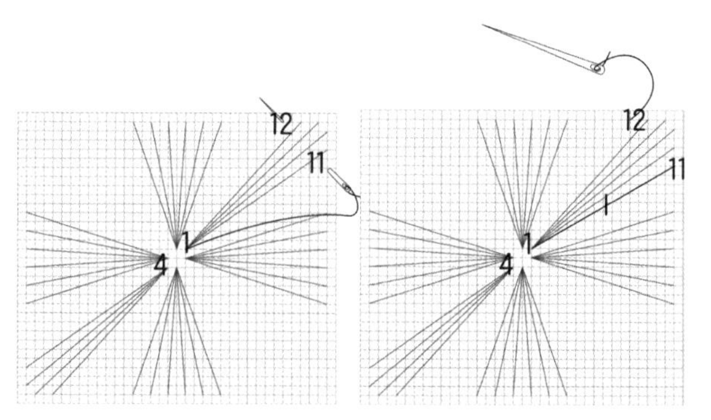

图 5-26　由点 1 起针，到点 11 入针，点 12 起针，使点 1、11 形成直线 I 单位纹

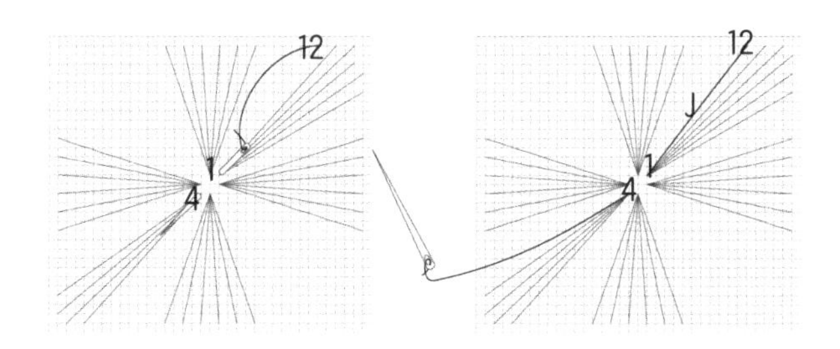

图 5-27　由点 12 起针，到点 1 入针，点 4 起针，使点 12、1 形成直线 J 单位纹

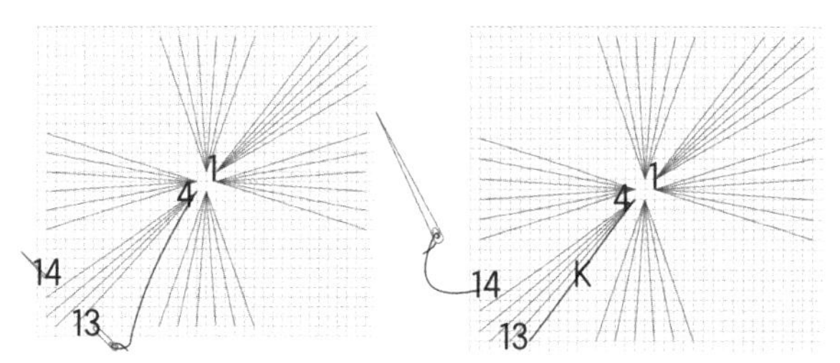

图 5-28　由点 4 起针，到点 13 入针，点 14 起针，使点 4、13 形成直线 K 单位纹

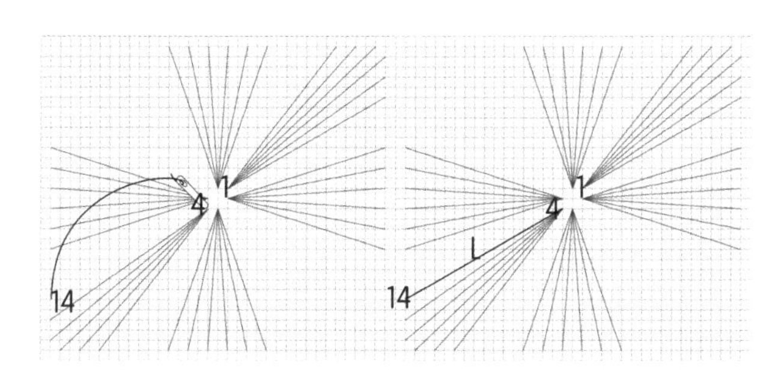

图 5-29　由点 14 起针，到点 4 入针，使点 14、4 形成直线 L 单位纹，“ × ”字纹结束

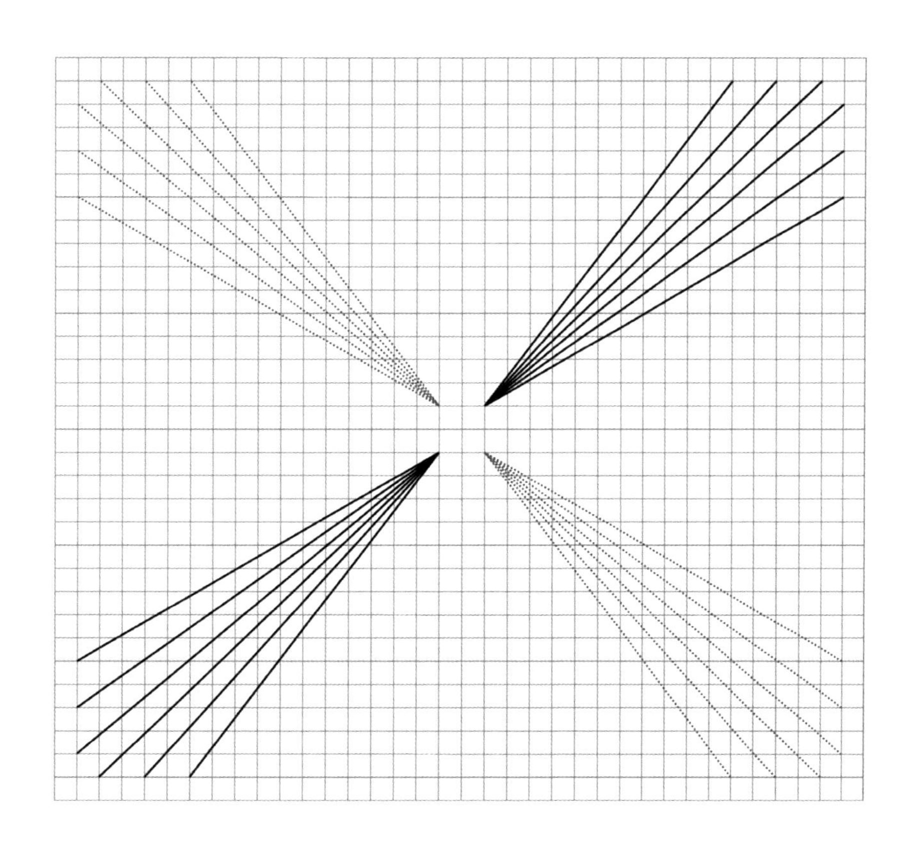

图 5-30　绣花完成后的“ × ”字纹

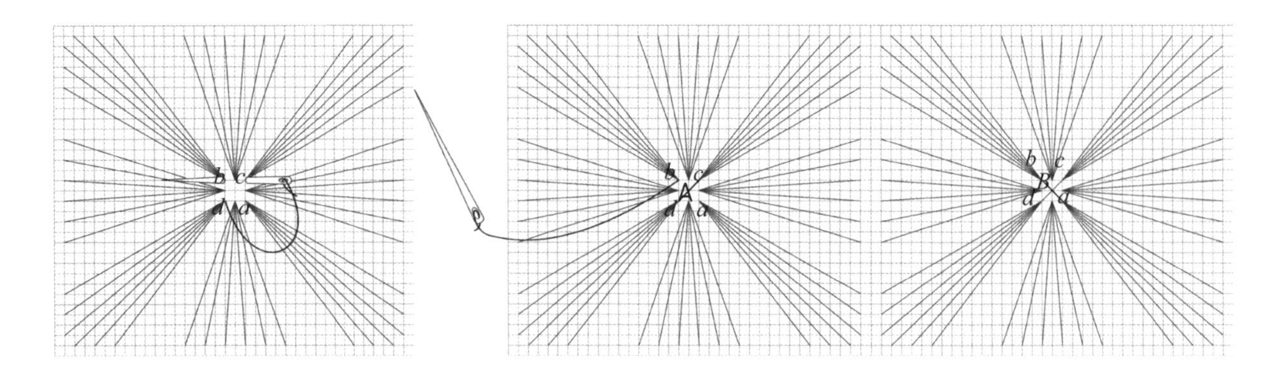

图 5-31　由点 *d* 起针，到点 *c* 入针，点 *b* 起针，使点 *d*、*c* 形成直线 A 单位纹；由点 *b* 起针，到点 *a* 入针，*a*、*b* 线与“×”字纹连接，“米”字纹完成

二、菱形回纹（底纹）刺绣

菱形回纹（底纹）刺绣方法为“Z”字斜挑长短针绣法、沿斜线刺绣、走“回”字路径，从外围至中心点结束为一个单位纹样，如图 5-32、图 5-33 所示。

1. 装饰部位

菱形回纹（底纹）刺绣常以装饰底纹图案出现在花腰带、绑腿带相应部位。

2. 刺绣方法

如图 5-34、图 5-35 所示，刺绣前将图案及花位定格布局。点 *a* 为绣花起针位置，由点 *a* 起针，从点 *b* 入针，点 *c* 出针，点 *a b* 线完成；点 *c* 出针，从点 *d* 入针，点 *c* 出针，使点 *c d* 线完成；点 *c* 出针，从点 *b* 入针，点 *e* 出针，使点 *c b* 线完成。以此类推。

3. 刺绣步骤

菱形回纹（底纹）刺绣步骤参见图 5-36 ~ 图 5-38。

图 5-32　“菱形回纹”（底纹）刺绣

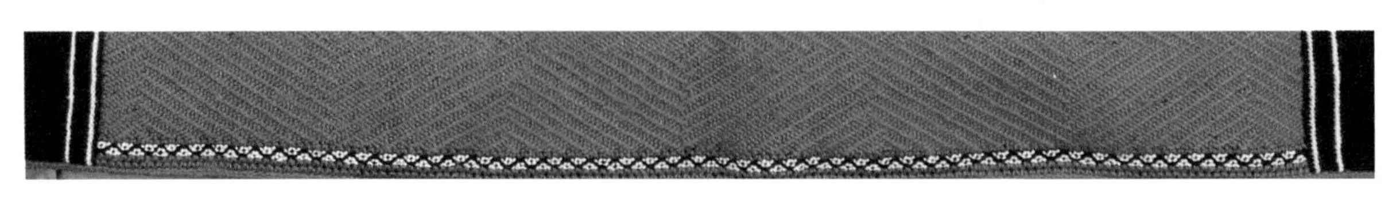

图 5-33　“菱形回纹”（底纹）实物图

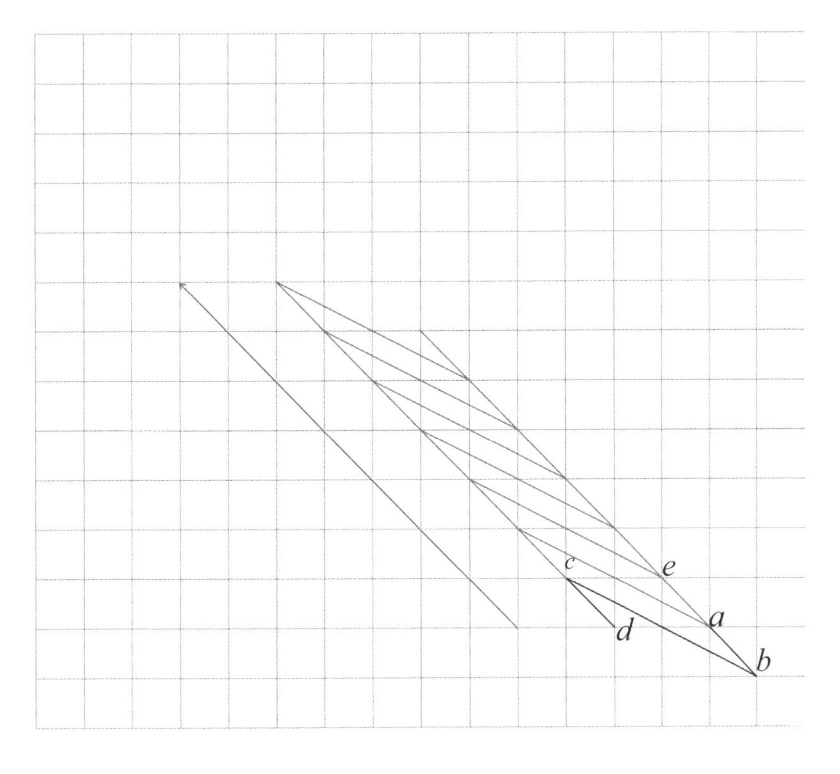

图 5-34 “菱形回纹”绣花针法

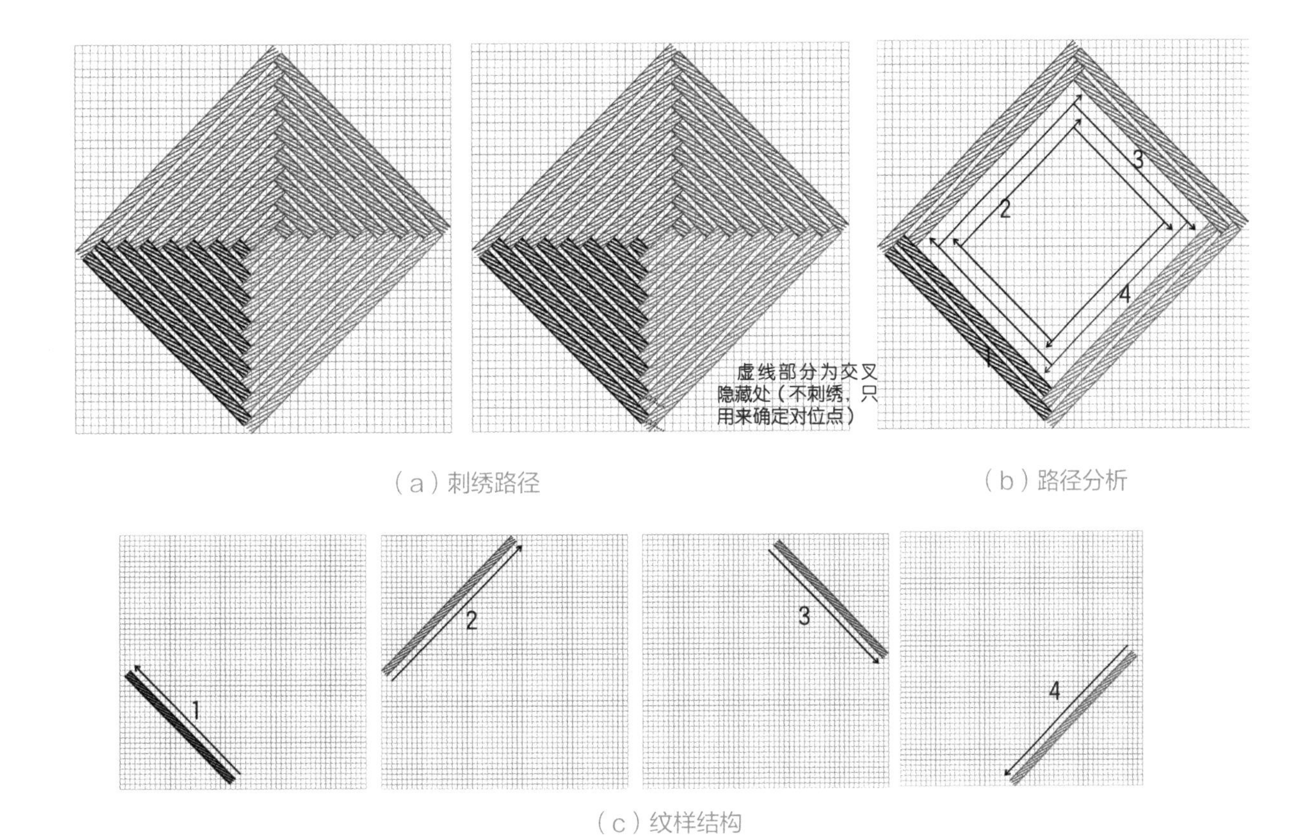

（a）刺绣路径

（b）路径分析

（c）纹样结构

图 5-35 “菱形回纹”刺绣路径图

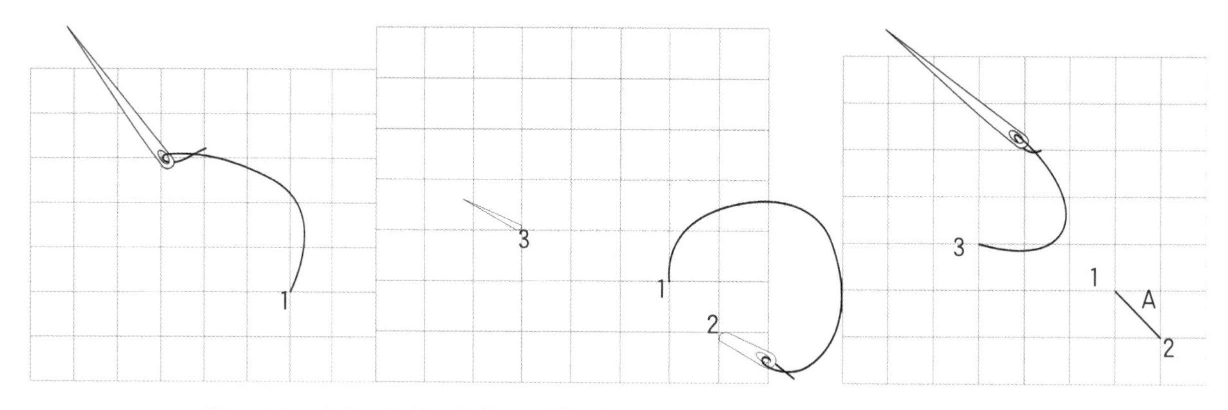

图 5-36　由点 1 起针，从点 2 入针，点 3 起针，使点 1、2 形成直线 A 单位纹

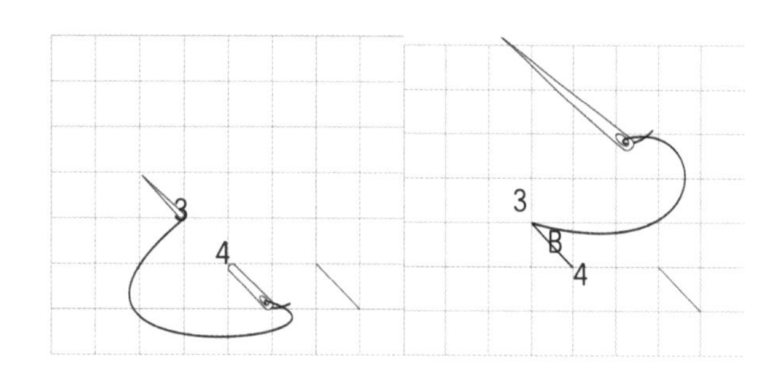

图 5-37　从点 4 入针，点 3 起针，使点 3、4 形成直线 B 单位纹

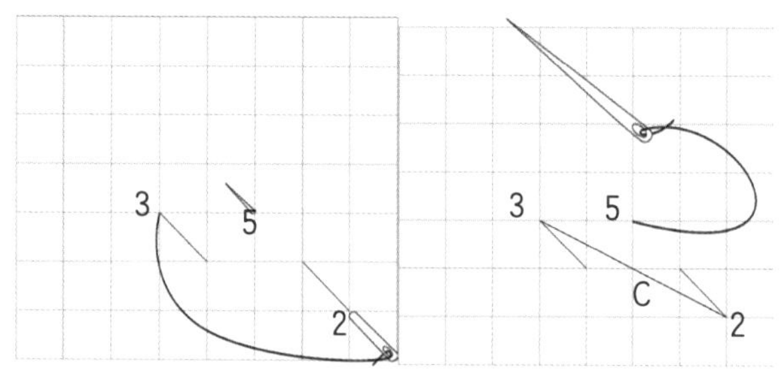

图 5-38　由点 3 起针，点 2 入针，点 5 起针，使点 3、2 形成直线 C 单位纹

三、“V”型针铺面绣花

如图 5-39 所示，“V”型针铺面绣花方法主要以平挑长短针形成“面”，最后以“面”装饰效果出现（图 5-40）。

1. 装饰部位

“V”型针铺面绣花多以装饰底纹图案出现在男子（童）花裤裤腿纹样上和男子盛装花腰带底纹纹样上。

2. 刺绣方法

“V”型针铺面绣花方法是采用平挑长短针形成“面”，平挑长短针在布面上以“V”字针按所需造型宽度重复排列的绣花方法。纹样的形成可归纳为四个部分，即起始纹、自右向左纹、自左向右纹、结尾纹（图 5-41）。

刺绣前将图案及花位定格布局（图 5-42），设点 *a* 为绣花起针位置，由点 *a* 起针“V”走向，分别完成 4 个单位纹样排列组合。

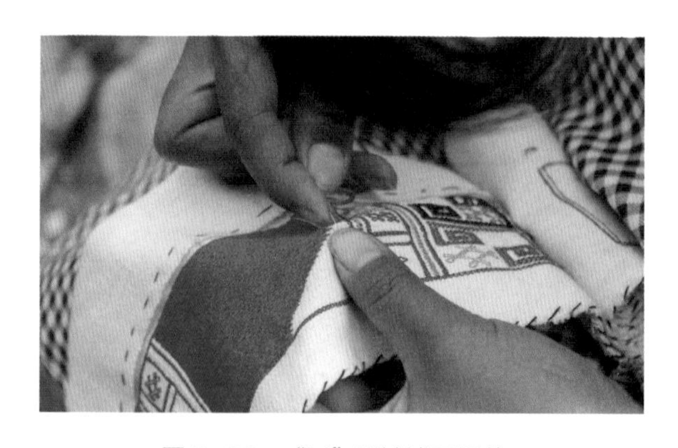

图 5-39　“V”型针铺面绣花

3. 刺绣步骤

“V”型针铺面绣花步骤见图 5-43 ~ 图 5-77。

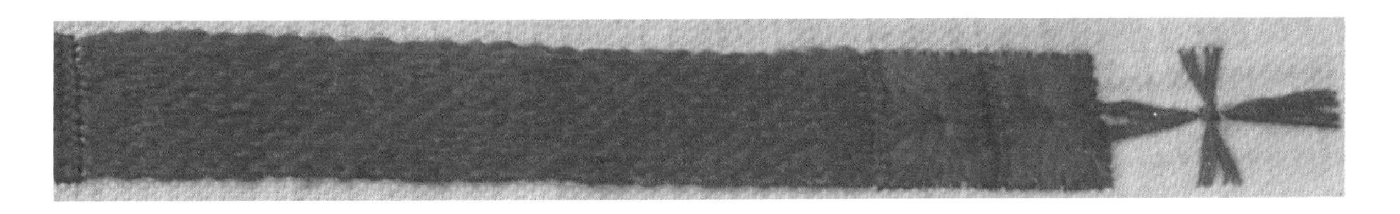

图 5-40 “V”型针铺面绣花实物

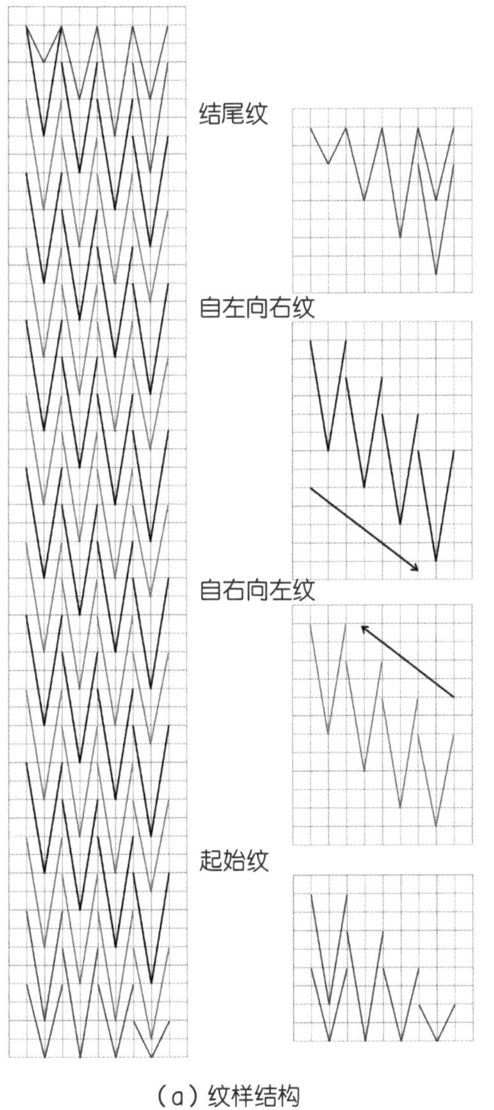

（a）纹样结构

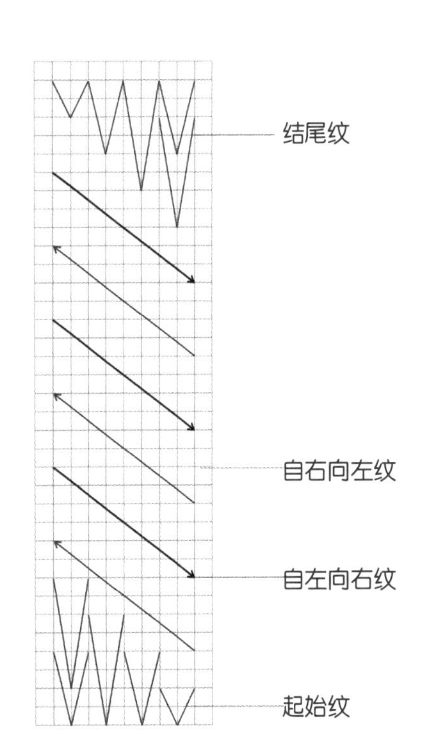

（b）路径分析

图 5-41 “V”型针铺面绣花方法路径

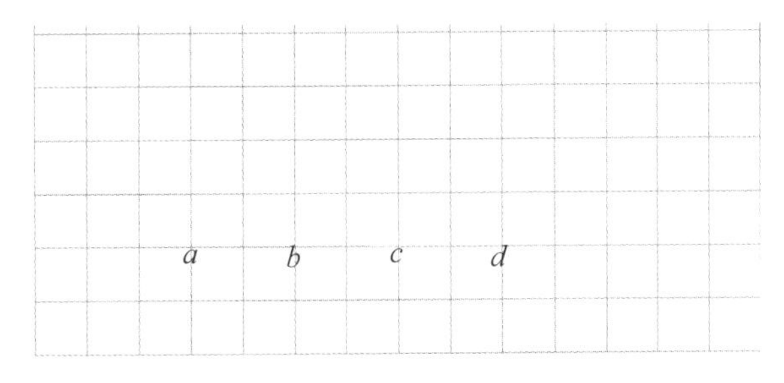

图 5-42 “V”型针铺面绣花花位定格布局

（1）起始纹

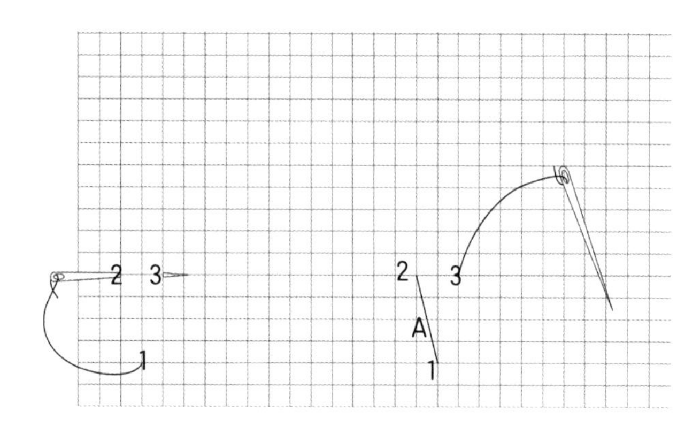

图 5-43　由点 a 起针为点 1，由点 1 起针后到点 2 针，点 3 起针，使点 1、2 形成直线 A 单位纹

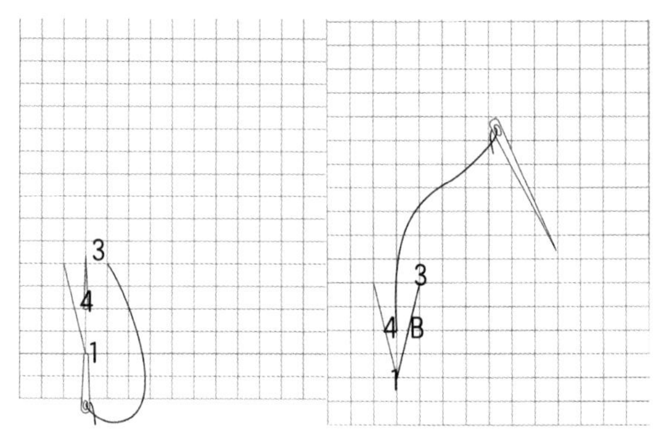

图 5-44　由点 3 起针，到点 1 入针，点 4 起针，使点 3、1 形成直线 B 单位纹

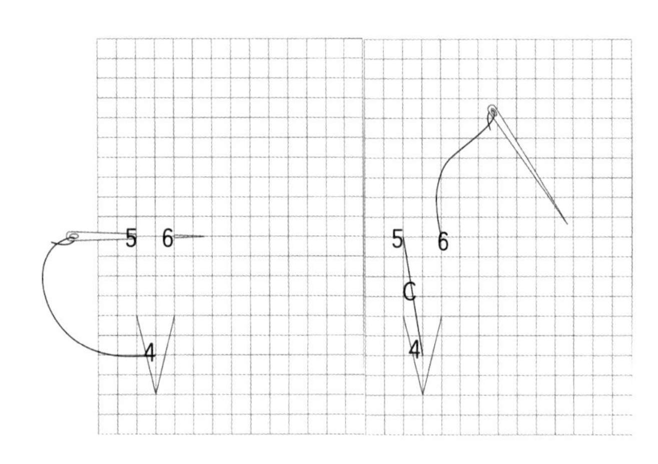

图 5-45　由点 4 起针，到点 5 入针，点 6 起针，使点 4、5 形成直线 C 单位纹

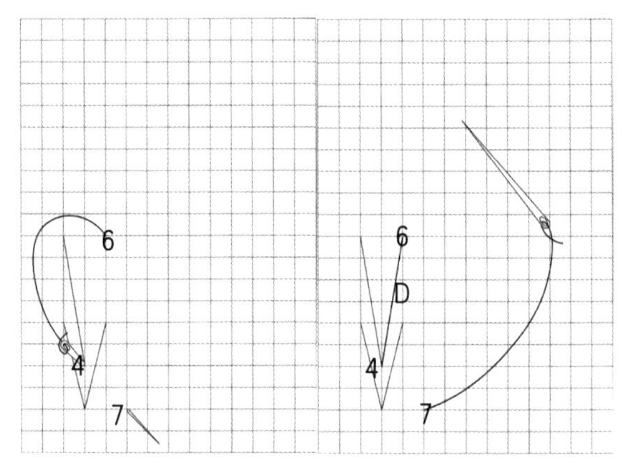

图 5-46　由点 6 起针，到点 4 入针，点 7 起针，使点 6、4 形成直线 D 单位纹

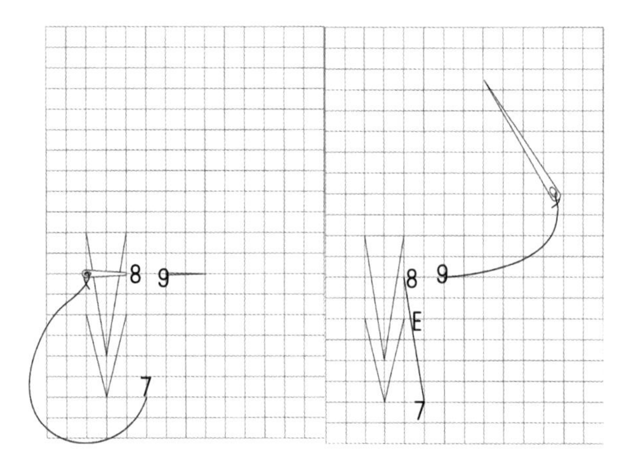

图 5-47　由点 7 起针，到点 8 入针，点 9 起针，使点 7、8 形成直线 E 单位纹

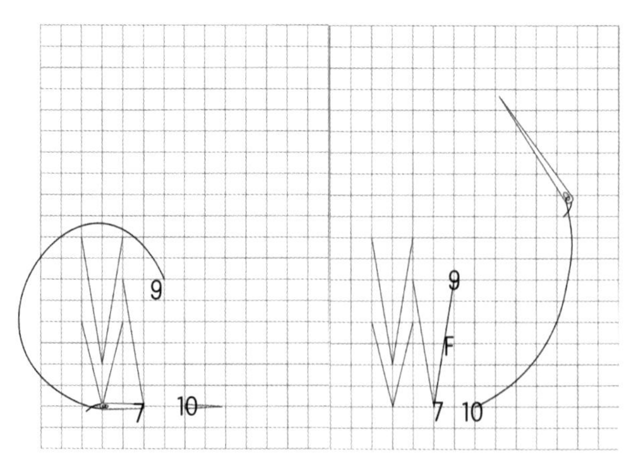

图 5-48　由点 9 起针，到点 7 入针，点 10 起针，使点 9、7 形成直线 F 单位纹

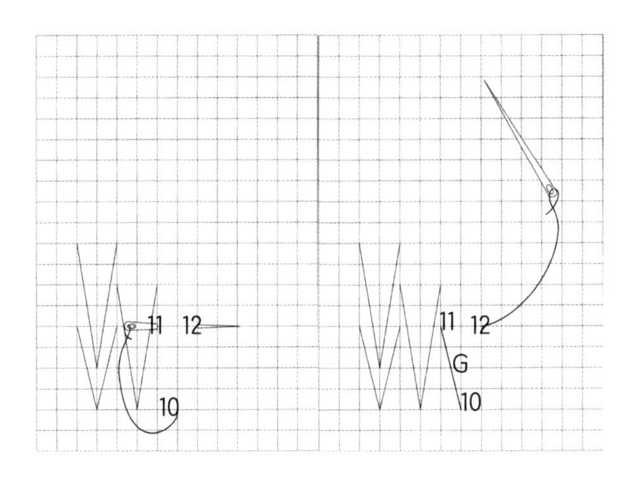

图 5-49　由点 10 起针，到点 11 入针，点 12 起针，使点 10、11 形成直线 G 单位纹

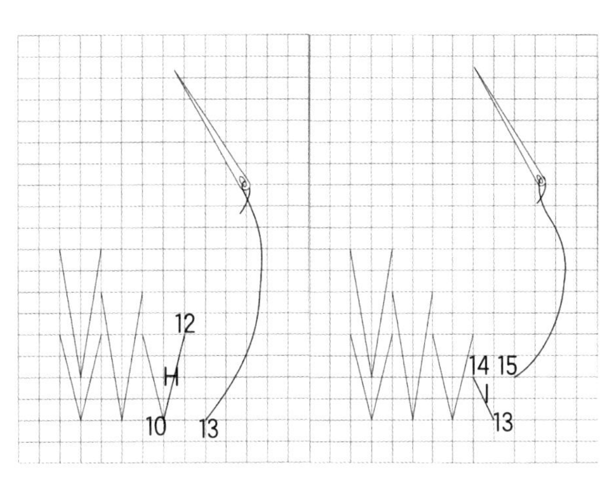

图 5-50　由点 12 起针，到点 10 入针，点 13 起针，使点 12、10 形成直线 H 单位纹；由点 13 起针，到点 14 入针，点 15 起针，使点 13、14 形成直线 I 单位纹

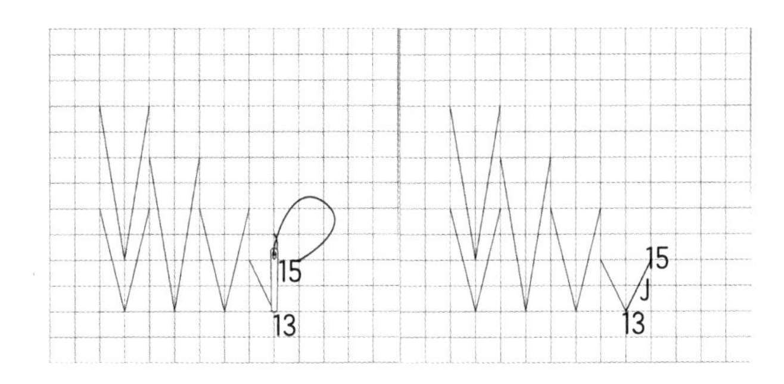

图 5-51　由点 15 起针，到点 13 入针，使点 15、13 形成直线 J 单位纹；起始纹完成

（2）自右向左纹

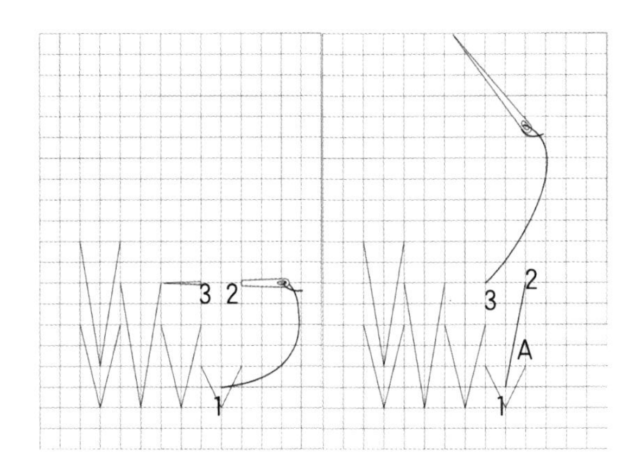

图 5-52　由点 1 起针，到点 2 入针，点 3 起针，使点 1、2 形成直线 A 单位纹

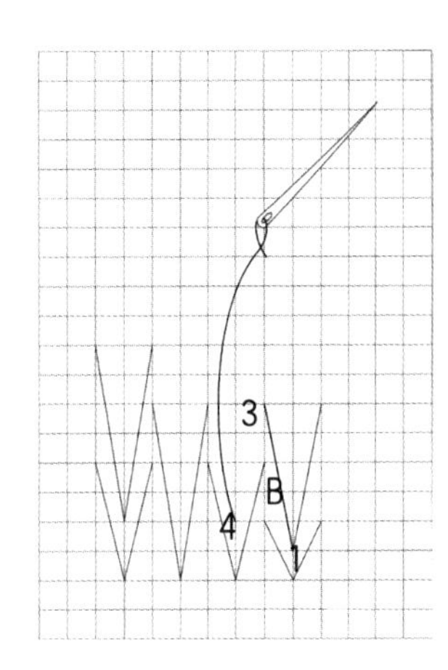

图 5-53　由点 3 起针，到点 1 入针，点 4 起针，使点 3、1 形成直线 B 单位纹

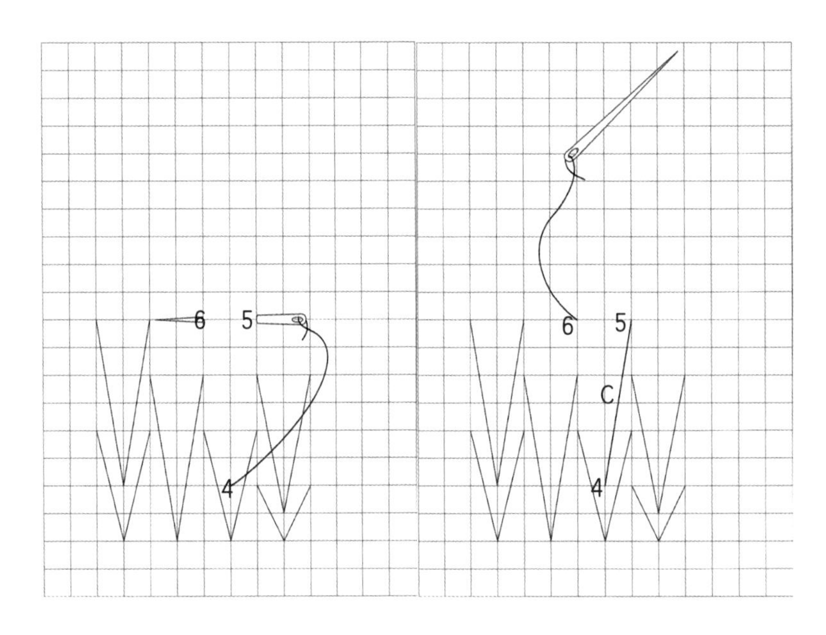

图 5-54　由点 4 起针，到点 5 入针，点 6 起针，使点 4、5 形成直线 C 单位纹

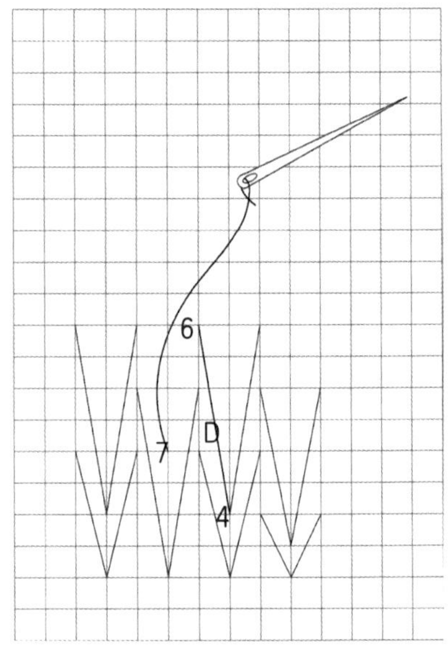

图 5-55　由点 6 起针，到点 4 入针，点 7 起针，点 6、4 形成直线 D 单位纹

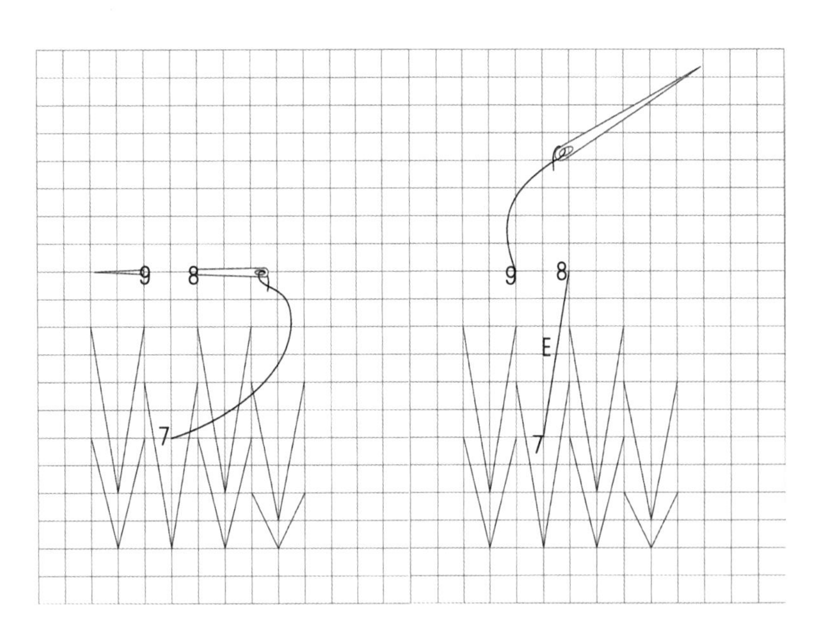

图 5-56　由点 7 起针，到点 8 入针，点 9 起针，使点 7、8 形成直线 E 单位纹

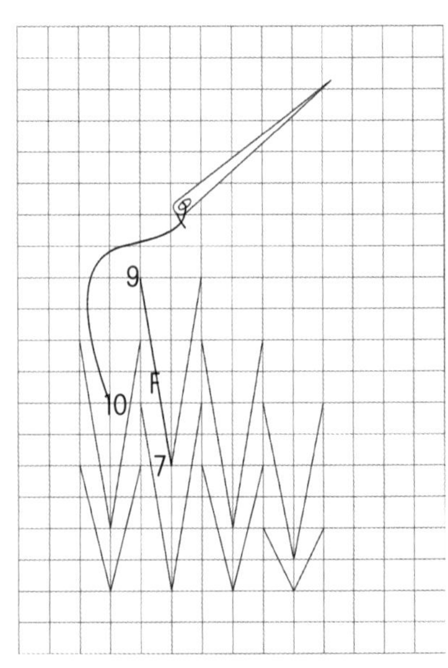

图 5-57　由点 9 起针，到点 7 入针，点 10 起针，使点 9、7 形成直线 F 单位纹

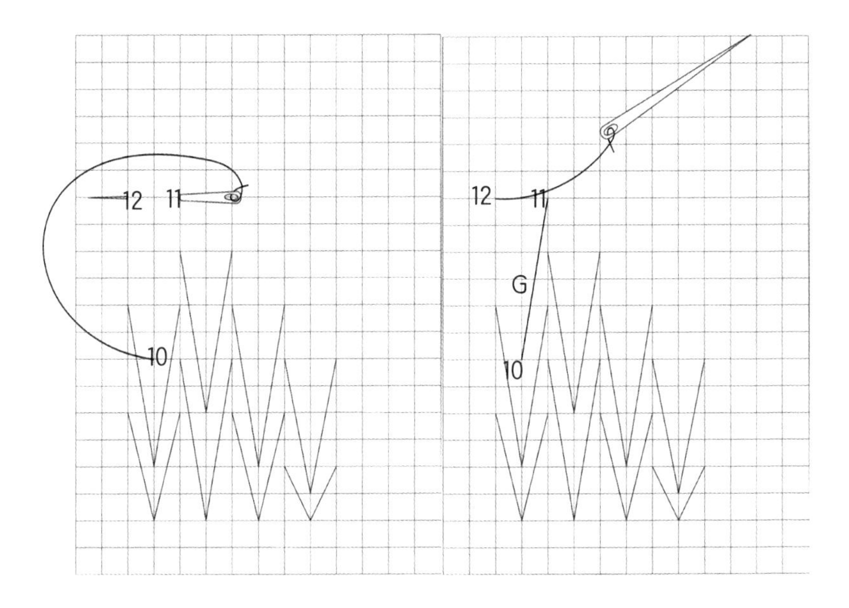

图 5-58　由点 10 起针，到点 11 入针，点 12 起针，使点 10、11 形成直线 G 单位纹

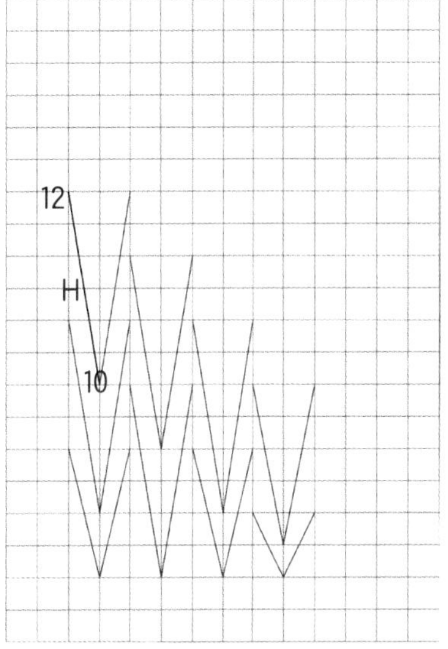

图 5-59　由点 12 起针，到点 10 入针，使点 12、10 形成直线 H 单位纹；自右向左纹完成

（3）自左向右纹

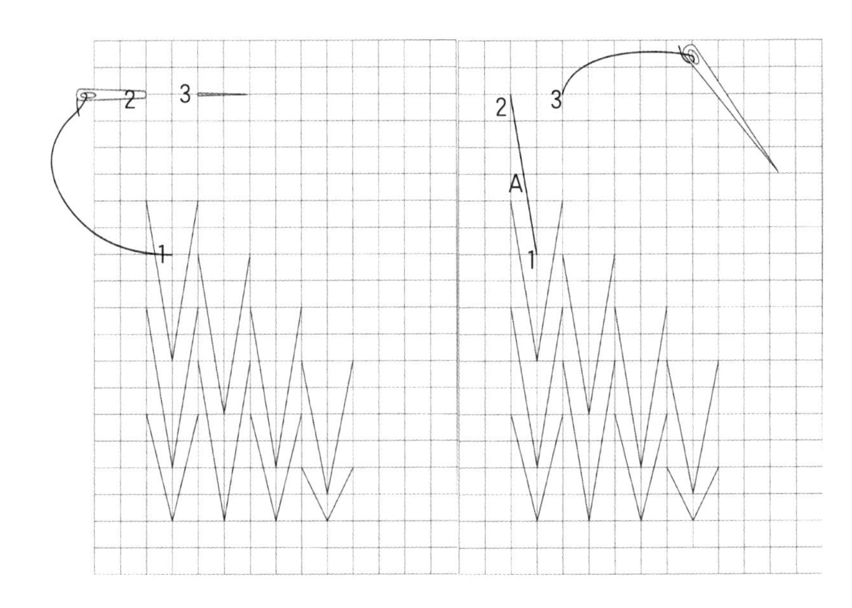

图 5-60　由点 1 起针，到点 2 入针，点 3 起针，使点 1、2 形成直线 A 单位纹

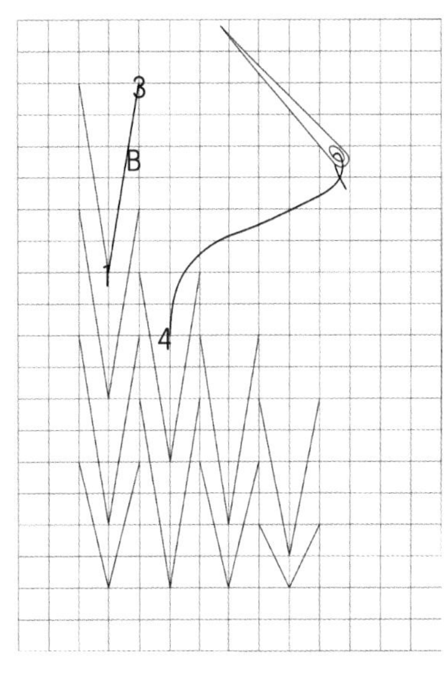

图 5-61　由点 3 起针，到点 1 入针，点 4 起针，使点 3、1 形成直线 B 单位纹

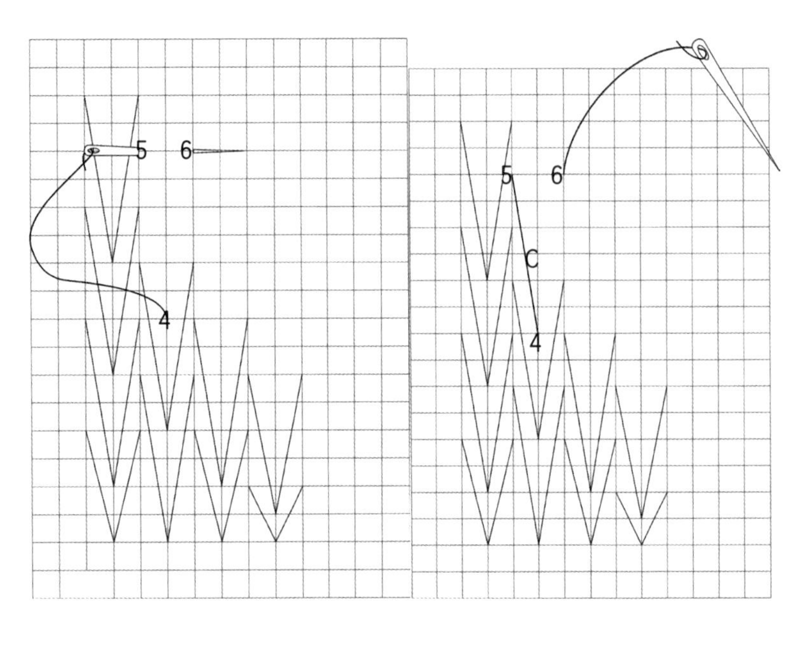

图 5-62　由点 4 起针，到点 5 入针，点 6 起针，使点 4、5 形成直线 C 单位纹

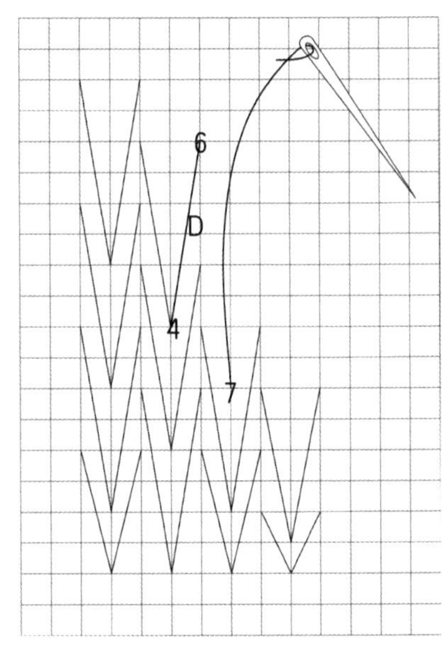

图 5-63　由点 6 起针，到点 4 入针，点 7 起针，使点 6、4 形成直线 D 单位纹

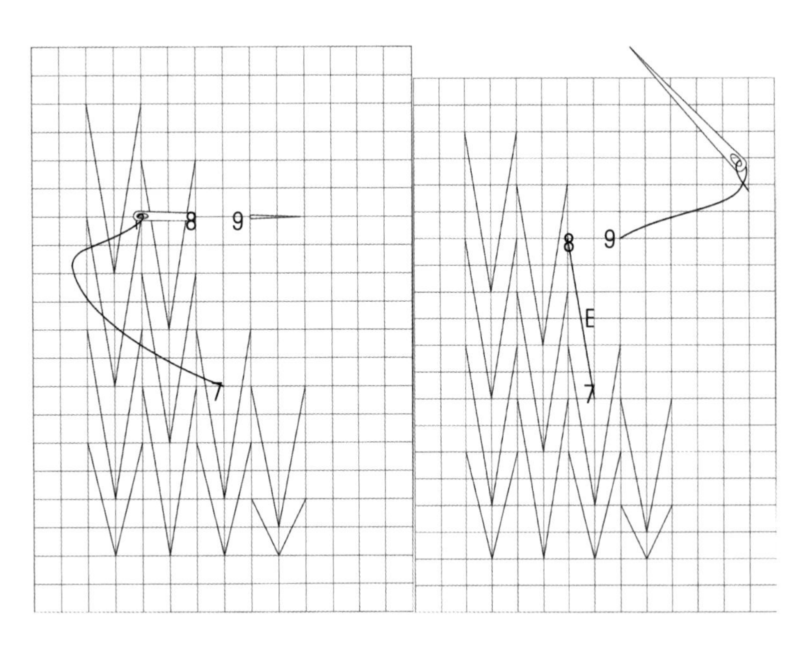

图 5-64　由点 7 起针，到点 8 入针，点 9 起针，使点 7、8 形成直线 E 单位纹

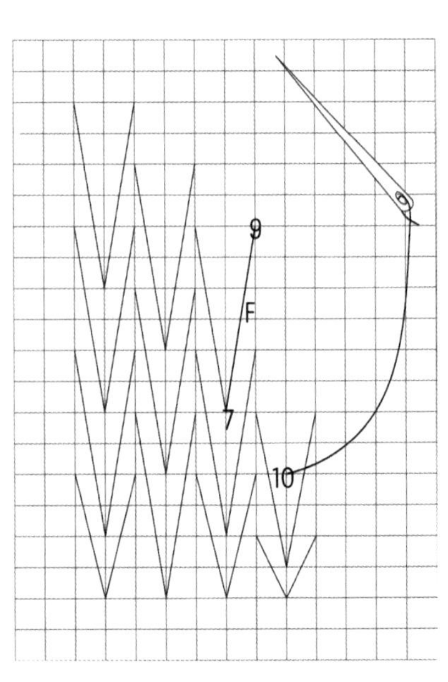

图 5-65　由点 9 起针，到点 7 入针，点 10 起针，使点 9、7 形成直线 F 单位纹

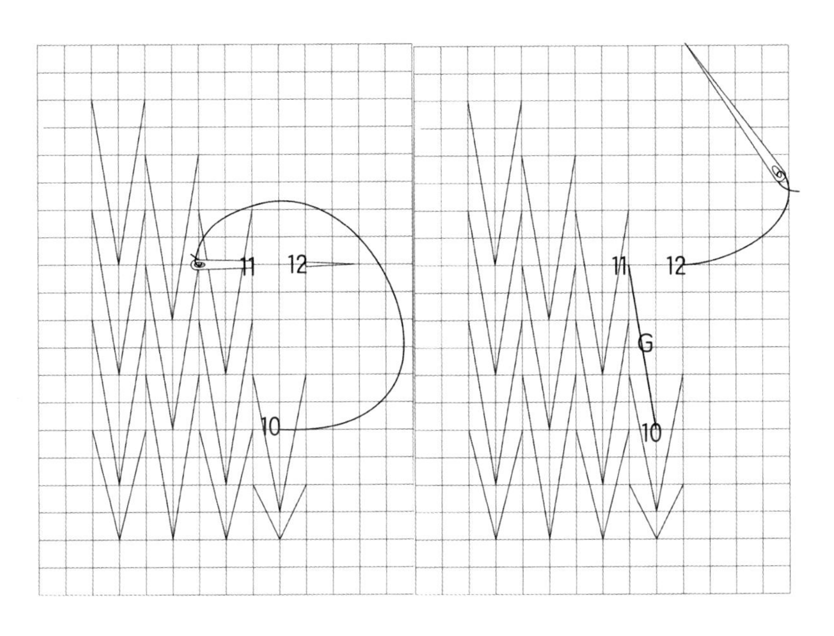

图 5-66　由点 10 起针，到点 11 入针，点 12 起针，使点 10、11 形成直线 G 单位纹

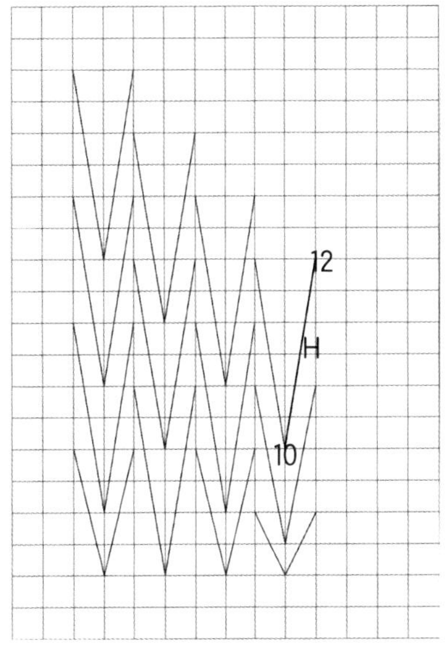

图 5-67　由点 12 起针，到 10 点入针，使点 12、10 形成直线 H 单位纹；自左向右纹完成

（4）结尾纹

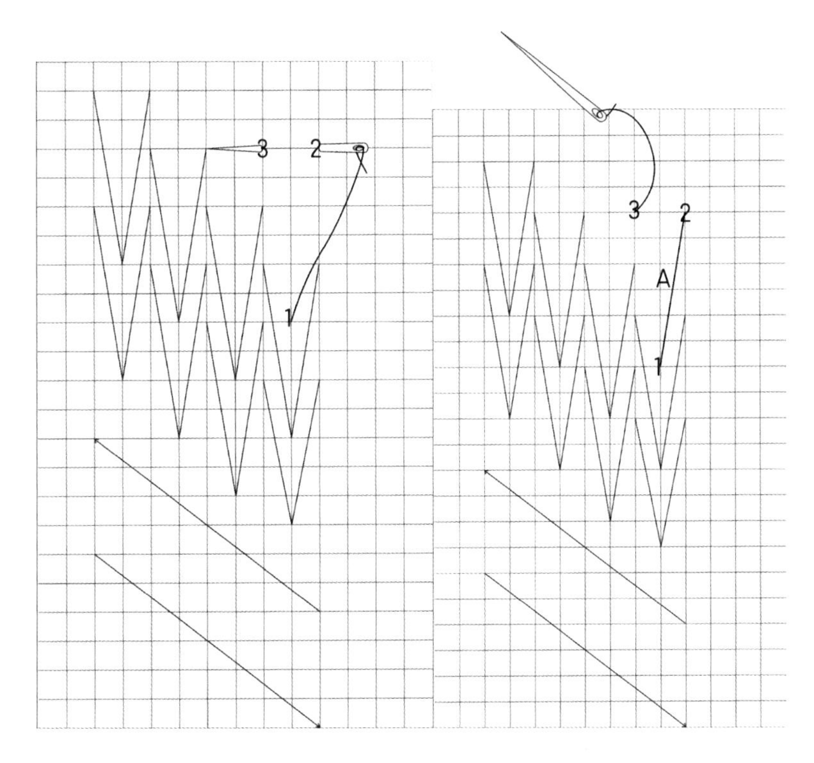

图 5-68　由点 1 起针，到点 2 入针，点 3 起针，使点 1、2 形成直线 A 单位纹

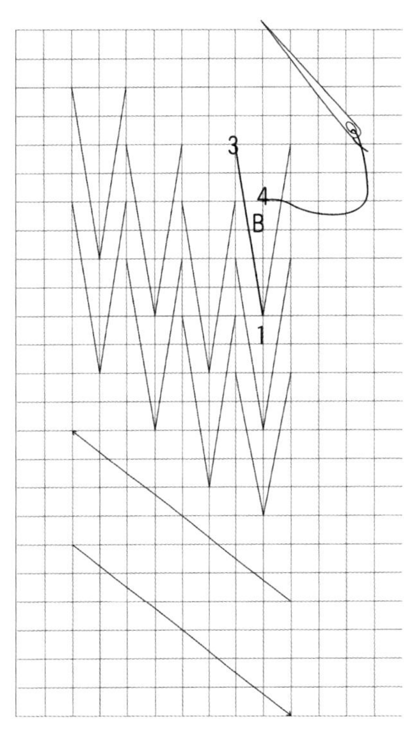

图 5-69　由点 3 起针，到点 1 入针，点 4 起针，使点 3、1 形成直线 B 单位纹

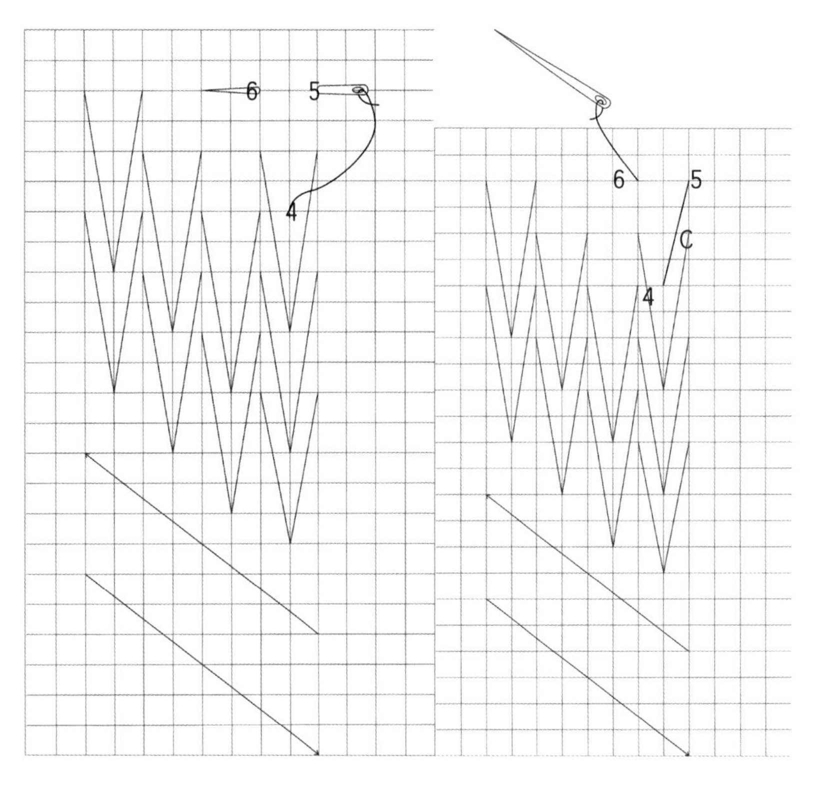

图 5-70　由点 4 起针，到点 5 入针，点 6 起针，使点 4、5 形成直线 C 单位纹

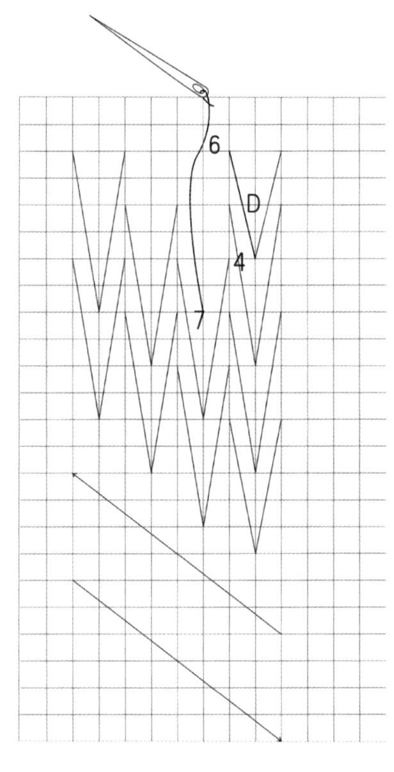

图 5-71　由点 6 起针，到点 4 入针，点 7 起针，使点 6、4 形成直线 D 单位纹

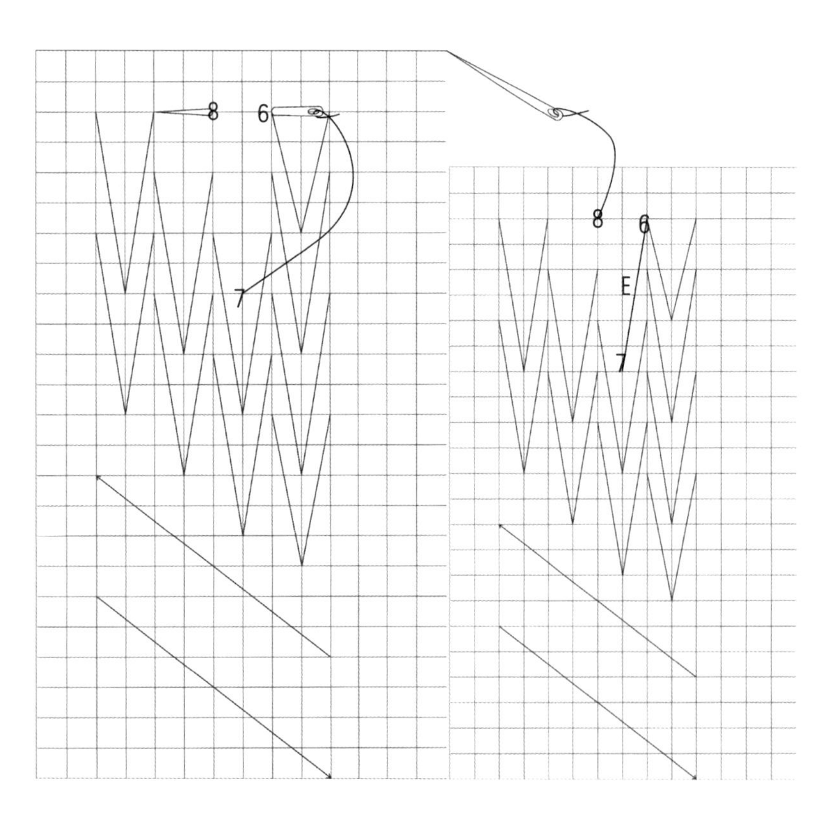

图 5-72　由点 7 起针，到点 6 入针，点 8 起针，使点 7、6 形成直线 E 单位纹

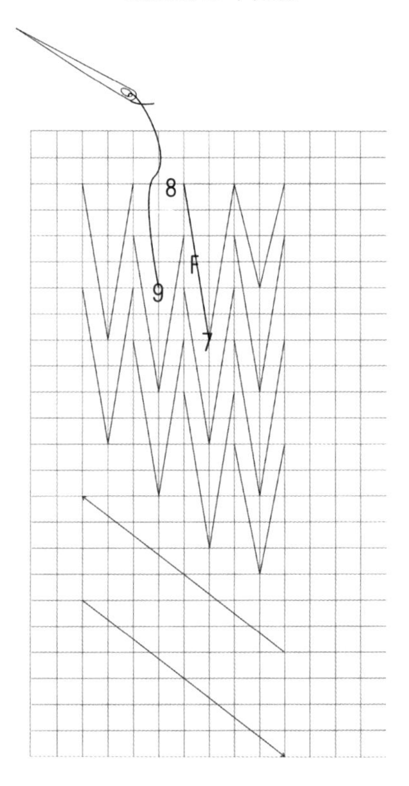

图 5-73　由点 8 起针，到点 7 入针，点 9 起针，使点 8、7 形成直线 F 单位纹

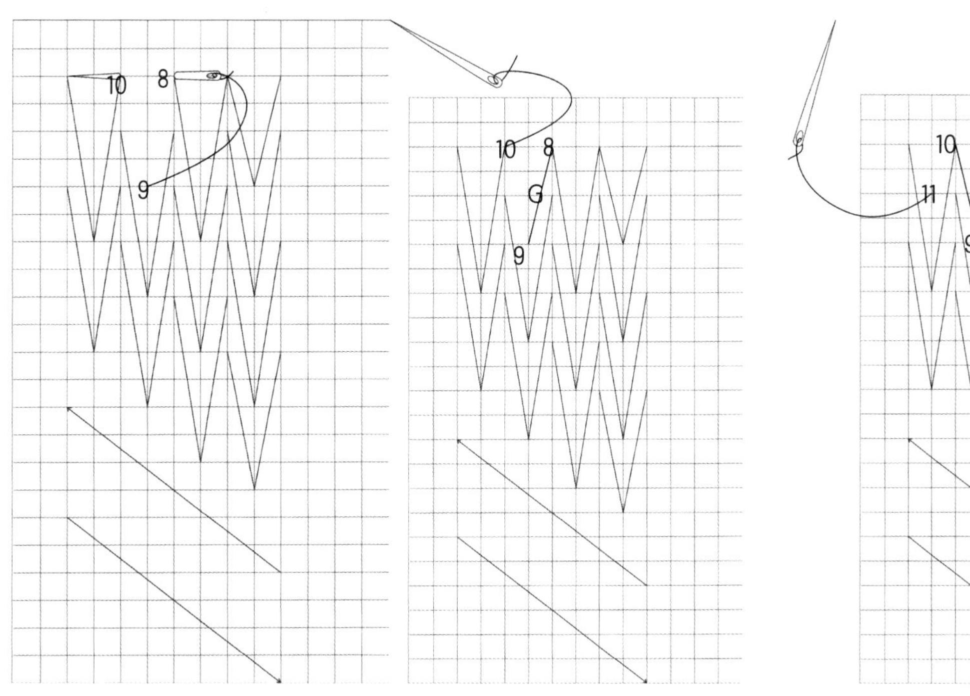

图 5-74 由点 9 起针，到点 8 入针，点 10 起针，使点 9、8 形成直线 G 单位纹

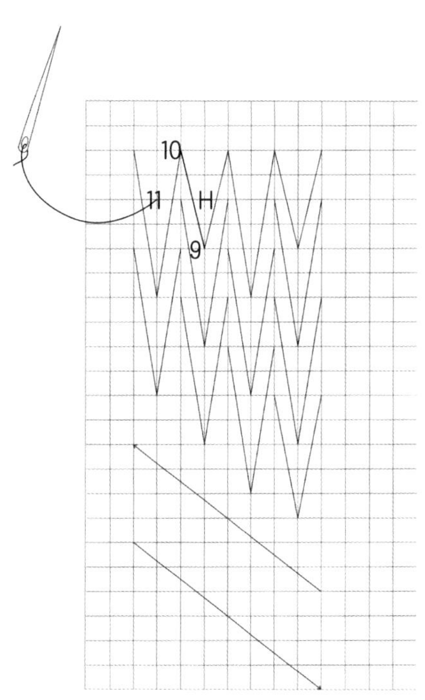

图 5-75 由点 10 起针，到点 9 入针，点 11 起针，使点 10、9 形成直线 H 单位纹

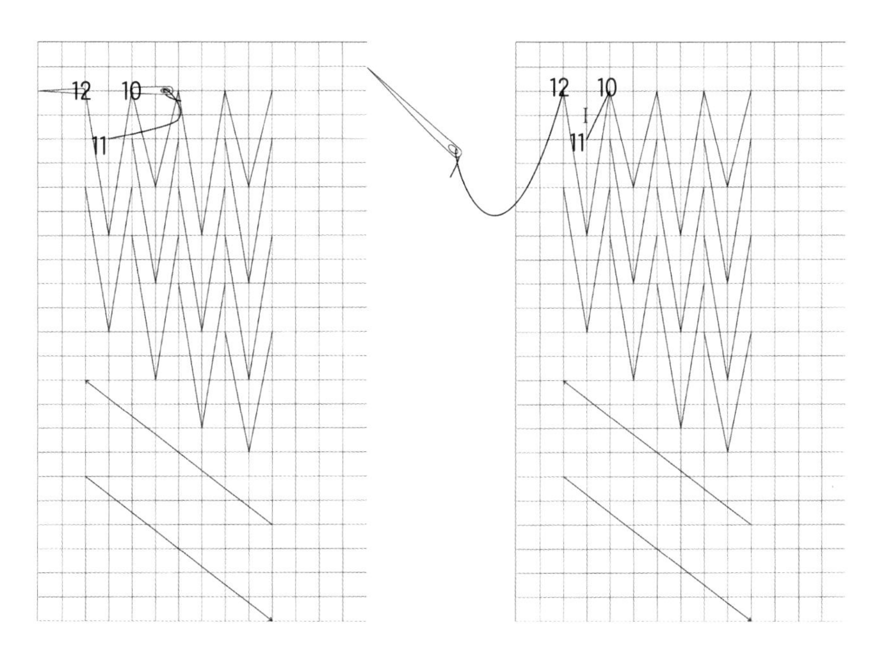

图 5-76 由点 11 起针，到点 10 入针，点 12 起针，使点 11、10 形成直线 I 单位纹

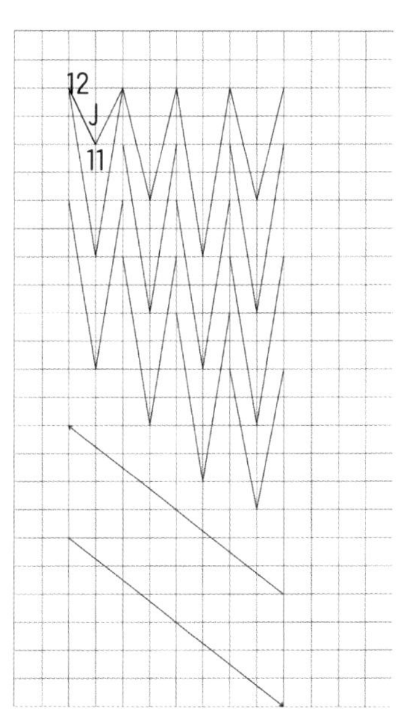

图 5-77 由点 12 起针，到点 11 入针，使点 12、11 形成直线 J 单位纹；结尾纹完成

四、菱形套井纹、回纹刺绣

菱形套井纹、回纹刺绣是采用平直长短针变化纱数进行挑花，把预期的图案在经纬纱点中进行布局，完成图案的过程。菱形四方连续纹样包含井纹和回纹图案（图5-78、图5-79）。

1. 装饰部位

菱形套井纹、回纹刺绣常装饰在白裤瑶百褶裙裙边部位。

2. 刺绣方法

菱形套井纹、回纹的四方连续纹样，每一个菱形单位纹里都包含有井纹、回纹填充。刺绣前将图案及花位定格布局，随纬纱方向定出菱形（包含井纹、回纹）的绣花路径（图5-80～图5-82）。

3. 刺绣步骤

具体刺绣步骤略。

五、菱形包回纹刺绣

菱形包回纹刺绣是由菱形内包含“回纹”填充的单位纹的四方连续纹样。首先采用平直长短针数纱挑花的方法单色绣出底纹，然后采用十字绣方法双色提花，使布的表面出现阴阳纹理，从而实现图案。刺绣前将图案及花位定格布局（由上向下），完成绣花步骤（图5-83、图5-84）。

下面只介绍平直长短针数纱挑花单色绣出底纹方法，十字绣双色提花方法见“十”字纹刺绣。

1. 装饰部位

菱形包回纹刺绣平直长短针数纱挑花型主要装饰女子（童）贯头衣、女子盛装上衣后片部位。

图5-78 菱形套井纹、回纹绣花

图5-79 菱形套井纹、回纹实物

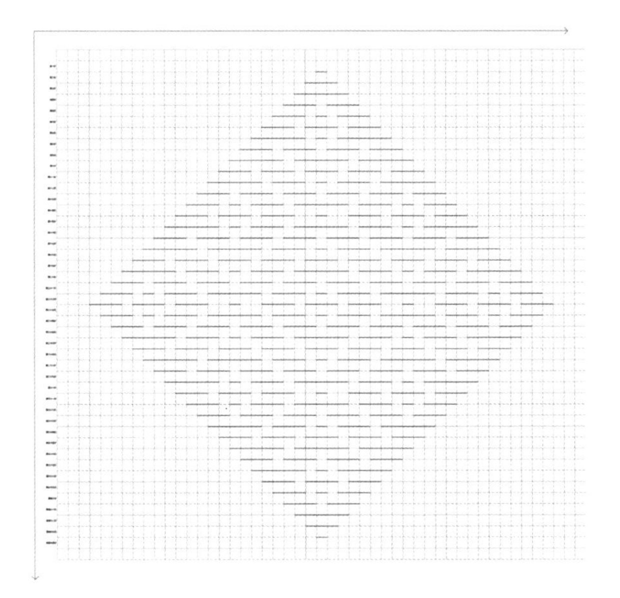

图5-80 菱形套井纹、回纹绣花径图（一个单位纹）

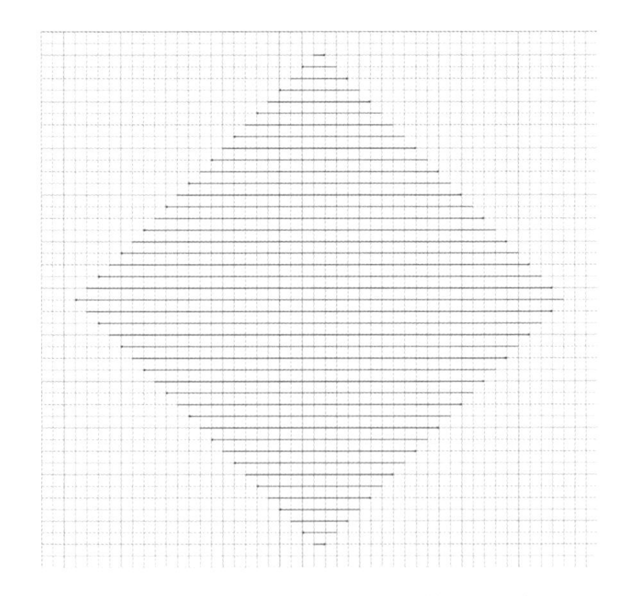

图5-81 菱形套井纹、回纹绣花运针方向（一个单位纹）

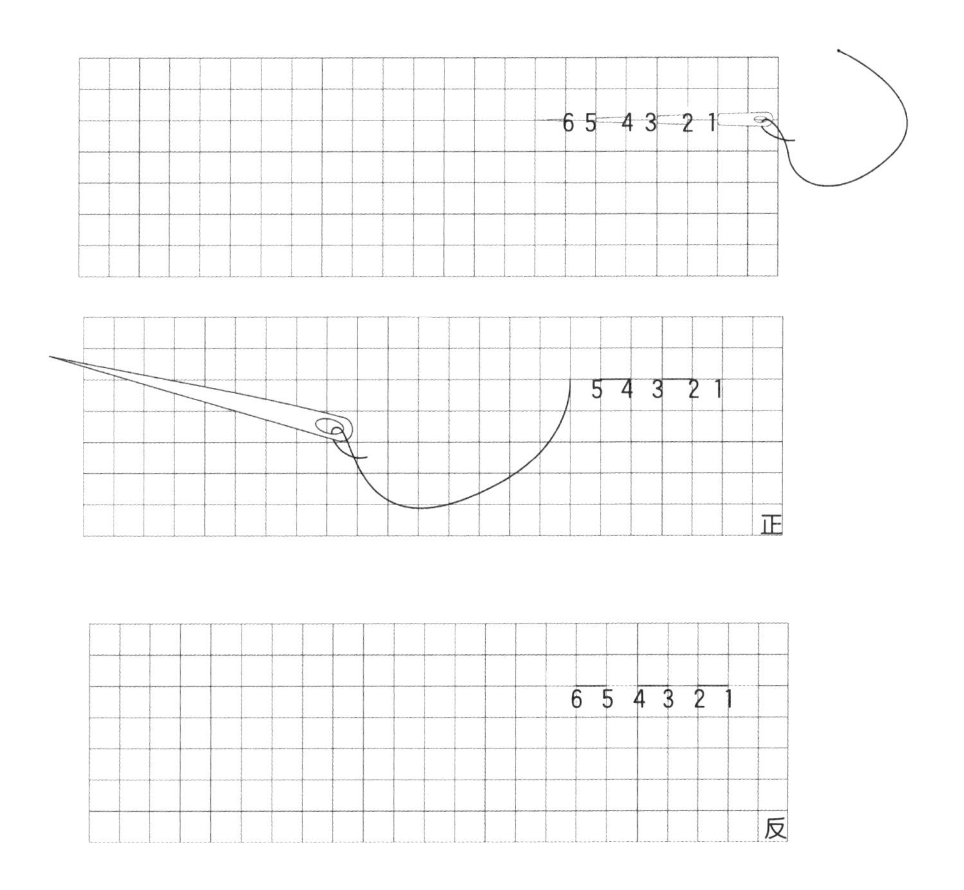

图 5-82　菱形套井纹、回纹绣花运针方法

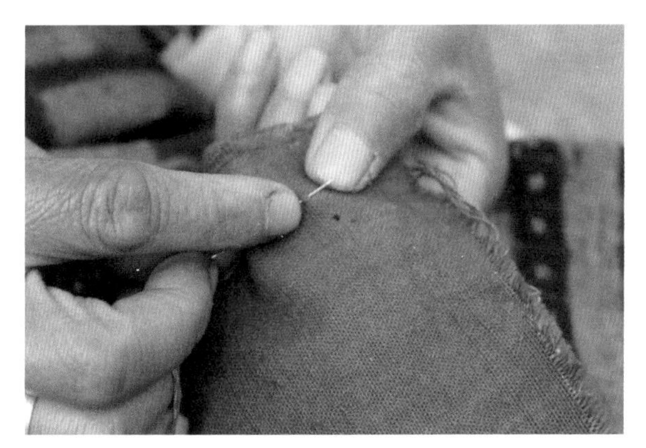
图 5-83　菱形包回纹刺绣

图 5-84　菱形包回纹刺绣纹样实物

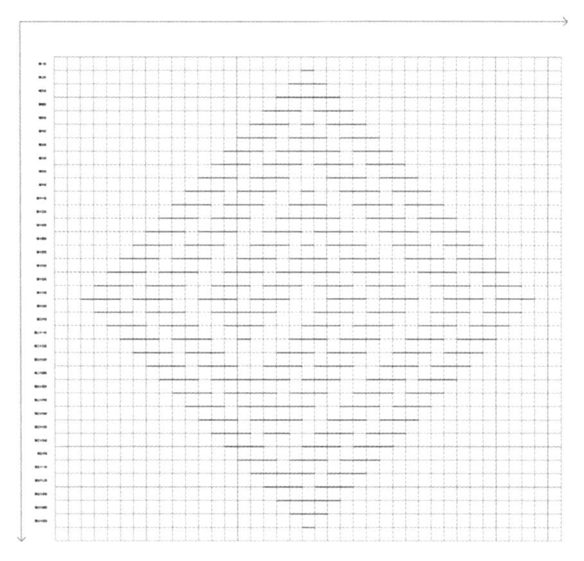

图 5-85　数纱挑花菱形绣花径图
（一个单位纹）

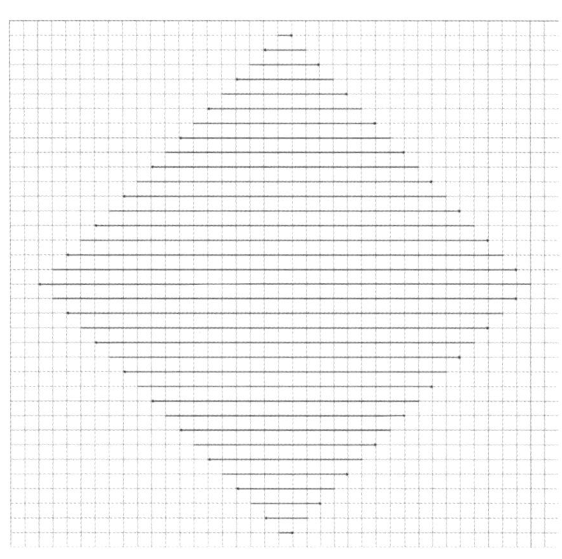

图 5-86　数纱挑花绣运针方向
（一个单位纹）

2. 刺绣方法

菱形包回纹刺绣平直长短针数纱挑花四方连续纹样，每一个菱形单位纹里都包含有“回纹”填充。刺绣前将图案及花位定格布局，随纬纱方向定出菱形（包含“回纹”）绣花路径（图 5-85、图 5-86）。

3. 刺绣步骤

此纹样是由上向下，使用平直长短针数纱挑花针法完成，具体刺绣步骤略。

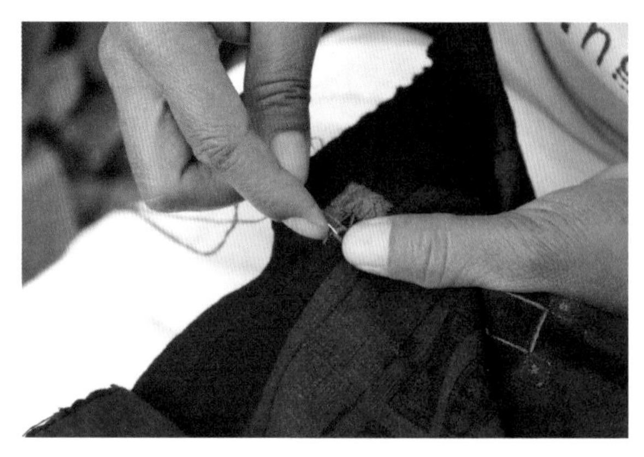

图 5-87　双层花刺绣

图 5-88　双层花实物

六、双层花刺绣

双层花刺绣是采用斜挑长短针刺绣方法完成绣花。发射状“米”字由中心发射到四周组成第一层纹样，四角半发射纹组成完整矩形纹样，完成双层花刺绣（图 5-87、图 5-88）。

1. 装饰部位

双层花刺绣在白裤瑶服饰中较为常见，作为装饰图案出现在白裤瑶服饰的各处，如花腰带、绑腿带、天堂被、葬礼绣片、女子上衣后片下摆处、童帽等。

2. 刺绣方法

双层花刺绣是采用斜挑长短针刺绣方法确定两个定位点后，向四周发射顺延为一个矩形单位纹样。

3. 刺绣步骤

双层花刺绣步骤见图 5-89 ～图 5-110。

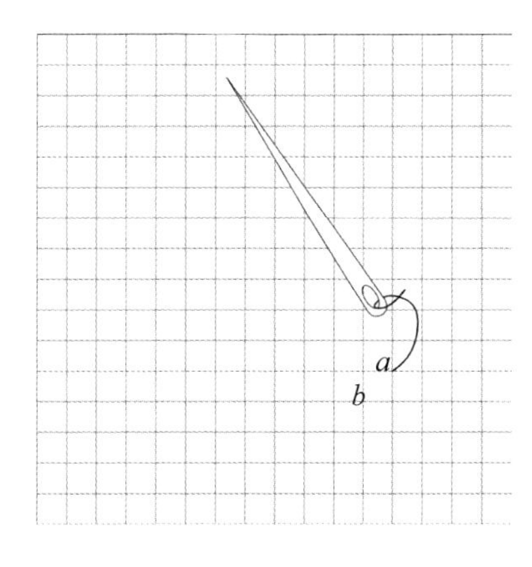

图 5-89 选择定位点 a、b，从点 a 起针

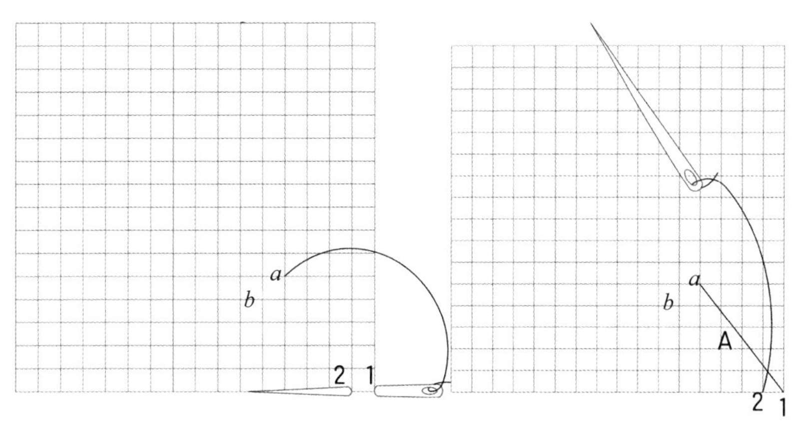

图 5-90 从点 1 入针，点 2 起针，使点 a、点 1 形成直线 A 单位纹

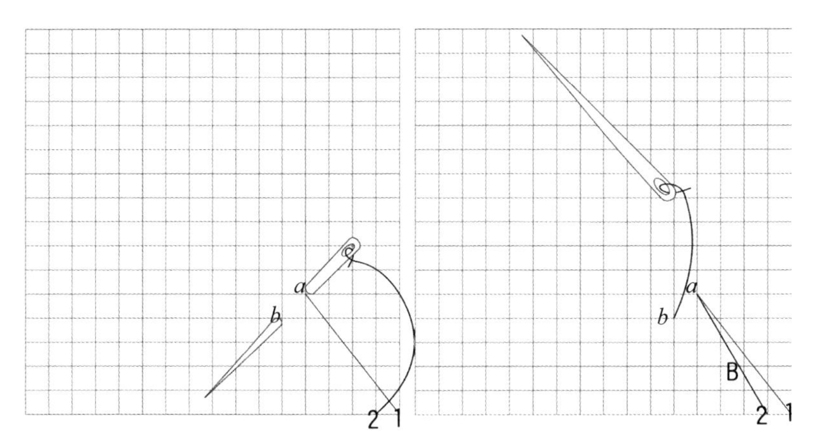

图 5-91 从点 a 入针，点 b 起针，使点 a、点 2 形成直线 B 单位纹

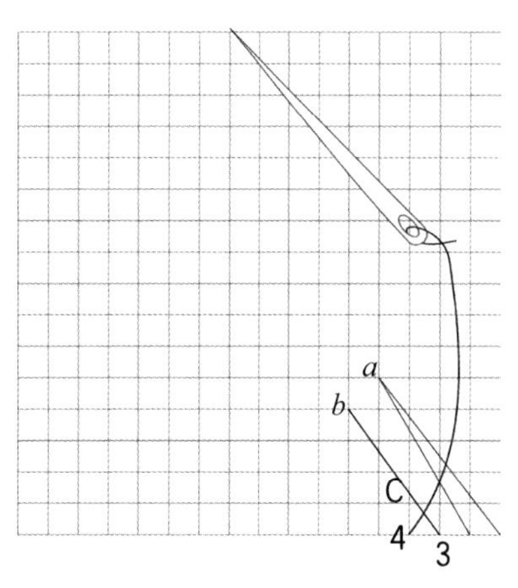

图 5-92 从点 3 入针，点 4 起针，使点 b、点 3 形成直线 C 单位纹

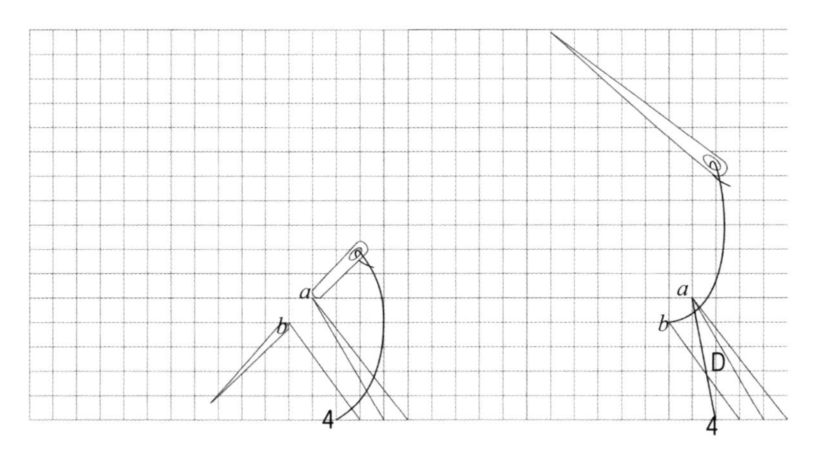

图 5-93 从点 a 入针，点 b 出针，使点 a、点 4 形成直线 D 单位纹

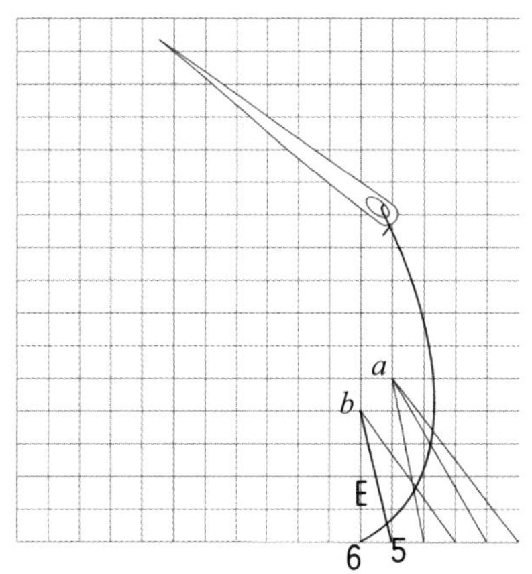

图 5-94 从点 5 入针，点 6 起针，使点 b、点 5 形成直线 E 单位纹

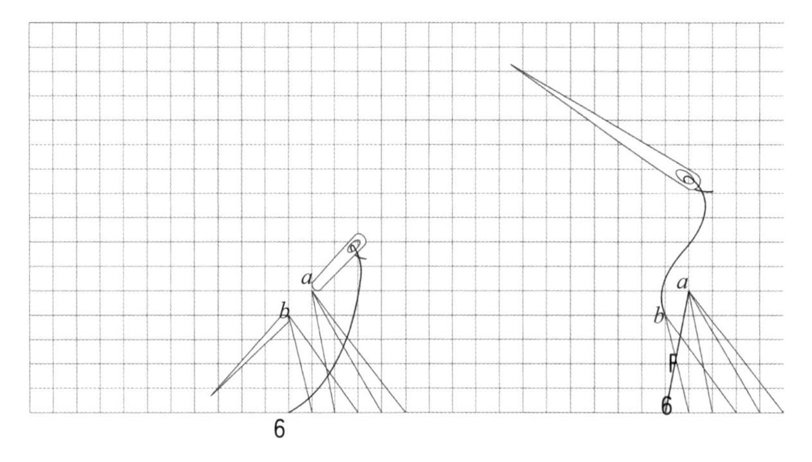

图 5-95　从点 a 入针，点 b 起针，使点 a、点 6 形成直线 F 单位纹

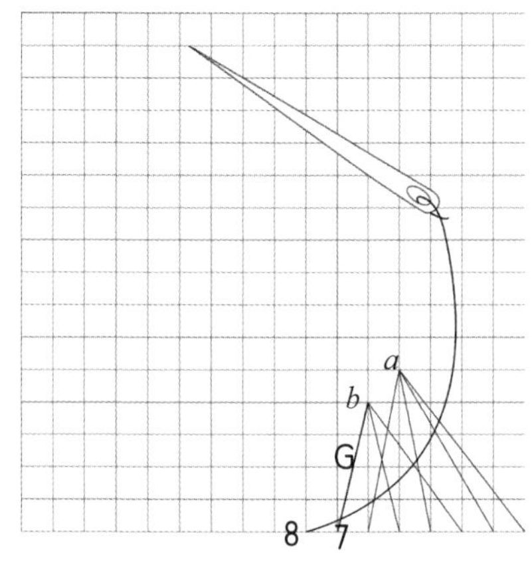

图 5-96　从点 7 入针，点 8 起针，使点 b、点 7 形成直线 G 单位纹

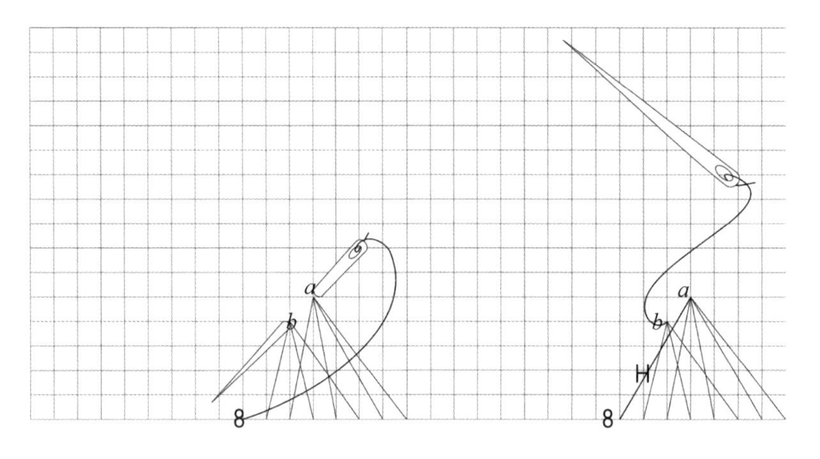

图 5-97　从点 a 入针，点 b 起针，使点 a、点 8 形成直线 H 单位纹

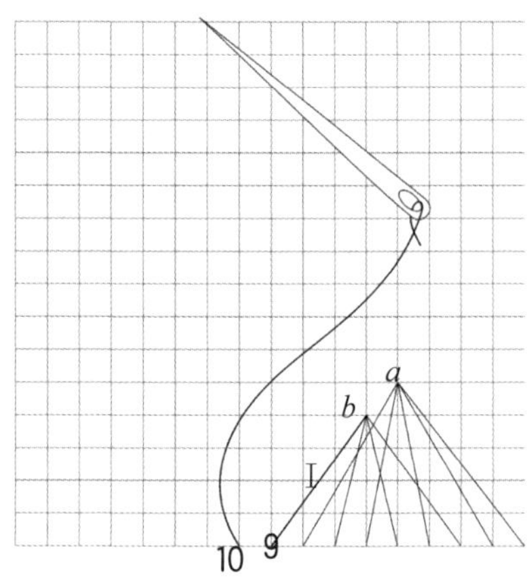

图 5-98　从点 9 入针，点 10 起针，使点 b、点 9 形成直线 I 单位纹

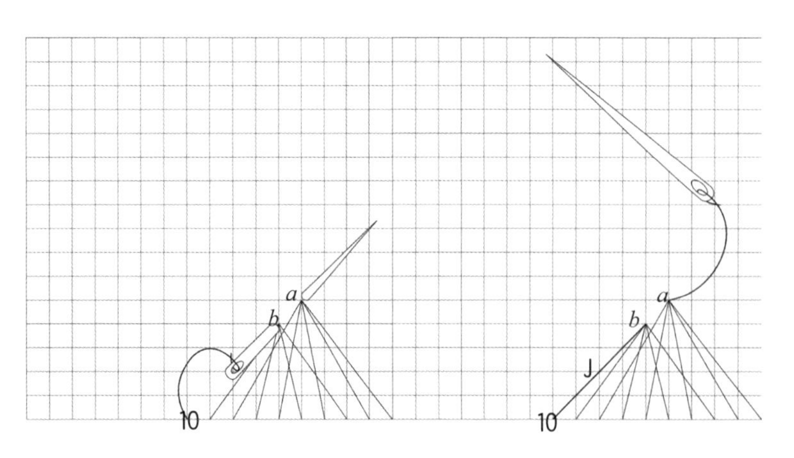

图 5-99　从点 b 入针，点 a 起针，使点 b、点 10 形成直线 J 单位纹

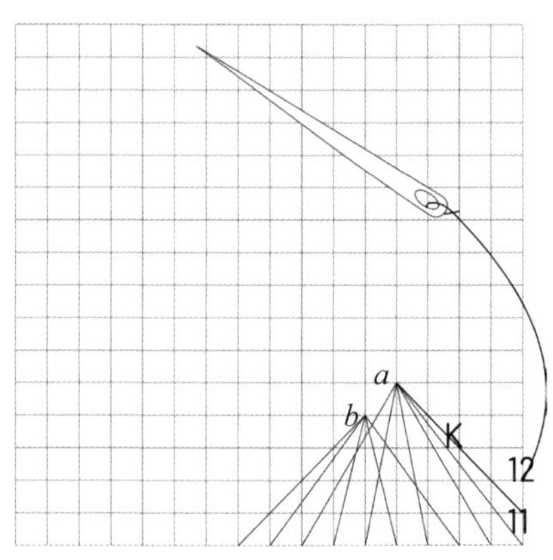

图 5-100　从点 11 入针，点 12 起针，使点 a、点 11 形成直线 K 单位纹

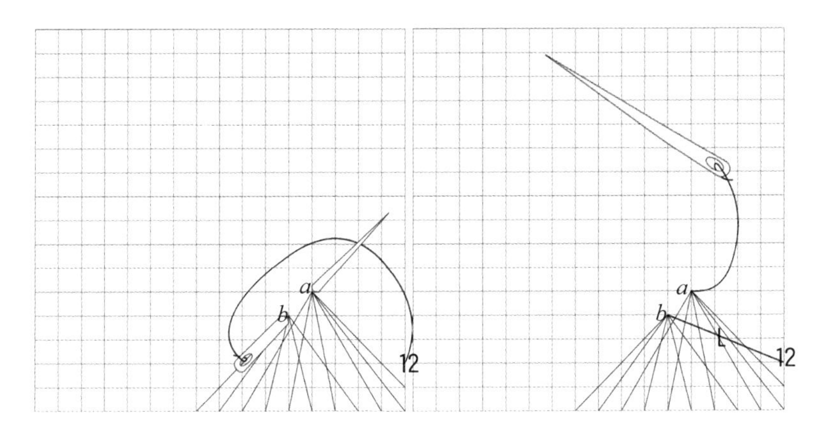

图 5-101　从点 b 入针，点 a 起针，使点 b、点 12 形成直线 L 单位纹

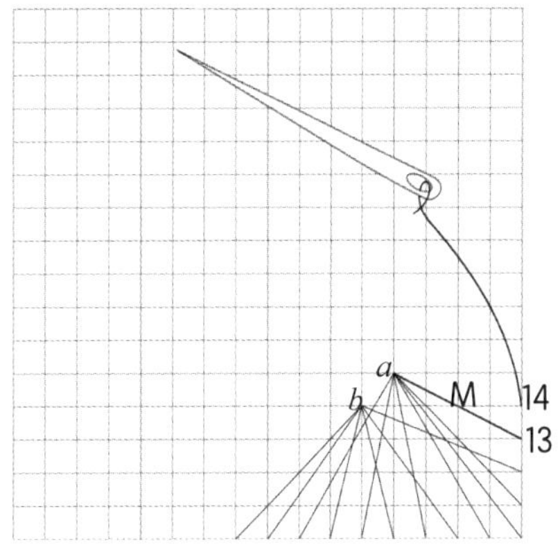

图 5-102　从点 13 入针，点 14 起针，使点 a、点 13 形成直线 M 单位纹

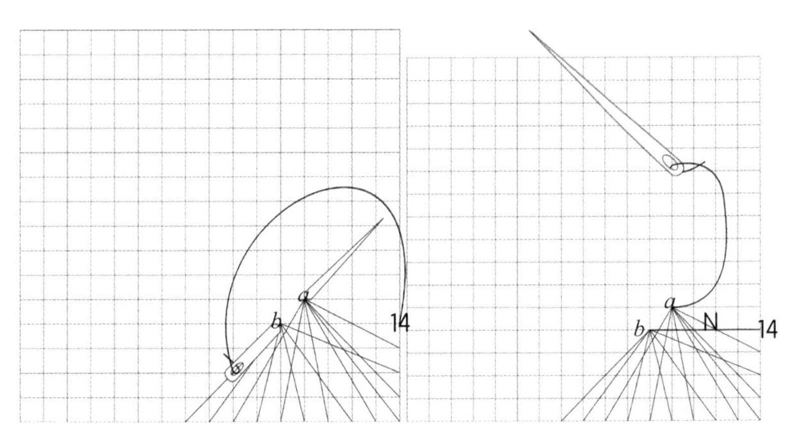

图 5-103　从点 b 入针，点 a 起针，使点 b、点 14 形成直线 N 单位纹

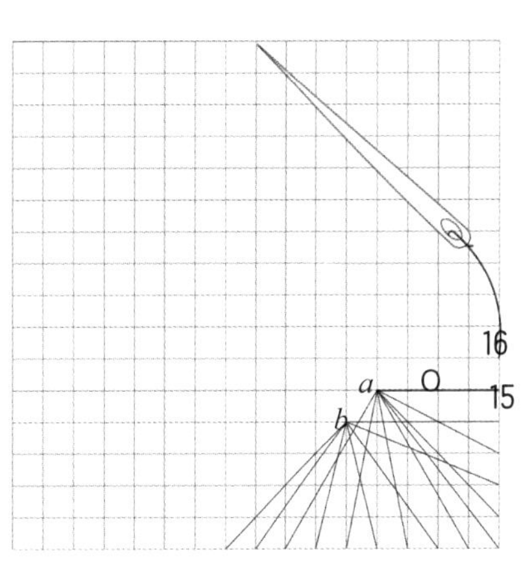

图 5-104　从点 15 入针，点 16 起针，使点 a、点 15 形成直线 O 单位纹

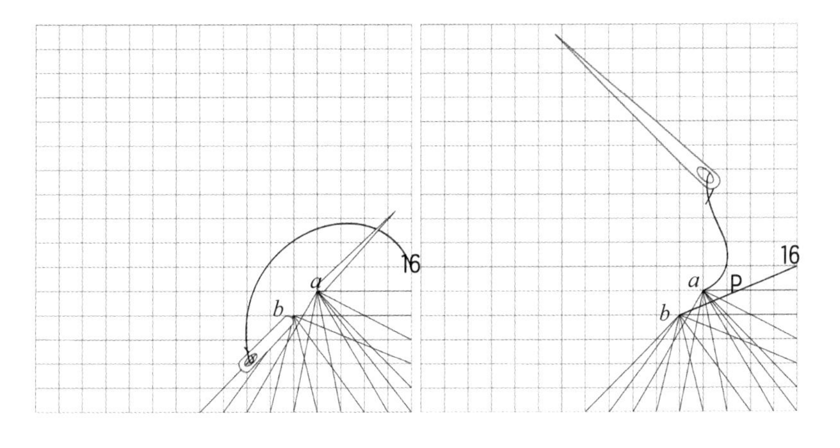

图 5-105　从点 b 入针，点 a 起针，使点 b、点 16 形成直线 P 单位纹

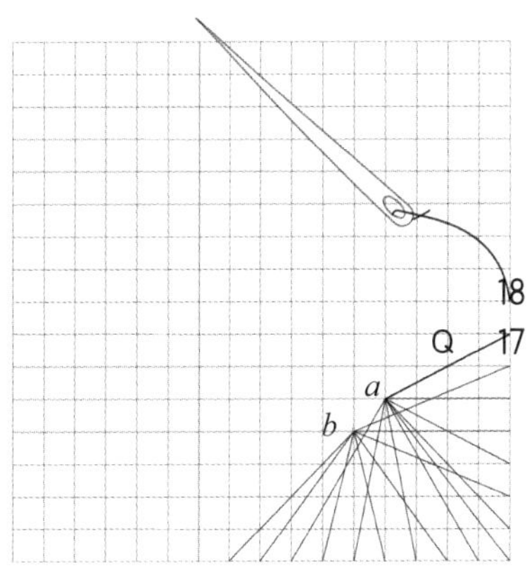

图 5-106　从点 17 入针，点 18 起针，使点 a、点 17 形成直线 Q 单位纹

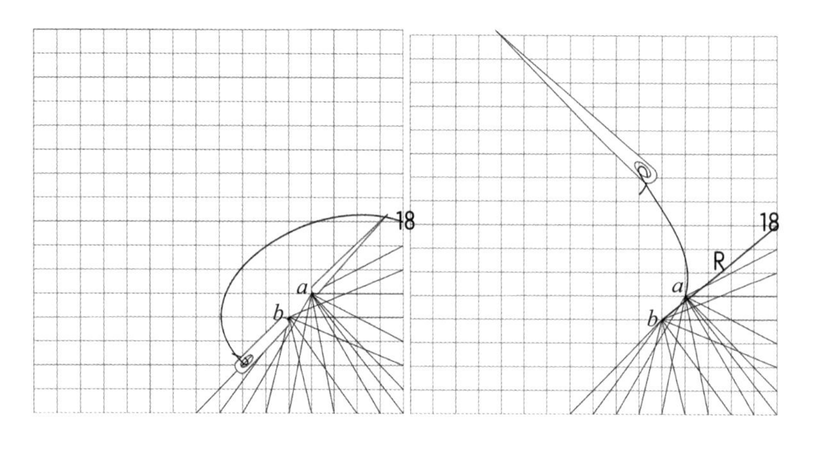

图 5-107　从点 b 入针，点 a 起针，使点 b、点 18 形成直线 R 单位纹

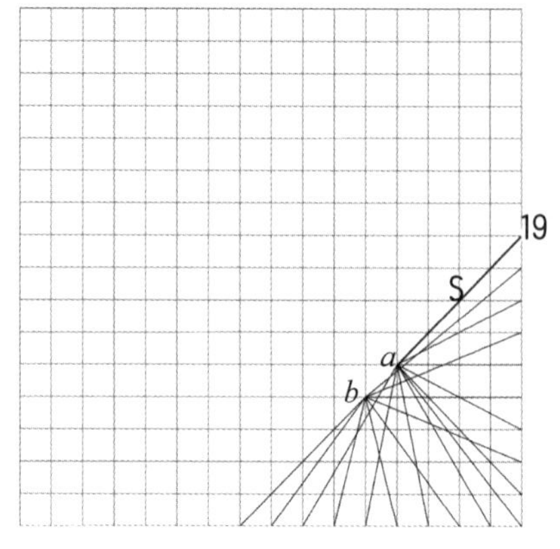

图 5-108　从点 19 入针，使点 a、点 19 形成直线 S 单位纹

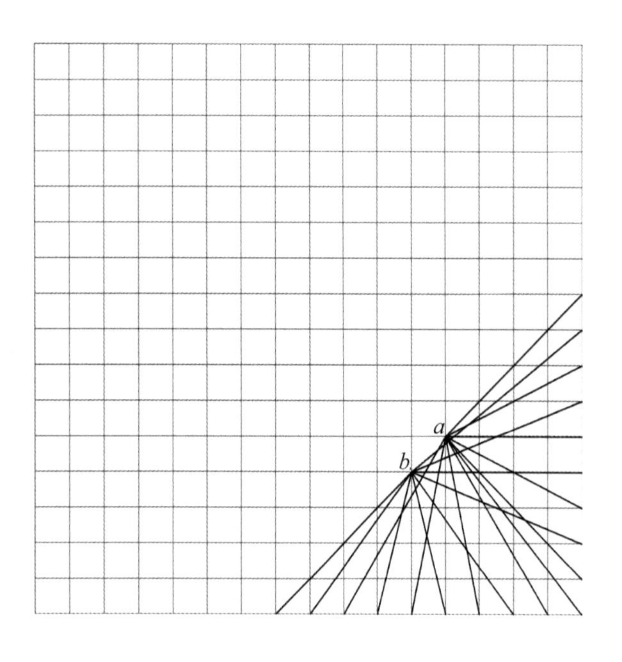

图 5-109　发射状米字纹的半角完成，此为半角单位纹的最终效果图

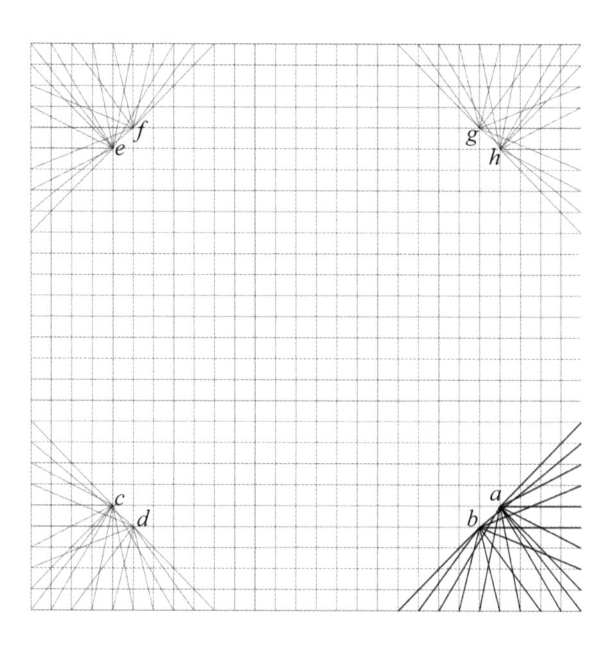

图 5-110　依照半角单位纹的刺绣方法，完成四个角的花型刺绣（点 c、e、h 对应点 a，点 d、f、g 对应点 b）

图 5-111 为中间纹样的定位点表示以及完成后的示意图（点 i 对应点 a，点 j 对应点 b）。

七、包边绣

包边绣是采用斜挑长短针，通过套针将布的正反复合包边，采用线的密集形成包裹视觉（图 5-112、图 5-113）。

1. 装饰部位

包边绣常装饰在男子盛装上衣后片下摆开叉边缘、男子（童）花衣后片下摆开叉边缘、男子花腰带边缘、绑腿带边缘等部位。

2. 刺绣方法

包边绣是在锁边针的基础上进行斜挑长短针，包边绣单位纹以 5 个为一组，通过套针将布的正反复合包边。

3. 刺绣步骤

包边绣刺绣步骤见图 5-114 ~图 5-129。

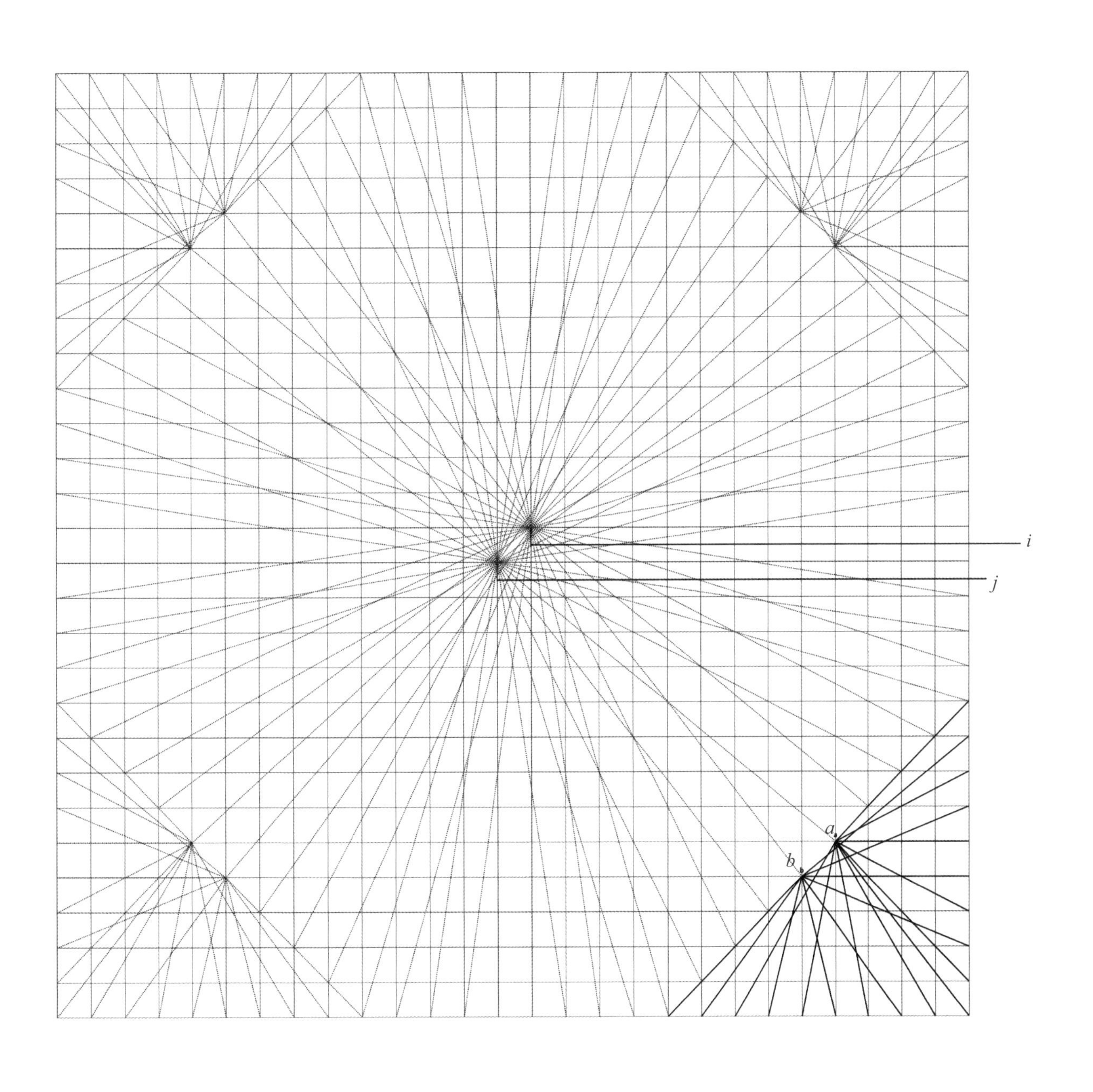

图 5-111　取图中心的定位点 i、j，依照半角单位纹的刺绣方式进行中间纹样的刺绣

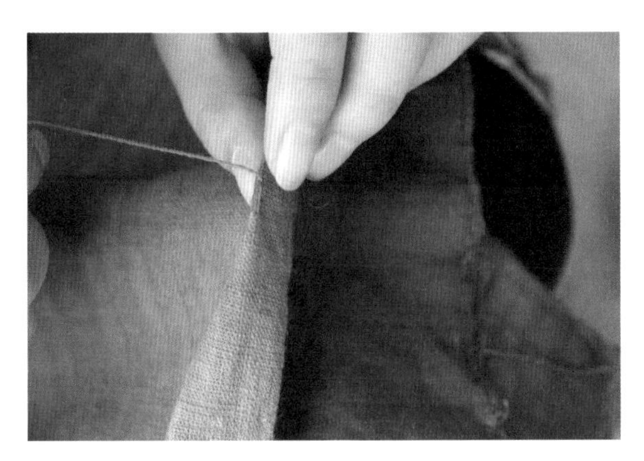

图 5-112　包边绣

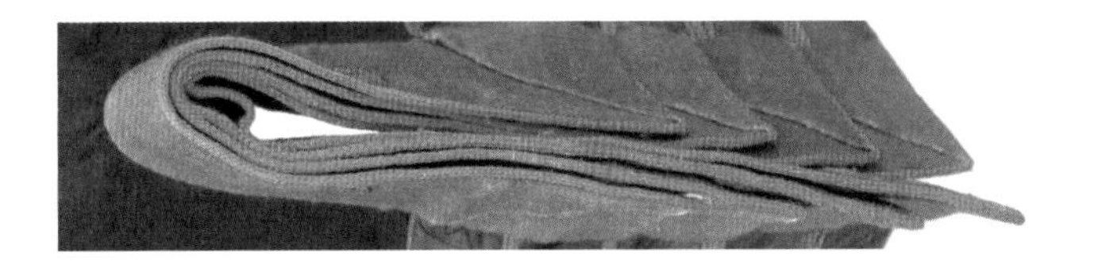

图 5-113　包边绣实物图

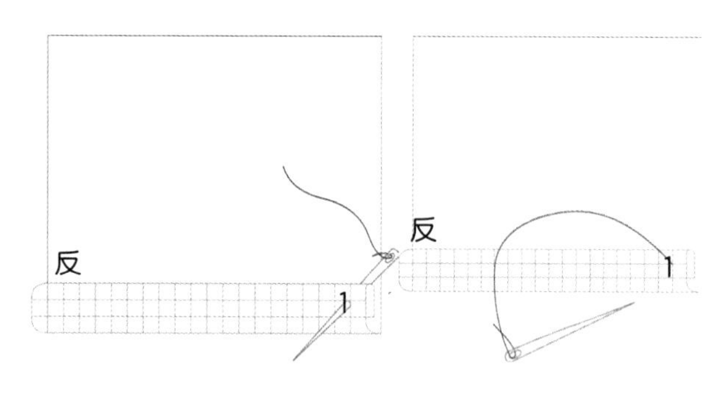

图 5-114　反面包边后，点 1 起针，两层穿过

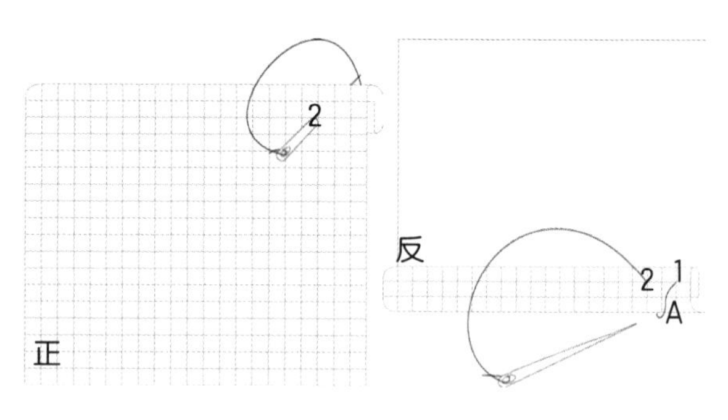

图 5-115　将布调整至正面，在点 1 的偏左侧的点 2 处入针，3 层全部穿入，使点 1、点 2 形成线段 A 单位纹

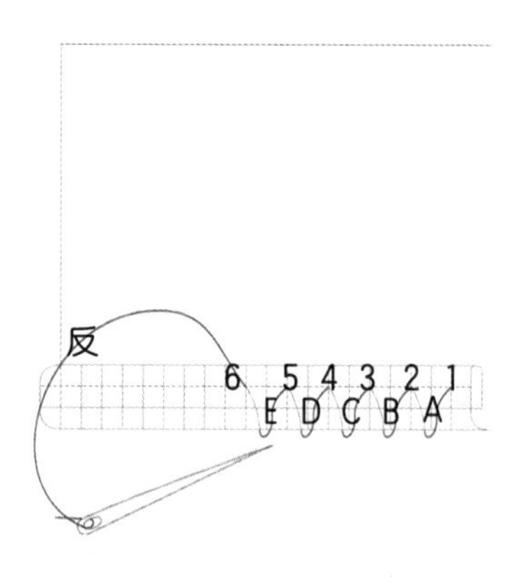

图 5-116　如此重复以上动作 4 次，至此一个锁边单位纹就完成了

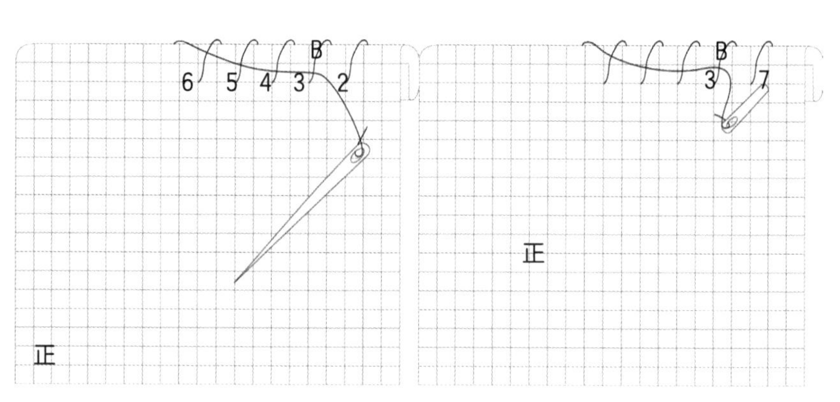

图 5-117　线头保持点 6 出；翻至正面，针从线段 B 中穿过，从点 7 入针

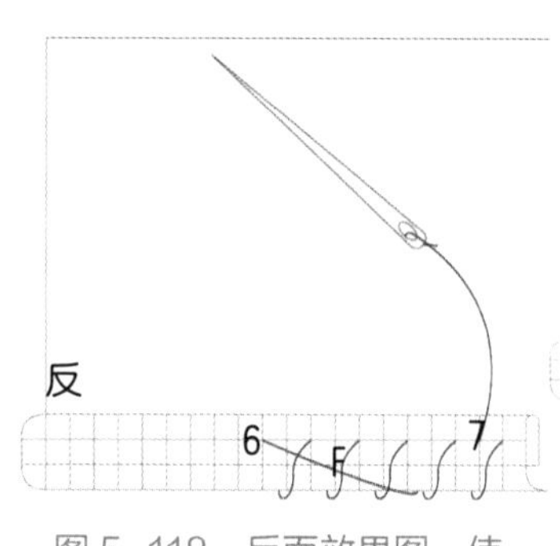

图 5-118　反面效果图，使点 6、点 7 形成直线 F 单位纹

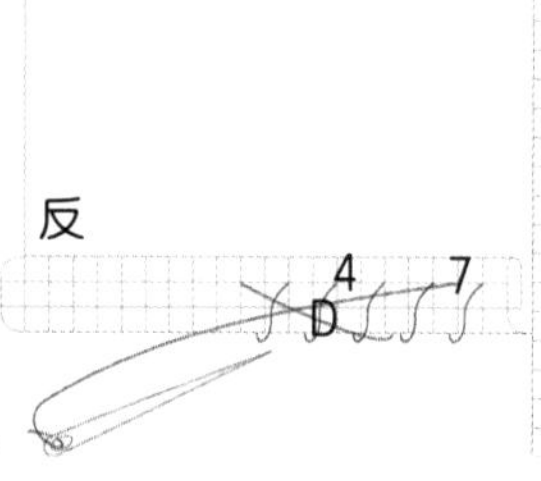

图5-119　翻至反面，针从线段 D 中穿过

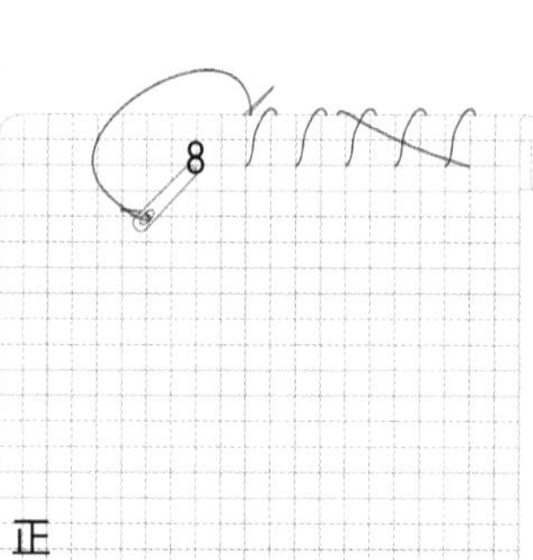

图 5-120　翻至正面，点 8 入针

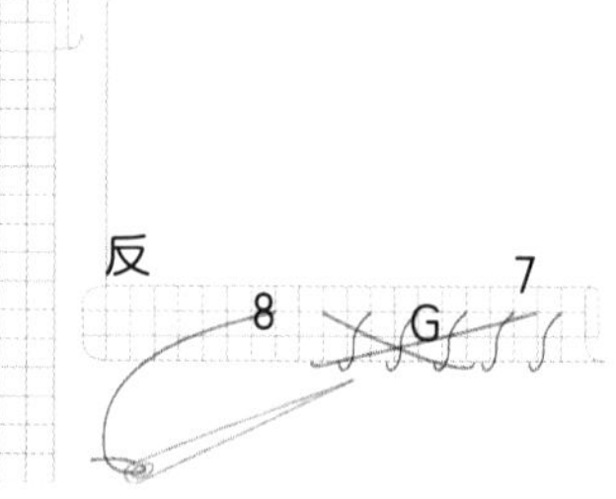

图 5-121　反面效果图，使点 7、点 8 形成直线 G 单位纹

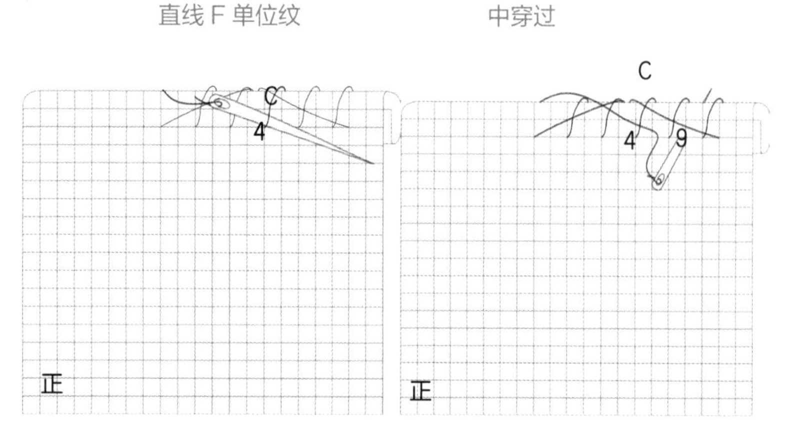

图 5-122　将布翻至正面，针从线段 C 中穿过，从点 9 入针

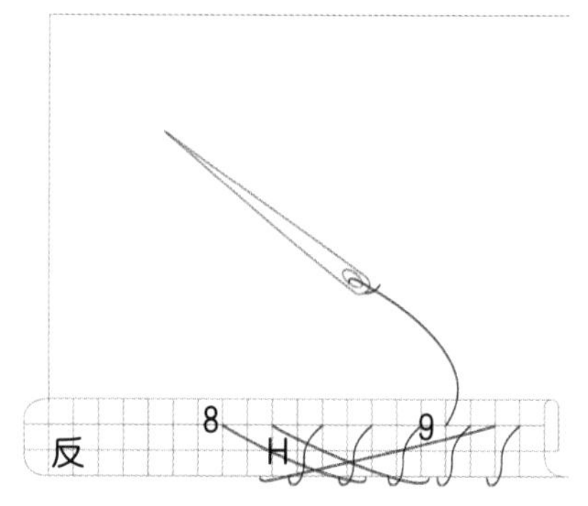

图 5-123　反面效果图，使点 8、点 9 形成直线 H 单位纹

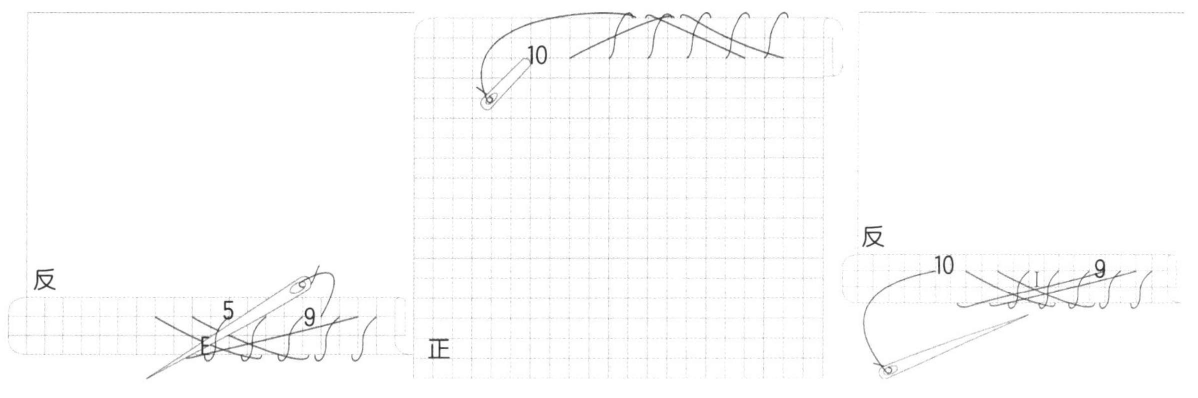

图 5-124　翻至反面，针从线段 E 中穿过

图 5-125　翻至正面，点 10 入针

图 5-126　反面效果图，使点 9、点 10 形成直线 I 单位纹

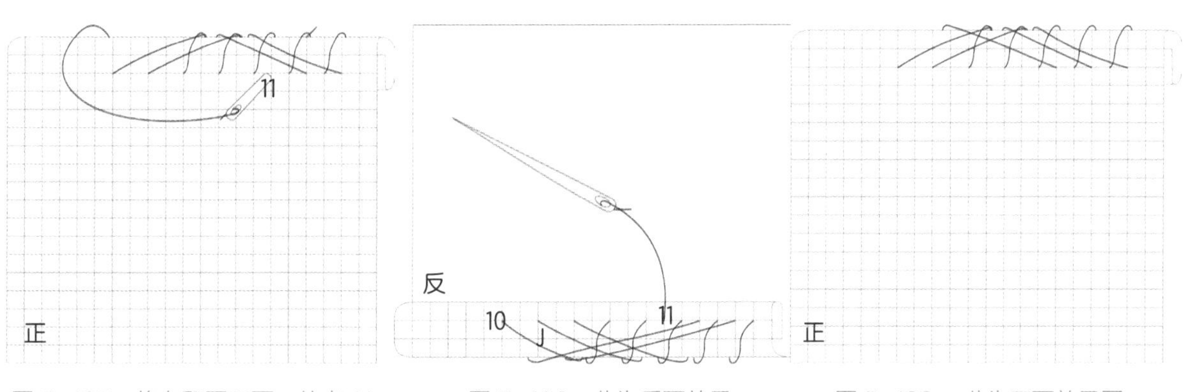

图 5-127　将布翻至正面，从点 11 入针收尾，至此一个完整的锁边绣单位纹就完成了

图 5-128　此为反面效果

图 5-129　此为正面效果图

八、“山”形直线绣

“山”形直线绣是平挑短针连续重复“山”形纹样，从而形成连绵的“山”形纹样（图 5-130、图 5-131）。

1. 装饰部位

“山”形纹直线花型刺绣常以装饰纹图案出现在绑腿带的边缘装饰部位。

2. 刺绣方法

如图 5-132 所示，“山”形直线绣是平挑短针连续重复“山”形纹样，刺绣方法为“V”字针法按照一定方向运针，以一个“V”字纹为单位纹，从右至左依次重复排列形成“山”形纹花型。

3. 刺绣步骤

“山”形纹直线花型刺绣步骤见图 5-133 ~ 图 5-136。

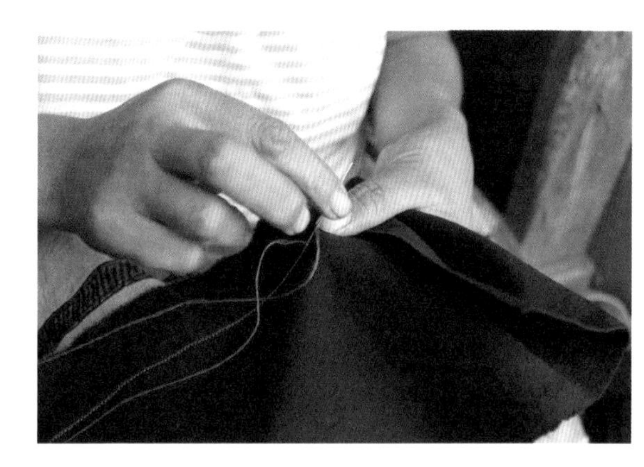

图 5-130　“山”形纹花型刺绣

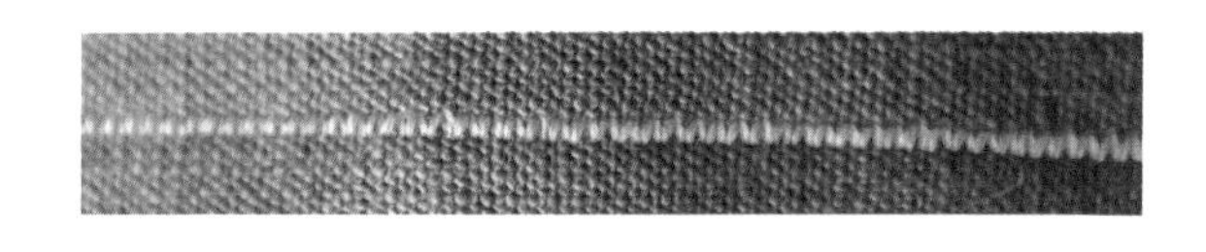

图 5-131　“山”形纹花型刺绣实物图

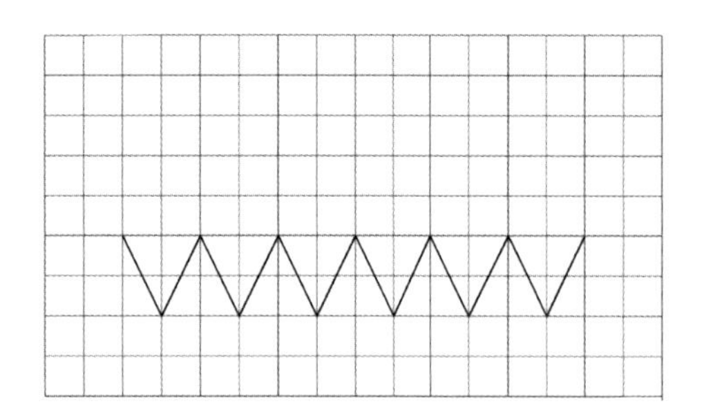

纹样结构

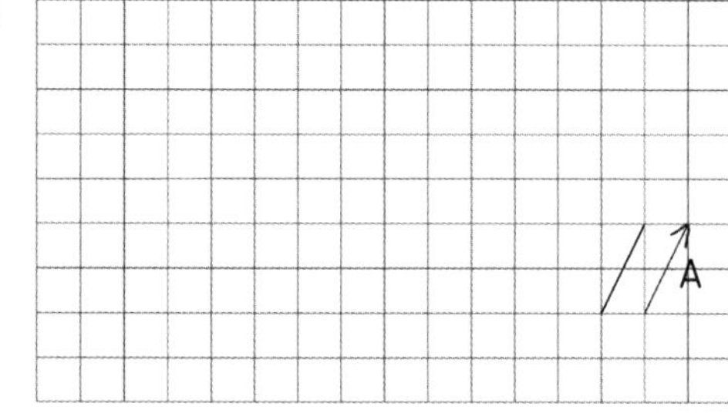

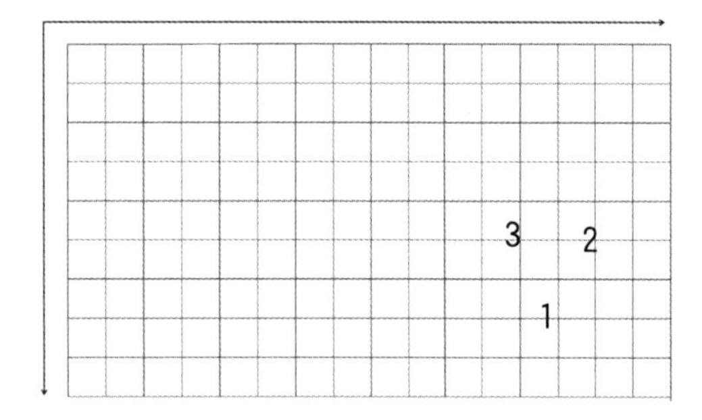

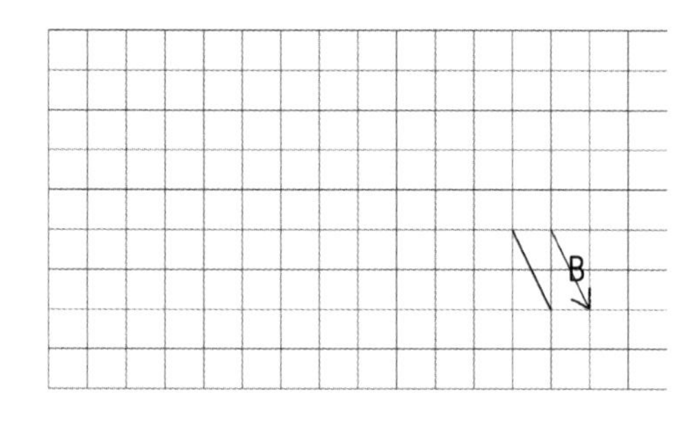

路径分析

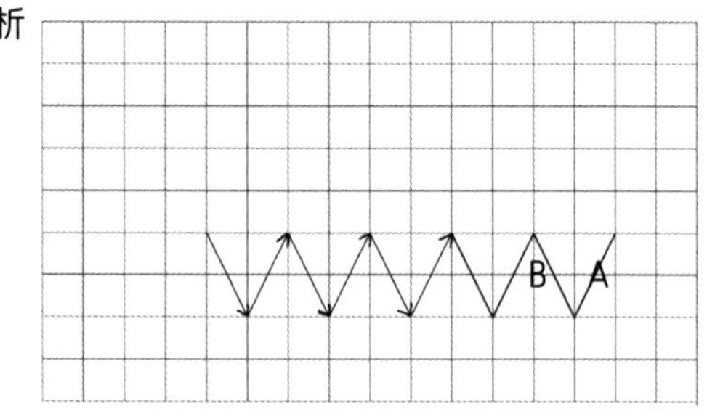

图 5-132　图为山形纹路径分析图

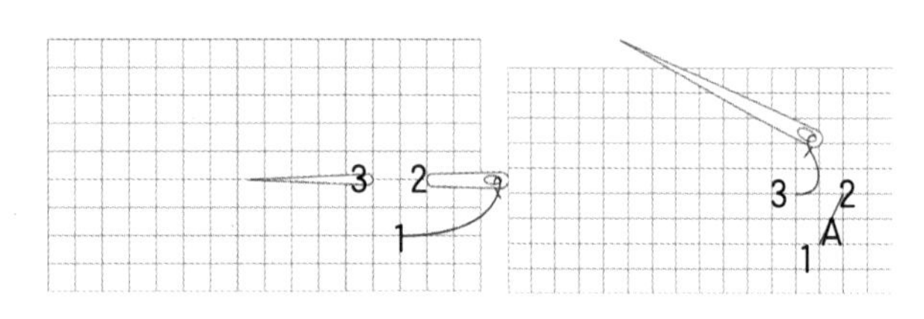

图 5-133　从点 1 起针，点 2 入针，点 3 起针，使点 1、点 2 形成直线 A 单位纹

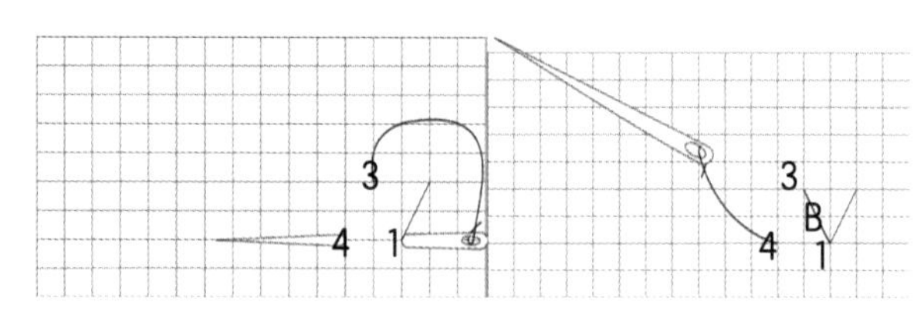

图 5-134　从点 1 入针，点 4 起针，使点 3、点 1 形成直线 B 单位纹

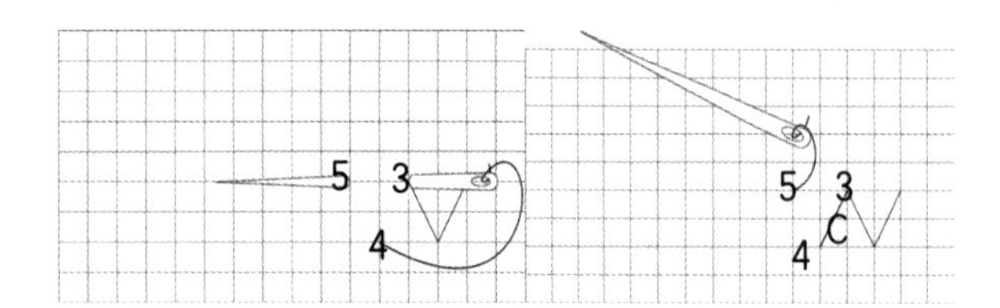

图 5-135　从点 3 入针，点 5 起针，使点 4、点 3 形成直线 C 单位纹

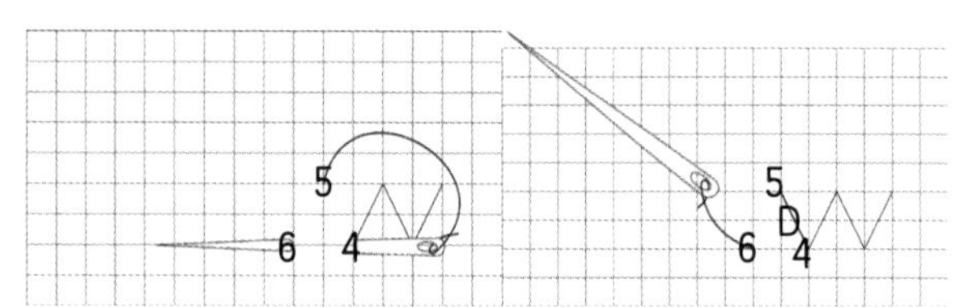

图 5-136　从点 4 入针，点 6 起针，使点 5、点 4 形成直线 D 单位纹；重复以上步骤，从右向左进行刺绣缝制直线纹样

九、“一”字刺绣

“一”字刺绣如图 5-137、图 5-138 所示。

1. 装饰部位

“一”字刺绣常出现在黑衣裤子裤脚口装饰部位。

2. 刺绣方法

“一”字刺绣是采用平直长短回针刺绣方法，刺绣时放线迹的余量，即在拉线收针时，让针夹紧在面线与布面之间，拽牢线的尾端，目的是为了使面线与布面之间形成一定高度的拱起。

3. 刺绣步骤

“一”字刺绣步骤见图 5-139 ~ 图 5-143。

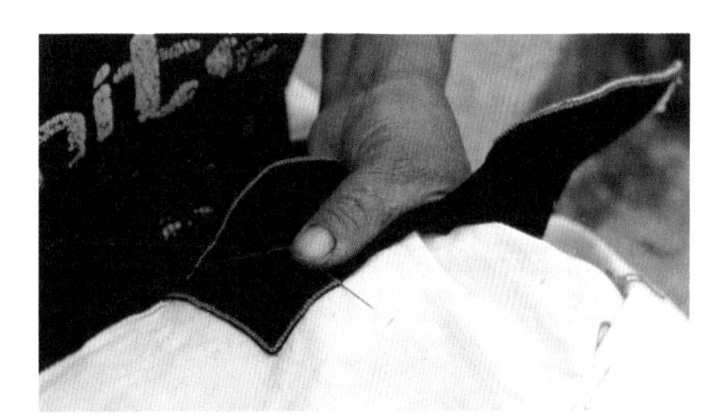

图 5-137 “一”字刺绣

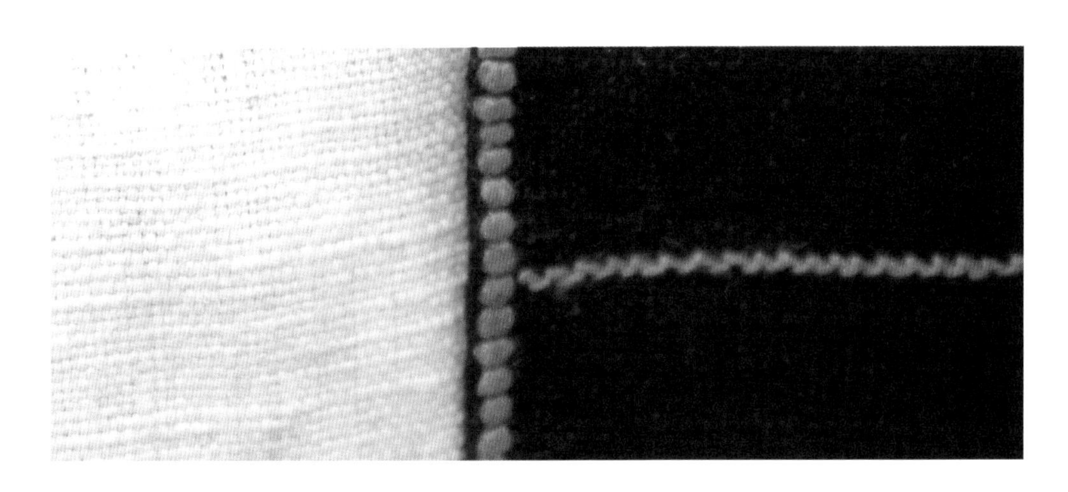

图 5-138 “一”字刺绣实物图

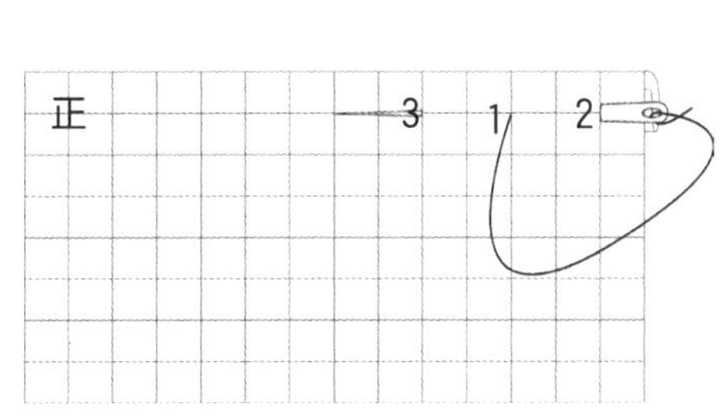

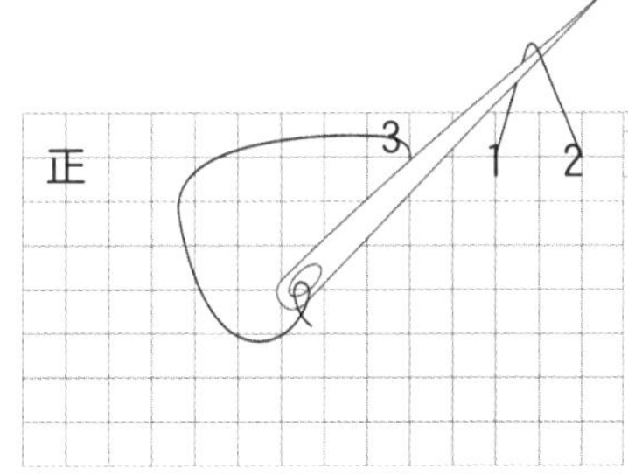

图 5-139 由点 1 起针，从点 2 入针，点 3 出针，用针头挑起点 1、点 2 间的线段

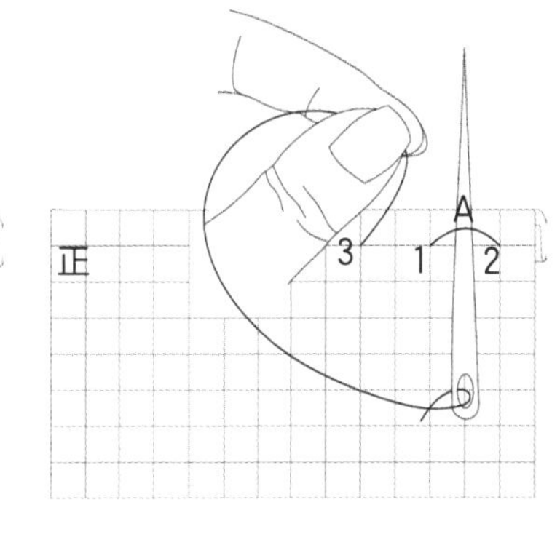

图 5-140 拽牢线的尾端，让针夹紧在点 1、点 2 间的线段 A 与布之间，使线段 A 与布面之间形成有一定高度的拱形线段

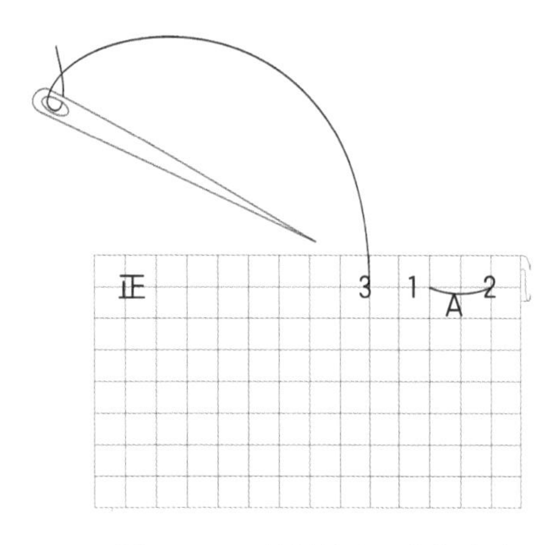

图 5-141　将针抽出，此为完成后的线段 A 的效果图

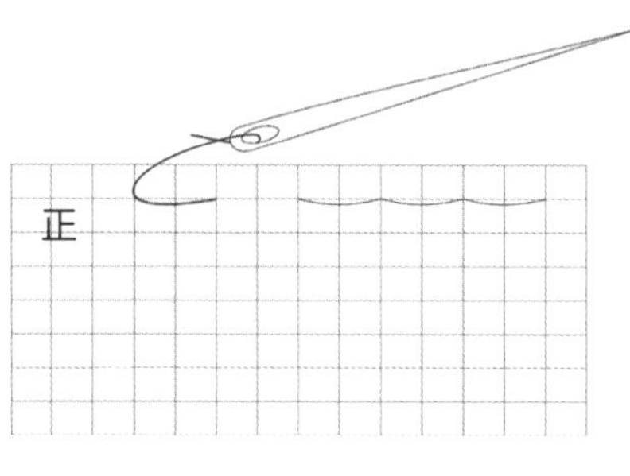

图 5-142　以此类推，重复以上步骤；此图为数步之后的效果

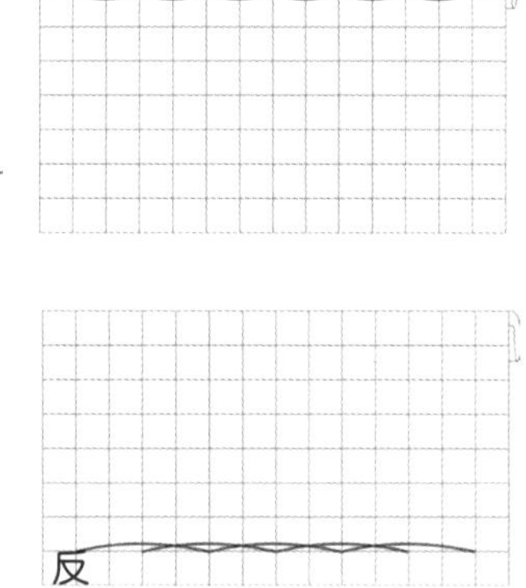

图 5-143　拱针绣正面线迹和反面线迹效果图

十、“十”字纹刺绣

“十”字纹刺绣采用十字交叉针法运针完成纹样图案，可采用单色、双色或者多色构成单位纹，如图 5-144、图 5-145 所示。

1. 装饰部位

“十”字纹刺绣经常以装饰图案出现在服装款式的局部或与服装配饰纹交叉装饰造型。装饰部位有女子（童）贯头衣后片、女子盛装贯头衣后片、男子白色裤子裤口、绑腿带、男子盛装花腰带、天堂被、腰间挂饰等。

2. 刺绣方法

“十”字纹刺绣框架为“十”字平挑针，如图 5-146 所示，运针时先右下至左上，再右上至左下，交叉形成一个“十”字单位纹。

3. 刺绣步骤

“十”字纹刺绣步骤见图 5-147、图 5-148。

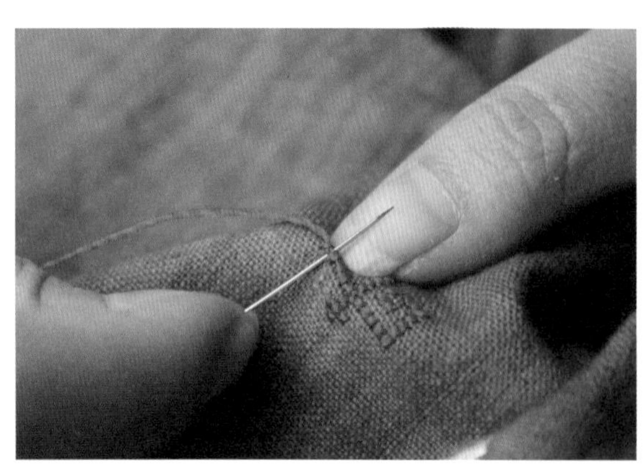
图 5-144　“十”字纹刺绣

图 5-145　“十”字纹刺绣实物图

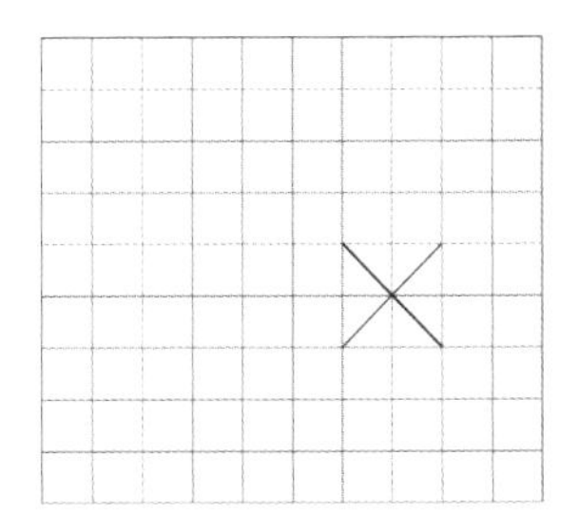
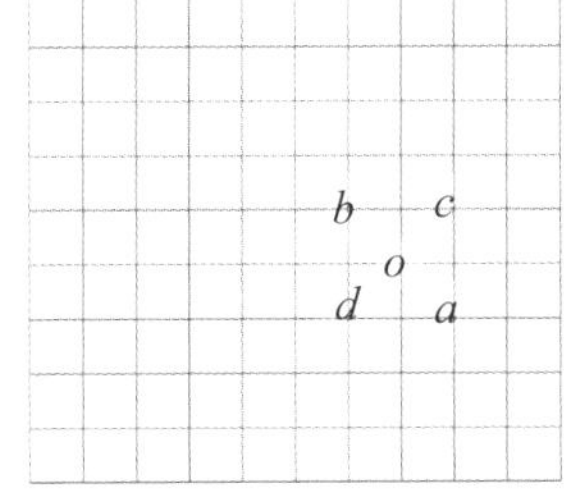

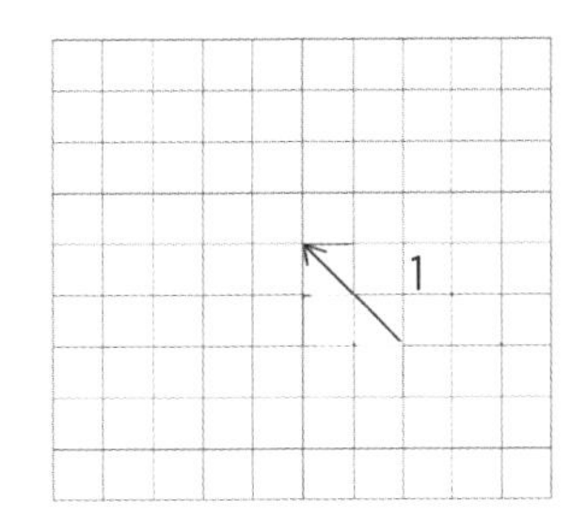

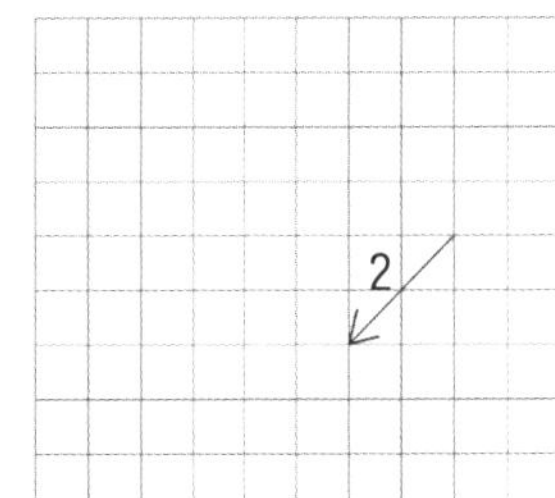

图 5-146 “十”字纹刺绣路径分析

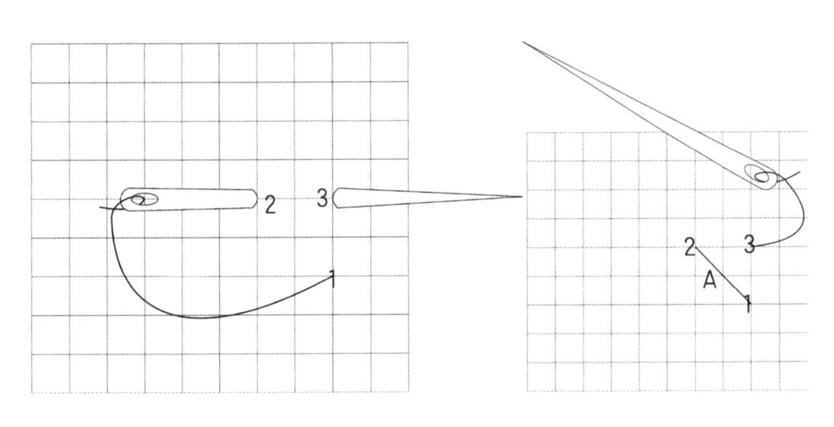

图 5-147 由点 1 起针，从点 2 入针，点 3 起针，使点 1、点 2 形成直线 A 单位纹

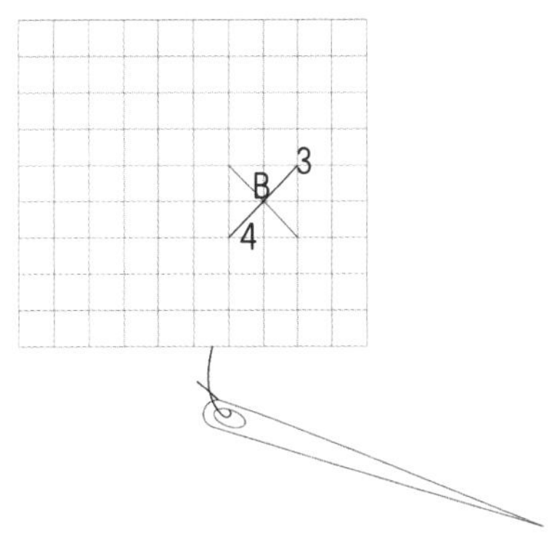

图 5-148 从点 4 入针，使点 3、点 4 形成直线 B 单位纹

十一、菱形包双色花刺绣

图 5-149、图 5-150 是菱形包双色花刺绣，为双色斜挑长短针完成单位纹。

1. 装饰部位

菱形包双色花刺绣常以白色、绿色线搭配构成装饰纹样在男子（童）花裤裤脚处。

2. 刺绣方法

菱形包双色花纹样骨骼为一个大的“X”纹和四个小“V”纹组合而成。刺绣中，单色 A 线起针，根据花型骨骼刺绣并预留花位；单色 B 线起针，根据花型骨骼将刺绣预留花位填补，二者重复完成纹样造型（图 5-151、图 5-152）。

3. 刺绣步骤

（1）单色线刺绣步骤见图 5-153 ~ 图 5-167。

（2）双色花纹刺绣步骤见图 5-168 ~ 图 5-182。

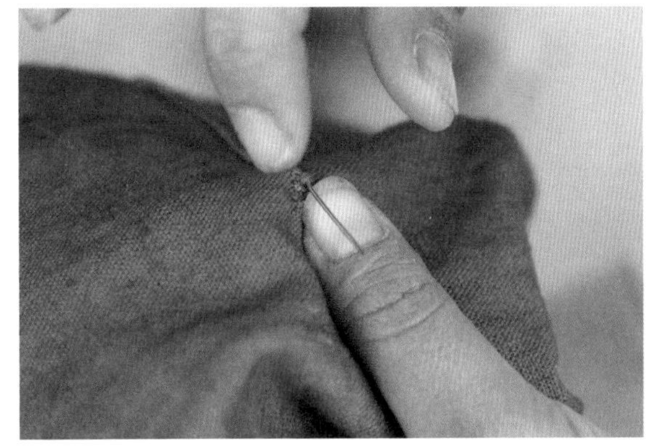
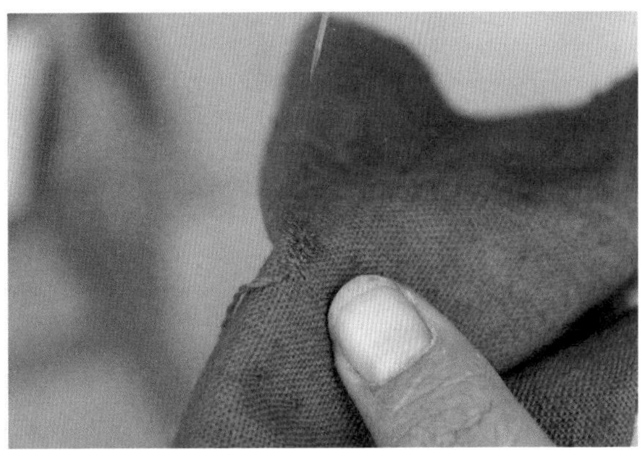

图 5-149 菱形包双色花刺绣

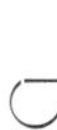

图 5-150　菱形包双色花刺绣实物图

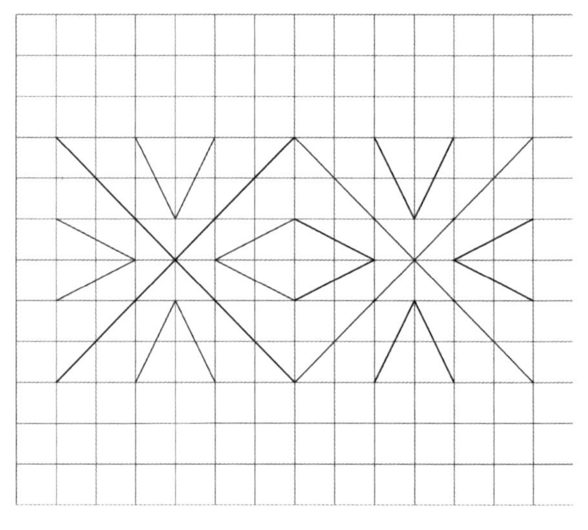

图 5-151　双色花纹刺绣骨骼解析图

纹样结构

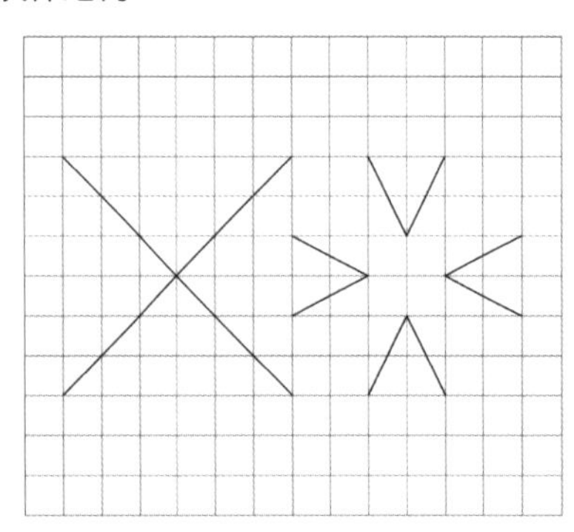

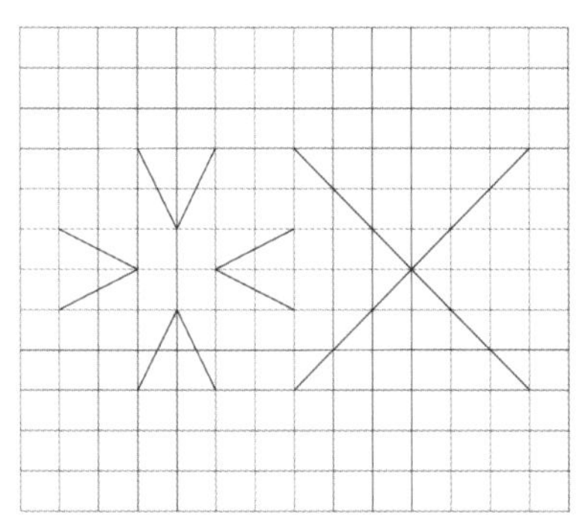

基础纹样

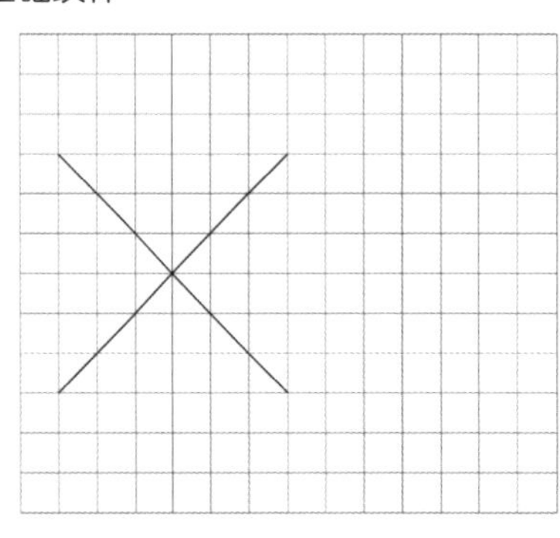

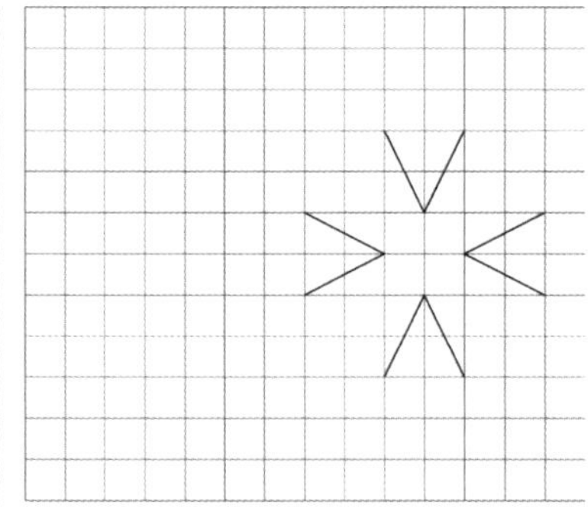

对应坐标

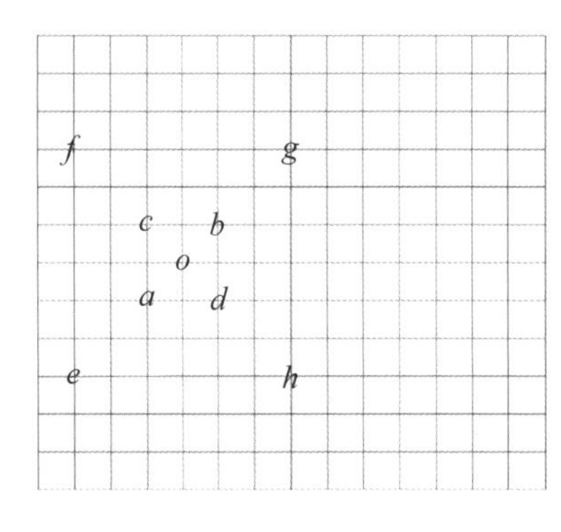

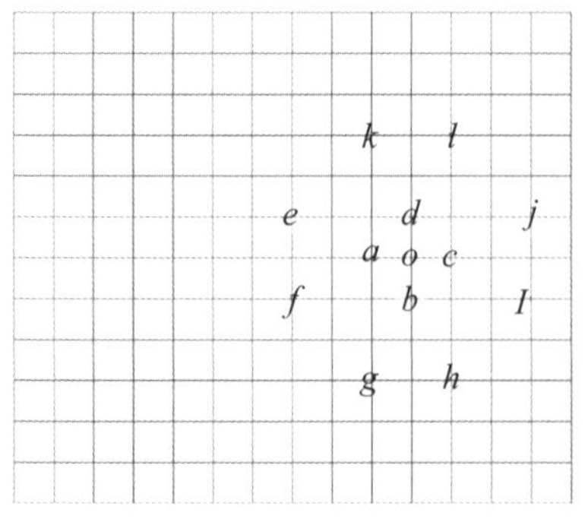

图 5-152　双色花纹（同种颜色花型交替）刺绣构成解析图

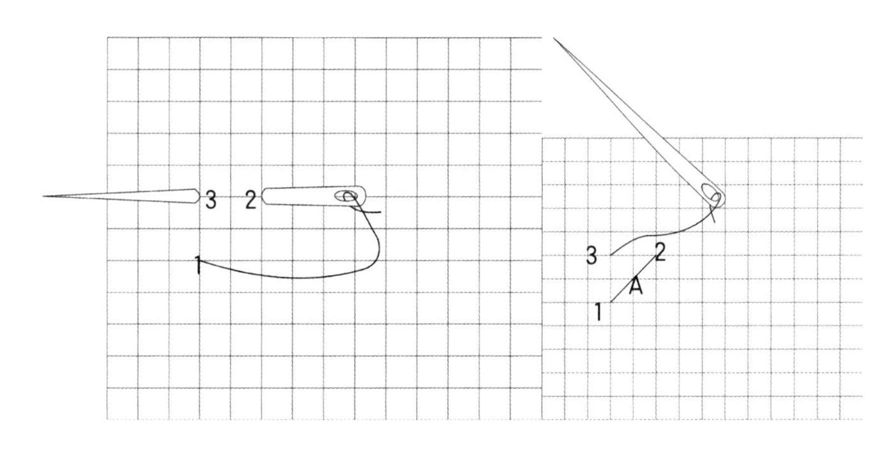

图 5-153　从点 1 起针，点 2 入针，点 3 起针，使点 1、点 2 形成直线 A 单位纹

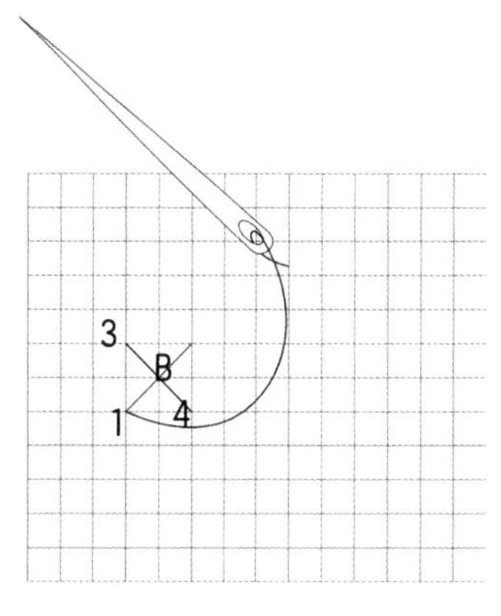

图 5-154　从点 4 入针，点 1 起针，使点 3、点 4 形成直线 B 单位纹

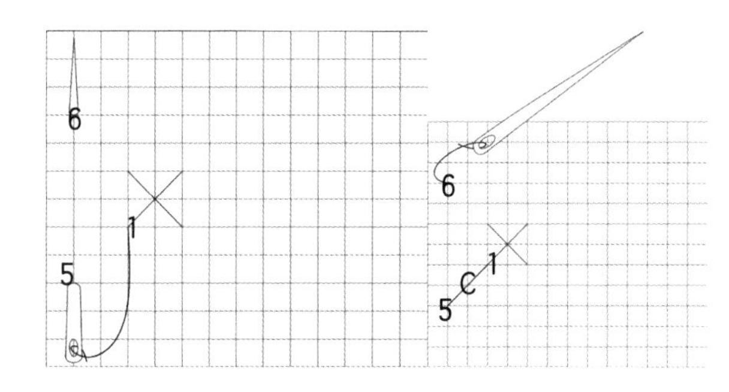

图 5-155　从点 5 入针，点 6 起针，使点 1、点 5 形成直线 C 单位纹

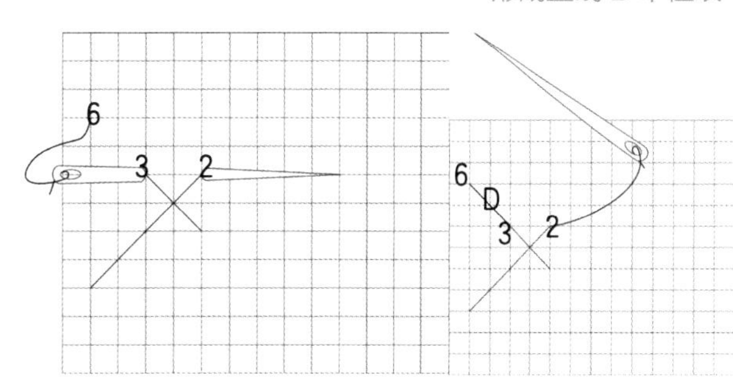

图 5-156　从点 3 入针，点 2 起针，使点 6、点 3 形成直线 D 单位纹

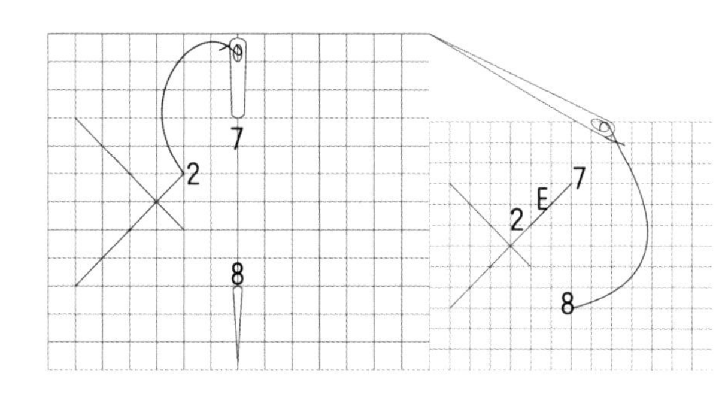

图 5-157　从点 7 入针，点 8 起针，使点 2、点 7 形成直线 E 单位纹

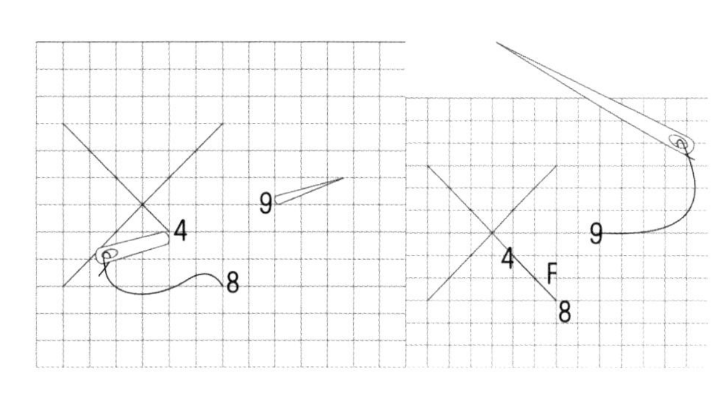

图 5-158　从点 4 入针，点 9 起针，使点 8、点 4 形成直线 F 单位纹

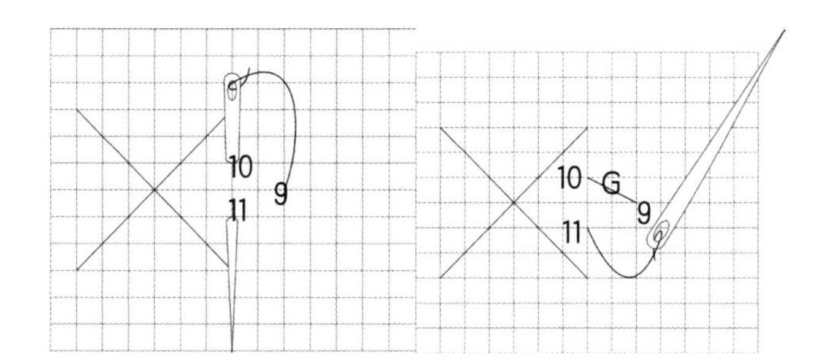

图 5-159　从点 10 入针，点 11 起针，使点 9、点 10 形成直线 G 单位纹

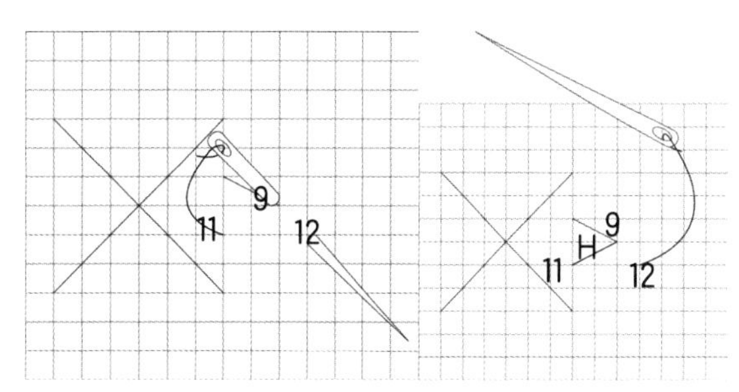

图 5-160　从点 9 入针，点 12 起针，使点 11、点 9 形成直线 H 单位纹

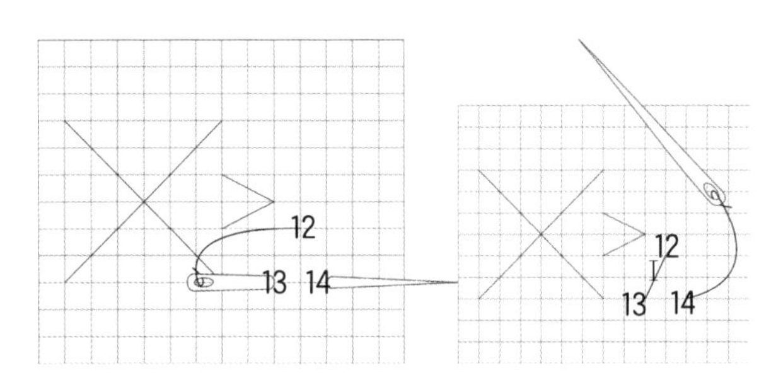

图 5-161　从点 13 入针，点 14 起针，使点 12、点 13 形成直线 I 单位纹

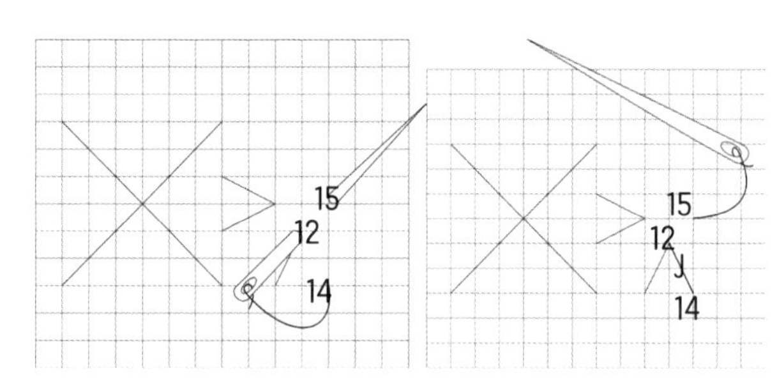

图 5-162　从点 12 入针，点 15 起针，使点 14、点 12 形成直线 J 单位纹

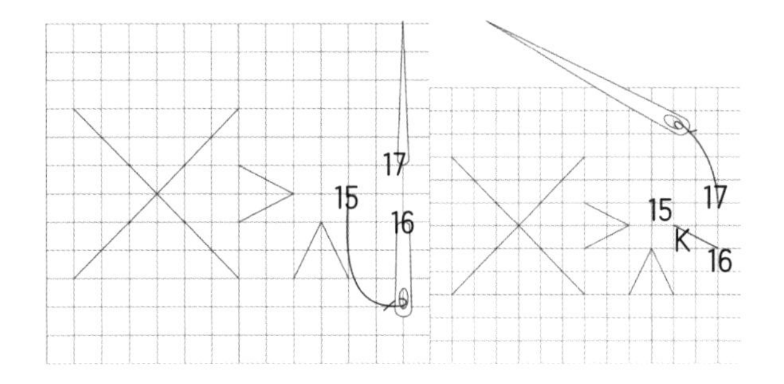

图 5-163　从点 16 入针，点 17 起针，使点 15、点 16 形成直线 K 单位纹

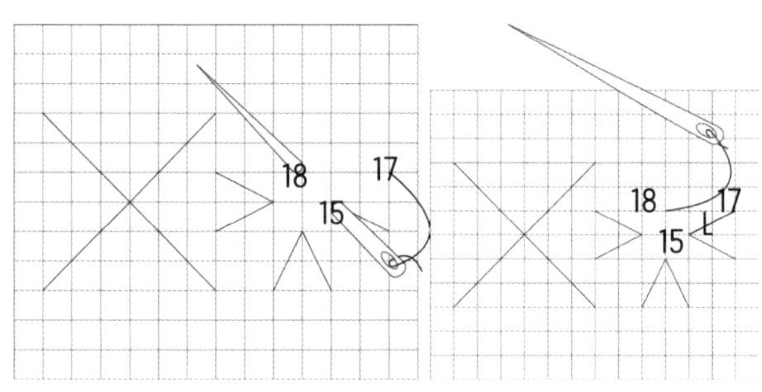

图 5-164　从点 15 入针，点 18 起针，使点 17、点 15 形成直线 L 单位纹

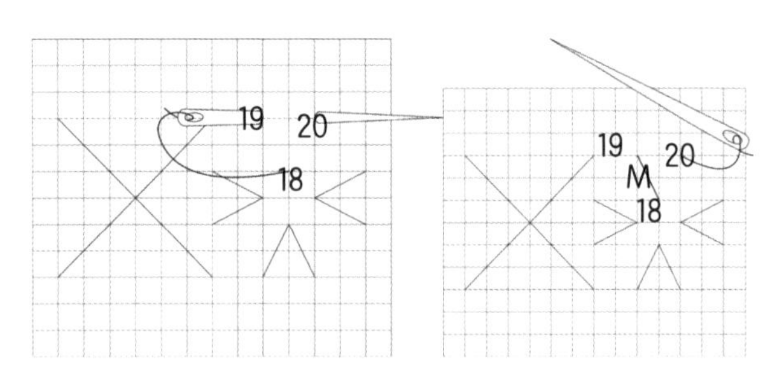

图 5-165　从点 19 入针，点 20 起针，使点 18、点 19 形成直线 M 单位纹

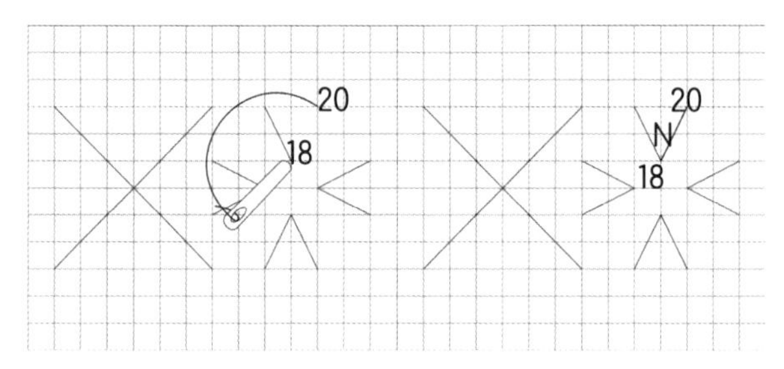

图 5-166　从点 18 入针，使点 20、点 18 形成直线 N 单位纹

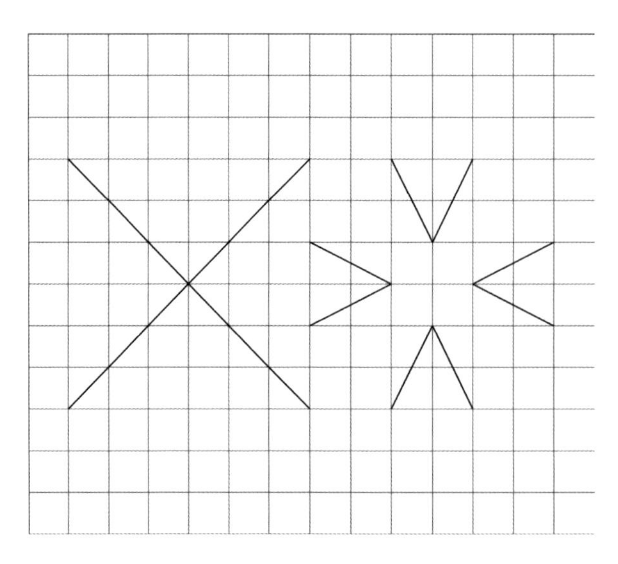

图 5-167　单色线刺绣效果图

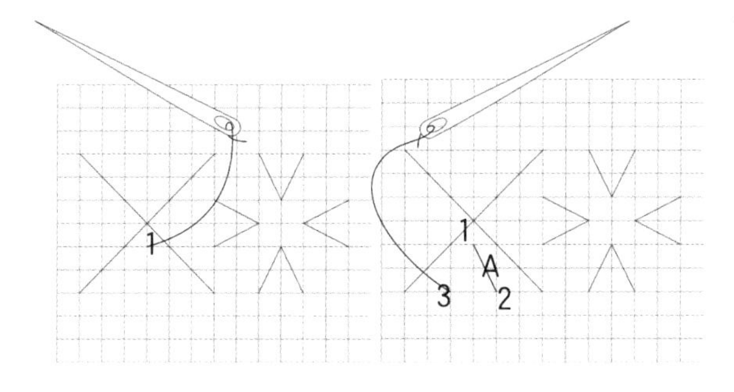

图 5-168　从点 1 起针，点 2 入针，点 3 起针，使点 1、点 2 形成直线 A 单位纹

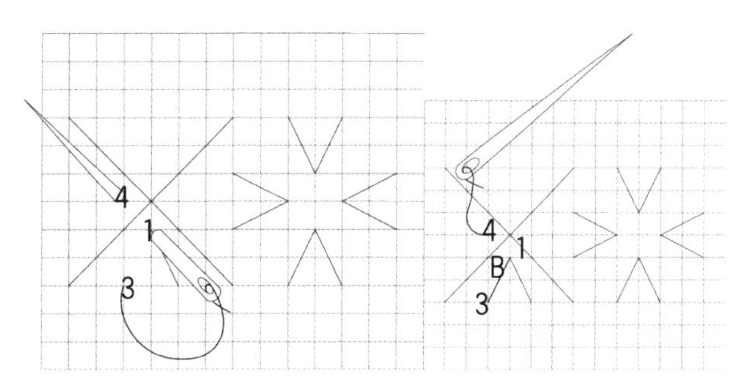

图 5-169　从点 1 入针，点 4 起针，使点 3、点 1 形成直线 B 单位纹

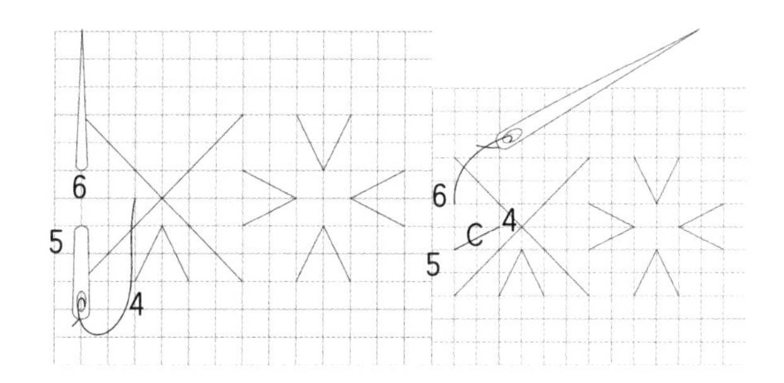

图 5-170　从点 5 入针，点 6 起针，使点 4、点 5 形成直线 C 单位纹

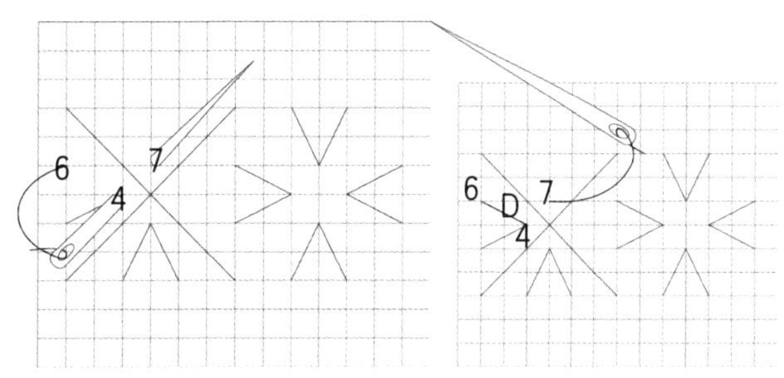

图 5-171　从点 4 入针，点 7 起针，使点 6、点 4 形成直线 D 单位纹

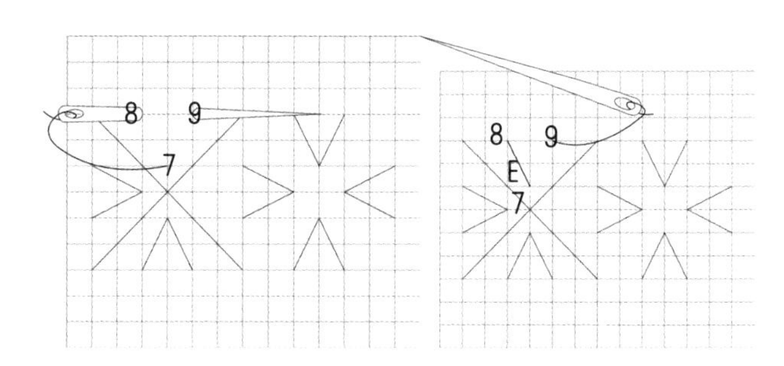

图 5-172　从点 8 入针，点 9 起针，使点 7、点 8 形成直线 E 单位纹

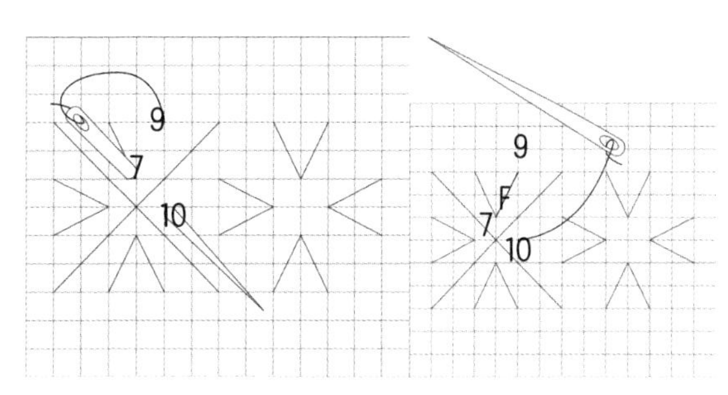

图 5-173　从点 7 入针，点 10 起针，使点 9、点 7 形成直线 F 单位纹

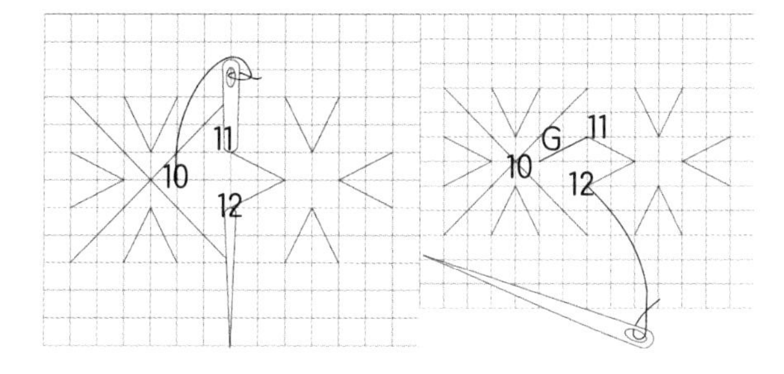

图 5-174　从点 11 入针，点 12 起针，使点 10、点 11 形成直线 G 单位纹

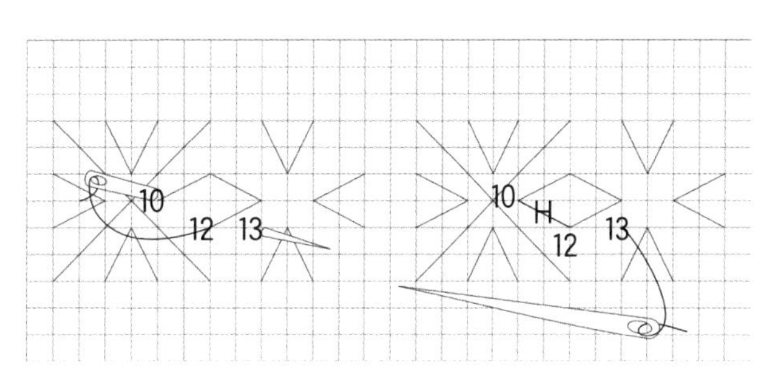

图 5-175　从点 10 入针，点 13 起针，使点 12、点 10 形成直线 H 单位纹

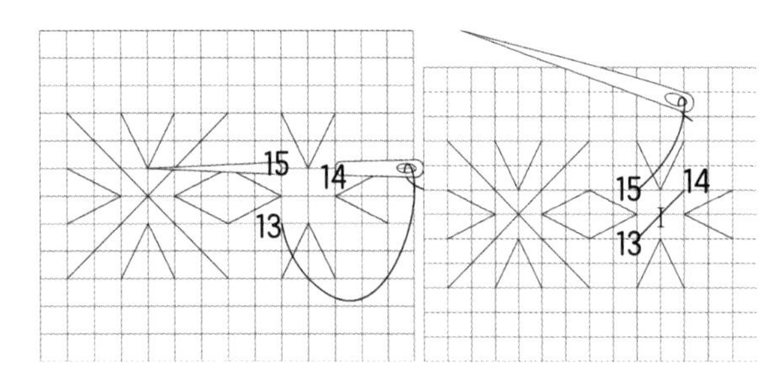

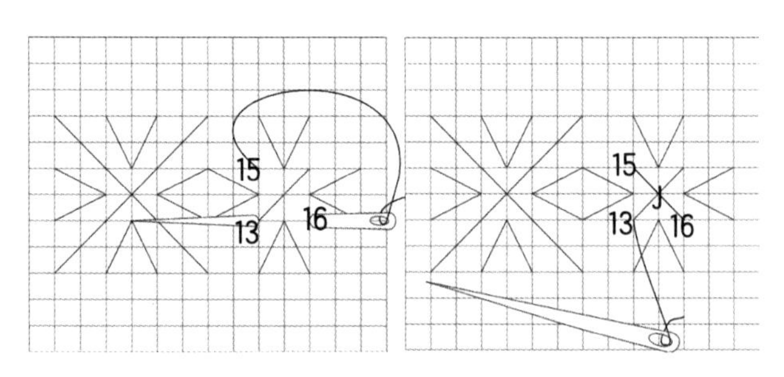

图 5-176　从点 14 入针，点 15 起针，使点 13、点 14 形成直线 I 单位纹

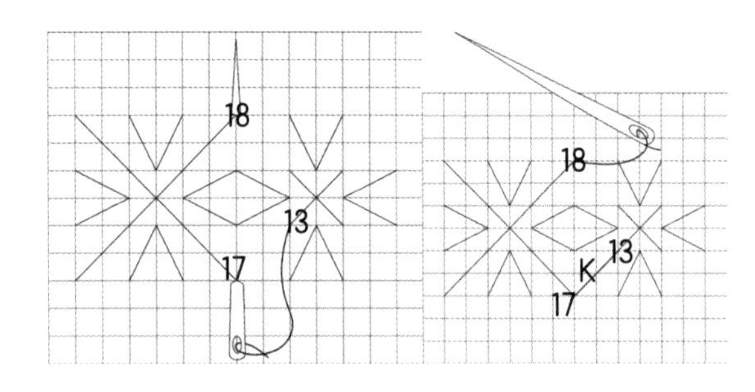

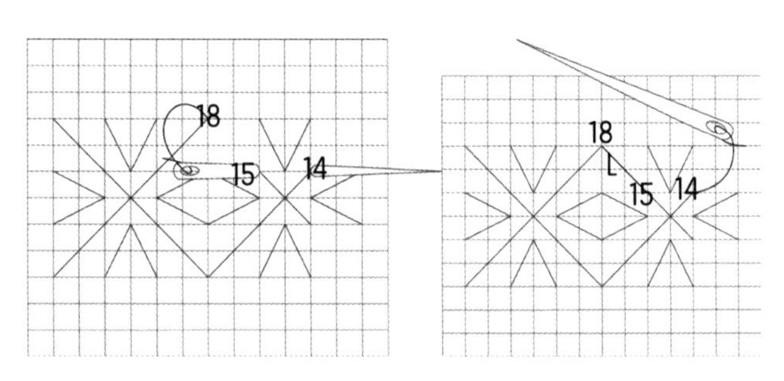

图 5-177　从点 16 入针，点 13 起针，使点 15、点 16 形成直线 J 单位纹

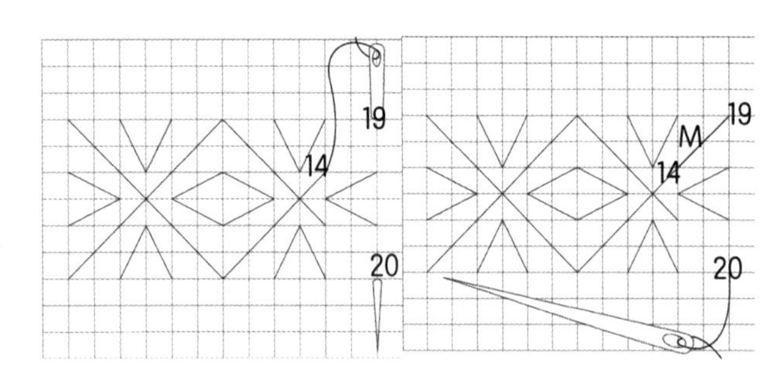

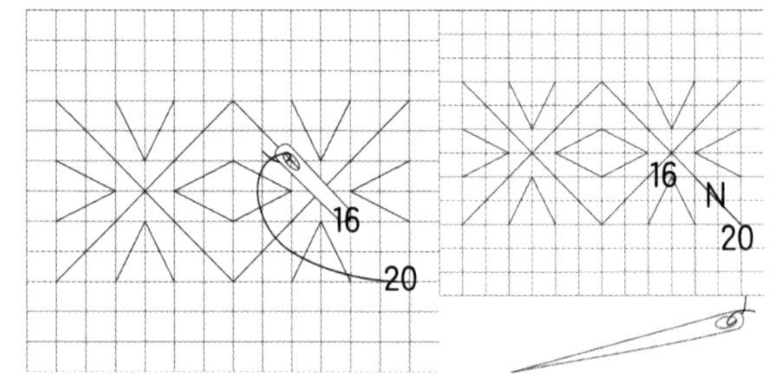

图 5-178　从点 17 入针，点 18 起针，使点 13、点 17 形成直线 K 单位纹

图 5-179　从点 15 入针，点 14 起针，使点 18、点 15 形成直线 L 单位纹

图 5-180　从点 19 入针，点 20 起针，使点 14、点 19 形成直线 M 单位纹

图 5-181　从点 16 入针，使点 20、点 16 形成直线 N 单位纹

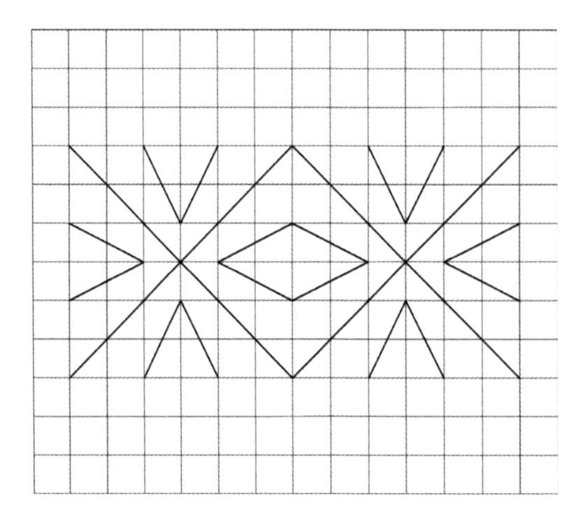

图 5-182　双色花纹（同种颜色花型交替）单位纹完成效果图

十二、“口”字排列刺绣

图 5-183、图 5-184 是“口”字排列刺绣。

1. 装饰部位

“口”字排列刺绣常以组合底纹装饰图案的形式出现在女子（童）贯头衣、女子盛装和贯头衣上衣后片处等。

2. 刺绣方法

“口”字排列刺绣采用平挑长短运针方法，将“口”字形纹理排列组合形成“面”，以底纹与其他针法交叉完成装饰纹样。

3. 刺绣步骤

“口”字排列路径分析见图 5-185，刺绣步骤见图 5-186 ~ 图 5-193。

图 5-184 “口”字排列底纹实物图

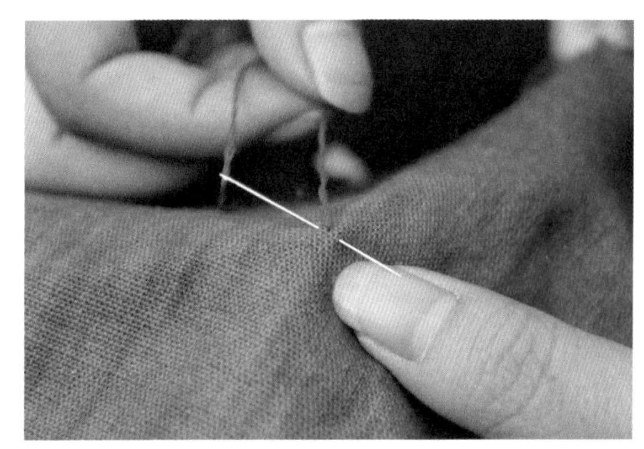

图 5-183 “口”字排列刺绣

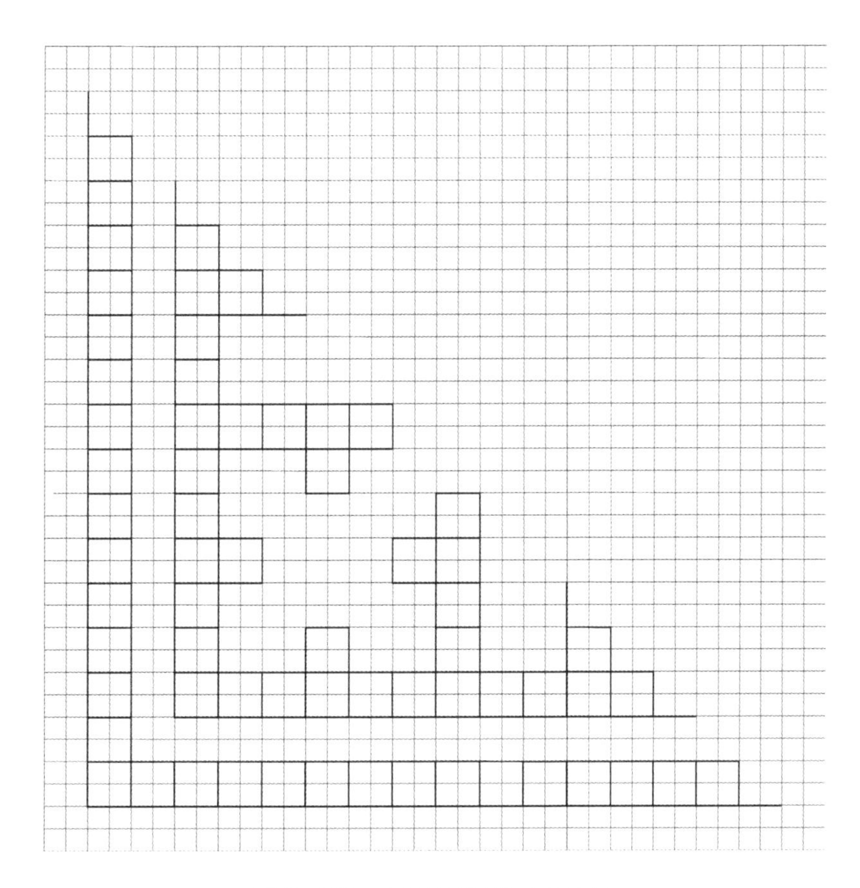

图 5-185 方形纹刺绣路径分析图

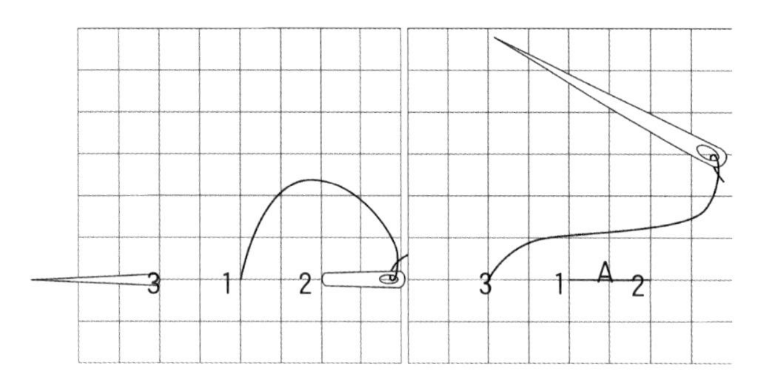

图 5-186　从点 1 起针，点 2 入针，点 3 起针，使点 1、点 2 形成直线 A 单位纹

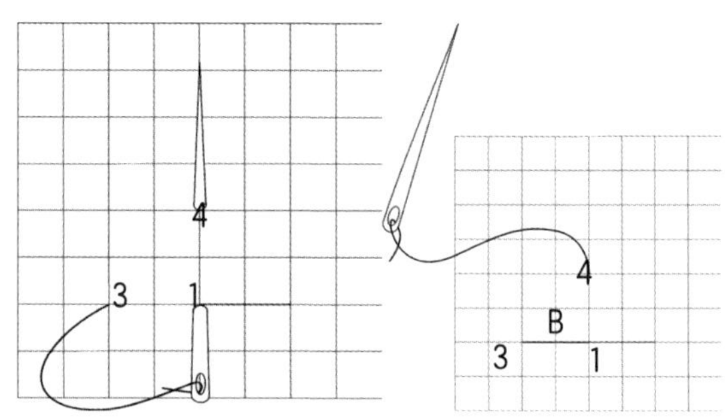

图 5-187　从点 1 入针，点 4 起针，使点 3、点 1 形成直线 B 单位纹

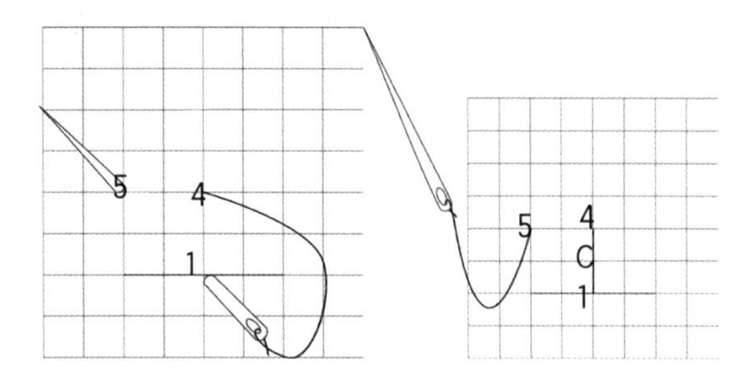

图 5-188　从点 1 入针，点 5 起针，使点 4、点 1 形成直线 C 单位纹

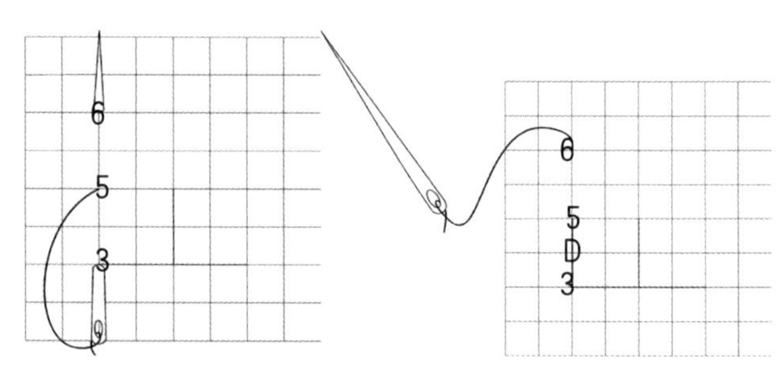

图 5-189　从点 3 入针，点 6 起针，使点 5、点 3 形成直线 D 单位纹

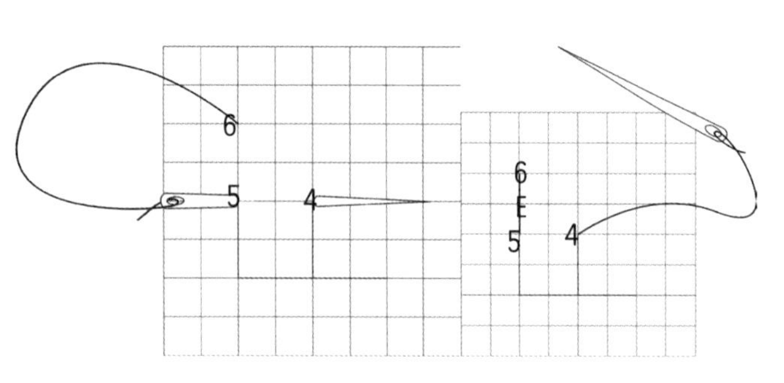

图 5-190　从点 5 入针，点 4 起针，使点 6、点 5 形成直线 E 单位纹

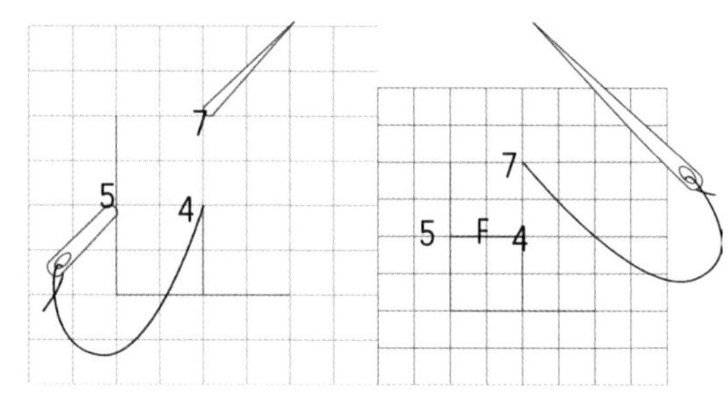

图 5-191　从点 5 入针，点 7 起针，使点 4、点 5 形成直线 F 单位纹

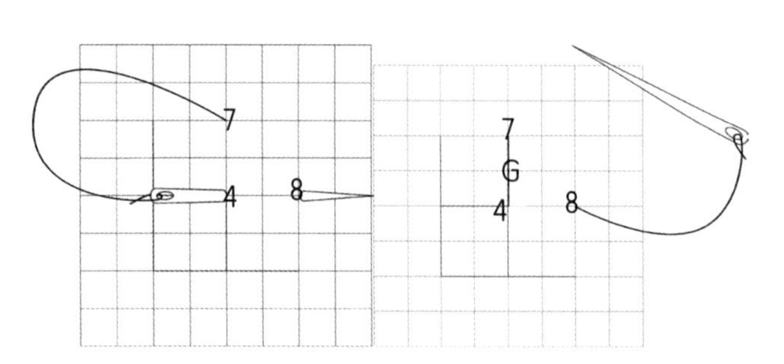

图 5-192　从点 4 入针，点 8 起针，使点 7、点 4 形成直线 G 单位纹

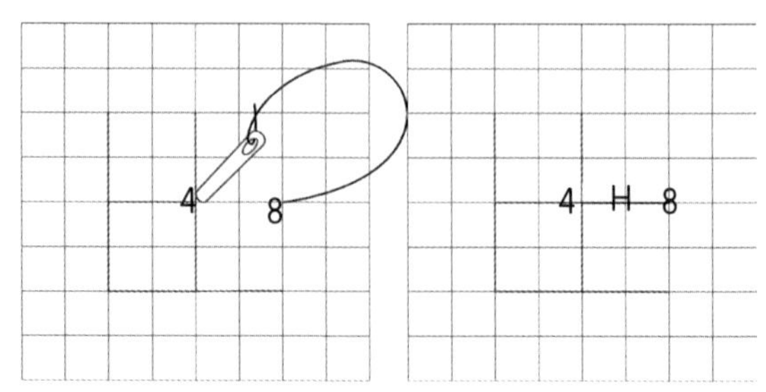

图 5-193　从点 4 入针，使点 8、点 4 形成直线 H 单位纹；以此类推完成所需图案

十三、蛇形纹刺绣

图 5-194、图 5-195 为蛇形纹刺绣。

1. 装饰部位

蛇形纹刺绣常以装饰纹图案与其他刺绣交叉出现在女子（童）贯头衣、女子盛装和贯头衣上衣后背处的组合纹样及袖窿图案中。

2. 刺绣方法

如图 5-196 所示，蛇形纹刺绣是采用平挑长短针错位交叉刺绣，类似于“十”字纹绣法，但两线交叉的点不再是中点，而是约三等分点处相交叉形成纹样。

3. 刺绣步骤

刺绣步骤如图 5-197 ~图 5-201 所示。

图 5-194　蛇形纹刺绣

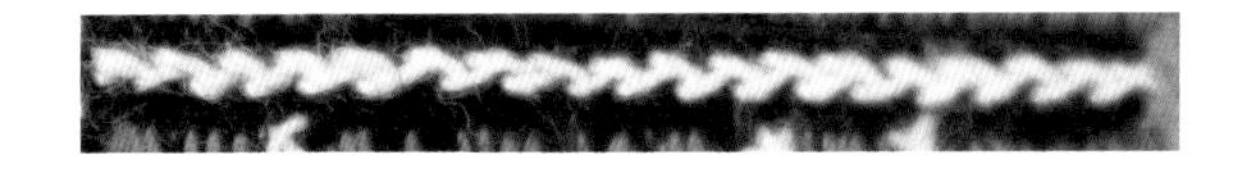

图 5-195　蛇形纹刺绣实物图

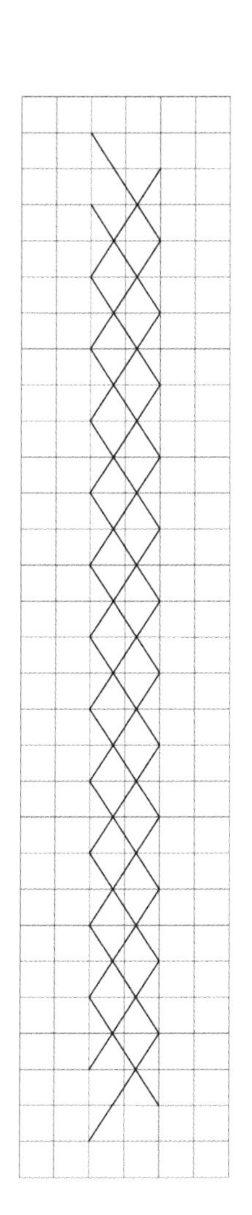

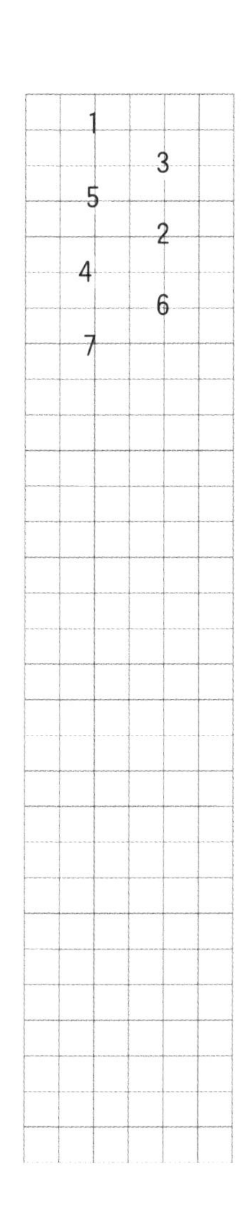

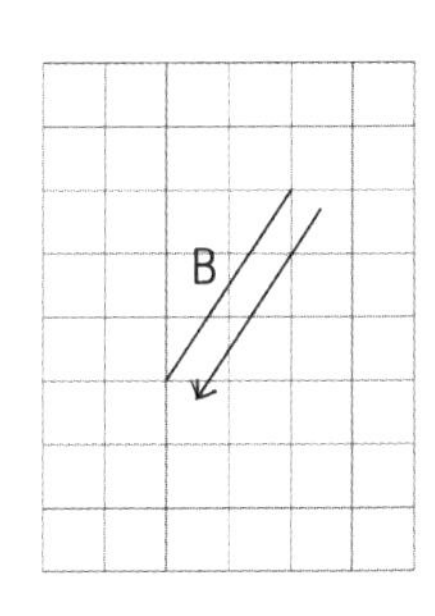

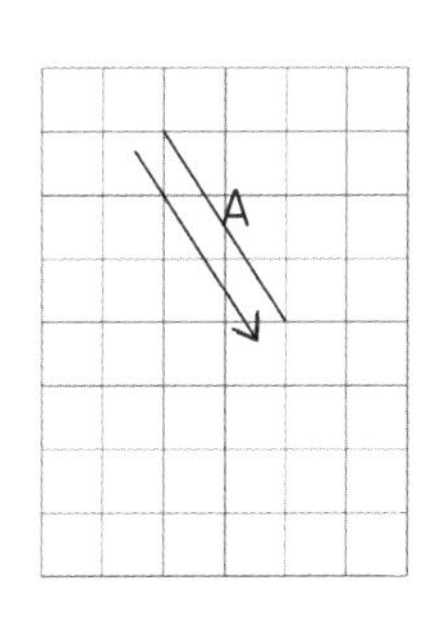

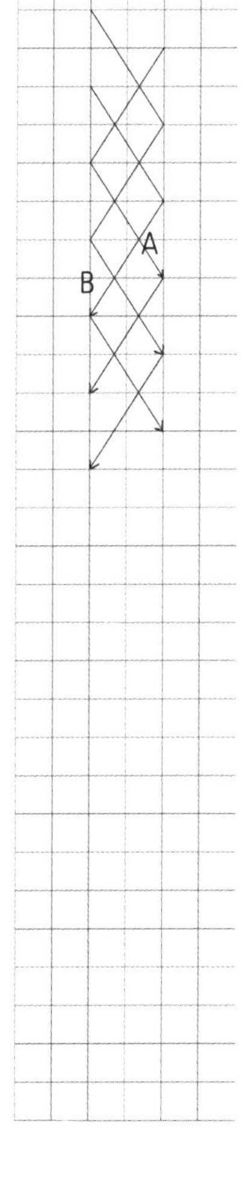

图 5-196　蛇形纹刺绣路径分析图

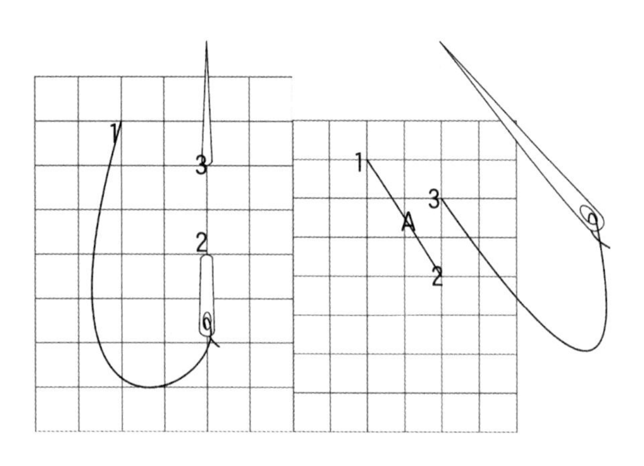

图 5-197　从点 1 起针，点 2 入针，点 3 起针，使点 1、点 2 形成直线 A 单位纹

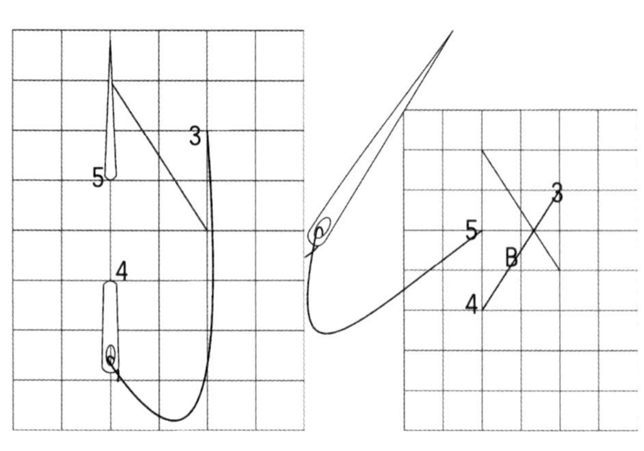

图 5-198　从点 4 入针，点 5 起针，使点 3、点 4 形成直线 B 单位纹

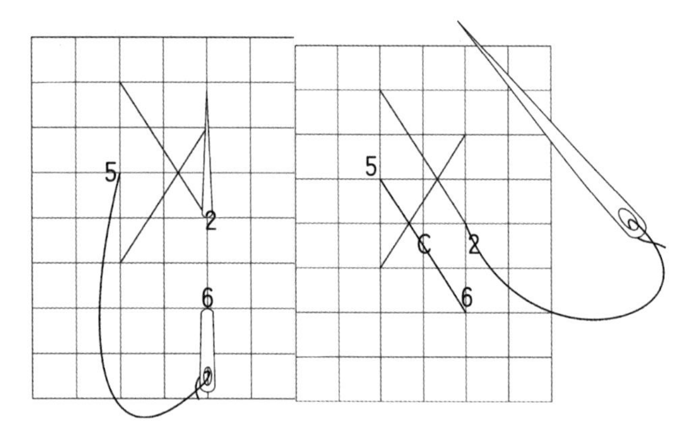

图 5-199　从点 6 入针，点 2 起针，使点 5、点 6 形成直线 C 单位纹

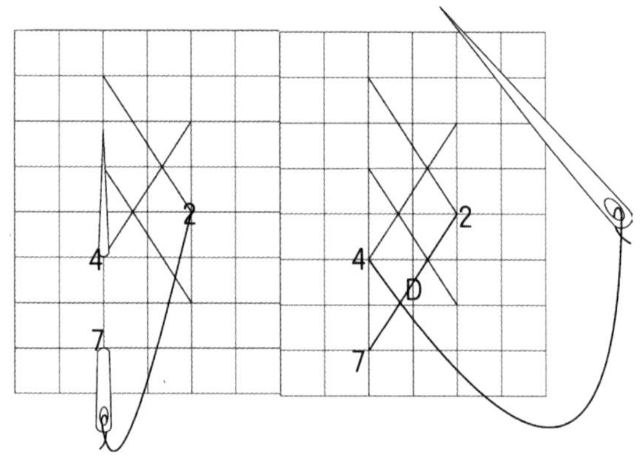

图 5-200　从点 7 入针，点 4 起针，使点 2、点 7 形成直线 D 单位纹

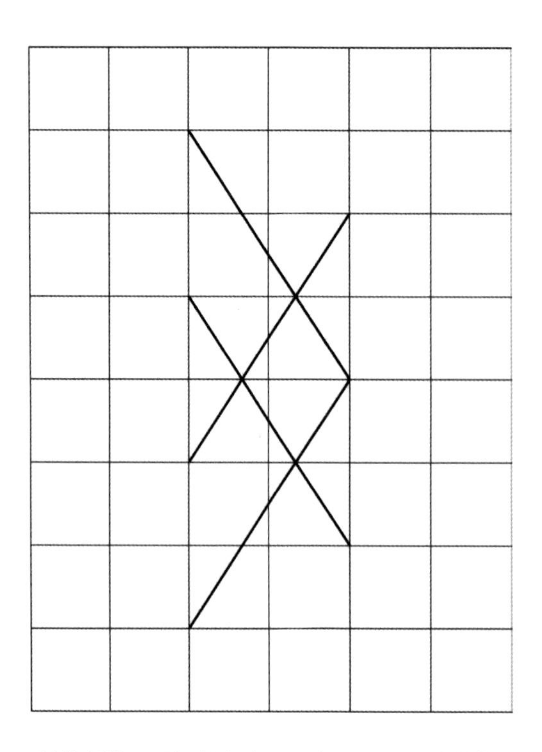

图 5-201　以此类推，重复以上步骤，自上而下完成装饰纹的刺绣

十四、剪刀花刺绣

如图 5-202、图 5-203 所示，剪刀花是由四边的“凹”字形纹样和中心（内）的一个正菱形纹样组合而成的单位纹样。

1. 装饰部位

剪刀花刺绣常用于装饰女子（童）贯头衣上衣后片、背带，以及天堂被等部位。

2. 刺绣方法

如图 5-204 所示，剪刀花刺绣采用平挑长短针完成纹样骨骼。刺绣时，确定出“凹”字一角的起针点，采用平挑长短针完成纹样外骨骼部分；最后确定出（内）菱形一角的起针点，完成纹样造型。

3. 刺绣步骤

（1）“凹”字形纹样刺绣步骤见图 5-205 ~ 图 5-224。

（2）正菱形纹样刺绣步骤见图 5-225 ~ 图 5-230。

图 5-202　剪刀花刺绣

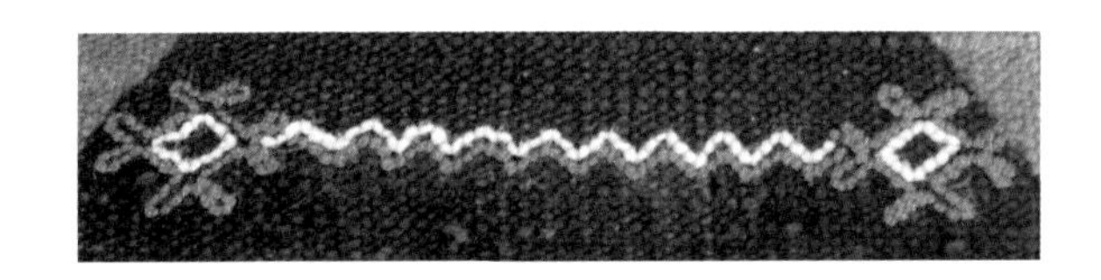

图 5-203　剪刀花刺绣实物图

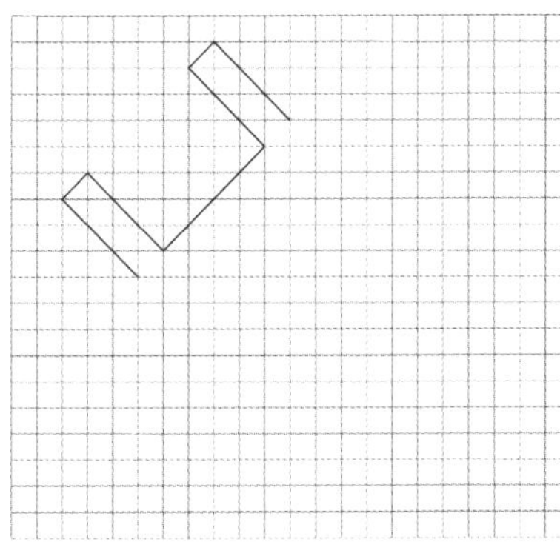
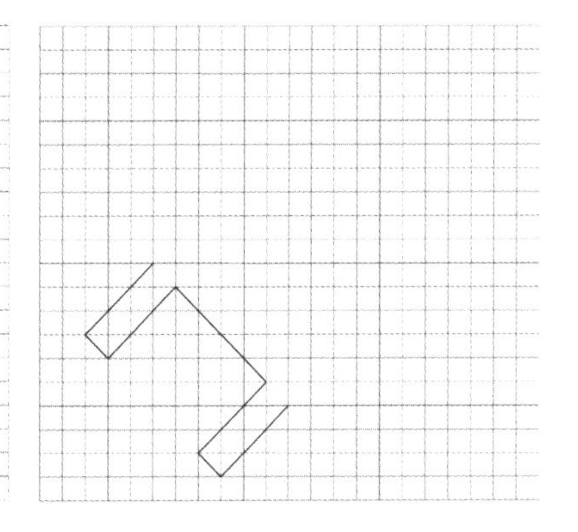
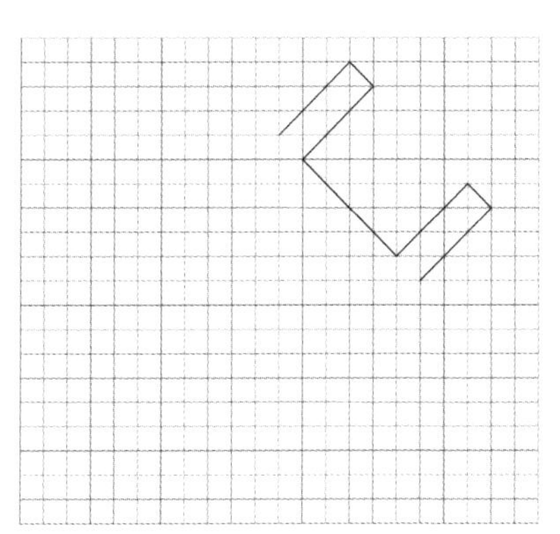
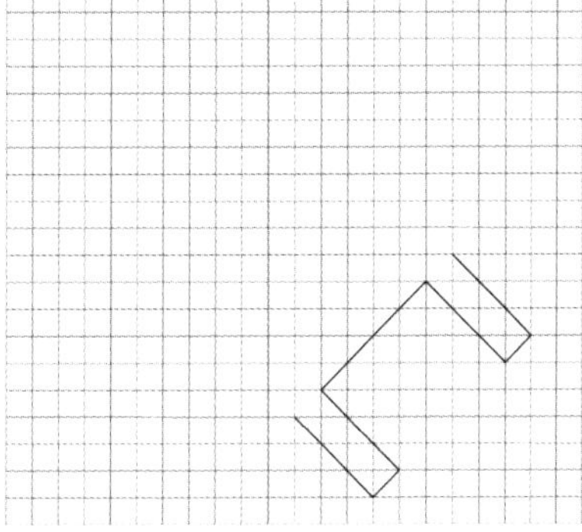
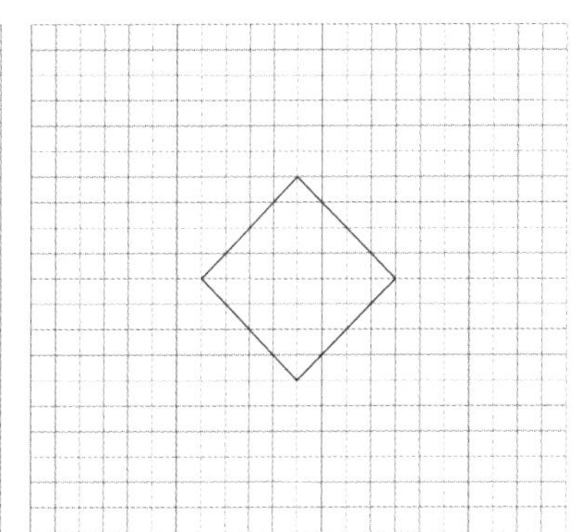

图 5-204　剪刀花刺绣分解图

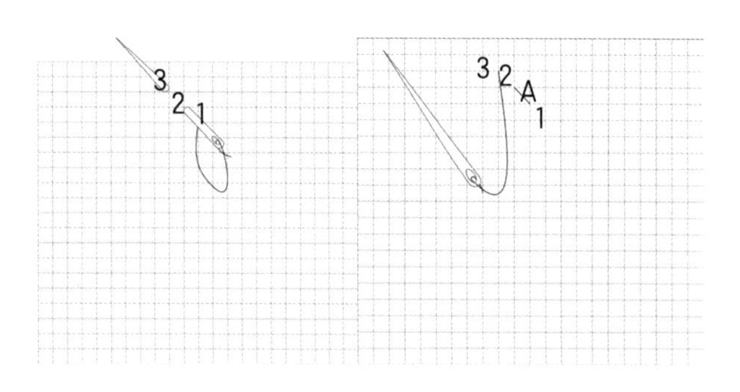

图 5-205　从点 1 起针，点 2 入针，点 3 起针，使点 1、点 2 形成直线 A 单位纹

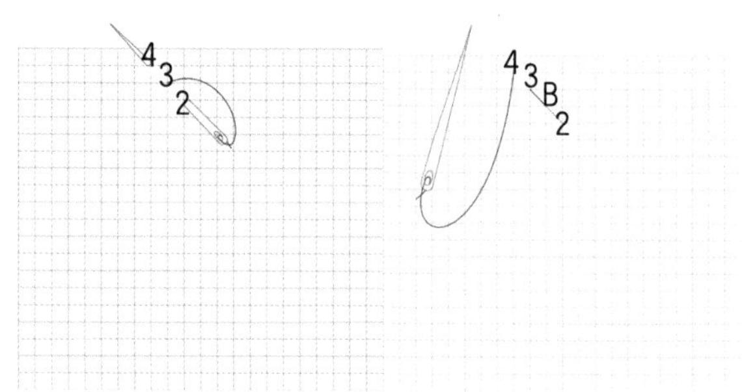

图 5-206　从点 2 入针，点 4 起针，使点 3、点 2 形成直线 B 单位纹

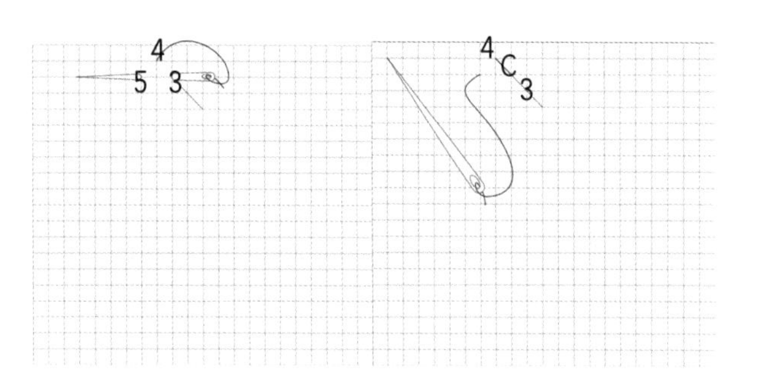

图 5-207　从点 3 入针，点 5 起针，使点 4、点 3 形成直线 C 单位纹

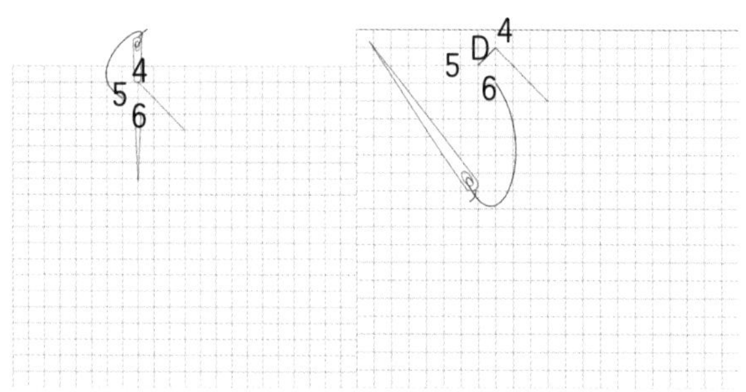

图 5-208　从点 4 入针，点 6 起针，使点 5、点 4 形成直线 D 单位纹

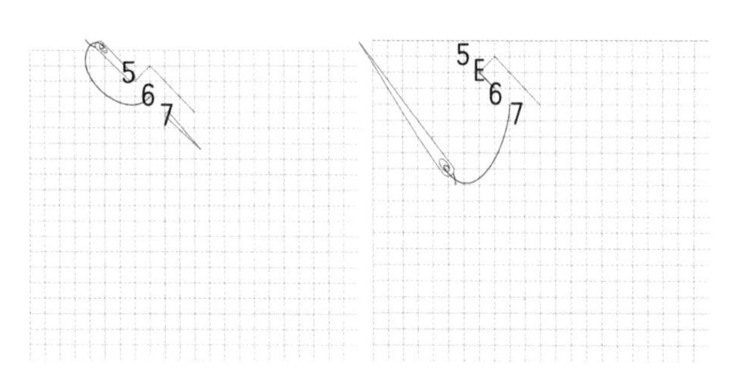

图 5-209　从点 5 入针，点 7 起针，使点 6、点 5 形成直线 E 单位纹

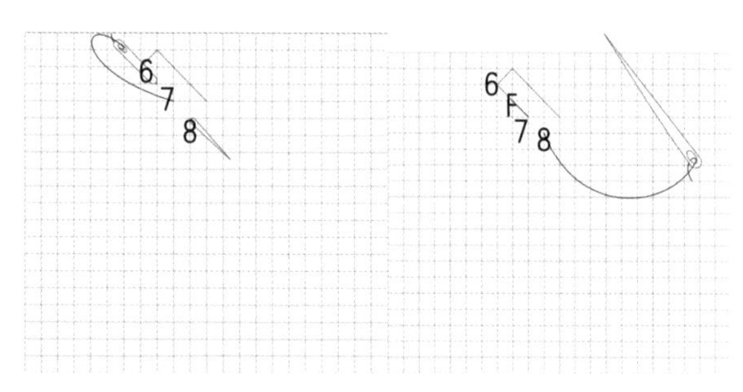

图 5-210　从点 6 入针，点 8 起针，使点 7、点 6 形成直线 F 单位纹

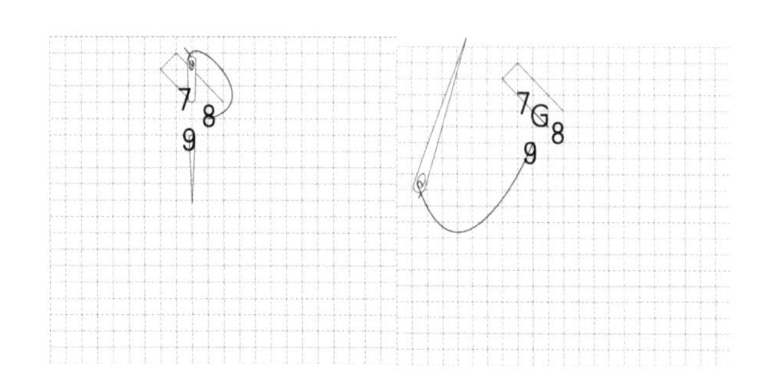

图 5-211　从点 7 入针，点 9 起针，使点 8、点 7 形成直线 G 单位纹

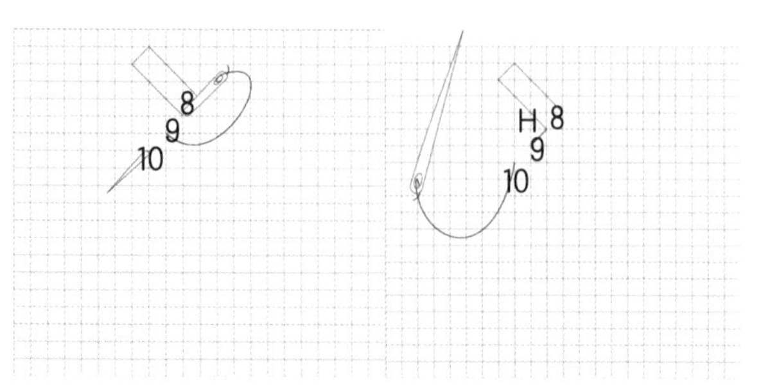

图 5-212　从点 8 入针，点 10 起针，使点 9、点 8 形成直线 H 单位纹

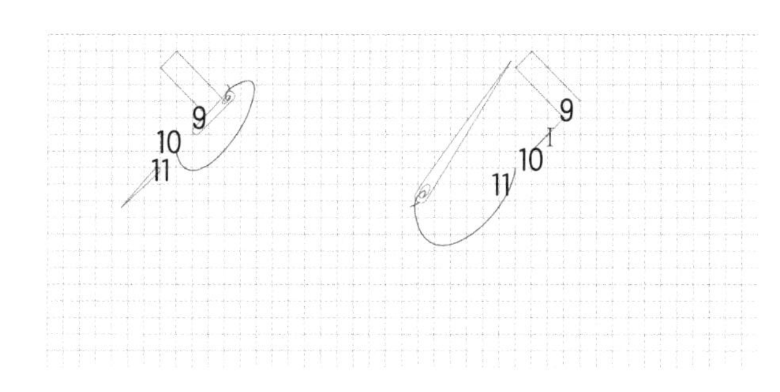

图 5-213　从点 9 入针，点 11 起针，使点 10、点 9 形成直线 I 单位纹

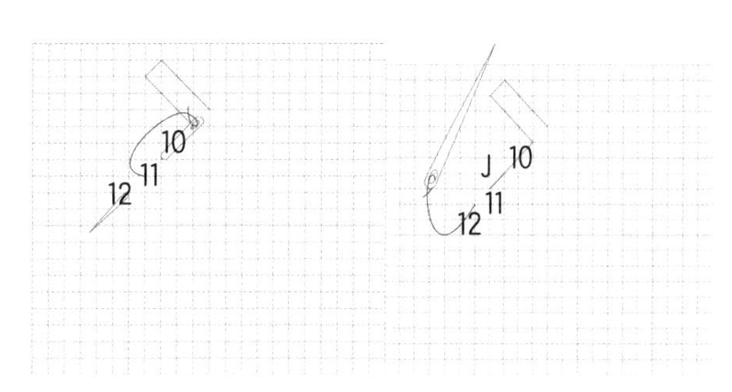

图 5-214　从点 10 入针，点 12 起针，使点 11、点 10 形成直线 J 单位纹

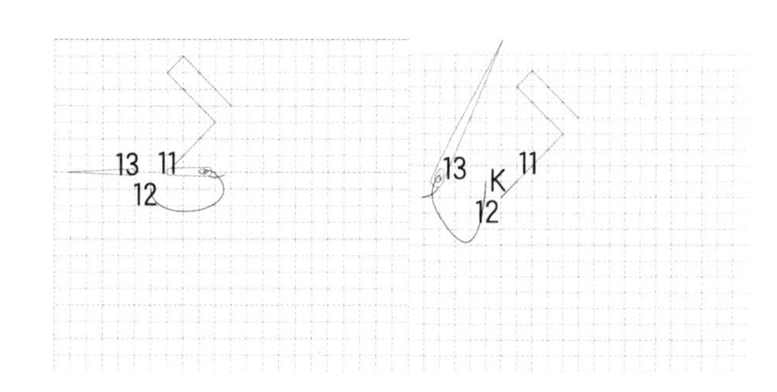

图 5-215　从点 11 入针，点 13 起针，使点 12、点 11 形成直线 K 单位纹

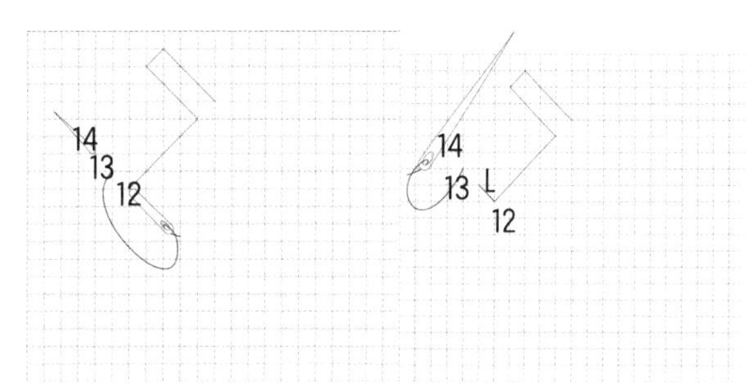

图 5-216　从点 12 入针，点 14 起针，使点 13、点 12 形成直线 L 单位纹

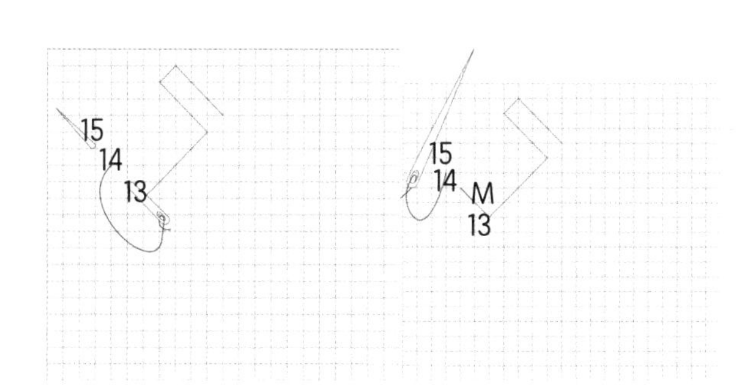

图 5-217　从点 13 入针，点 15 起针，使点 14、点 13 形成直线 M 单位纹

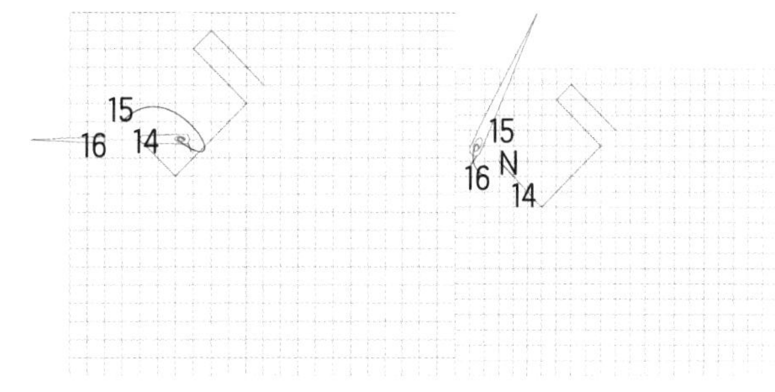

图 5-218　从点 14 入针，点 16 起针，使点 15、点 14 形成直线 N 单位纹

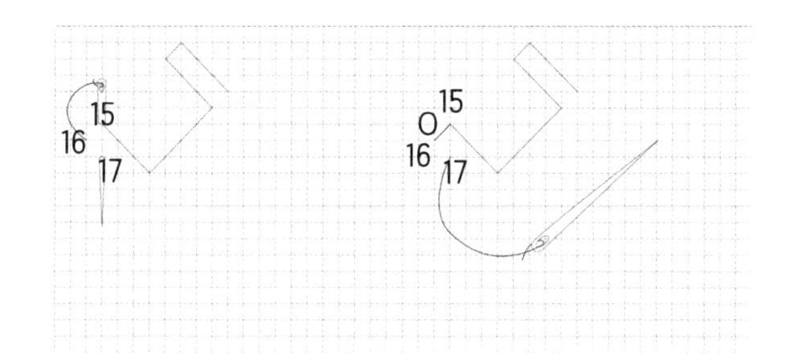

图 5-219　从点 15 入针，点 17 起针，使点 16、点 15 形成直线 O 单位纹

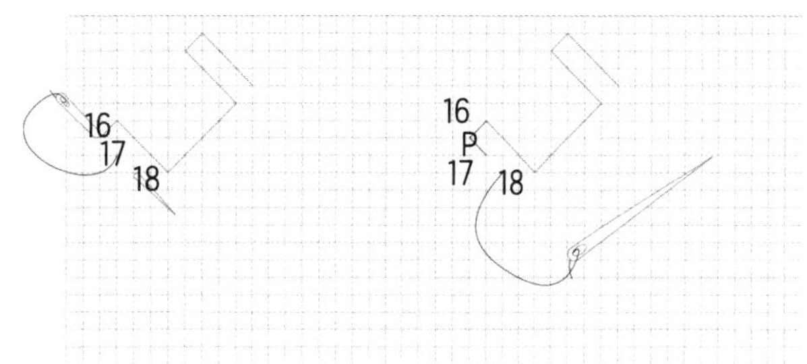

图 5-220　从点 16 入针，点 18 起针，使点 17、点 16 形成直线 P 单位纹

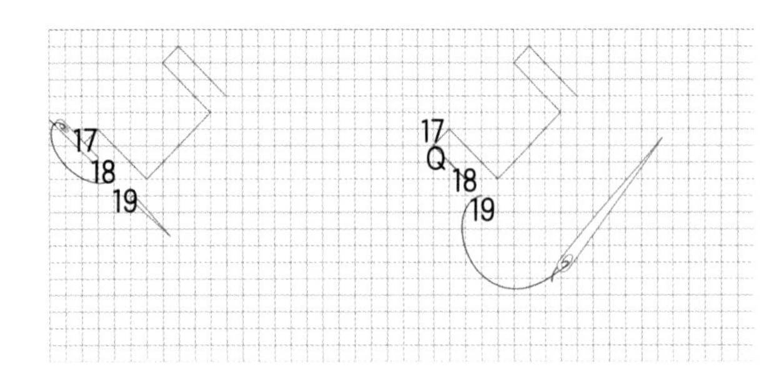

图 5-221　从点 17 入针，点 19 起针，使点 18、点 17 形成直线 Q 单位纹

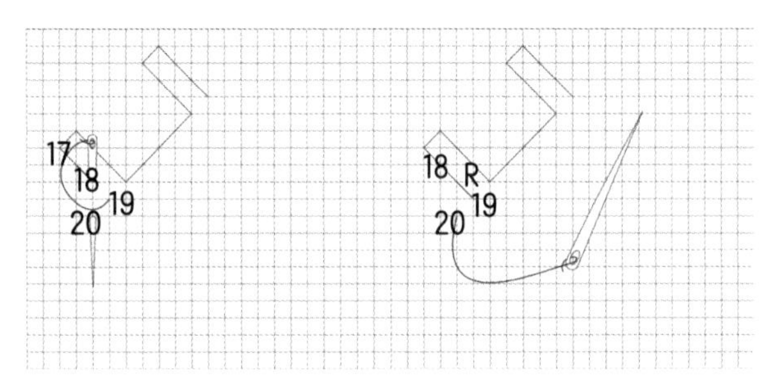

图 5-222　从点 18 入针，点 20 起针，使点 19、点 18 形成直线 R 单位纹

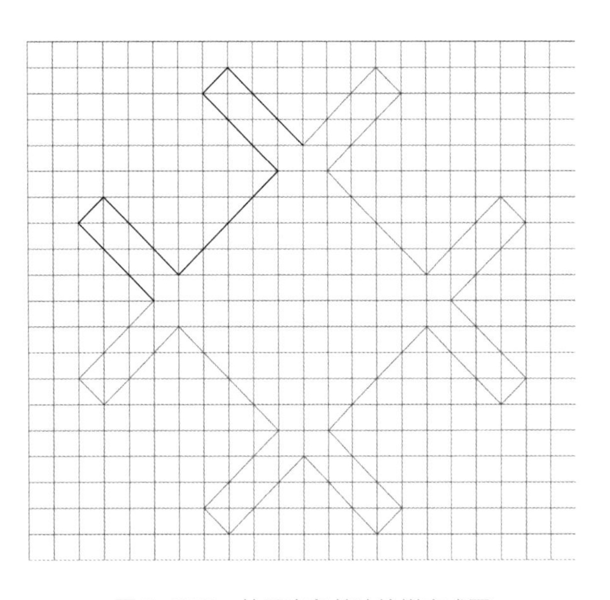

图 5-223　外围半角单独纹样完成图

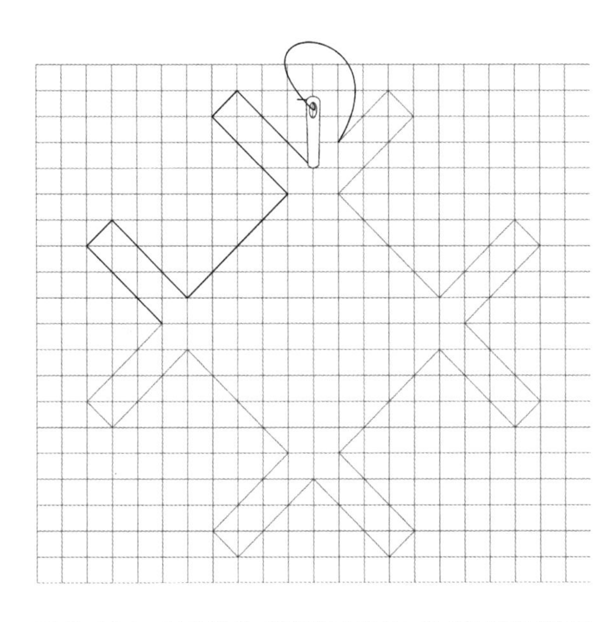

图 5-224　以此类推，重复以上动作，完成外围纹样（剩下三处的缝制方法与第一处相同）

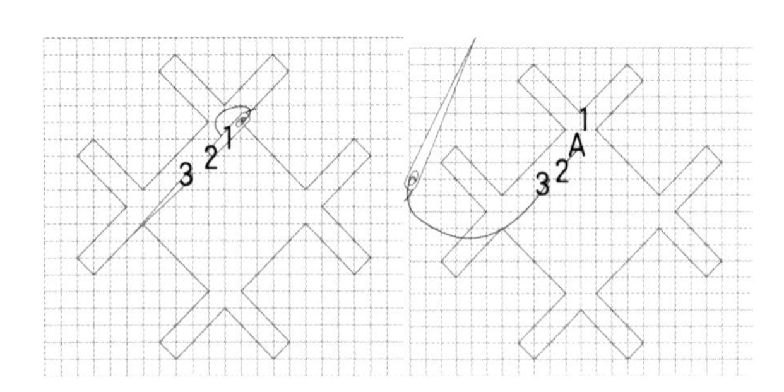

图 5-225　从点 1 起针，点 2 入针，点 3 起针，使点 2、点 1 形成直线 A 单位纹

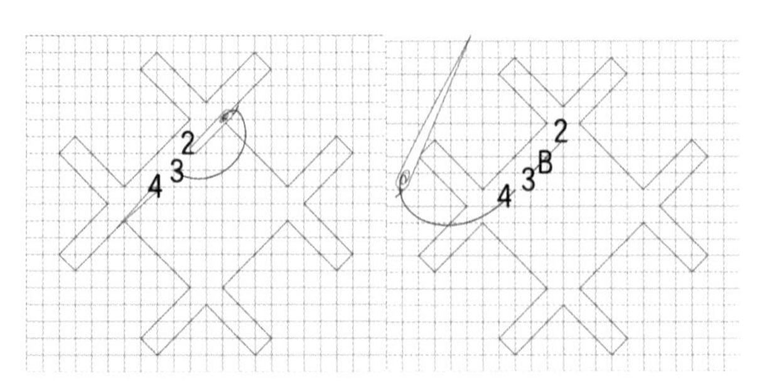

图 5-226　从点 2 入针，点 4 起针，使点 3、点 2 形成直线 B 单位纹

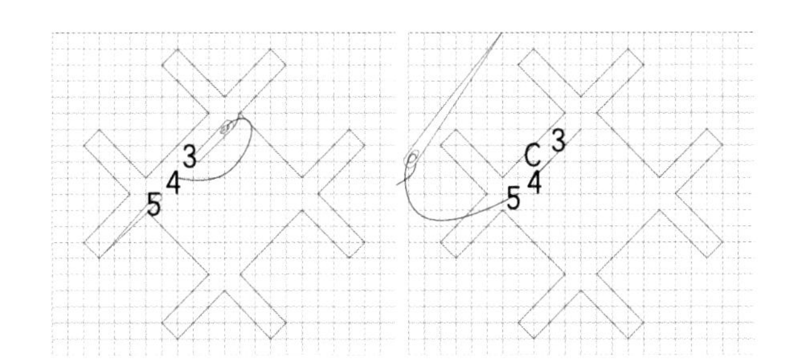

图 5-227 从点 3 入针，点 5 起针，使点 4、点 3 形成直线 C 单位纹

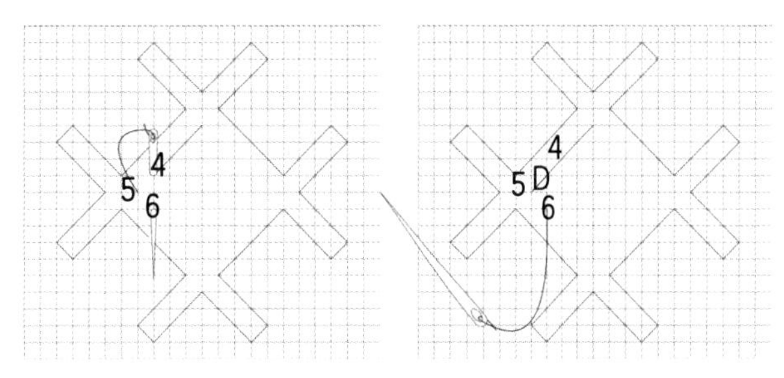

图 5-228 从点 4 入针，点 6 起针，使点 5、点 4 形成直线 D 单位纹

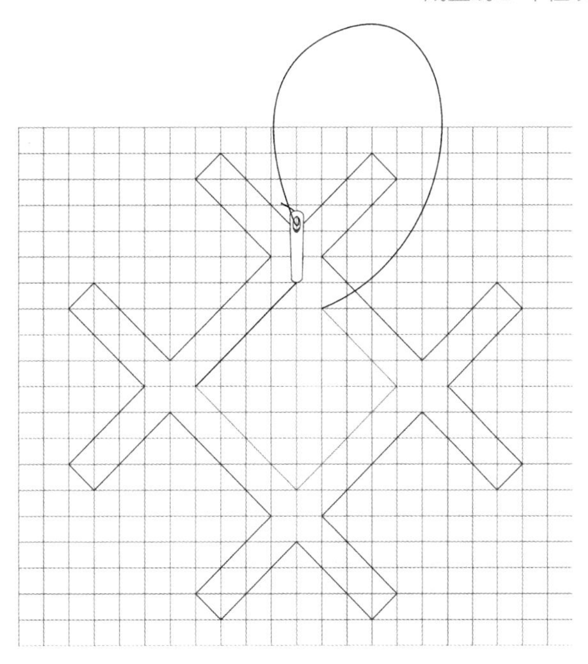

图 5-229 以此类推，重复以上动作，完成内置纹样

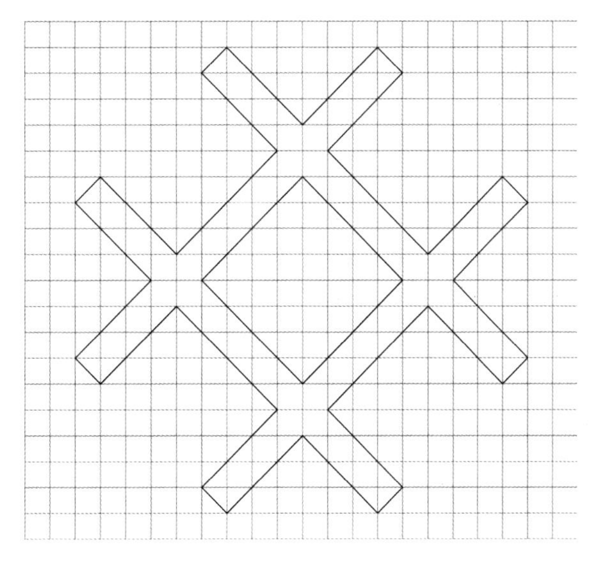

图 5-230 菱形双色花刺绣完成

十五、人仔纹刺绣

如图 5-231、图 5-232 所示，人仔纹刺绣是运用“十”字刺绣方法，按照一定的方位布局组合成纹样。

1. 装饰部位

人仔刺绣纹样常装饰在天堂被、葬礼绣片上。

2. 刺绣方法

如图 5-233 所示，人仔纹样刺绣方法与“十”字绣方法基本相同，以一个“十”字刺绣纹样为单位纹，按照所需的形态进行分布运针走势，最后完成纹样组合。

3. 刺绣步骤

将人仔纹样分为以下三个部分。

（1）躯干针法。见图 5-234 ~ 图 5-236，按照躯干针法的分布图，重复以上步骤，完成躯干的刺绣。

（2）手臂针法。见图 5-237 ~ 图 5-240，按照手臂针法的分布图，重复以上步骤，完成手臂的刺绣。

（3）手针法。见图 5-241 ~ 图 5-244，按照手臂和手针法的分布图，重复以上步骤，完成手臂和手的刺绣。

图 5-231　人仔纹样刺绣

图 5-232　人仔纹样刺绣实物图

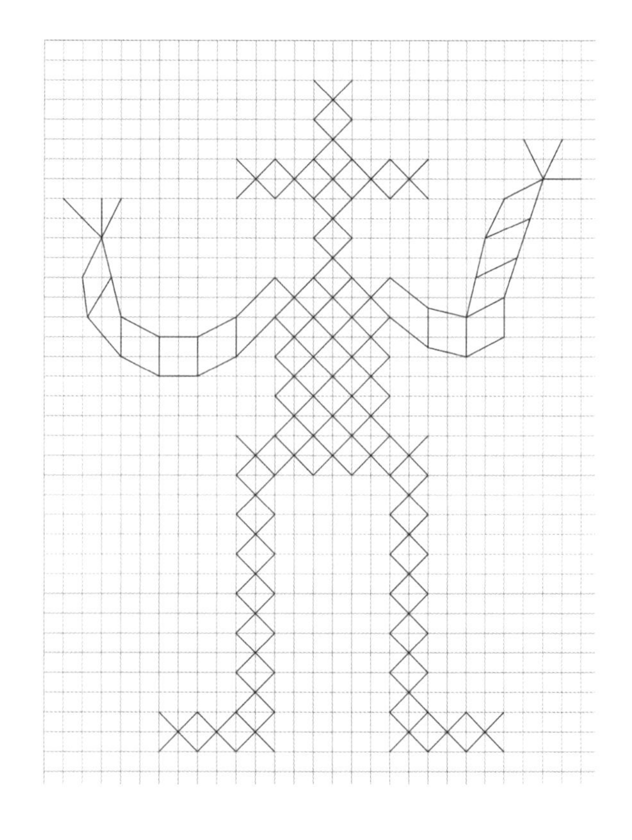

图 5-233　人仔纹样效果图

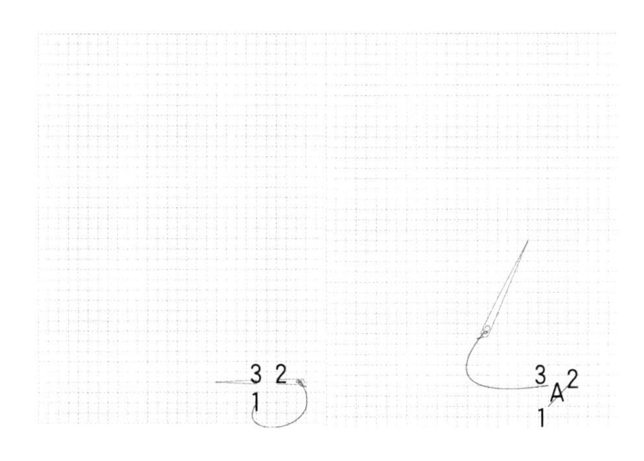

图 5-234　从点 1 起针，点 2 入针，点 3 起针，使点 1、点 2 形成直线 A 单位纹

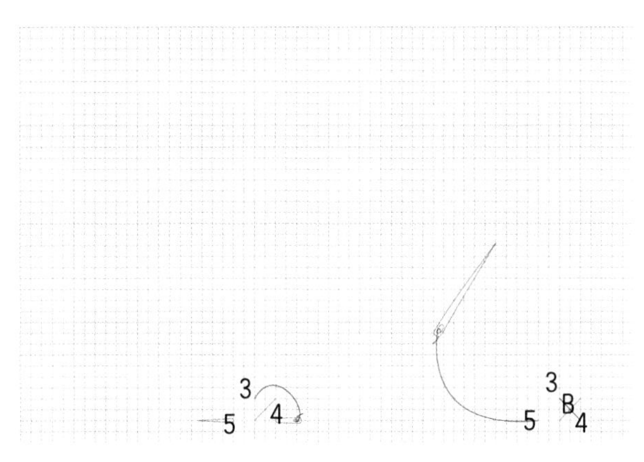

图 5-235　从点 4 入针，点 5 起针，使点 3、点 4 形成直线 B 单位纹

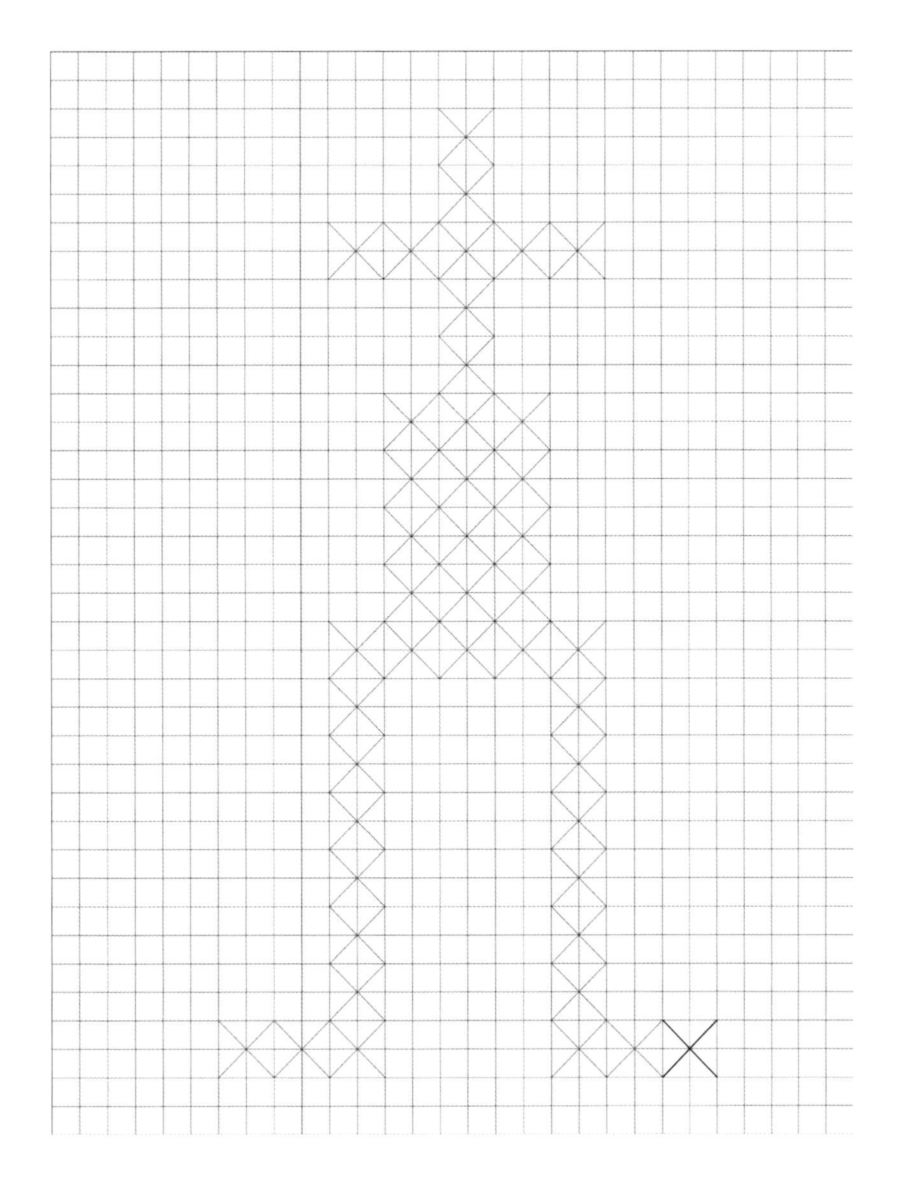

图 5-236　躯干部分的针法分布

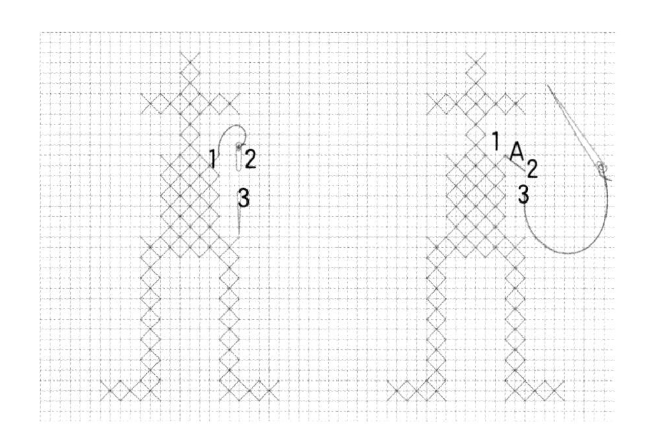

图 5-237　从点 1 起针，点 2 入针，点 3 起针，使点 1、点 2 形成直线 A 单位纹

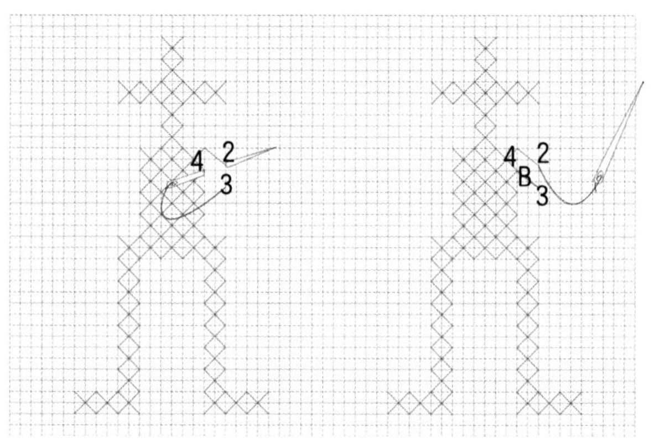

图 5-238　从点 4 入针，点 2 起针，使点 3、点 4 形成直线 B 单位纹

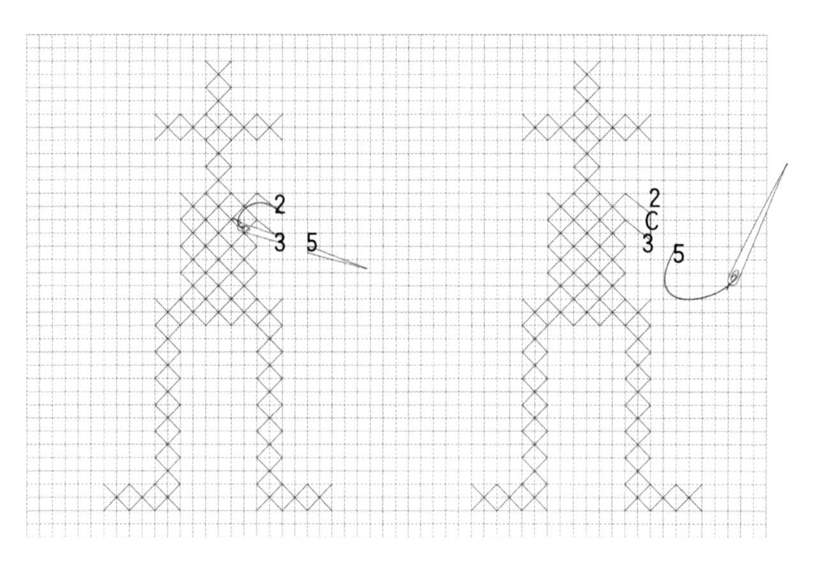

图 5-239　从点 3 入针，点 5 起针，使点 2、点 3 形成直线 C 单位纹

图 5-240　手臂部分的针法分布

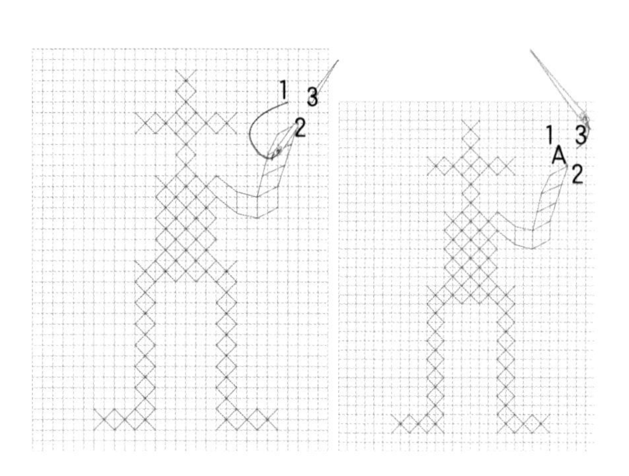

图 5-241　从点 1 起针，点 2 入针，点 3 起针，使点 1、点 2 形成直线 A 单位纹

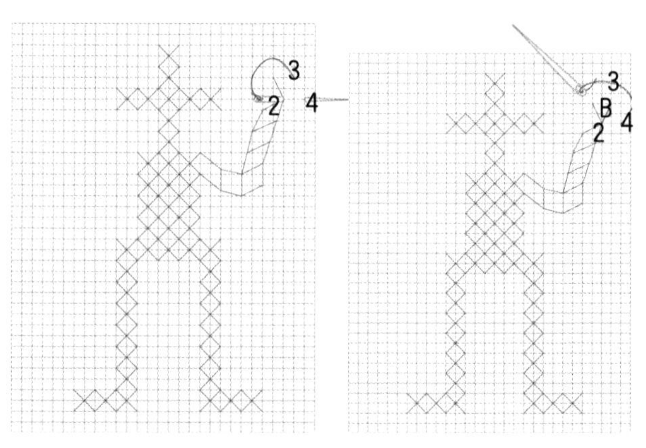

图 5-242　从点 2 入针，点 4 起针，使点 3、点 2 形成直线 B 单位纹

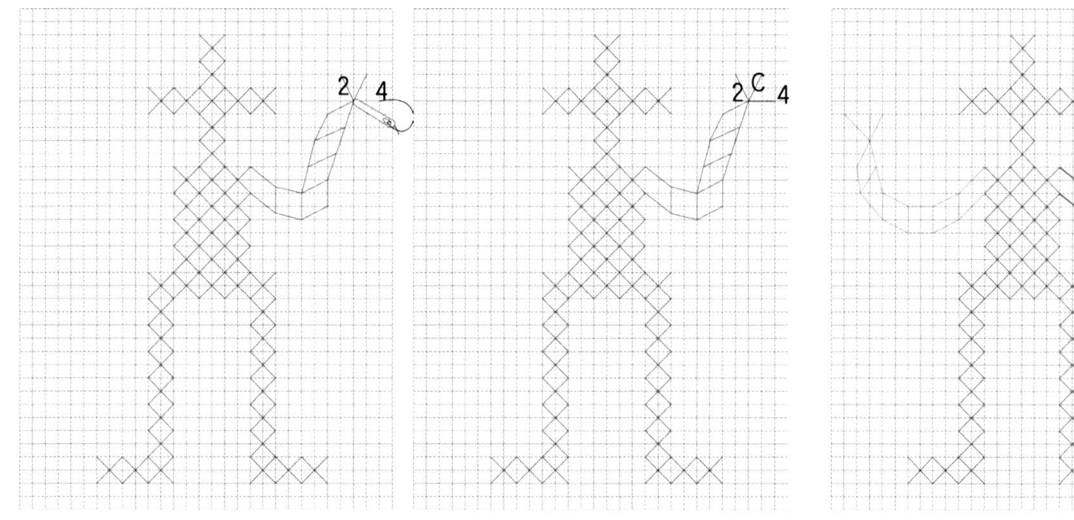

图 5-243　从点 2 入针，使点 4、点 2 形成直线 C 单位纹

图 5-244　手臂和手针法分布；人仔纹样完成

第六章　白裤瑶服饰缝制技艺

在自织、自染、自绣之后便到了白裤瑶服饰完成要素中的最后一步——自制，即缝制。服装缝制技艺是将要制作的服装思维实物化的手段。通过对白裤瑶服饰的调查与观摩，记录和整理总结出白裤瑶传统成年男子、女子与儿童的盛装、便装的传统缝制工艺步骤，并深入浅出地挖掘和提炼蕴育在服装中的功能性、技巧性、造物文化和艺术特征等。

第一节　缝制工具、材料和丈量方法

一、缝制工具与材料

白裤瑶服饰缝制工具与材料包括自织棉布、自制丝织布、自制测量尺、剪刀、针、线等(图6-1)。

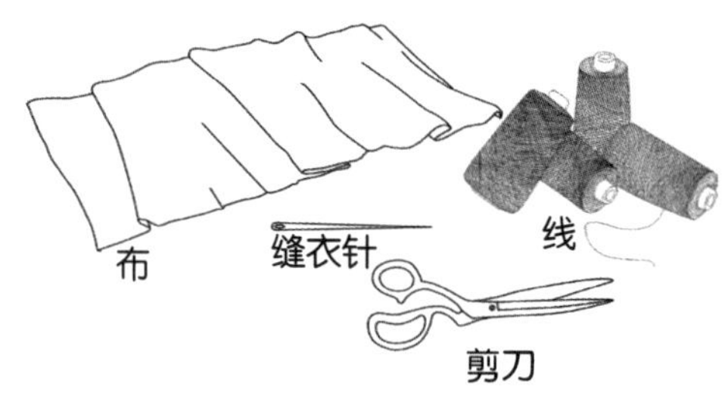

图 6-1　缝制工具与材料

二、独特的丈量方法

用手拃量长度确定服饰的长短大小，这样的测量方法白裤瑶至今仍然保持和沿用（表 6-1）。“手拃量”计量单位有 1 拃、1 指长、1 指宽［1 拃≈ 16cm，1 指长≈ 8cm，1 指宽≈ 1.5cm］。

白裤瑶服饰的制作工艺以传统手工制作为主。由于服饰品类繁多，本章将分类说明不同性别服饰的制作工艺流程。白裤瑶服饰是采用边裁边缝的传统作业方式进行生产，包括面料选择、裁剪、缝制、整理等基本步骤。

表 6-1　白裤瑶丈量方法

计量尺寸	图例
1 拃	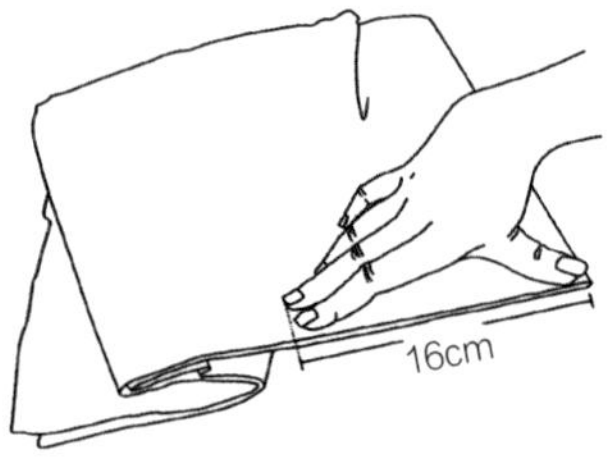 16cm
1 指长	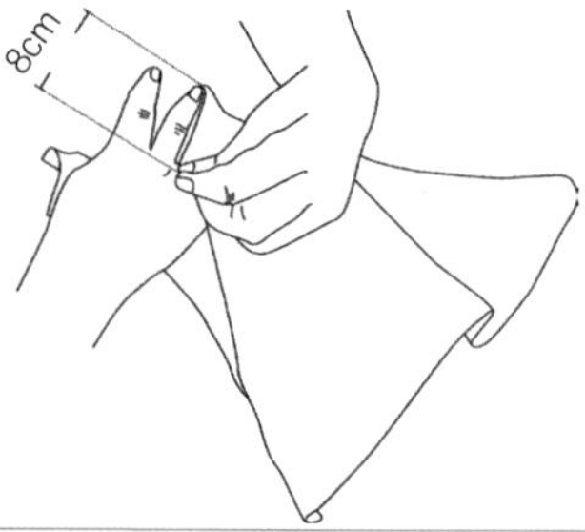 8cm
1 指宽	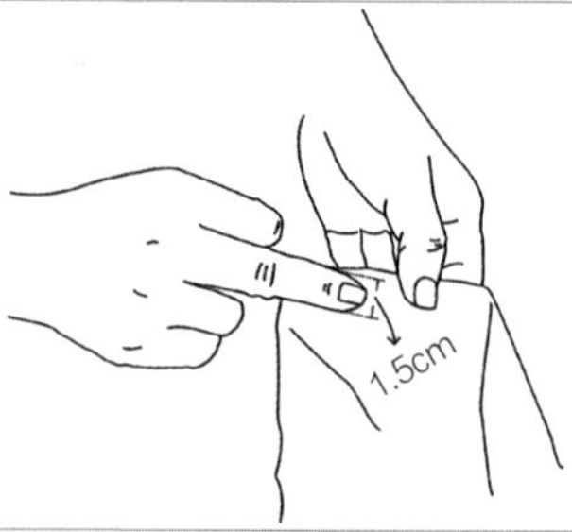 1.5cm
2 指宽	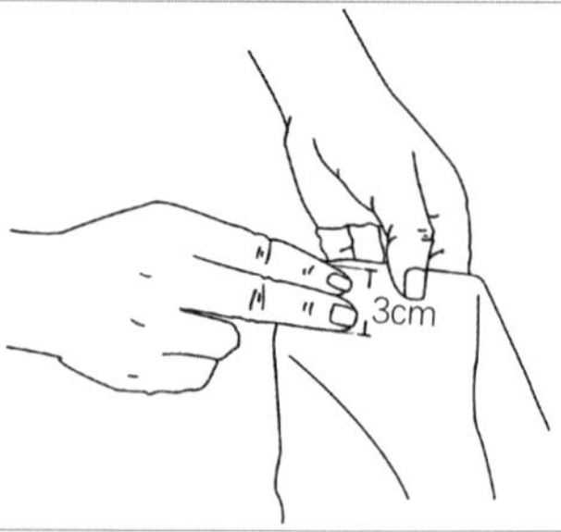 3cm
3 指宽	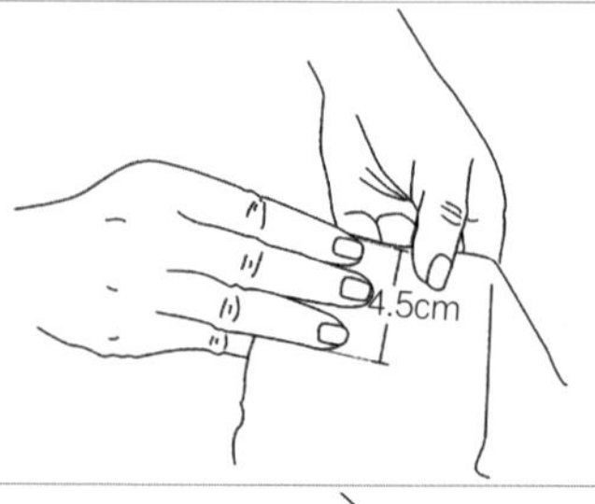 4.5cm
4 指宽	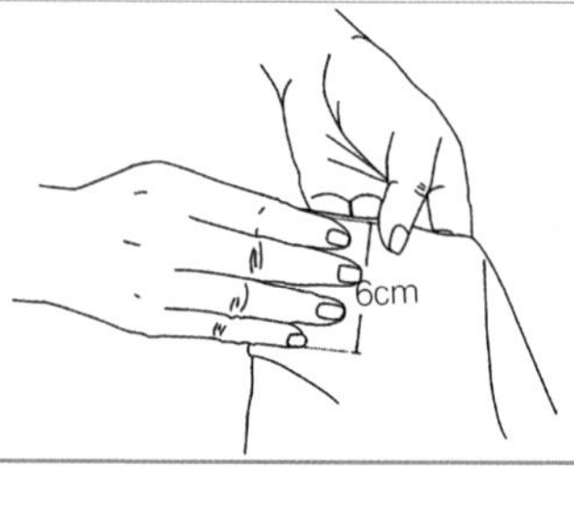 6cm

第二节　男子衣裳缝制技艺

白裤瑶男子衣裳包括花衣、盛装、黑衣三种形制，由上衣、裤子和配饰等要素组合而成。三种形制的上衣都以黑色为主调造型，立领对襟无纽扣，配腰带装饰；裤子有两种形制（除装饰纹样有区别外，造型尺寸和结构完全相同），即搭配盛装的花裤和搭配黑衣的简单白裤（花衣可以搭配两种裤子）。三种形制缝制工艺单见表 6-2 ~表 6-4。

表 6-2　男子花衣制作工艺单

<table>
<tr><td colspan="4">穿着结构名称：白色包头巾 + 上衣 + 腰带 + 裤子 + 绑腿</td><td>缝制工艺</td></tr>
<tr><td colspan="2">面料：手工棉布（幅宽：3 拃）</td><td colspan="2">辅料（线）：100% 棉</td><td rowspan="7">① 锁边裁片：将裁剪好的衣片毛边手工锁边处理
② 缝合：采用拱针、回针方法将衣片缝合
③ 缝份锁边：衣片缝份为 0.5cm，将缝合好的衣片双层或多层锁边</td></tr>
<tr><td colspan="2">服装色彩工艺方法：手针、染、绣</td><td colspan="2">裁剪工艺：手工</td></tr>
<tr><td colspan="2">款式着装效果图</td><td colspan="2">款式尺寸</td></tr>
<tr><td colspan="2" rowspan="7"></td><td>前衣长（上衣）</td><td>4 拃</td></tr>
<tr><td>后衣长（上衣）</td><td>4 拃</td></tr>
<tr><td>胸围</td><td>8 拃</td></tr>
<tr><td>腰围</td><td>8 拃</td></tr>
<tr><td>袖长</td><td>3 拃</td><td>款式图</td></tr>
<tr><td>袖围</td><td>2 拃 + 1 指长</td><td rowspan="13"></td></tr>
<tr><td>领围</td><td>1 拃 +1 指长</td></tr>
<tr><td>绑腿带长</td><td>2 拃 + 1 指长</td><td>领围 + 衣身包边长</td><td>25 拃</td></tr>
<tr><td>绑腿带尺寸</td><td>1 拃 + 0.5 指长</td><td>领围 + 衣身包边宽</td><td>1.5 指长</td></tr>
<tr><td>裤腰围</td><td>5 拃</td><td>衣身包边宽</td><td>4 指宽</td></tr>
<tr><td>裤片长</td><td>4 拃</td><td>白色包头巾长</td><td>7 拃 + 1 指长</td></tr>
<tr><td>裤片宽</td><td>3 拃</td><td>白色包头巾宽</td><td>1.5 指长</td></tr>
<tr><td>裆片长</td><td>3 拃</td><td>腰带长</td><td>10 拃</td></tr>
<tr><td>裆片宽</td><td>4 拃</td><td>腰带宽</td><td>1 拃 + 1 指长</td></tr>
<tr><td>裤口围</td><td>2 拃 + 1 指长</td><td>大绑布长</td><td>10 拃</td></tr>
<tr><td>裤口装饰边长</td><td>2 拃 + 1 指长</td><td>大绑布宽</td><td>1 拃 + 1 指长</td></tr>
<tr><td>裤口装饰边宽</td><td>3 指宽</td><td>小绑布长</td><td>8 拃</td></tr>
<tr><td></td><td></td><td>小绑布宽</td><td>约 1 指长 + 1 指宽</td></tr>
</table>

表 6-3 男子盛装制作工艺单

穿着结构名称：白色包头巾 + 黑色包头巾 + 上衣 + 腰带 + 裤子 + 绑腿 + 吊花				缝制工艺
面料：手工棉布（幅宽：3 拃）		辅料（线）：100% 棉		① 锁边裁片：将裁剪好的衣片毛边手工锁边处理 ② 缝合：采用拱针、回针方法将衣片缝合 ③ 缝份锁边：衣片缝份为 0.5cm，将缝合好的衣片双层或多层锁边
服装色彩工艺方法：手针、染、绣		裁剪工艺：手工		
款式着装效果图		款式尺寸（4 层）		
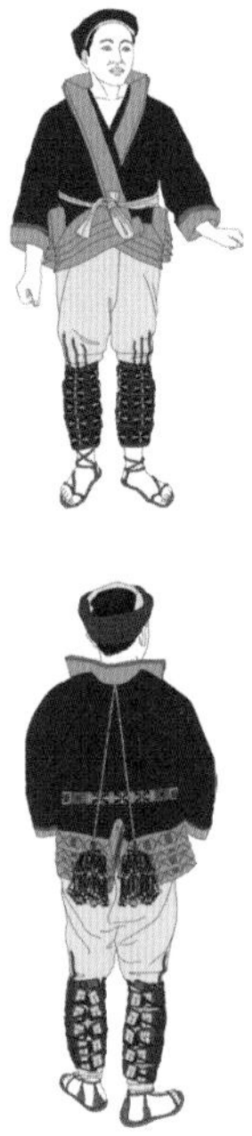		1 层前后衣长	约 3 拃 + 1 指长	
		2 层前后衣长	约 3 拃 + 1 指长 + 2 指宽	
		3 层前后衣长	约 3 拃 + 1 指长 + 4 指宽	款式图
		4 层前后衣长	4 拃	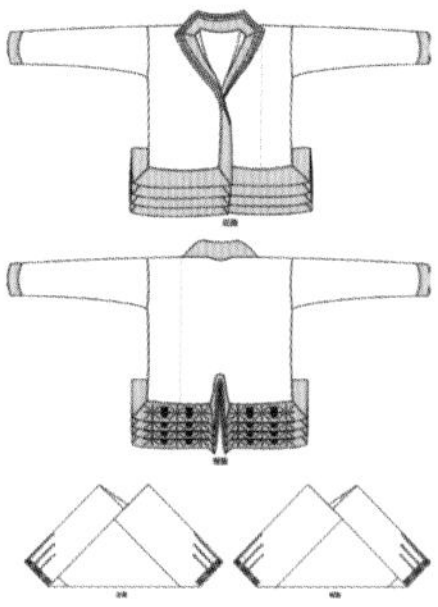
		1 层衣宽	4 拃	
		2 层衣宽	4 拃	
		3 层衣宽	4 拃	
		4 层衣宽	4 拃	
		1 层胸围	8 拃	
		2 层胸围	8 拃	
		3 层胸围	8 拃	
		4 层胸围	8 拃	
白色包头巾长	7 拃 + 1 指长	1 层腰围	8 拃	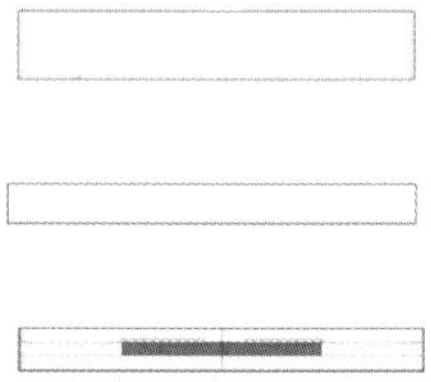
白色包头巾宽	1.5 指长	2 层腰围	8 拃	
黑色包头巾长	10 拃	3 层腰围	8 拃	
黑色包头巾宽	1 拃 + 1 指长	4 层腰围	8 拃	
花腰带长	10 拃	1 层袖长	3 拃	
花腰带宽	1 拃	2 层袖长	约 2 拃 + 1.5 指长 + 2 指宽	
大绑布长	10 拃	3 层袖长	约 2 拃 + 1.5 指长 + 1 指宽	
大绑布宽	1 拃 + 1 指长	4 层袖长	约 2 拃 + 1.5 指长	
小绑布长	8 拃	1 层袖围	2 拃 + 1 指长	
小绑布宽	约 1 指长 + 1 指宽	2 层袖围	2 拃 + 1 指长	
绑腿带长	2 拃 + 1 指长	3 层袖围	2 拃 + 1 指长	
绑腿带宽	1 拃 + 0.5 指长	4 层袖围	2 拃 + 1 指长	
裤腰围	5 拃	1 层领围	1 拃 +1 指长	
裤片长	4 拃	2 层领围	1 拃 +1 指长	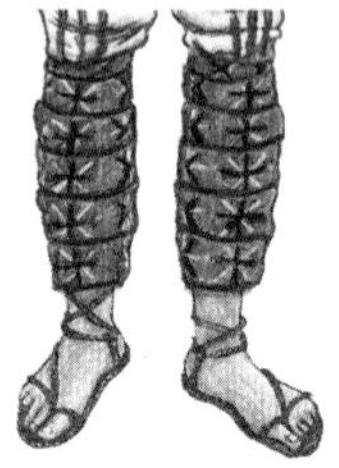
裤片宽	3 拃	3 层领围	1 拃 +1 指长	
裆片长	3 拃	4 层领围	1 拃 +1 指长	
裆片宽	4 拃	领围 + 衣身包边长	25 拃 ×4	
裤口围	2 拃 + 1 指长	领围 + 衣身包边宽	1.5 指长	
裤口装饰边长	2 拃 + 1 指长	衣身包边宽	4 指宽	
裤口装饰边宽	3 指宽			

表 6-4　男子黑衣制作工艺单

穿着结构名称：白色包头巾 + 上衣 + 腰带 + 裤子 + 绑腿				缝制工艺
面料：手工棉布（幅宽：3 拃）		辅料（线）：100% 棉		① 锁边裁片：将裁剪好的衣片毛边手工锁边处理 ② 缝合：采用拱针、回针方法将衣片缝合 ③ 缝份锁边：衣片缝份为 0.5cm，将缝合好的衣片双层或多层锁边
服装色彩工艺方法：手针、染、绣		裁剪工艺：手工		
款式着装效果图		款式尺寸		
		前衣长（上衣）	4 拃	
		后衣长（上衣）	4 拃	
		胸围	8 拃	款式图
		腰围	8 拃	
		袖长	3 拃	
		袖围	2 拃 + 1 指长	
		领围	1 拃 + 1 指长	
绑腿带长	2 拃 + 1 指长	领围 + 门襟包边长	约 2 拃 + 1 指宽	
绑腿带尺寸	1 拃 + 0.5 指长	领围 + 门襟包边宽	0.5 指长	
裤腰围	5 拃	白色包头巾长	7 拃 + 1 指长	
裤片长	4 拃	白色包头巾宽	1.5 指长	
裤片宽	3 拃	腰带长	10 拃	
裆片长	3 拃	腰带宽	1 拃 + 1 指长	
裆片宽	4 拃	大绑布长	10 拃	
裤口围	2 拃 + 1 指长	大绑布宽	1 拃 + 1 指长	
裤口装饰边长	2 拃 + 1 指长	小绑布长	8 拃	
裤口装饰边宽	3 指宽	小绑布宽	约 1 指长 + 1 指宽	

表 6-5 男子花衣、盛装上衣的效果图、实物图和款式图

名称	花衣		盛装	
效果图				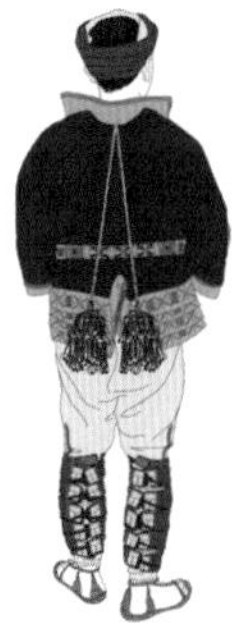
实物图	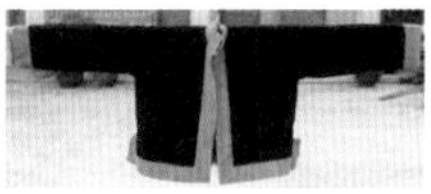			
款式图	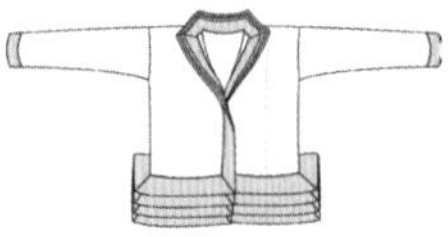	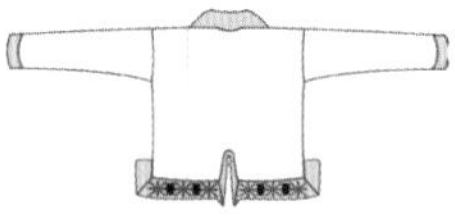		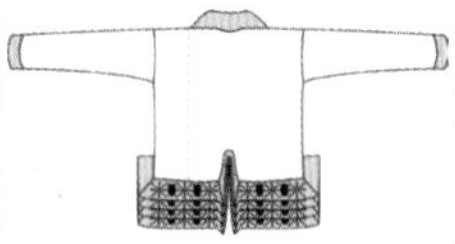

一、男子花衣、盛装上衣

1. 男子花衣、盛装上衣效果图、实物图和款式图

男子花衣、盛装上衣的效果图、实物图和款式图见表 6-5。

2. 男子花衣、盛装上衣制作工艺流程

男子花衣制作工艺流程是：准备材料 → 裁剪 → 手针拼合衣身 → 拼合袖缝 → 合袖底、下摆缝、预留侧缝开衩 → 裁剪前门襟 → 裁剪衣领 → 包衣边 → 包袖边。

男子盛装上衣制作工艺流程是：准备材料 → 裁剪 → 手针拼合衣身 → 拼合袖缝 → 合袖底、下摆缝、预留侧缝开衩 → 裁剪前门襟 → 裁剪衣领 → 包衣边 → 包袖边 → 层次固定。

3. 重点工艺分析

男子花衣、盛装上衣为“折纸状 T”型造型，前后左右对称，所用面料均为手工自织棉布。白裤瑶手工自织棉布幅宽受限于织布机门幅只有 3 拃（48cm），通过“借位断缝”来满足衣片尺寸和材料完整性（衣身每片裁片都是整幅布），如尽可能用布料的幅宽制作衣身（前后连体）、衣袖裁片、直线开门襟、直线拼接衣身围度、袖缝，使布料的利用率最大化。

如图 6-2 所示，男子盛装是由 4 层结构变化而成，其变化规律为衣长从外向内依次每层增加 2 指宽（3cm）；袖长从外向内依次减少 1 指宽（1.5cm）；侧缝开衩随衣长从外向内依次增

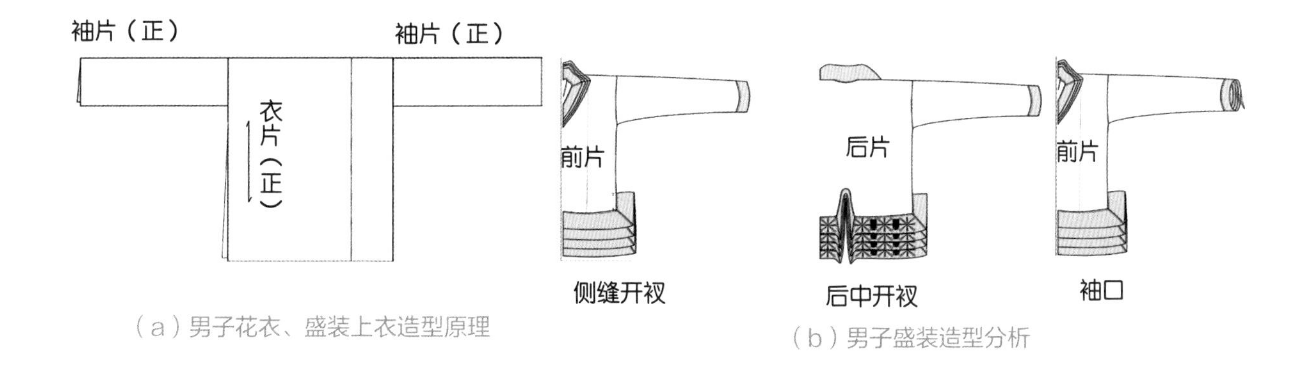

（a）男子花衣、盛装上衣造型原理

（b）男子盛装造型分析

图6-2　男子花衣、盛装上衣工艺分析

加2指宽（3cm）；后中开衩随衣长从外向内依次增加2指宽（3cm）。

4. 裁剪

男子花衣、盛装上衣的裁剪不以人体各部位尺寸为参考基准，不用纸样，没有计算公式，不用尺子，不用划粉，按照惯例经验，用手顺着自织棉布布幅光边比划着（拃量）布料长、短、宽、窄，再用一把家用剪刀剪出裁片，几分钟内便可完成裁剪，非常快速简单。

以花衣为例介绍裁剪步骤。

第一步，先随布边拃量出衣身裁片长度并用手捏住此位置。

第二步，由衣身裁片长度位置双折面料，与拃量布边的起点对齐裁剪布料。

第三步，裁剪衣身补片。白裤瑶衣身前后长度为8拃（128cm），宽度为4拃（64cm）。依照花衣、盛装衣身长度手拃自织棉布拃量出衣身前后裁剪衣片长度后，裁剪衣身宽度时，因手工自织棉布幅宽为3拃（48cm），需加长为8拃（128cm）、宽1拃（16cm）的补片裁片量，方法是随布幅长度用手拃量出衣身前后长度（8拃）、宽1拃（16cm）的宽度裁剪。

第四步，随布边拃量出5拃（80cm）布料，对叠裁剪为双层袖片。

第五步，裁剪衣身包边。白裤瑶男子花衣、盛装包边布颜色为浅蓝色，包边布包含衣身、袖口两部分，取浅蓝色自织棉布随布边拃量出长度25拃（400cm）、宽1.5指长（12cm）的裁剪布料。同样的方法裁剪盛装布料（图6-3）。

5. 手针缝合衣身补片、袖子

手针缝合衣身补片，如图6-4（a）所示，将裁剪好的a、b补片以每3cm 9针的密度拱针直线缝合；再以每3cm 9针的密度缝份锁边完成衣身补片。

手针缝合衣身与袖子，如图6-4（b）所示，取上衣缝后的衣身片，将其分别与袖片缝合。以每3cm 9针的密度拱针直线缝合；再以每3cm 9针的密度缝份锁边完成衣身补片。

6. 合袖底、下摆缝

如图6-5所示，将缝合后的衣片对叠整理，对齐袖口、袖底缝、侧摆缝、下摆位置，从袖口处开始起针，以每3cm 9针的密度拱针直线缝合至侧缝下摆开衩处结束（留出开衩位）。同样的方法，（留出开衩位）从侧缝下摆开衩处起针，以每3cm 9针的密度拱针直线缝合至袖口处结束。同样的方法，以每3cm 9针的密度缝份锁边合袖底、下摆缝，预留侧衩位置完成。

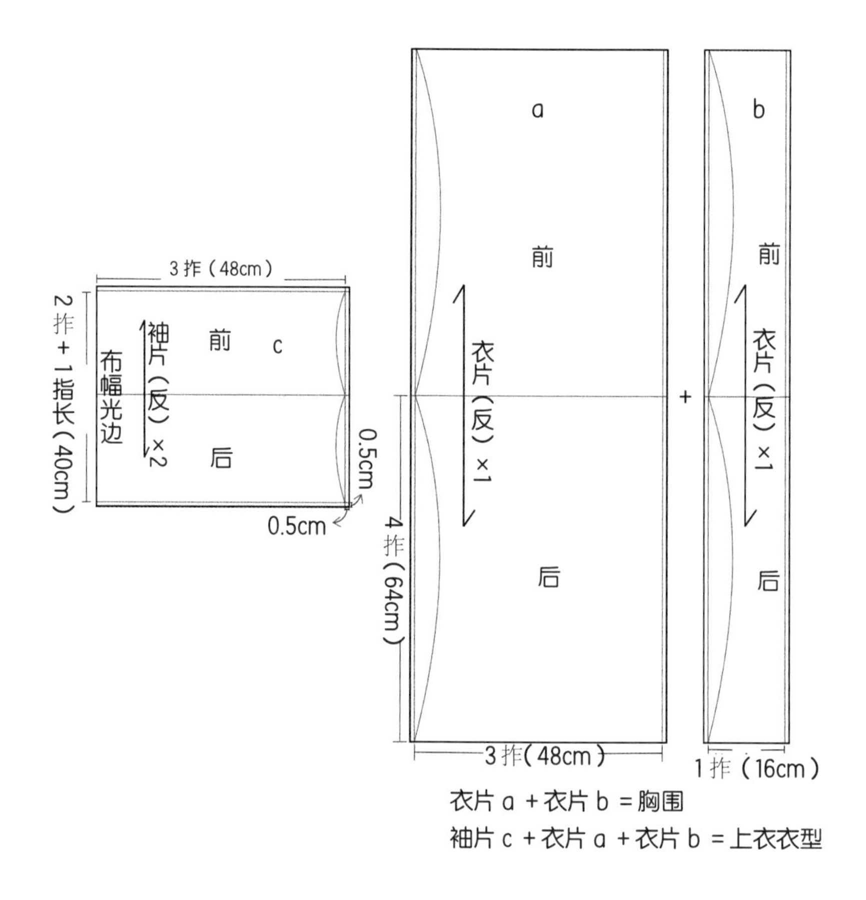

（a）男子花衣裁片

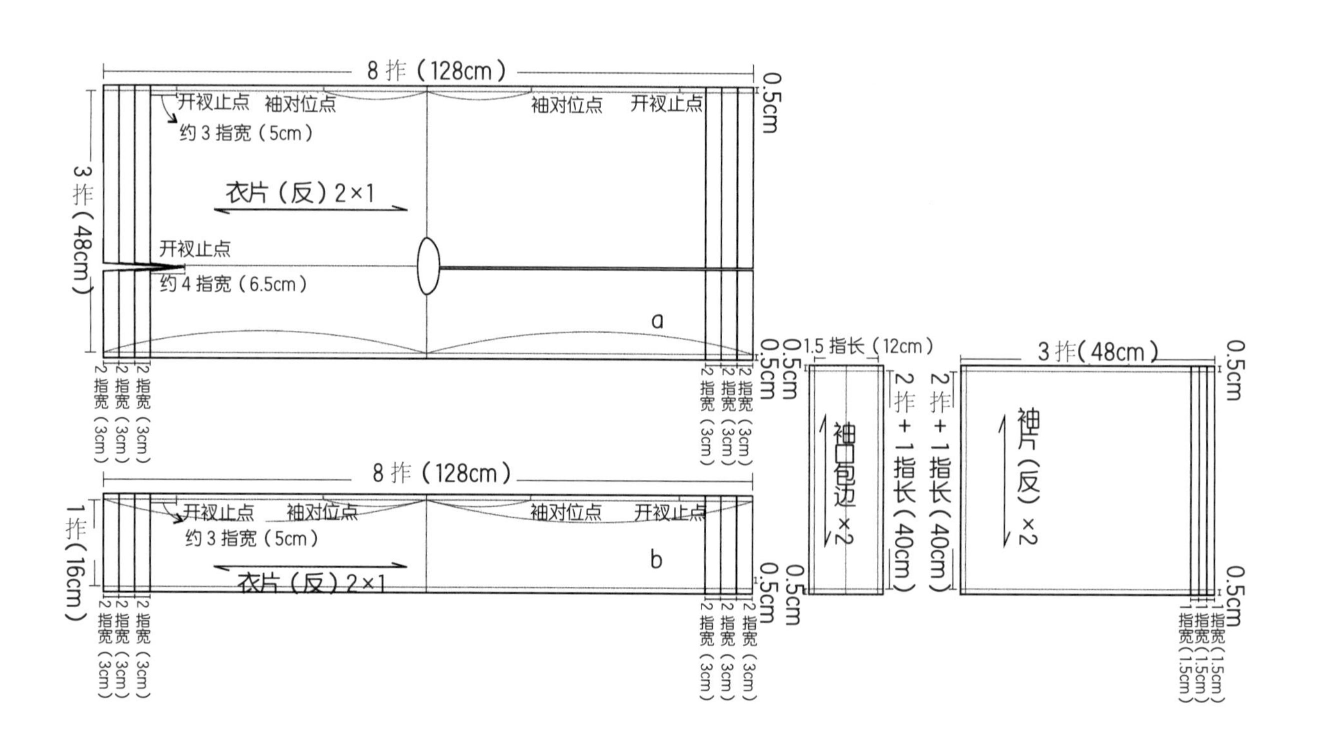

（b）男子盛装上衣裁片

图6-3　男子花衣、盛装上衣裁片

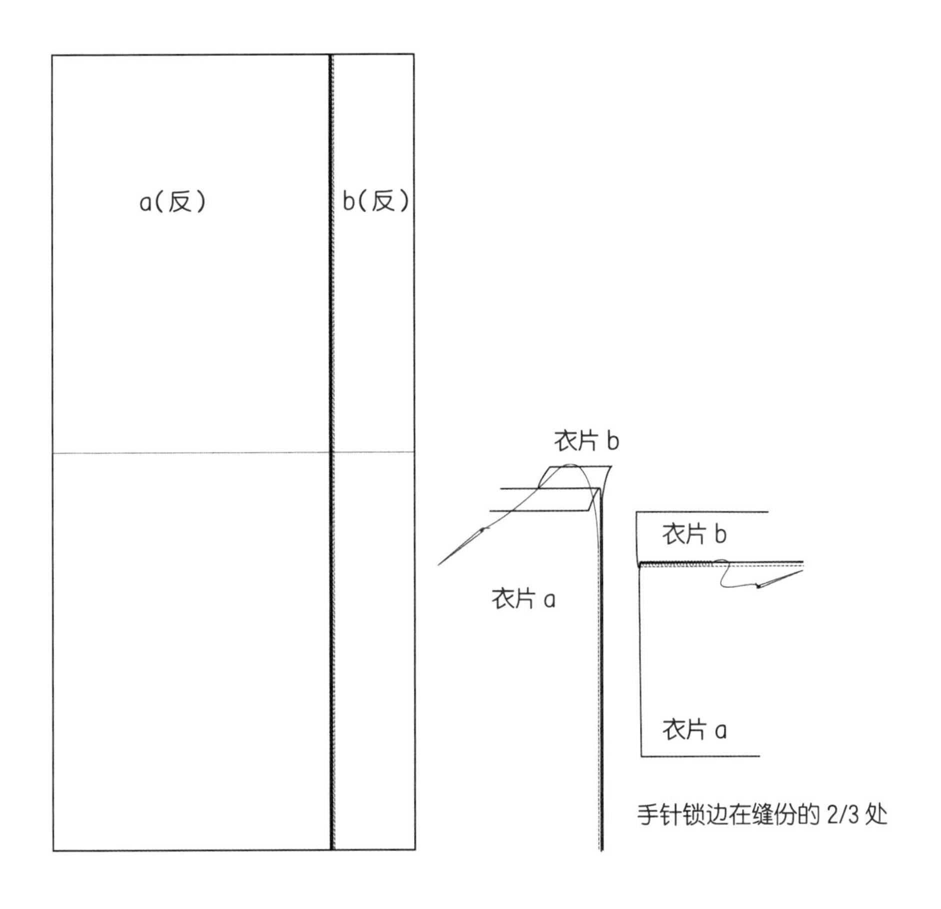

（a）手针缝合衣身补片

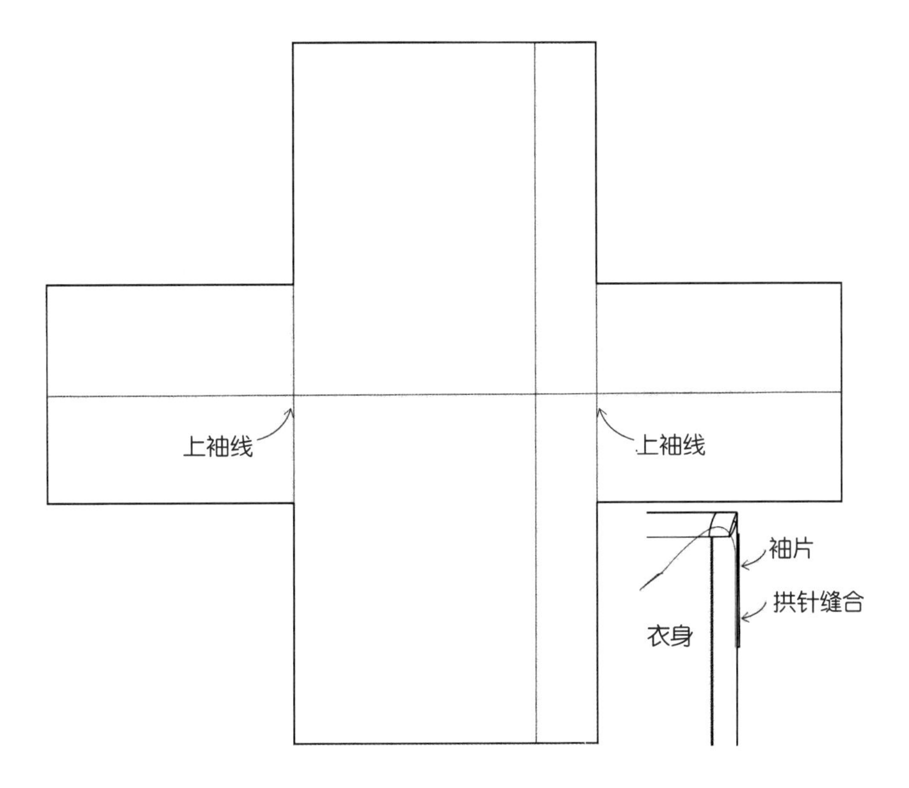

（b）手针缝合衣身与袖子

图 6-4　手针缝合衣身补片、袖子

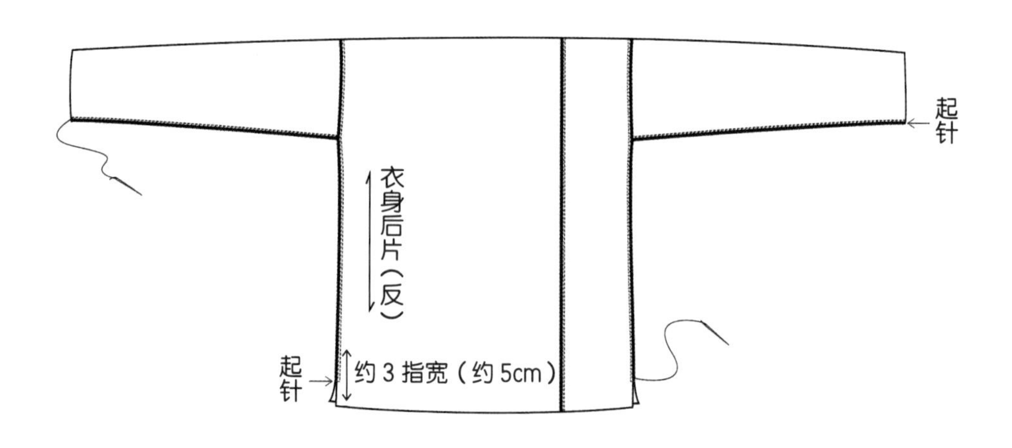

图 6-5　合袖底、下摆缝

7. 裁剪前门襟、衣领

（1）裁剪前门襟

见表 6-6，衣身缝合后呈袋装造型。将衣身、袖子摊开整理平复，从衣身中心线折叠衣身裁片，使身与身、袖与袖相对；从中心线（下摆处）双层向上剪开长约 4 指宽（约 6.5cm）的剪口；将衣身前片中心线从剪口处单层剪开至肩线处，被剪开的衣身片为衣身前片、前门襟；后中心线位置约 4 指宽（约 6.5cm）的剪口则为后中开衩造型。

（2）裁剪衣领

见表 6-7，以前片为面将上衣再次沿中心线对叠，前中心线和肩线分别为线 a、线 b，沿 45° 角射线设线 c，沿 45° 角射线对叠使线 a、线 b 重合。线 c 约 1 指宽（约 2cm）的等腰直

表 6-6　裁剪前门襟

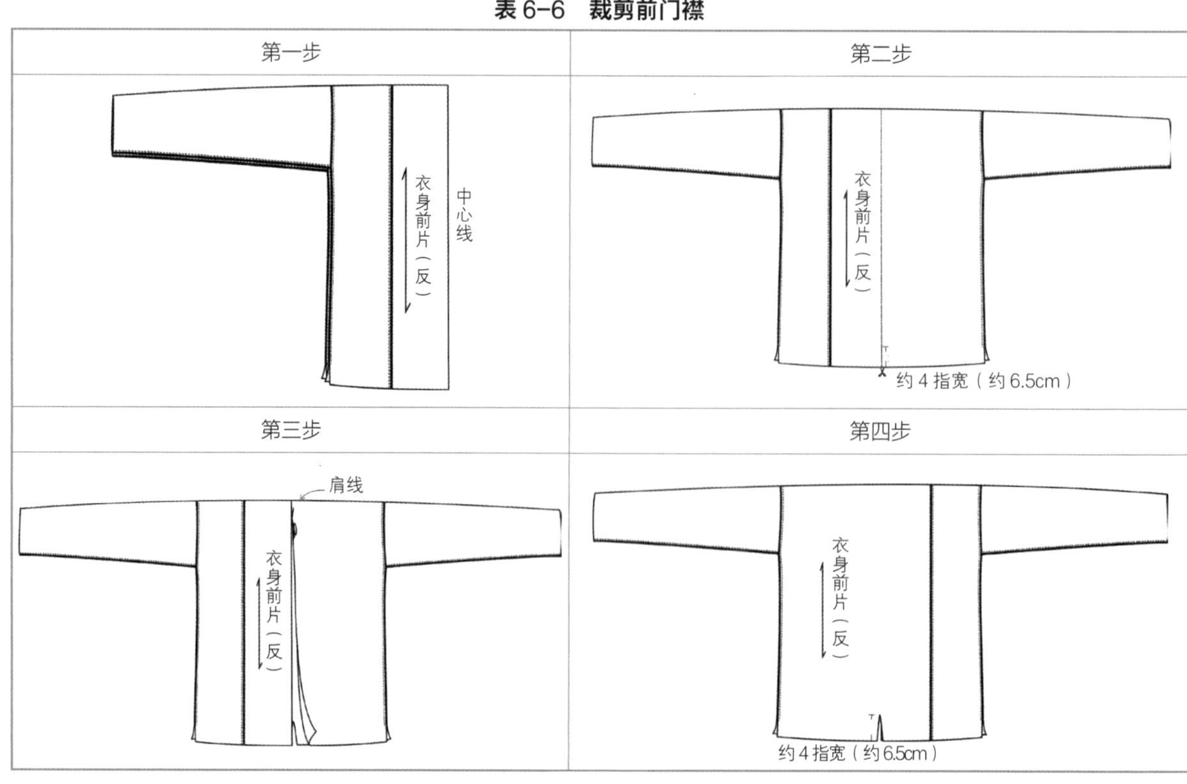

表 6-7　裁剪衣领

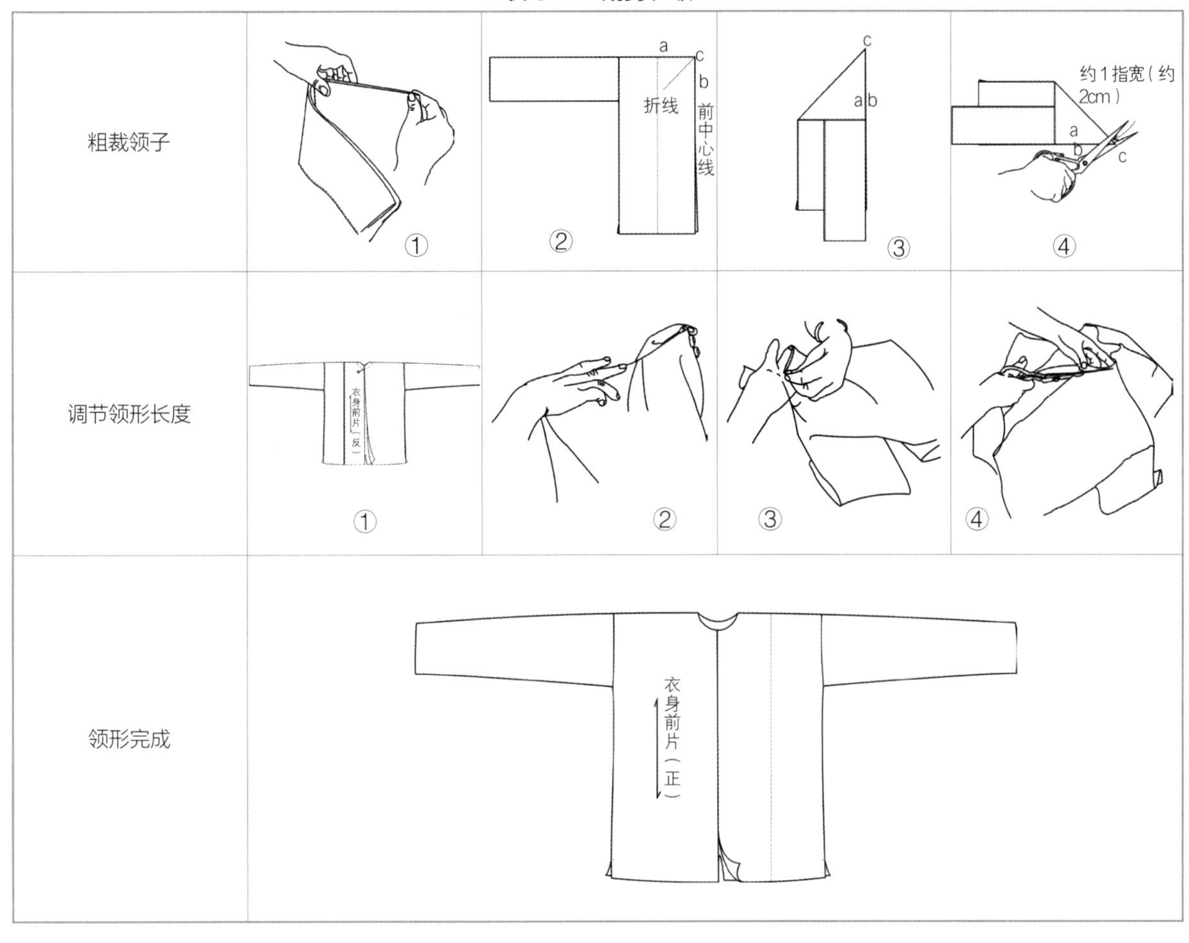

角三角形处剪开粗裁领子；将减掉领角的衣身平面展开为双层“V”形领弯，在“V”原有的领深的基础上保持后领深不变，对领长线进行长度调节，调节后的成品领弯长为 1 拃 +1 指长（24cm）。

8. 衣身包边缝制

首先制作包边布，把裁剪完成的包边布折光毛边，然后沿中线对叠（为衣身包边缝制做准备）；依照包衣边路径图任意转角处开始，将包边布双层夹衣边缝份；依照包衣边路径图，双层夹衣边缝份以每 3cm 9 针的密度回针完成包边；包衣边路径的开始点也是结束点。在制作直线、弧线包衣边过程中，包边布双层夹衣边缝份以每 3cm 9 针的密度回针完成包边。转角处包衣边方法是包边布分层对角折叠后，双层夹衣边缝份以每 3cm 9 针的密度回针完成包边。衣身包边完成后，量取袖口包边长度，将包边布长度缝份折叠，缝合成筒状双层夹袖口缝份，以每 3cm 9 针的密度回针缝合完成，花衣缝制工艺完成（表 6-8）。

9. 层次固定

男子盛装上衣为 4 层花衣套叠款式造型，依据花衣的制作过程制作出 4 件花衣作为盛装上衣，将已经做好的花衣上衣整理平复。见表 6-9，分层固定上衣，固定部位为领角、腋下、侧后开衩等部位，盛装上衣完成。

二、男子黑衣

1. 男子黑衣效果图、实物图、款式图

男子黑衣效果图、实物图、款式图如图 6-6 所示。

表 6-8　衣身包边过程

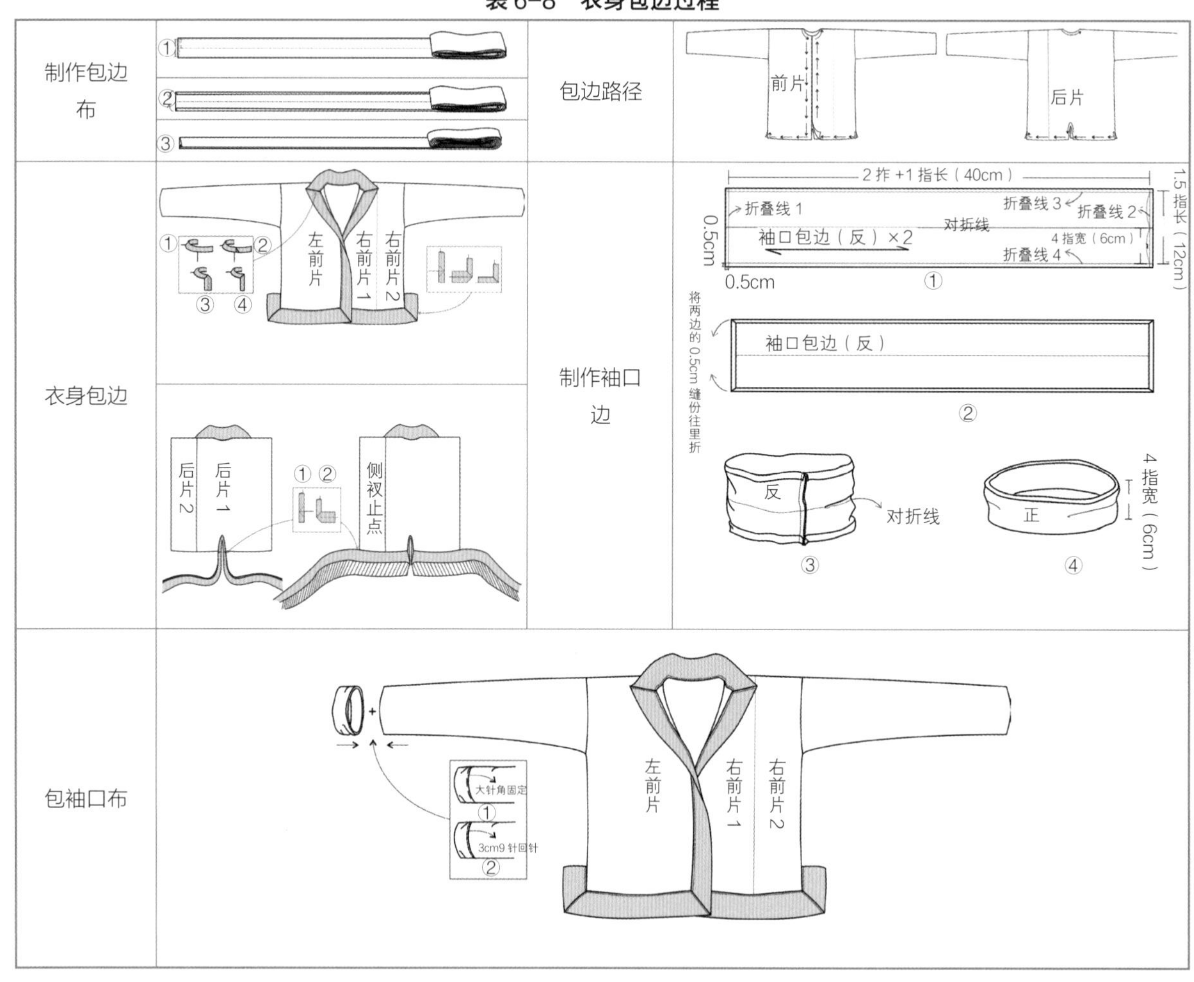

表 6-9　男子盛装上衣层次固定

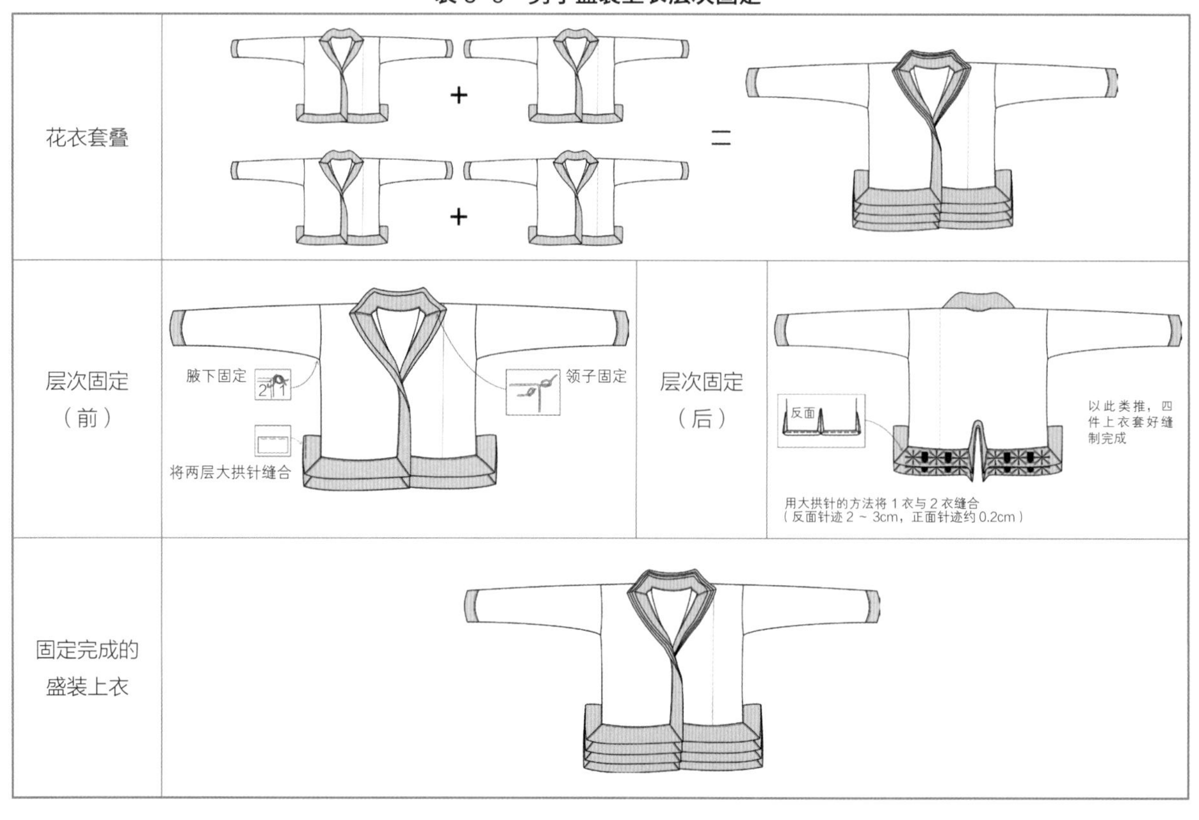

（a）效果图

（b）实物图

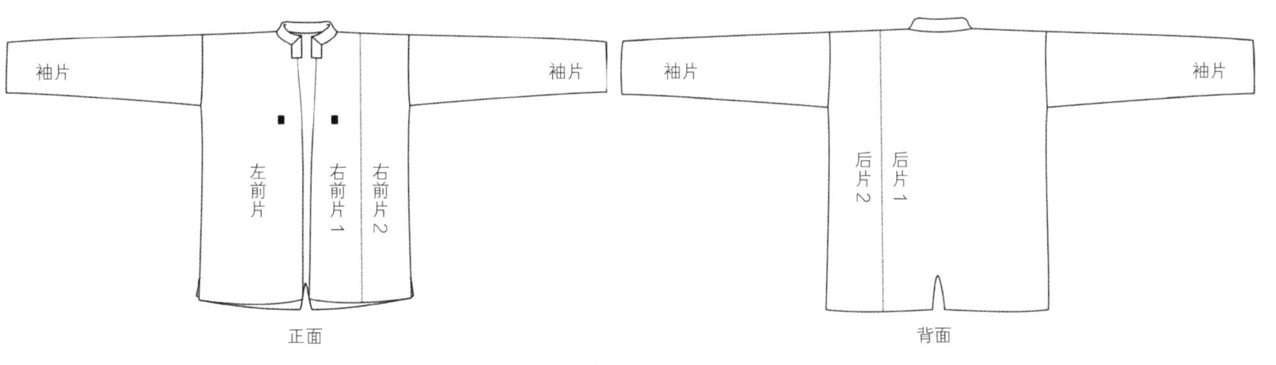

（c）款式图

图 6-6 男子黑衣效果图、实物图、款式图

2. 男子黑衣制作工艺流程

男子黑衣制作工艺流程是准备材料 → 裁剪 → 手针拼合衣身 → 拼合袖缝 → 合袖底、下摆缝、预留侧位衩 → 裁剪前门襟 → 裁剪衣领 → 包衣边 → 绱领子。

3. 重点工艺分析

男子黑衣也是“折纸状 T”型造型，前后左右对称，所用面料为手工自织棉布。白裤瑶手工自织棉布幅宽受限于织布机门幅只有 3 拃（48cm），也需要通过“借位断缝”来满足衣片尺寸和材料完整性（衣身每片裁片都是整幅布）。

4. 裁剪

男子黑衣裁剪基础方法与花衣、盛装上衣相同，第一步先随布边拃量出衣身裁片长度并用手捏住此位置；第二步由衣身裁片长度位置双折面料与拃量布边的起点对齐裁剪布料；第三步是裁剪衣身补片；第四步为裁剪袖片；第五步为裁剪衣领布料（图 6-7）。

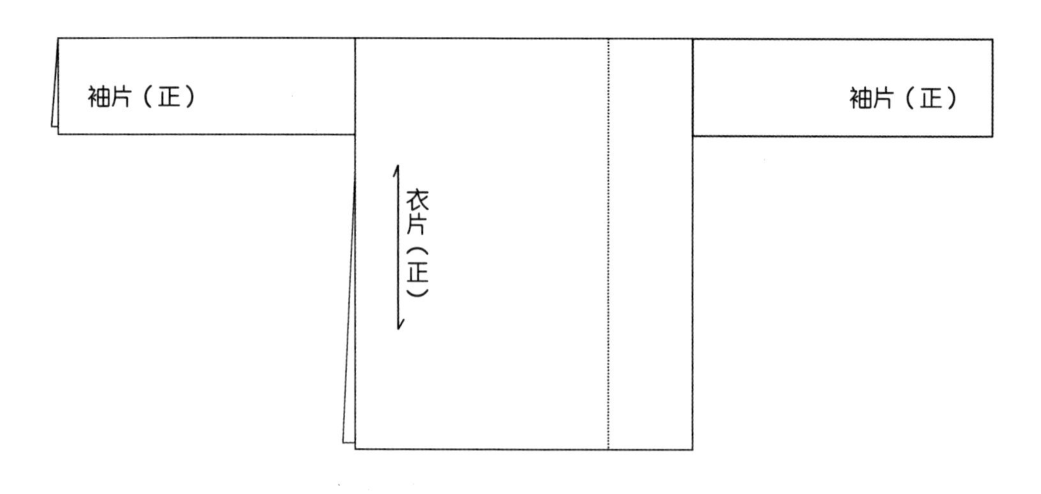

（a）男子黑衣上衣造型原理

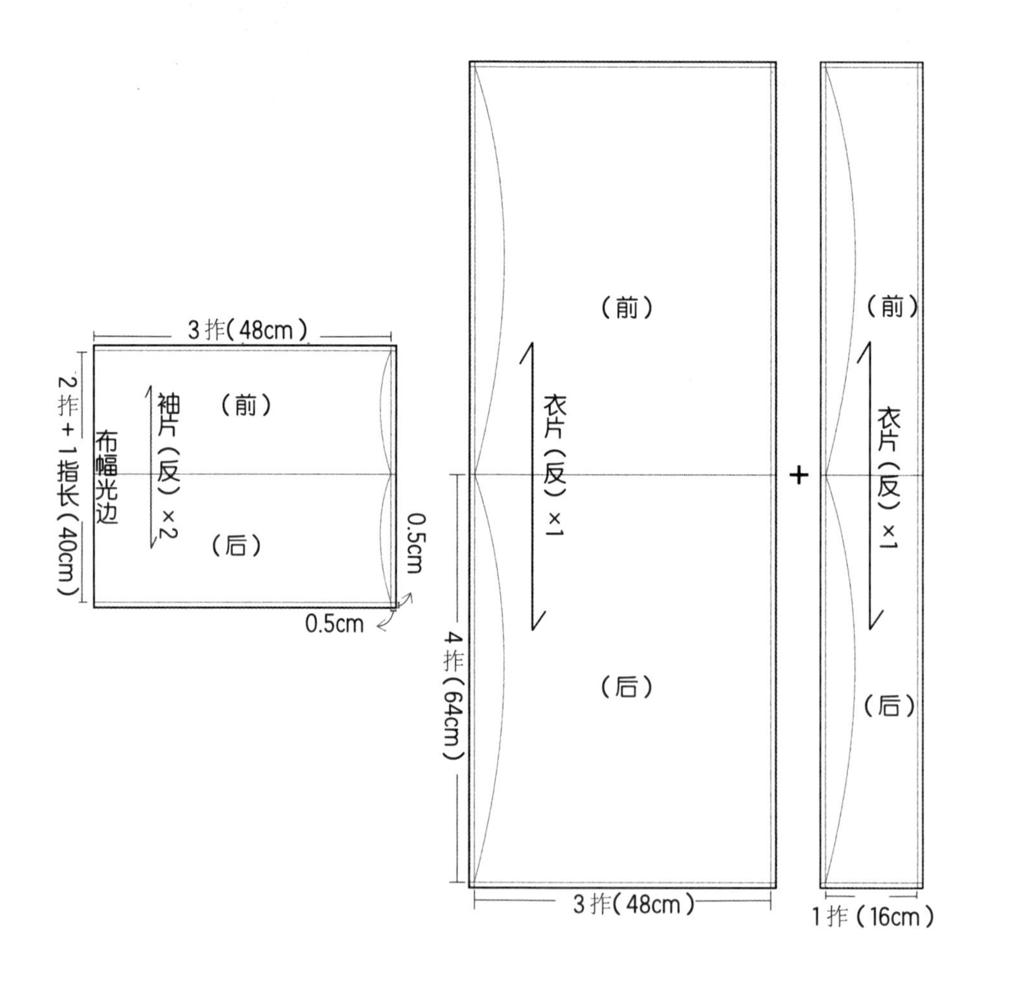

（b）男子黑衣裁片

图6-7　男子黑衣裁剪

5. 手针缝合衣身补片、袖子

手针缝合衣身补片，如图 6–8（a）所示，将裁剪好的 a、b 衣片以每 3cm 9 针的密度拱针直线缝合；再以每 3cm 9 针的密度缝份锁边完成衣身裁片。

手针缝合衣身与袖子，如图 6–8（b）所示，取上衣缝后的衣身片，将其分别与袖片缝合。以每 3cm 9 针的密度拱针直线缝合；再以每 3cm 9 针的密度缝份锁边完成衣身裁片。

6. 合袖底、下摆缝、预留侧衩位置

缝合方法与男子花衣完全相同。

7. 裁剪前门襟、衣领

男子黑衣裁剪前门襟、衣领的工艺与男子花衣完全相同。

8. 衣身包边缝制

见表 6–10，第一步折叠前门襟，前后下摆、侧缝开衩、后中开衩布边缝份，折光缝份宽为 0.25cm；第二步从领口处开始至前门襟，前下摆、侧缝开衩位，将折叠的缝份再次折叠 0.25cm，锁边针以每 3cm 9 针的密度包光结束；第三步从侧缝开衩起，至前下摆、前门襟领口处结束；第四步从后背左侧缝开衩起，至后下摆（左）、后下摆中衩、后下摆（右）、右侧缝开衩结束。

9. 绱衣领子

第一步是将领子、领弯分别设对位点 *a*、点 *b*、点 *c*、点 *d*、点 *e*、点 *f*、点 *g*；第二步做领子，把裁剪好的领子布折光毛边，然后沿中线对叠（为绱领缝制做准备）；第三步依照绱领路径图（左前门襟上领处开始，右前门襟绱领处结束，即从门襟点 *f* 起，对准领子点 *f* 回针缝至点 *d*；将领面在门襟与领弯转折处折叠放平回针缝，从点 *d* 开始，同样的方法回针缝至点 *e*，直到点 *g*，绱领完成），将衣领布双层夹前门襟、前后领弯缝份以每 3cm 9 针的密度回针完成绱领工艺。在制作直线、弧线上领过程中，领子布双层夹左右门襟、前后领弯以每 3cm 9 针的密度回针完成包边。转角处上领工艺方法是领子布分层对角折叠后，双层夹左右门襟、前后领弯缝份以每 3cm 9 针的密度回针完成（表 6–11）。

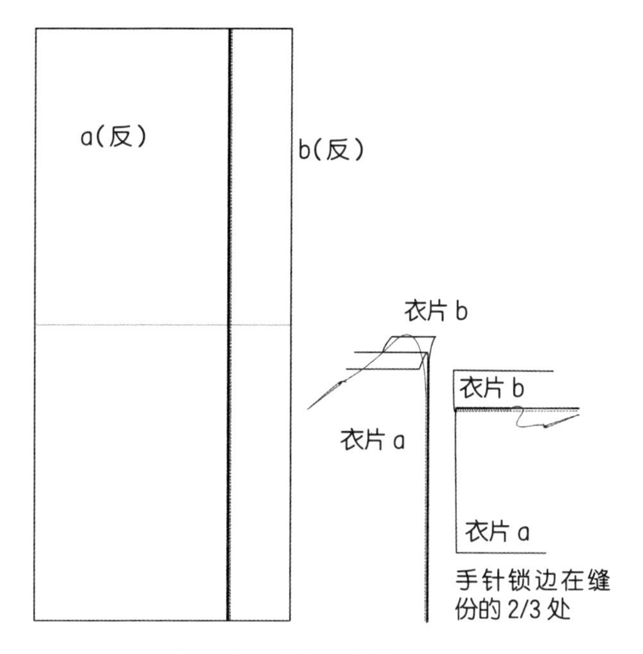

（a）手针缝合衣身补片

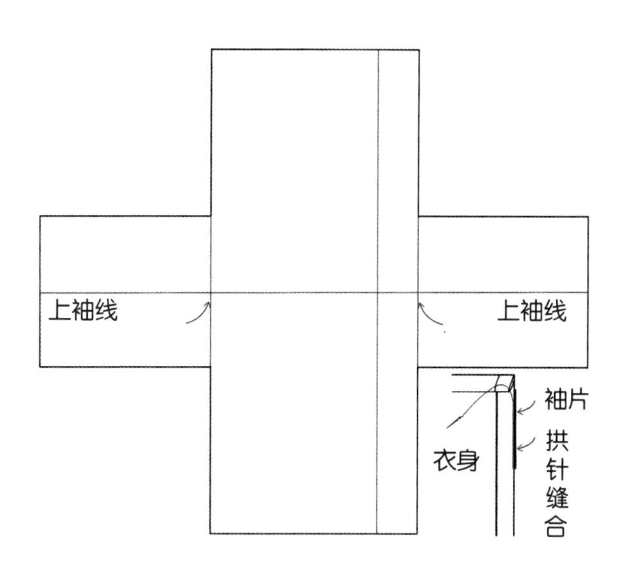

（b）手针缝合衣身与袖子

图 6–8　手针缝合衣身补片、袖子

三、男子白裤、盛装花裤

白裤瑶男子形象有三种，即男子花衣形象、男子黑衣形象、男子盛装形象。在三种服饰中，花衣可任意配搭白裤和盛装花裤；而黑衣只配搭白裤，盛装上衣只配搭花裤。白裤与花裤形制完全相同，只是白裤装饰细节略简单。

制作裤子的布料主要是白裤瑶妇女自己织成的棉布。

表 6–10　包衣边方法

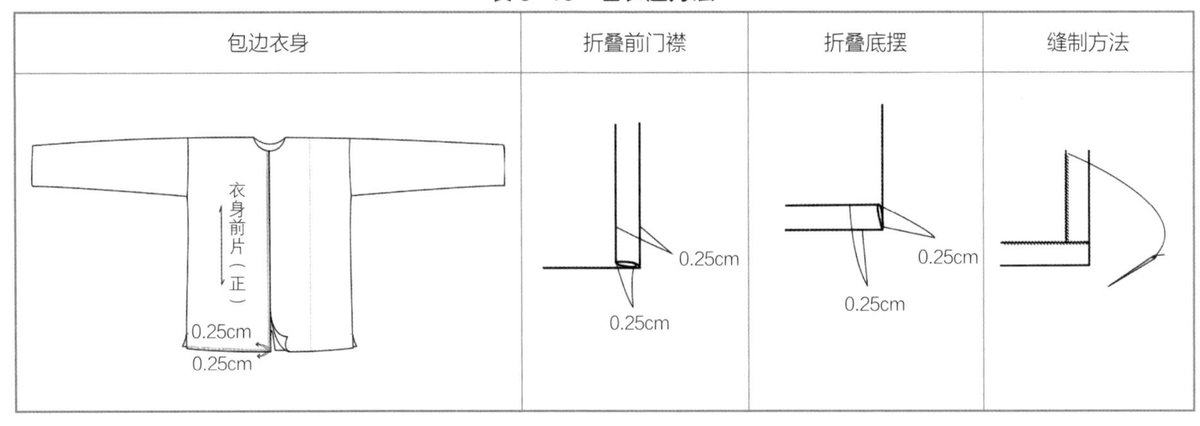

表 6–11　绱领子路径图及方法

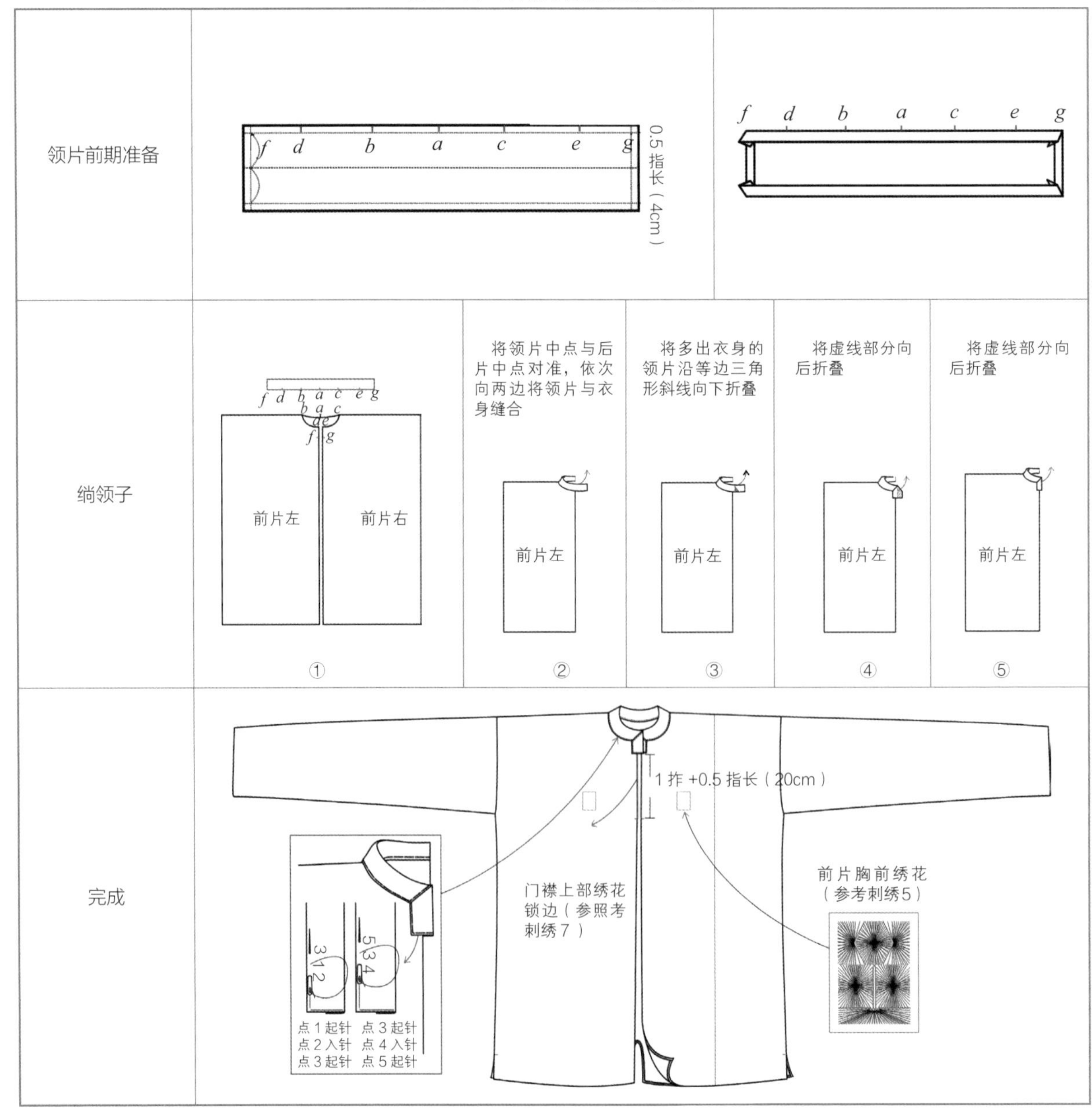

第一步，先裁剪三块同样大小的白布。

第二步，在选好的三块白布中任选两块，并分别在所选两块布的任意一角绣上五根花柱（花裤纹样）。

第三步，用红线在两块长条的小黑布上绣满纹样（花裤裤口装饰丰富，白裤纹样较为简单）。

第四步，将这两块黑布缝在裤口部位（五根花柱的下方）。

第五步，绣花完成后，再把三块白布缝合起来，形成一个长方形的布料，并将绣有花柱的两个角放在刚好组成长方形的对角处，将花边的两端缝起来就形成裤脚。

第六步，将长方形的宽和长通过折叠的方式重合，将重合处缝上，便可以制成一条裤子。

白裤不需要绣上五根花柱装饰，只需要将两块小黑布绣上图案，用红色丝线将其缝制固定在白裤裤口位置做装饰，再按照花裤的方法缝合即可。

1. 男子白裤和盛装花裤的实物图、款式图

男子白裤和盛装花裤的实物图、款式图见表6–12。

2. 男子白裤、盛装花裤制作工艺流程

男子白裤、盛装花裤制作工艺流程是：准备材料 → 裁剪 → 选裁片（裤腿、裤口贴布）绣花 →缝裤口贴布 → 缝合裤腿、裤裆 → 缝裤腰。

3. 重点工艺分析

男子白裤、盛装花裤同样源于“折纸状T”造型原理，尽可能用布料的幅宽“借位断缝”制作裤身，使布料的利用率最大化。

4. 裁剪

男子白裤、盛装花裤造型是由4拃长(64cm)、3拃宽（48cm）的（纵向纱向）两块布，以及4拃长（64cm）、3拃宽（48cm）的（横向纱向）一块布（共三块白布）组成（图6–9）。

5. 选裁片（裤腿、裤口贴布）绣花并缝合裤口贴布

见表6–13，裁好裤片，选择裤口装饰布，定义绣花位置；设立裤口位置，将裤口装饰布与裤片缝合，并分别在所选的两块裤片上定义五根花柱纹样位置（白裤没有）。

6. 缝合裤腿、裤裆

白裤瑶裤子是由两片裤腿、一片裤裆组合而成。见表6–14，制作裤裆片的方法是取裆片布，用折纸方法在裆片布样 *a c* 线段设点 *e*，在裆片纸样 *b d* 线段设点 *f*；连接 *ef* 为折线，转动点 *a*、点 *b* 向点 *e*、点 *f* 方向，使 *abfe* 与 *cdfe* 分别形成前后裆片两个面。

制作裤片的方法是取裤片布，用折纸方法在裤片布样 *g h* 线段设点 *q*、点 *n*，在裤片布样 *g k* 线段设点 *j*、点 *p*，在裤片布样 *h m* 线段设点 *i*、点 *o*，在裤片布样 *k m* 线段设点 *l*。连接 *ji* 为折线，*gjhi* 沿折线向右折叠，使 *gjih* 与 *jkmi* 形成前后裤片局部两个面；连接 *ol* 为折线，*lom* 沿折线向左上折叠，使 *kjiol* 与 *lom* 形成前后裤片局部两个面，点 *i*、*h* 为裤口。

表6–12 男子白裤和盛装花裤实物图、款式图

名称	男子白裤		盛装花裤	
实物				
款式图	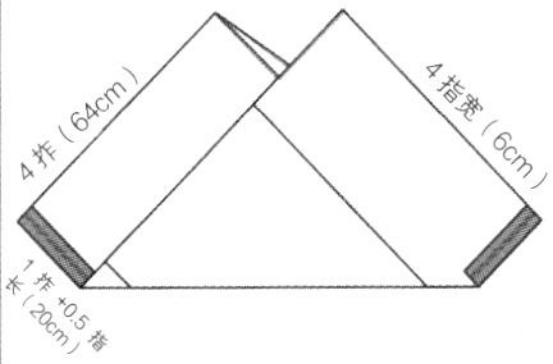 4拃（64cm） 4指宽（6cm） 1拃+0.5指长（20cm）	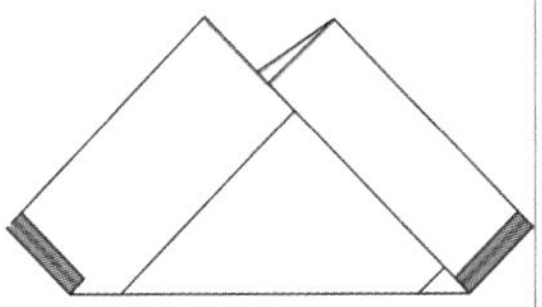	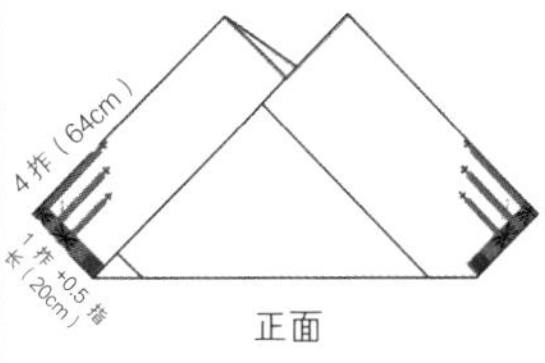 4拃（64cm） 1拃+0.5指长（20cm） 正面	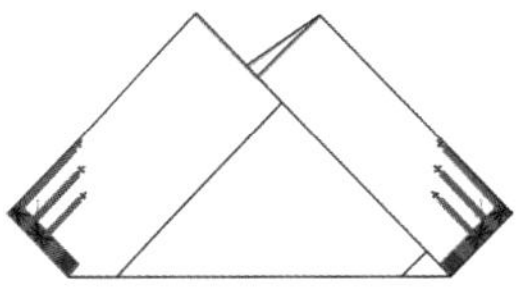 反面

表 6-13　选裁片（裤腿、裤口贴布）绣花、缝合裤口贴布

花裤裤口设点、折边	花裤裤口装饰边设点、折边	
	正面	反面
k p j g q l n m o i h；裤片（正）×2；1 指长（8cm）；1 指长（8cm）；1 指长（8cm）；1 指长（8cm）；1 拃 +0.5 指长（20cm）；裤片（正）；m o i h；2 拃 +1 指长（40cm）；0.5cm；0.5cm	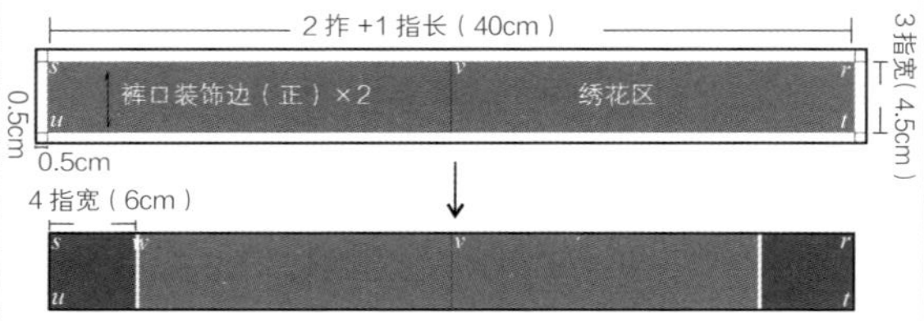 2 拃 +1 指长（40cm）；3 指宽（4.5cm）；裤口装饰边（正）×2；绣花区；s u v r t；0.5cm；0.5cm；4 指宽（6cm）；反面折叠后正面效果	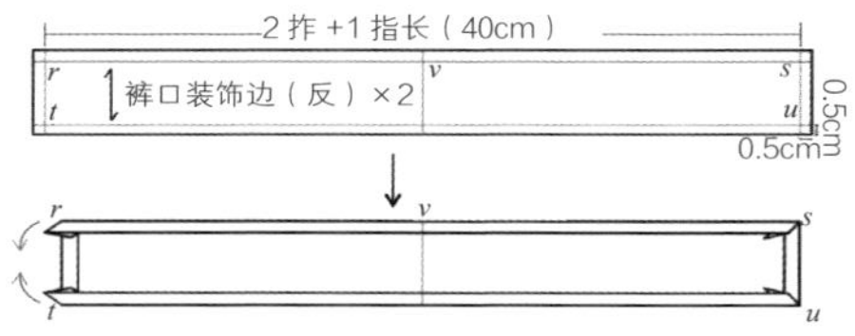 2 拃 +1 指长（40cm）；裤口装饰边（反）×2；r t v s u；0.5cm；0.5cm；反面折叠效果

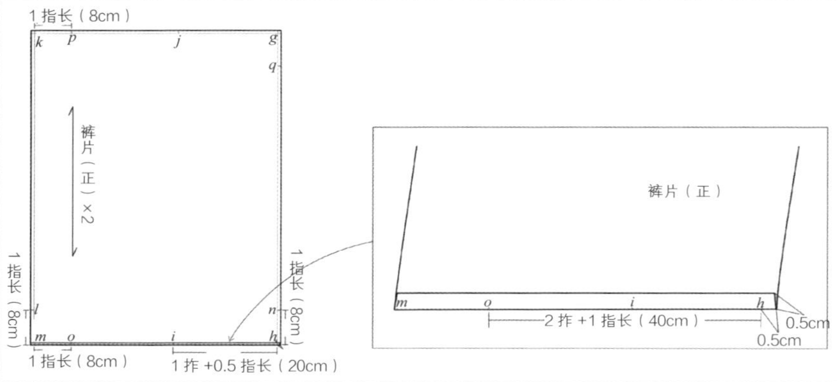

花裤缝合裤口装饰边、设裤腿花位			
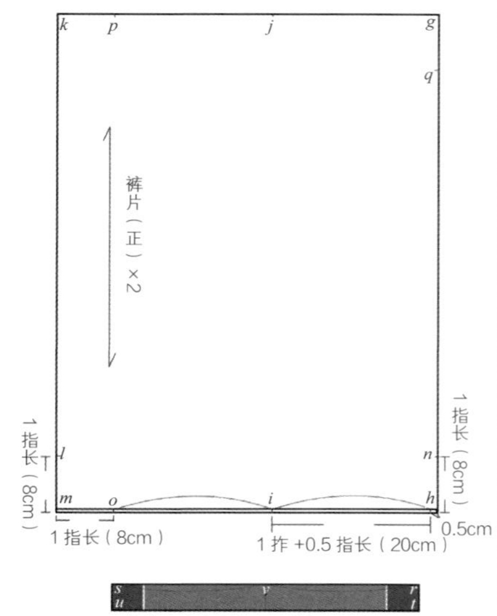 k p j g q l n m o i h；裤片（正）×2；1 指长（8cm）；1 指长（8cm）；1 指长（8cm）；1 拃 +0.5 指长（20cm）；0.5cm；s u v r t；正面花位（参考刺绣 1、刺绣 2、刺绣 10）；①	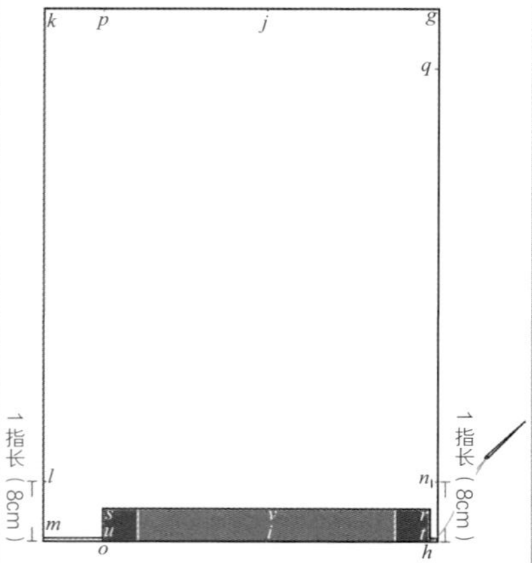 k p j g q l n m o i h；s u v r t；1 指长（8cm）；1 指长（8cm）；点 u 顺时针回针缝制（参考刺绣 8）到点 t；②	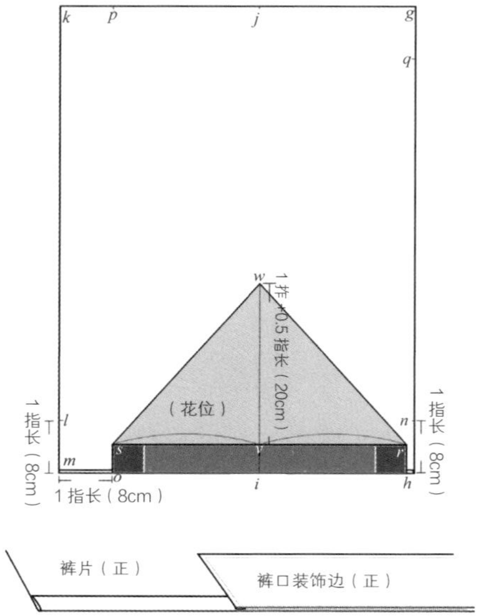 k p j g q l n m i h w；1 拃 +0.5 指长（20cm）；（花位）；1 指长（8cm）；1 指长（8cm）；1 指长（8cm）；裤片（正）；裤口装饰边（正）；裤口处包边绣（参考刺绣 7 缝合）；③	 k p j g q l n m i h；1 指长（8cm）；1 指长（8cm）；1 指长（8cm）；④

表 6-14　裆片、裤片制作

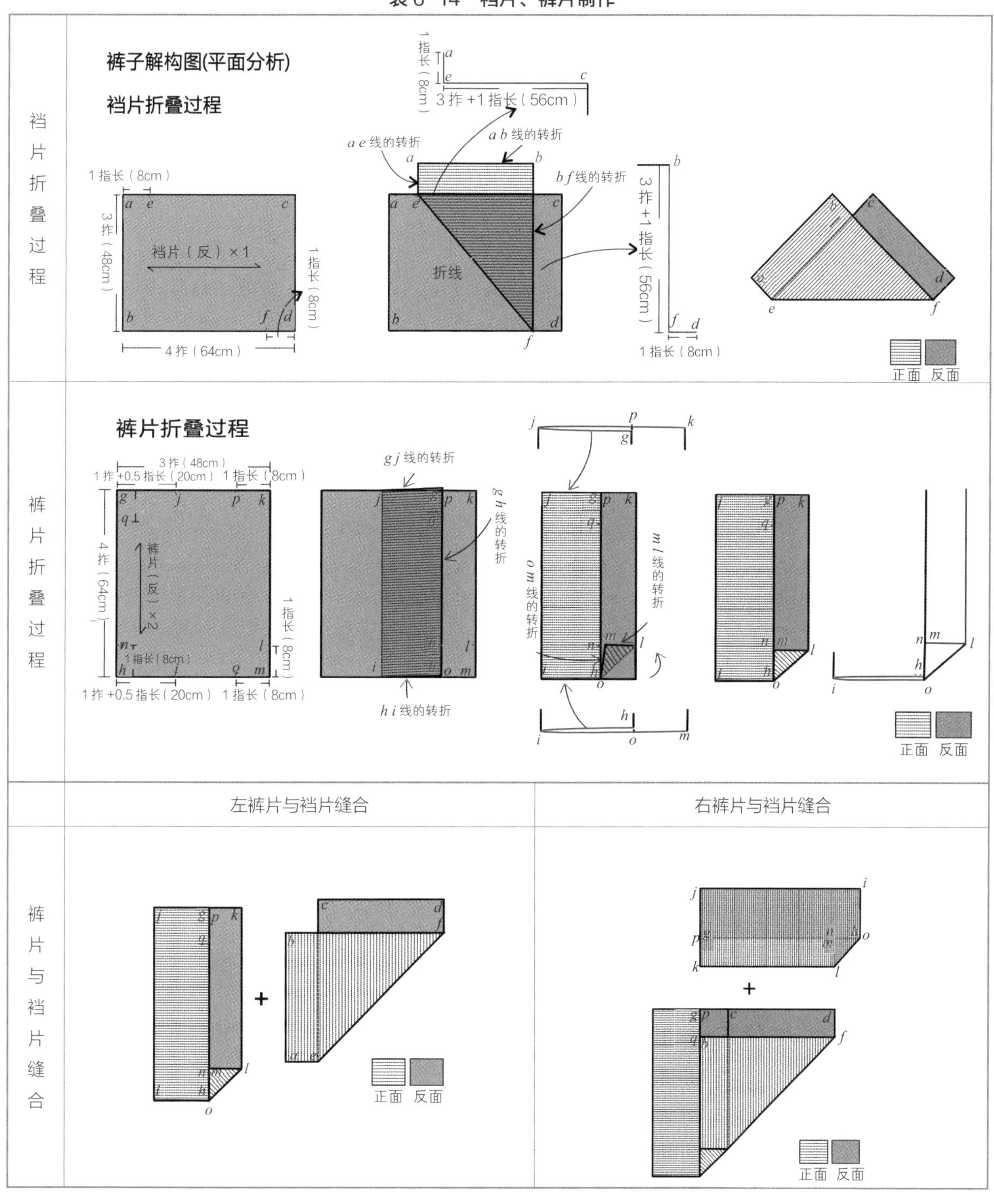

裤片布样 $n\ h$ 线段与 $m\ o$ 线段进行缝合；裤片布样 $n\ q$ 线段与裤裆布样 $a\ b$ 线段缝合；裤片布样 $m\ l$ 线段与裤裆布样 $a\ e$ 线段缝合；裤片布样 $l\ k$ 线段与裤裆布样 $e\ c$ 线段缝合；同样的方法将裤片（右）布样 $h\ n$ 线段与 $o\ m$ 线段进行缝合；将做好的裤片（右）布样 $k\ l$ 线段与裤裆布样 $b\ f$ 线段缝合；裤片布样 $l\ m$ 线段与裤裆布样 $f\ d$ 线段缝合; 裤片布样 $n\ g$ 线段与裤裆布样 $d\ p$ 线段缝合; 裤片布样 $p\ k$ 线段与裤裆布样 $g\ q$ 线段缝合并完成裤裆连接（裤片与裆部连接采用每 3cm 9 针手针拱针；缝份为每 3cm 9 针手工锁边完成）。

7. 缝裤腰（裤腰缝份包光）

如图 6-10、图 6-11 所示，裤片左右片与裆部连接后，以每 3cm 9 针的密度手工锁边完成裤子裤腰包边。

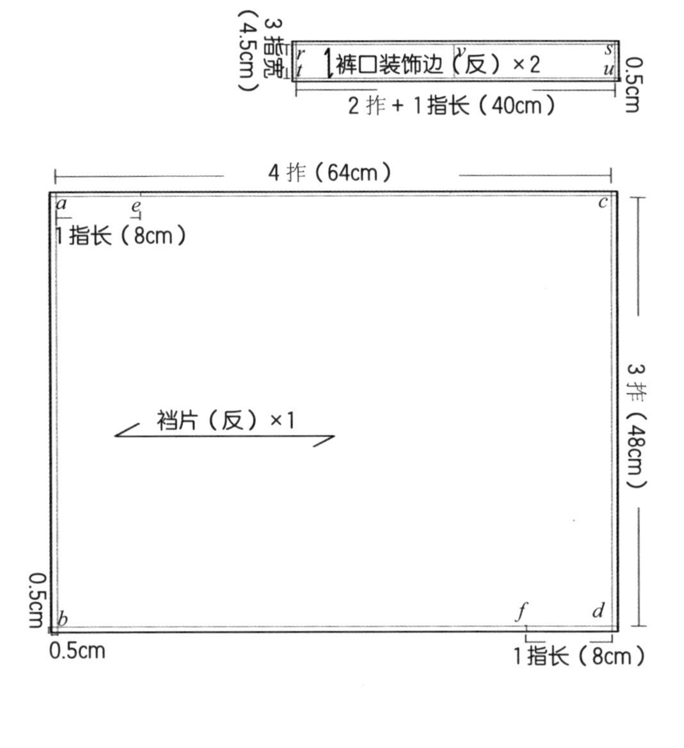

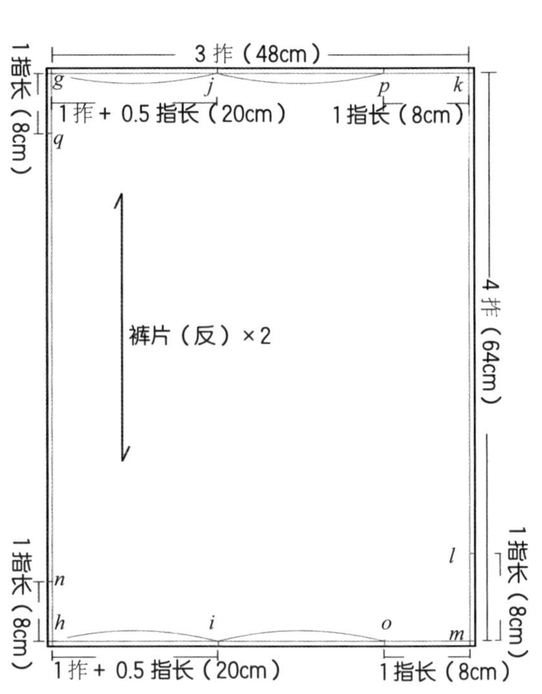

图6-9　男子白裤、盛装花裤平面裁片图

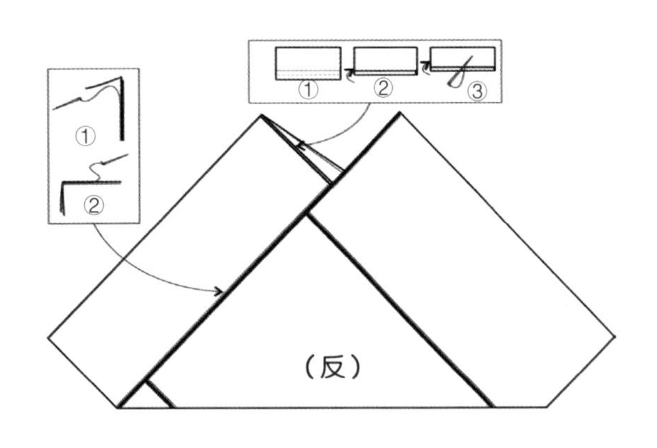

图6-10　缝制裤腰

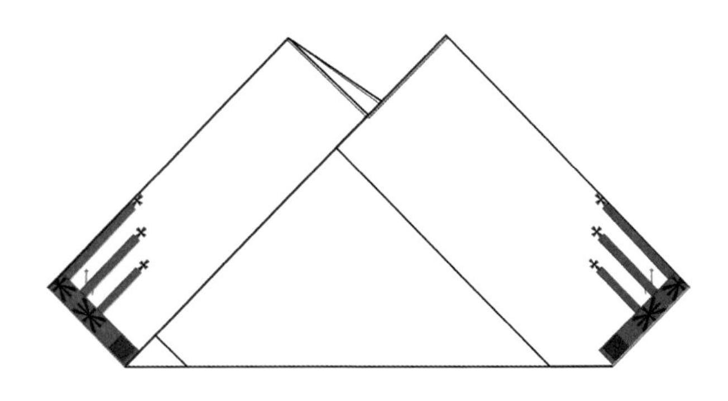

图6-11　裤子完成效果

第三节　女子衣裳缝制技艺

白裤瑶女子服饰包括女子贯头衣、女子黑衣、女子盛装三类。贯头衣、盛装上衣无领，由前幅、后幅、连衣袖三部分组成；黑衣上衣为双层对襟短衣。百褶裙是白裤瑶女子一年四季都身着的服饰，裙前交叉处有一块挡布。女子三种服饰缝制工艺见表6-15 ~表6-17。

一、女子贯头衣、盛装上衣

女子盛装上衣与贯头衣形制完全相同。女子盛装上衣与贯头衣形制为无领（上部正中留口不缝合为领），长度至裙腰，腋下无扣，两边不缝合，仅肩角处相连；胸前为一块与肩宽相等的长方形布块；与前片等宽的正方形后背及下摆装饰有蜡染、绣花图案；前后衣片两侧装有袖窿布环。贯头衣后背及下摆装饰、袖窿为单层造型，盛装

表 6-15　女子贯头衣服饰整体制作工艺单

穿着结构名称：包头巾 + 上衣 + 腰带 + 百褶裙 + 前挡片 + 绑腿				缝制工艺
面、辅料布样及特性说明				① 裁片锁边：将裁剪好的衣片毛边手工锁边处理 ② 缝合：采用手针拱针、回针方法将衣片缝合 ③ 缝份锁边：衣片缝份为 0.5cm，将缝合好的衣片双层或多层手工锁边
面料：手工棉布（幅宽：3 拃）		辅料（线）：100% 棉		
服装色彩工艺：染、绣		裁剪工艺：手工		
款式着装效果图		款式尺寸		
		前片长	3 拃	
		前片宽	2 拃 + 0.5 指长	款式图
		后片长	2 拃 + 0.5 指长	
		后片宽	2 拃 + 0.5 指长	
		胸围	4 拃 + 1 指长	
		后摆包边布长	约 4 拃 + 3 指宽	
		后摆包边布宽	1.5 指长	
		袖窿宽	约 1 指长	
		袖窿长	7.5 拃	
裙长（连腰围）	3 拃	领围	4 拃 + 1 指长	
裙宽	25 拃	包头巾长	3 拃	
腰头长	5 拃	包头巾宽	2 拃 + 0.5 指长	
腰头宽	4 指宽	包头绳长	8 拃 + 1.5 指长	
裙边装饰 1 长	25 拃	包头绳宽	2 指宽	
裙边装饰 1 宽	4 指宽	腰带长	10 拃	
装饰块长	4 指宽	腰带宽	1 拃	
装饰块宽	4 指宽	大绑布长	10 拃	
裙边装饰 2 长	25 拃	大绑布宽	1 拃 + 1 指长	
裙边装饰 2 宽	0.5cm	小绑布长	8 拃	
装饰条长	4 指宽	小绑布宽	约 1 指长 + 1 指宽	
装饰条宽	0.5cm	绑腿带长	2 拃 + 1 指长	
裙边托（裙边装饰 3）长	24 拃	腿绑带宽	1 拃 + 0.5 指长	
裙边托（裙边装饰 3）宽	约 4 指宽	挡片长	3 拃	
		挡布宽	约 1 拃	

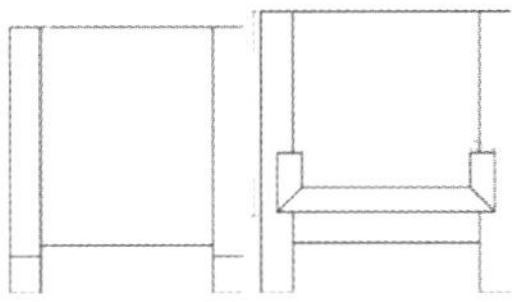

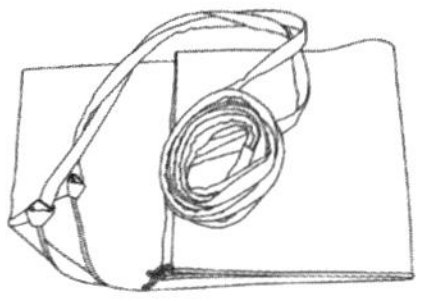

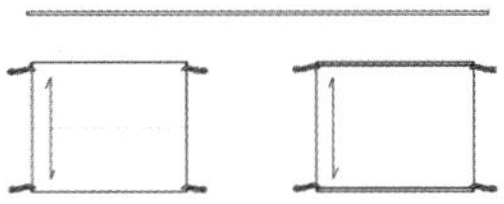

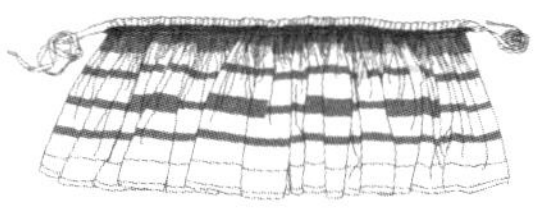

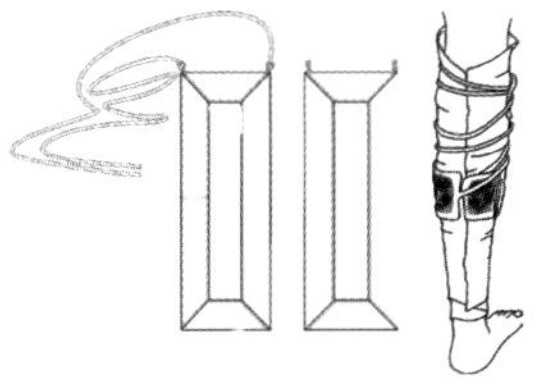

表 6-16　女子盛装服饰整体制作工艺单

穿着结构名称：包头巾＋上衣＋腰带＋百褶裙＋前挡片＋绑腿＋吊花				缝制工艺
面、辅料布样及特性说明				① 裁片锁边：将裁剪好的衣片毛边手工锁边处理 ② 缝合：采用手针拱针、回针方法将衣片缝合 ③ 缝份锁边：衣片缝份为 0.5cm，将缝合好的衣片双层或多层手工锁边
面料：手工棉布（幅宽：3 拃）		辅料（线）：100% 棉		
服装色彩工艺：染、绣		裁剪工艺：手工		
款式着装效果图		款式尺寸		
		1 层前片长	3 拃	
		2 层前片长	3 拃	款式图
		1 层前片宽	2 拃＋ 0.5 指长	
		2 层前片宽	2 拃＋ 0.5 指长	
		1 层后片长	2 拃＋ 0.5 指长	
		2 层后片长	约 2 拃＋ 1 指长	
		3 层后片长	约 2 拃＋ 1 指长＋ 1 指宽	
		1 层后片宽	2 拃＋ 0.5 指长	
		2 层后片宽	2 拃＋ 0.5 指长	
裙长（连腰围）	3 拃	3 层后片宽	2 拃＋ 0.5 指长	
裙宽	25 拃	胸围	4 拃＋ 1 指长	
腰头长	5 拃	1 层后摆包边布长	约 4 拃＋ 3 指宽	
腰头宽	4 指宽	2 层后摆包边布长	约 4 拃＋ 1.5 指长	
裙边装饰 1 长	25 拃	3 层后摆包边布长	约 5 拃＋ 1 指宽	
裙边装饰 1 宽	4 指宽	1 层后摆包边布宽	1.5 指长	
装饰块长	4 指宽	2 层后摆包边布宽	1.5 指长	
装饰块宽	4 指宽	3 层后摆包边布宽	1.5 指长	
裙边装饰 2 长	25 拃	1 层袖窿宽	约 1 指长	
裙边装饰 2 宽	0.5cm	2 层袖窿宽	约 1 指长	
装饰条长	4 指宽	1 层袖窿长	7.5 拃	
装饰条宽	0.5cm	2 层袖窿长	7.5 拃	
裙边托（裙边装饰 3）长	24 拃	领围	4 拃＋ 1 指长	
裙边托（裙边装饰 3）宽	4 指宽	包头巾长	3 拃	
挡片长	3 拃	包头巾宽	2 拃＋ 0.5 指长	
挡片宽	约 1 拃	包头绳长	8 拃＋ 1.5 指长	
腰带长	10 拃	包头绳宽	2 指宽	
腰带宽	1 拃	大绑布长	10 拃	
绑腿带长	2 拃＋ 1 指长	大绑布宽	1 拃＋ 1 指长	
绑腿带宽	1 拃＋ 0.5 指长	小绑布长	8 拃	
		小绑布宽	约 1 指长＋ 1 指宽	

表 6-17　女子黑衣服饰制作工艺单

穿着结构名称：包头巾＋上衣＋腰带＋百褶裙＋前挡片＋绑腿		缝制工艺
面、辅料布样及特性说明		①锁边裁片：将裁剪好的衣片毛边手工锁边处理 ②缝合：采用拱针、回针方法将衣片缝合 ③缝份锁边：衣片缝份为 0.5cm，将缝合好的衣片双层或多层锁边
面料：手工棉布（幅宽：3 拃）	辅料（线）：100% 棉	
服装色彩工艺方法：手针、染、绣	裁剪工艺：手工	

款式着装效果图	款式尺寸		款式图
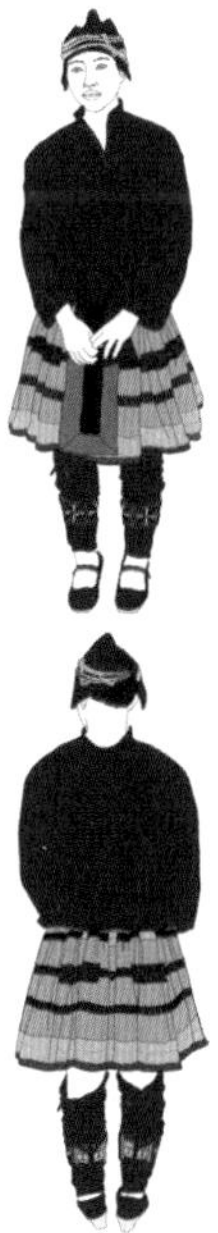	前衣长（上衣）	4 拃	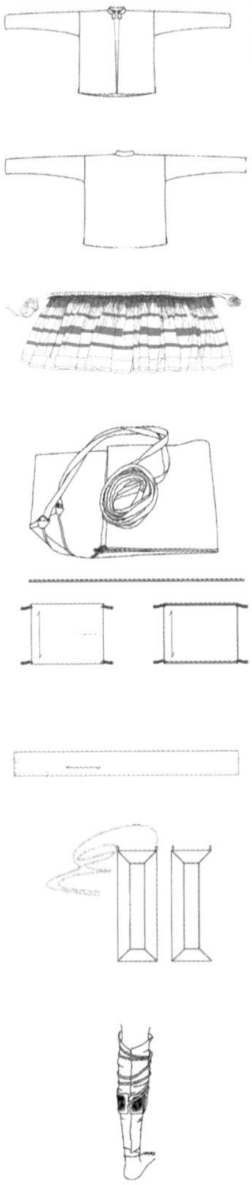
	后衣长（上衣）	4 拃	
	胸围	6 拃	
	腰围	6 拃	
	袖窿长	3 拃	
	袖窿宽	2 拃＋1 指长	
	领围	1 拃＋1 指长	
	领围＋门襟包边长	约 2 拃＋1 指宽	
	领围＋门襟包边宽	0.5 指长	

裙长（连腰围）	3 拃	包头巾长	3 拃
裙宽	25 拃	包头巾宽	2 拃＋0.5 指长
腰头长	5 拃	包头绳长	8 拃＋1.5 指长
腰头宽	4 指宽	包头绳宽	2 指宽
裙边装饰 1 长	25 拃	腰带长	10 拃
裙边装饰 1 宽	4 指宽	腰带宽	1 拃
装饰块长	4 指宽	大绑布长	10 拃
装饰块宽	4 指宽	大绑布宽	1 拃＋1 指长
裙边装饰 2 长	25 拃	小绑布长	8 拃
裙边装饰 2 宽	0.5cm	小绑布宽	约 1 指长＋1 指宽
装饰条长	4 指宽	绑腿带长	2 拃＋1 指长
装饰条宽	0.5cm	绑腿带宽	1 拃＋0.5 指长
裙边托（裙边装饰 3）长	24 拃	挡片长	3 拃
裙边托（裙边装饰 3）宽	4 指宽	挡片宽	约 1 拃

前片为双层黑布，后片为三层黑布装饰图案，三层下摆蓝布镶边且装饰绣花纹样。前后幅的两侧缝双层黑色袖窿布，其周长比前、后衣片略长。

1. 女子贯头衣、盛装上衣的效果图、实物图、款式图

女子贯头衣、盛装上衣的效果图、实物图、款式图见表 6-18。

2. 女子贯头衣、盛装上衣制作工艺流程

女子贯头衣制作工艺流程是准备材料 → 裁剪 → 裁片锁边 → 粘膏染、绣 → 包后片下摆 → 后片下摆包边、绣花 → 连接衣身片 → 做袖子。

女子盛装上衣制作工艺流程是准备材料 → 裁剪 → 裁片锁边 → 粘膏染、绣 → 包后片下摆 → 后片下摆包边、绣花 → 多层衣片固定、连接衣身片 → 做袖子。

3. 重点工艺分析

女子贯头衣、盛装上衣均为方形对称造型，所用面料均为手工自织棉布，衣身每片裁片都要尽可能利用整幅布幅度来满足衣片尺寸，保持材料完整性，使布料的利用率最大化。

表 6-18 女子贯头衣、盛装上衣的效果图、实物图、款式图

名称	贯头衣		盛装上衣	
效果图				
实物图				
款式图				

4. 裁剪

女子贯头衣、盛装上衣的裁剪不以人体各部位尺寸为参考基准，不用纸样，没有计算公式，不用尺子，不用划粉。按照惯例经验，用手顺着自织棉布布边比划拃量布料的长短宽窄，定义出款式裁片。

如图 6–12 所示，以盛装上衣为例说明裁剪步骤。

第一步，先随布幅宽度拃量出衣身裁片长度，并用手捏住此位置［前片长 3 拃（48cm）、宽 2 拃 + 0.5 指长（36cm）］。

第二步，由于盛装前衣片为双层，由衣身裁片长度位置双折面料与拃量布边的起点对齐裁剪布料。

第三步，裁剪衣身后片，盛装后片为三层梯形造型（由外向内递增），取后片 1［长 2 拃 + 0.5 指长（36cm）、宽 2 拃 + 0.5 指长（36cm）］、后片 2［长约 2 拃 + 1 指长（39cm）、宽 2 拃 + 0.5 指长（36cm）］、后片 3［长约 2 拃 + 1 指长 + 1 指宽（42cm）、宽 2 拃 + 0.5 指长（36cm）］自织棉布裁剪衣身后片。

第四步，裁剪衣身后片包边布，盛装后片包边布为三层，同样的方法随布边取包边 1［长约 4 拃 + 3 指宽（69cm），宽为 1.5 指长（12cm）］、包边 2［长约 4 拃 + 1.5 指长（75cm）、宽为 1.5 指长（12cm）］、包边 3［长约 5 拃 + 1 指宽（81cm）、宽为 1.5 指长（12cm）］的裁剪包边布。

第五步，裁剪衣袖，盛装衣袖为双层造型，取袖窿［长 7.5 拃（120cm）、宽约 1 指长（9cm）］四片，并裁剪衣袖。

5. 手针裁片锁边

为了防止裁片在画粘膏、染色、脱粘膏、刺绣等过程中布边脱线，将裁好的衣片毛边以每 3cm 9 针的密度手针锁边处理。

6. 包后片下摆

当后片装饰完成后，取后片包边（缝制方法以一件为例）。

见表 6–19，第一步为制作衣身后片，衣片设点位，取后片，在后片上设包边对位参照点 *a*′、点 *b*′、点 *c*′、点 *d*′、点 *e*′、点 *f*′ 点 *g*′、点 *h*′ 点 *i*′、点 *j*′；第二步为制作后片包边布，后片下摆包边布设对位点，取包边布设缝制对位参照点 *a*、点 *b*、点 *c*、点 *d*、点 *e*、点 *f*、点 *g*、点 *h*、点 *i*、点 *j*、点 *k*、点 *l*、点 *m*、点 *n*、点 *o*、点 *p*、点 *q*、点 *r*、点 *s*、点 *t*，折叠四周缝份；第三步为后片包边，后片与下摆包边缝合，将包边布对叠，以 *g s* 为折线，折叠点 *o*、点 *s*、点 *c*，使 *os* 线与 *cs* 线重合，点 *c*、点 *e* 与后片点 *c*′、点 *e*′ 重合；以 *kt* 为折线，折叠点 *p*、点 *t*、点 *d*，使 *pt* 线与 *dt* 线重合，点 *d*、点 *f* 与后片点 *d*′、点 *f*′ 重合；同样的方法，以 *hs* 为折线，折叠点 *q*、点 *s*、点 *i*，使 *qs* 线与 *is* 线重合，点 *i*、点 *j* 与后片（反面）点 *c*′、点 *e*′ 重合；以 *lt* 为折线，折叠点 *r*、点 *t*、点 *m*，使 *rt* 线与 *mt* 线重合，点 *m*、点 *n* 与后片（反面）点 *d*′、点 *f*′ 重合。包边布夹住后片下摆，距包边布布边 0.1cm，从一端开始起针，以每 3cm 9 针的密度拱针至另一端结束。

7. 多层裁片固定，缝合肩点

见表 6–20，第一步，将做好的衣身后片①、②、③包边完成后，对齐上边线将三层叠加，衣长从外向内依次递增排列，以每 3cm 9 针的密度从点 *i*′ 起针至点 *g*′ 结束，点 *j*′ 起针至点 *h*′ 结束，拱针分别将三层固定；第二步，同样的方法，取前片①、②边线对齐，手针从点 *c*′′ 起针以每 3cm 9 针的密度拱针缝合至点 *a*′′ 结束，点 *d*′′ 起针以每 3cm 9 针的密度拱针缝合至点 *b*′′ 结束，分别双层固定衣片；第三步，缝合前后片肩点，将固定好的前片、后片正面相对，前片点 *b*′′、点 *a*′′ 分别对齐后片点 *h*′′、点 *g*′′，手针以每 3cm 9 针的密度锁边针缝合，缝合长度为 0.5 ~ 4.5cm（未缝合的部分为领口）。

8. 缝合袖片

见表 6–21，第一步，制作袖片，将双层袖片设缝制对位参照点 *a*、点 *b*、点 *c*、点 *d*、点 *e*、点 *f*、点 *g*、点 *h*；第二步，袖片锁边，分别将四片袖片 *a b* 线、*c d* 线以每 3cm 9 针的密度回针缝合，并双层套叠在一起，从点 *g* 起针以每 3cm 9 针的密度拱针缝至点 *h* 双层固定；第三步，衣身与袖布缝合，将袖片点 *e* 与衣身肩点 *h*′ 对齐，袖片 *eg* 线段与衣身 *h*′ *j*′ 线段缝合，袖片 *eh* 线段与衣身 *h*′*d*′′ 线段缝合。衣身与袖片缝合方法为以每 3cm 9 针的密度回针完成造型。

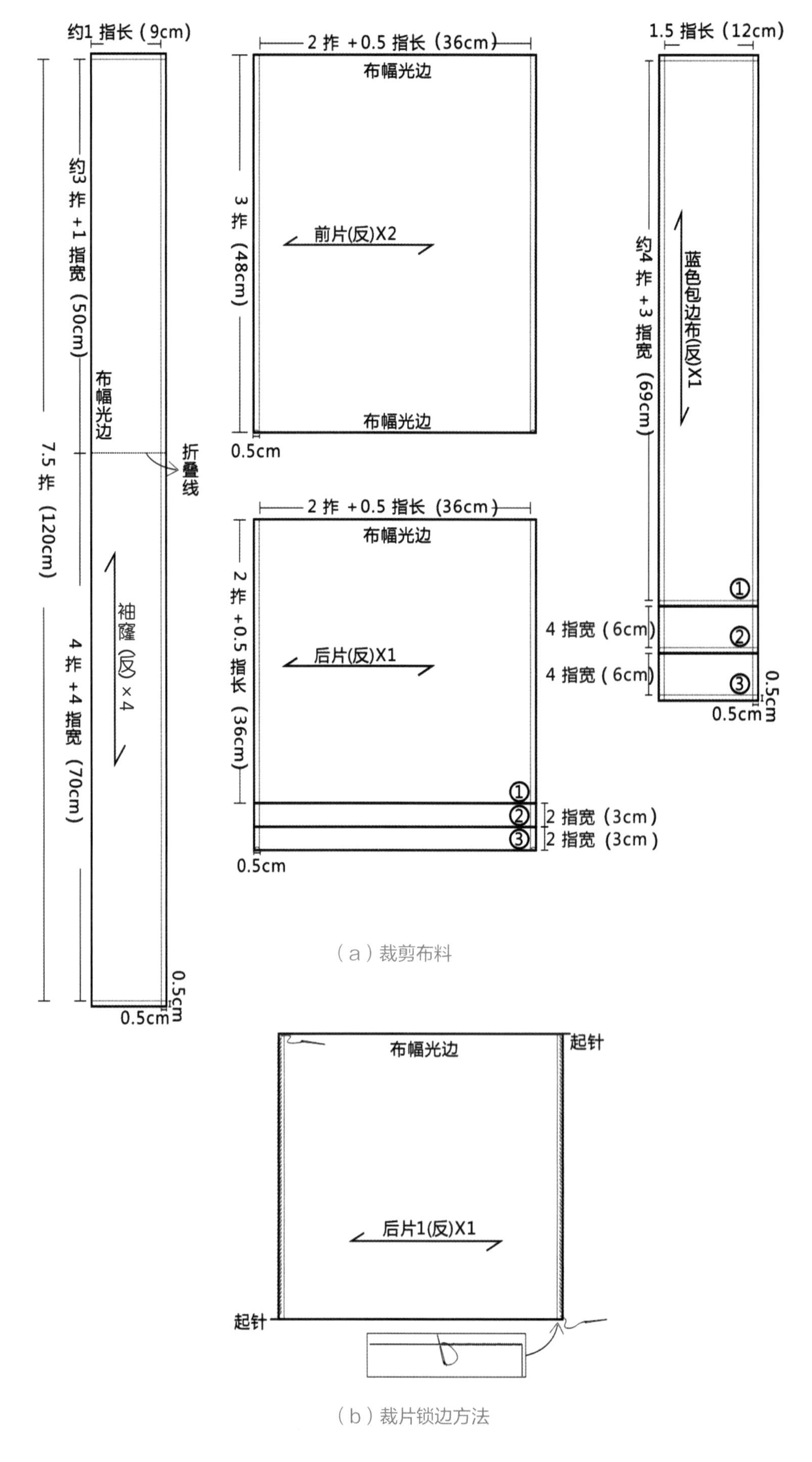

（a）裁剪布料

（b）裁片锁边方法

图 6-12　女子盛装上衣裁片、锁边

表 6-19　后片包边过程

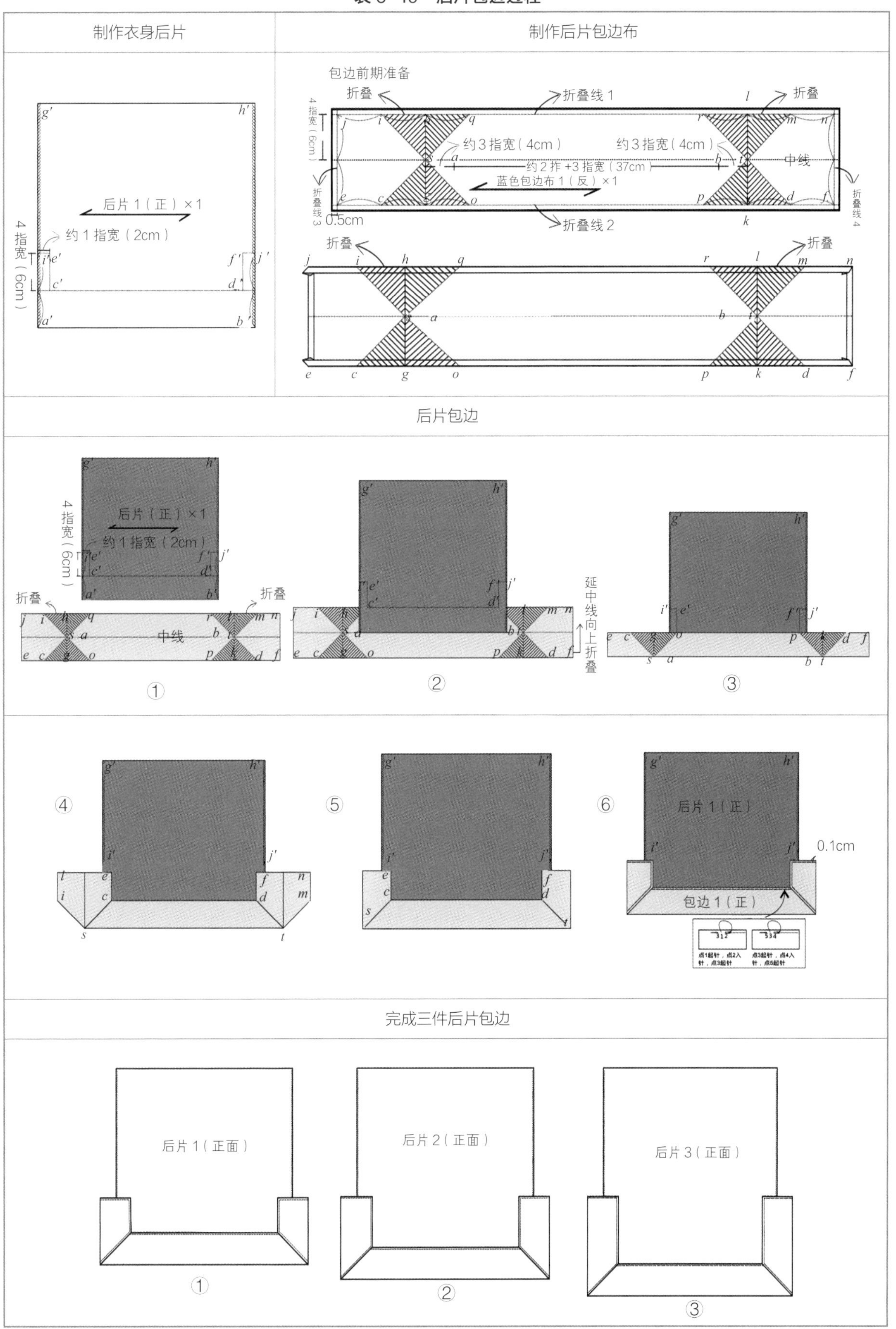

制作衣身后片
制作后片包边布
包边前期准备
折叠
折叠线 1
折叠线 2
折叠线 3
折叠线 4
4 指宽（6cm）
约 3 指宽（4cm）
中线
约 2 拃 +3 指宽（37cm）
蓝色包边布 1（反）×1
0.5cm
后片 1（正）×1
约 1 指宽（2cm）
后片包边
后片（正）×1
延中线向上折叠
后片 1（正）
包边 1（正）
0.1cm
完成三件后片包边
后片 1（正面）
后片 2（正面）
后片 3（正面）

表 6-20　多层裁片固定，缝合肩点

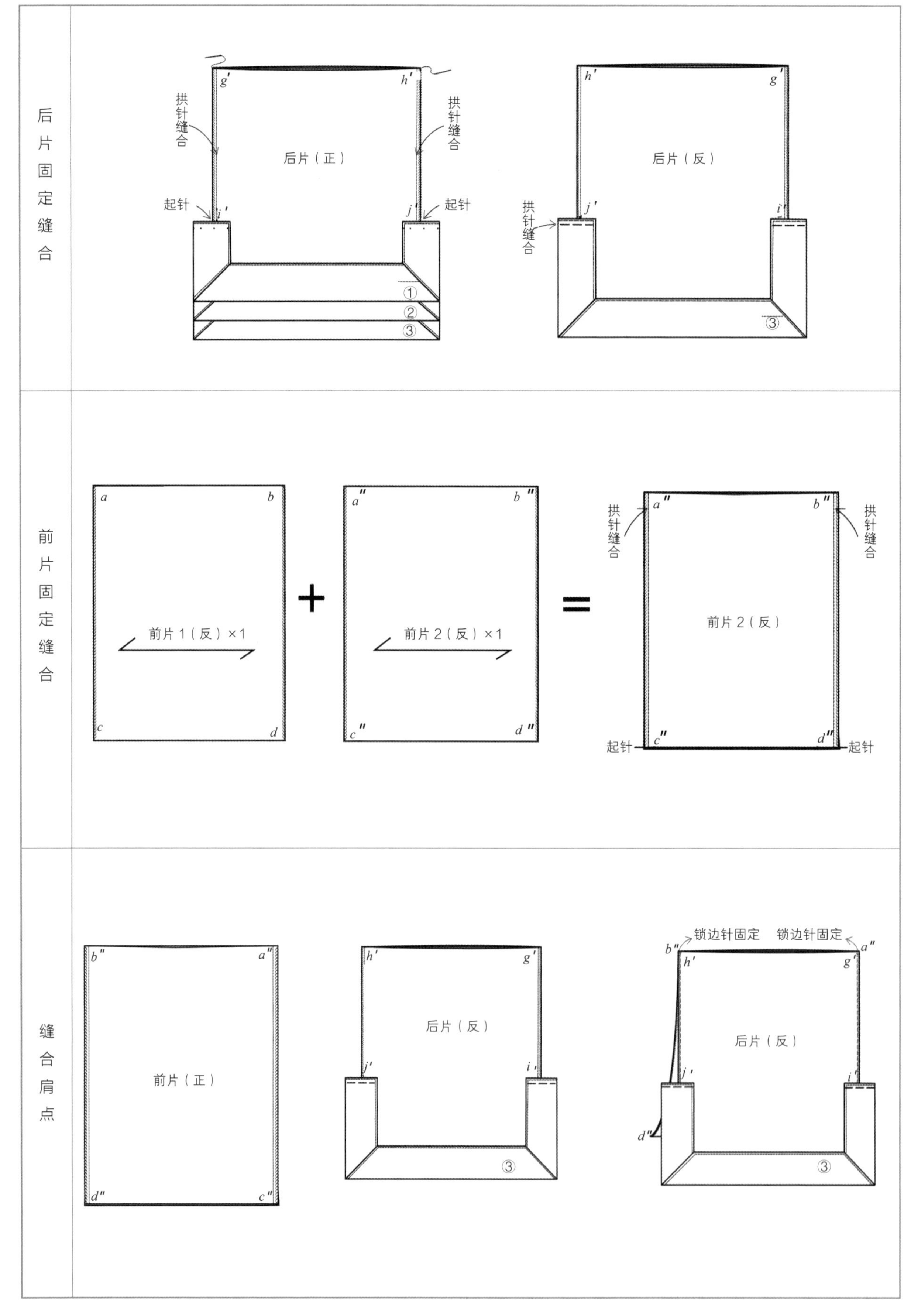

表 6-21 缝合袖片

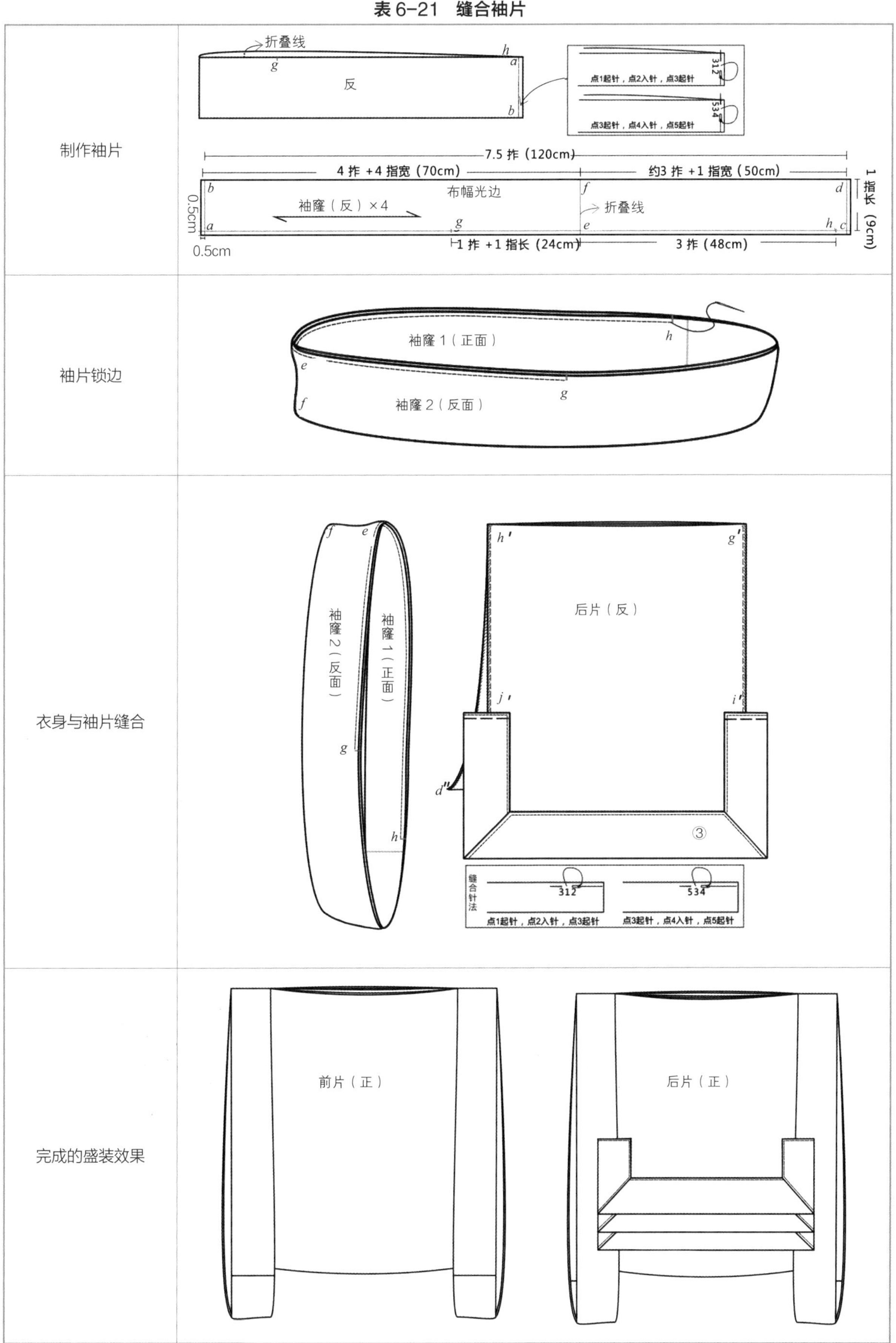

制作袖片
折叠线
反
点1起针，点2入针，点3起针
点3起针，点4入针，点5起针
7.5 拃（120cm）
4 拃 +4 指宽（70cm）
约3 拃 +1 指宽（50cm）
1 指长（9cm）
布幅光边
袖窿（反）×4
折叠线
0.5cm
0.5cm
1 拃 +1 指长（24cm）
3 拃（48cm）
袖片锁边
袖窿 1（正面）
袖窿 2（反面）
衣身与袖片缝合
袖窿 2（反面）
袖窿 1（正面）
后片（反）
缝合针法
点1起针，点2入针，点3起针
点3起针，点4入针，点5起针
完成的盛装效果
前片（正）
后片（正）

二、女子黑衣

1. 女子黑衣效果图、实物图、款式图

见表 6–22。

2. 女子黑衣制作工艺流程

女子黑衣制作工艺流程是准备材料 → 裁剪 → 拼合袖缝 → 合袖底、下摆缝、预留侧位衩 → 裁剪前门襟 → 裁剪衣领 → 双层合夹 → 绱领子。

3. 重点工艺分析

女子黑衣为“折纸状 T”型造型（图 6–13），前后左右对称，所用面料均为手工自织棉布。采用直线开门襟、直线拼接衣身围度、袖缝，保持材料完整性，使布料的利用率最大化。

4. 裁剪

女子黑衣为双层夹里布造型。裁剪第一步，先随布边拃量出衣身裁片长度并用手捏住此位置；第二步，由衣身裁片长度位置双折面料，与拃量布边的起点对齐裁剪布料（衣身前后片）；第三步，裁剪袖片；第四步，裁剪衣领。第一步至第三步重复裁剪一次得到双层夹里。

5. 手针缝合袖子

女子黑衣为双层夹里布造型，衣身缝制方法以单层为例进行说明。

如图 6–14 所示，取上衣衣身片，将其以每 3cm 9 针的密度拱针直线分别与袖片缝合，以每 3cm 9 针的密度缝份锁边完成衣身裁片。

6. 合袖底、下摆缝

如图 6–15 所示，将缝合后的衣片对叠整理，对齐袖口、袖底缝、侧摆缝、下摆位置，从袖口处开始起针，以每 3cm 9 针的密度拱针直线缝合至侧缝下摆开衩处结束（留出开衩位）；同样的方法，留出开衩位，从侧缝下摆开衩处起针以每 3cm 9 针的密度拱针直线缝合至袖口处结束。同样的方法，以每 3cm 9 针的密度缝份锁边合袖底、下摆缝，预留侧衩位置完成。

表 6–22　女子黑衣效果图、实物图、款式图

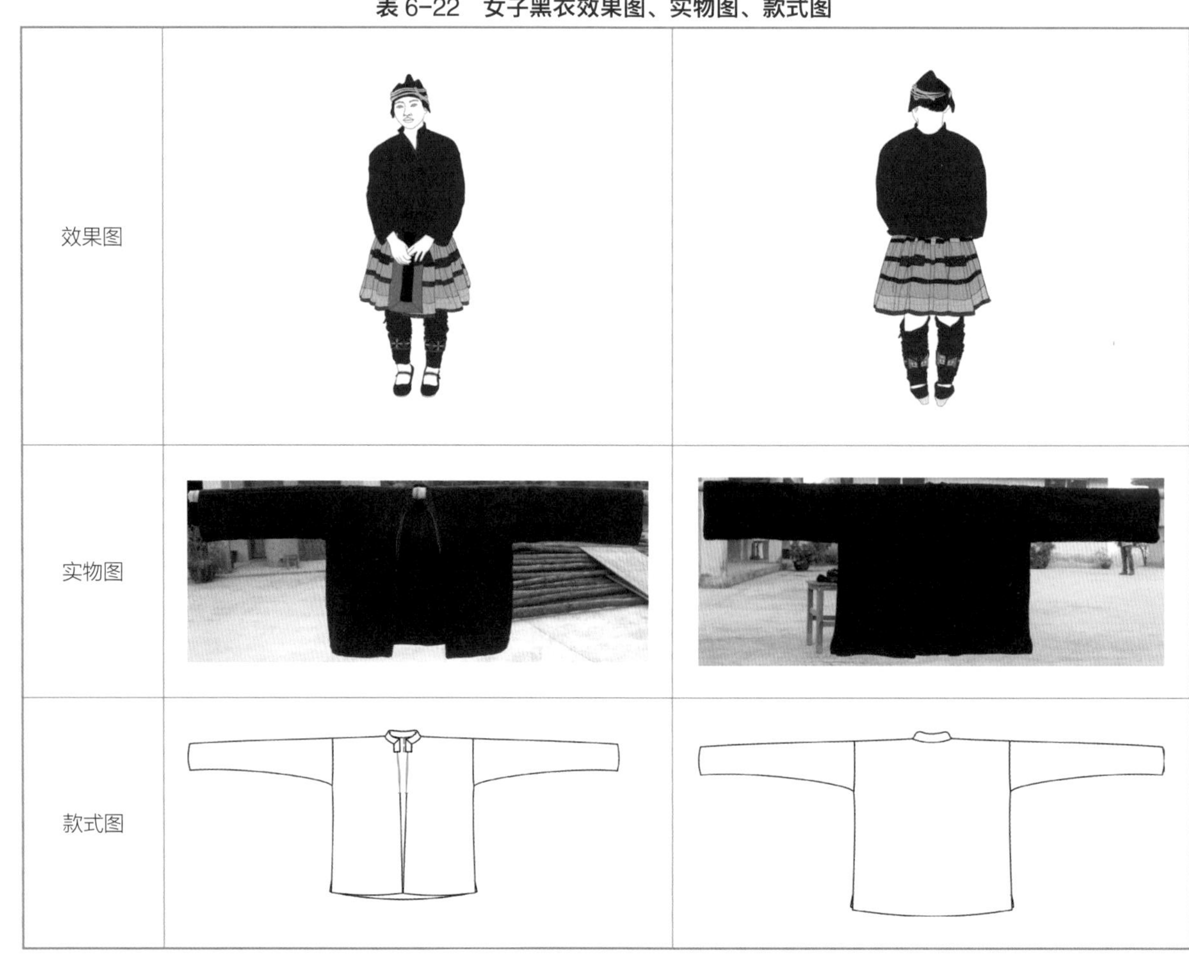

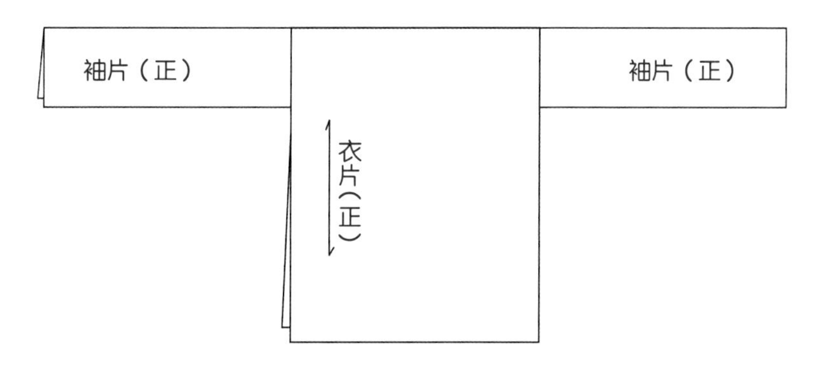

（a）女子黑衣上衣造型原理

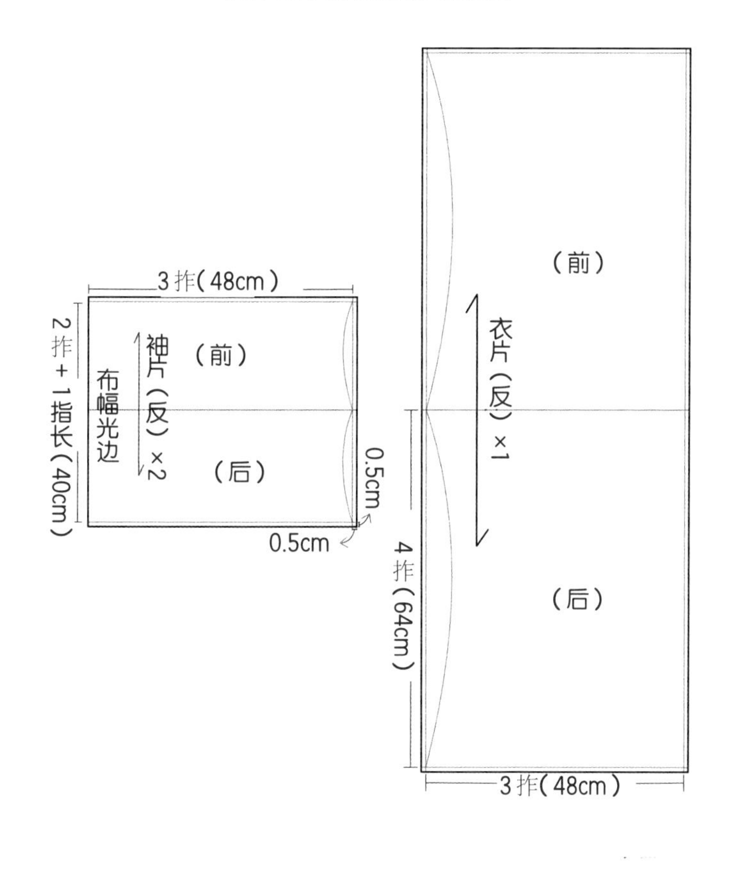

（b）女子黑衣裁片

图6-13　女子黑衣工艺分析

7. 裁剪前门襟

见表6-23，衣身缝合后呈袋装造型。将衣身、袖子摊开整理平复，从衣身中心线折叠衣身裁片，使身与身、袖与袖相对，单层剪开衣身中心线，被剪开的衣身片为衣身前片、前门襟位置。

8. 裁剪衣领

见表6-24，以前片为面将上衣再次沿中心线对叠，前中心线和肩线分别为线 b、线 a，沿45°角射线设线 c，沿45° 角射线对叠使线 a、线 b 重合。在线 c 约1指宽（1.5cm）的等腰直角三角形处剪开粗裁领子；将减掉领角的衣身平面展开为双层“V”形领弯，在“V”原有的领深的基础上保持后领深不变，对领长线进行长度调节，调节后的成品领弯长为1拃+1指长（24cm）。

9. 上衣双层合夹

见表6-25，第一步制作两件相同面料、尺寸的上衣，将两件上衣（一件为面，一件为里）摆平正面相对，并且套叠成一件上衣；第二步，

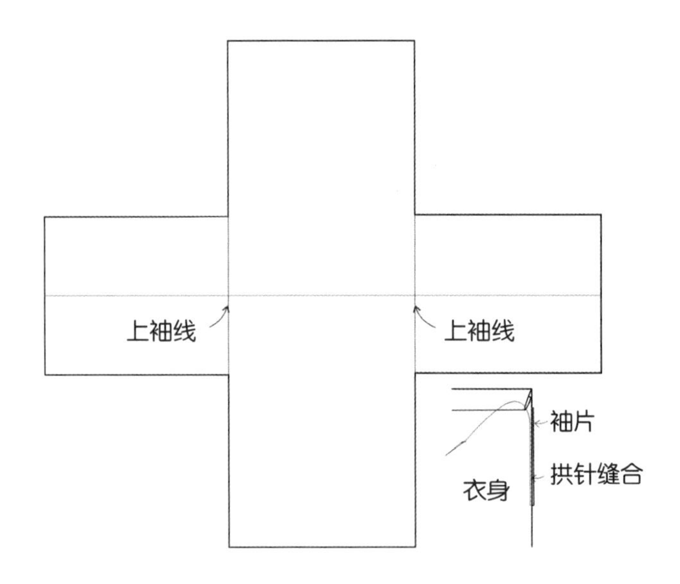

图 6-14　女子上衣衣身缝合图

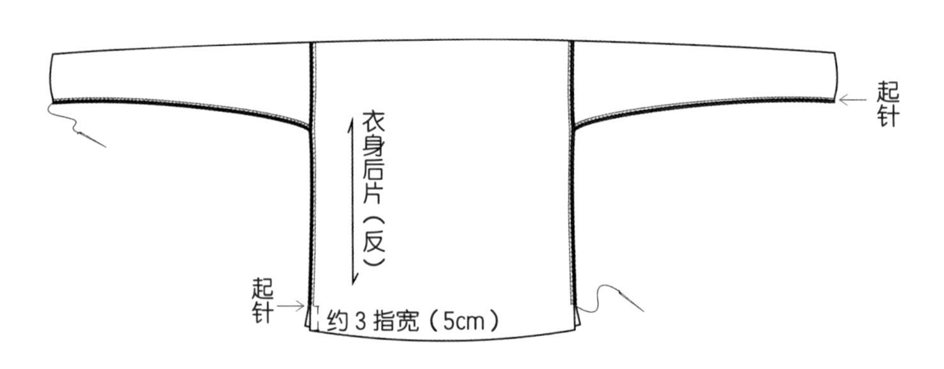

图 6-15　合袖底、下摆缝

将套叠完成的双层上衣两侧、前门襟处、领口向下 1（拃）+ 0.5（指长）≈ 20cm 处设点 *a*、点 *b*、点 *c*、点 *d*、点 *e*、点 *f*、点 *g*、点 *h*、点 *i*、点 *j*；第三步，缝合门襟、侧衩、下摆、袖口，从点 a 开始起针，以每 3cm 9 针的密度拱针缝制缝份，通过点 *c*、点 *f*、点 *e*、点 *g*、点 *i*、点 *h*、点 *j*、点 *d* 至点 *b* 处结束，门襟、侧衩、下摆缝合后，将其中一层（反）袖子从套好的袖窿里掏出，使上衣呈对叠的双层，整理袖片，将袖口相对，从袖口缝份处一端起针以每 3cm 9 针的密度拱针缝至一圈后自起针处结束；第四步，叠合整理，整理前门襟、衩位，翻转上衣整理，使两件衣服反面对叠合成一件衣服。

10. 绱领子

见表 6-26，首先将领子、领弯分别设对位点 *a*、点 *b*、点 *c*、点 *d*、点 *e*、点 *f*、点 *g*，把裁剪好的领子布折光毛边，然后沿中线对叠（为绱领缝制做准备）；依照绱领路径图（左前门襟上领处开始，右前门襟绱领处结束，即从门襟点 *f* 起，对准领子点 *f* 回针缝至点 *d*；将领面在门襟与领弯转折处折叠放平回针，从点 *d* 开始，同样的方法回针缝至点 *e*，直到点 *g*。绱领完成），将衣领布双层夹前门襟、前后领弯缝份以每 3cm 9 针的密度回针完成绱领工艺；在制作直线、弧线绱领过程中，领子布双层夹左右门襟、前后领弯以每 3cm 9 针的密度回针完成包边；转角处绱领工艺方法是领子布分层对角折叠后，双层

表 6-23　裁剪前片门襟

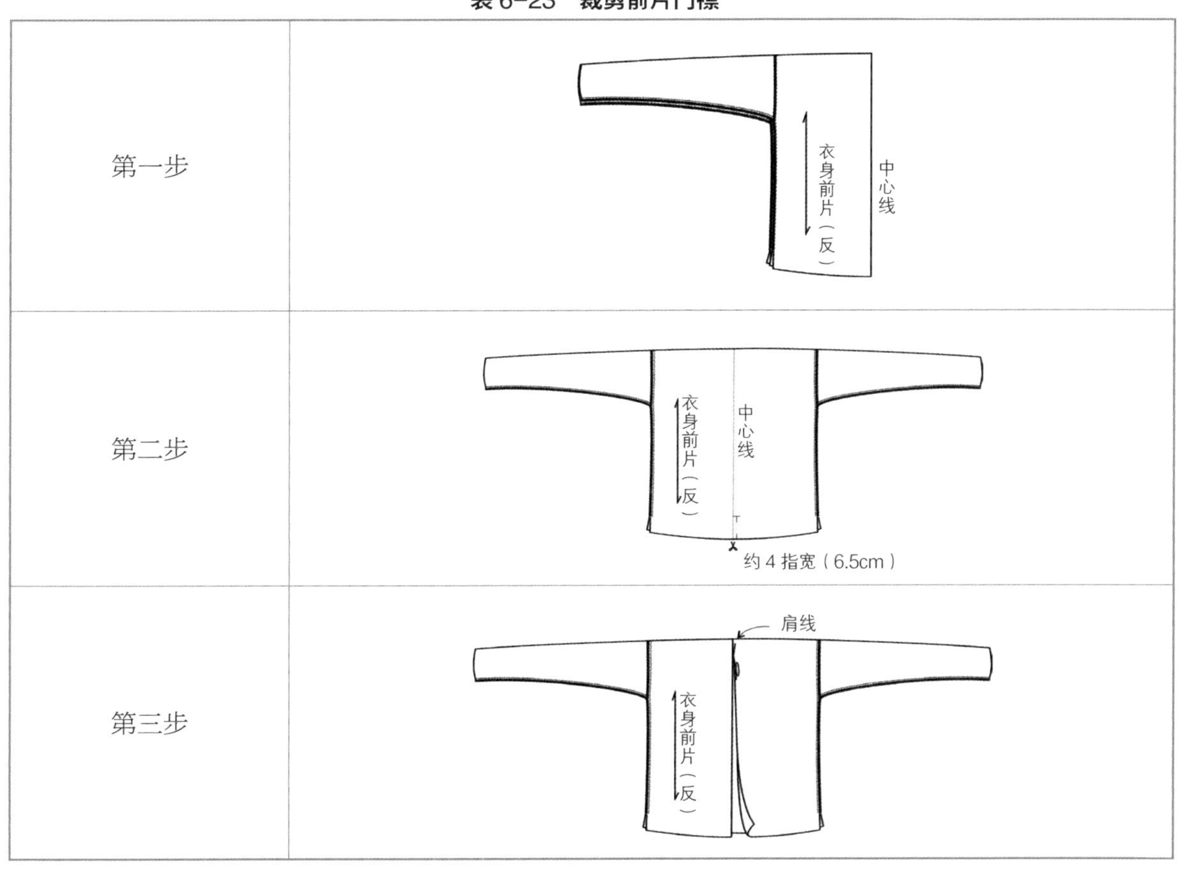

表 6-24　裁剪衣领

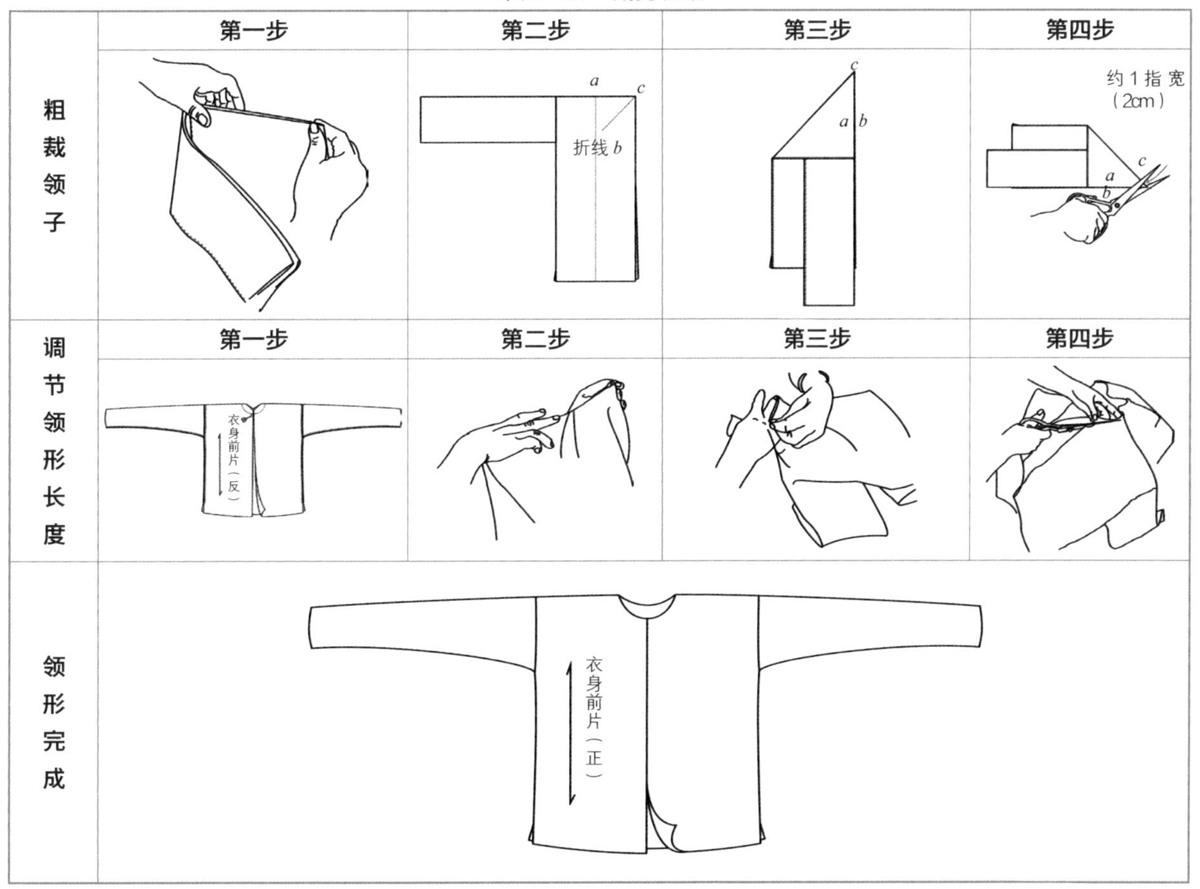

表 6-25　上衣双层合夹

套叠上衣	确定对位点
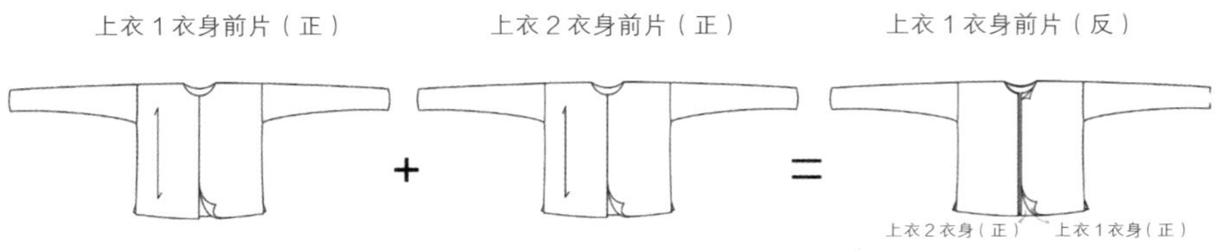 上衣 1 衣身前片（正） + 上衣 2 衣身前片（正） = 上衣 1 衣身前片（反） 上衣 2 衣身（正）　上衣 1 衣身（正）	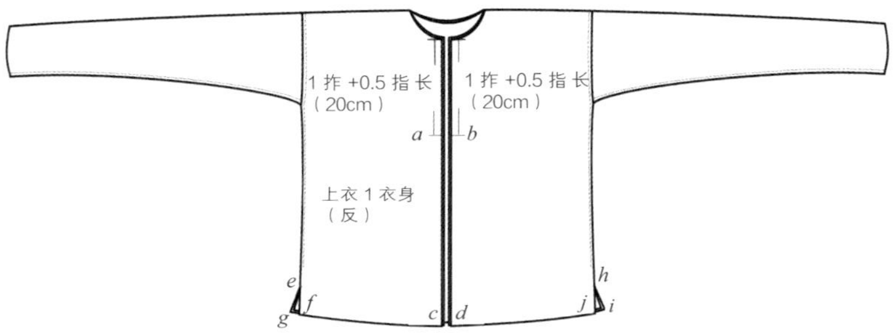 1 拃 +0.5 指长（20cm）　1 拃 +0.5 指长（20cm） a　b 上衣 1 衣身（反） e　f　g　c　d　h　j　i

缝合门襟、侧衩、下摆、袖口

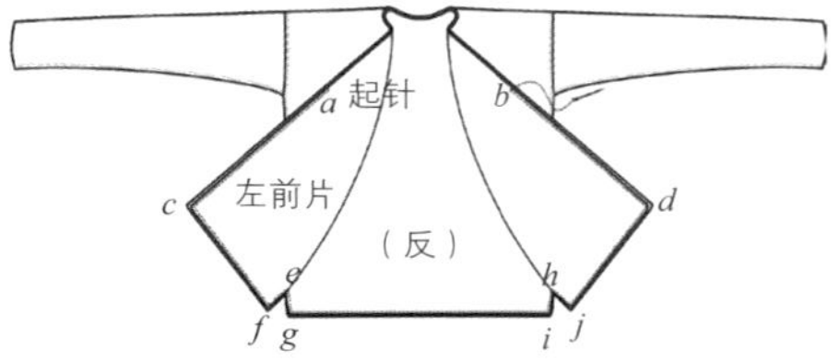

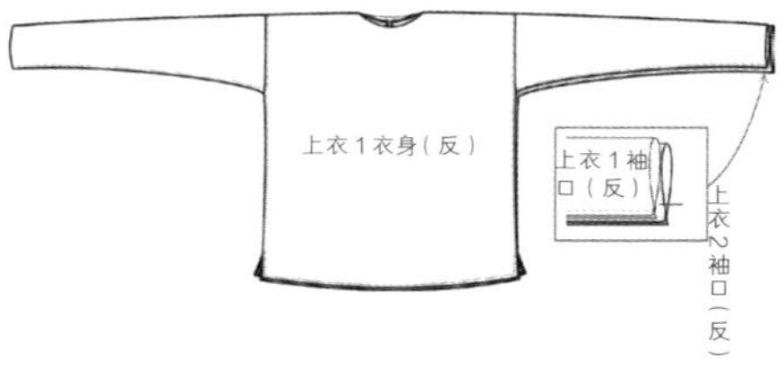

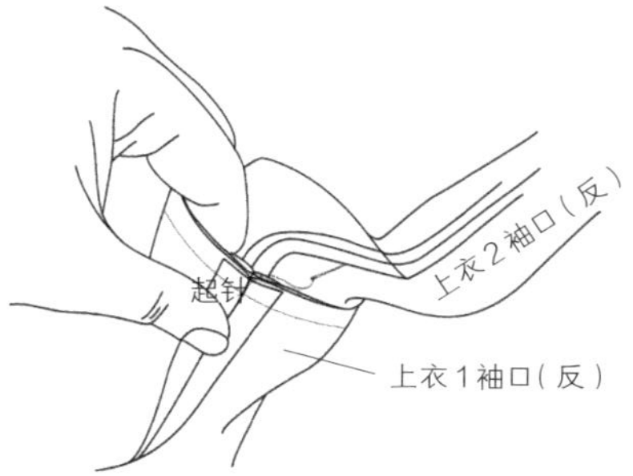

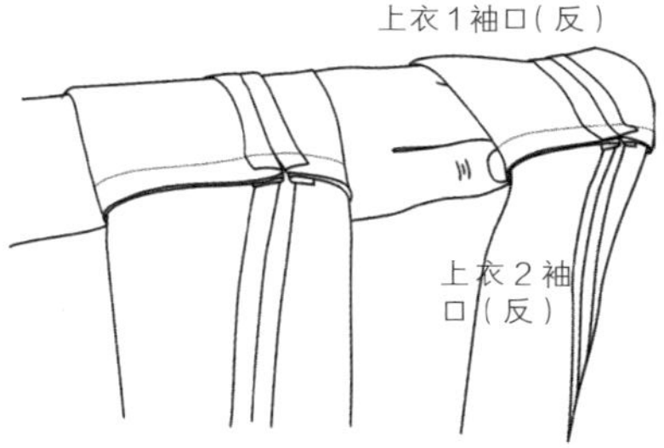

起针　a　b 左前片　（反） c　d　e　h　f　g　i　j	上衣 1 衣身（反） 上衣 1 袖口（反） 上衣 2 袖口（反）	起针 上衣 2 袖口（反） 上衣 1 袖口（反）	上衣 1 袖口（反） 上衣 2 袖口（反）

叠合整理

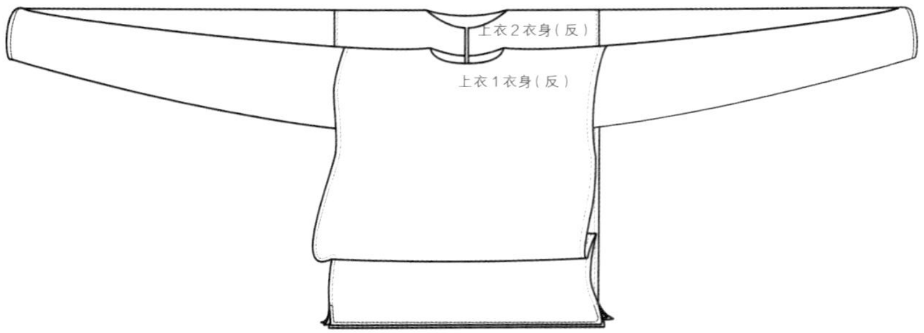

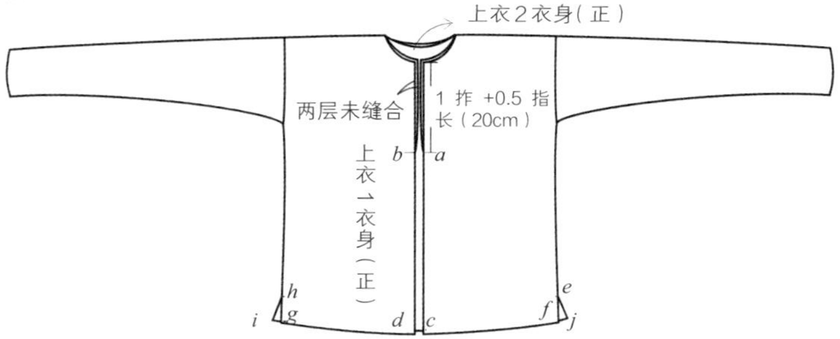

上衣 2 衣身（反） 上衣 1 衣身（反）	上衣 2 衣身（正） 两层未缝合　1 拃 +0.5 指长（20cm） b　a 上衣 1 衣身（正） h　i　g　d　c　e　f　j

表 6-26 绱领子路径图及方法

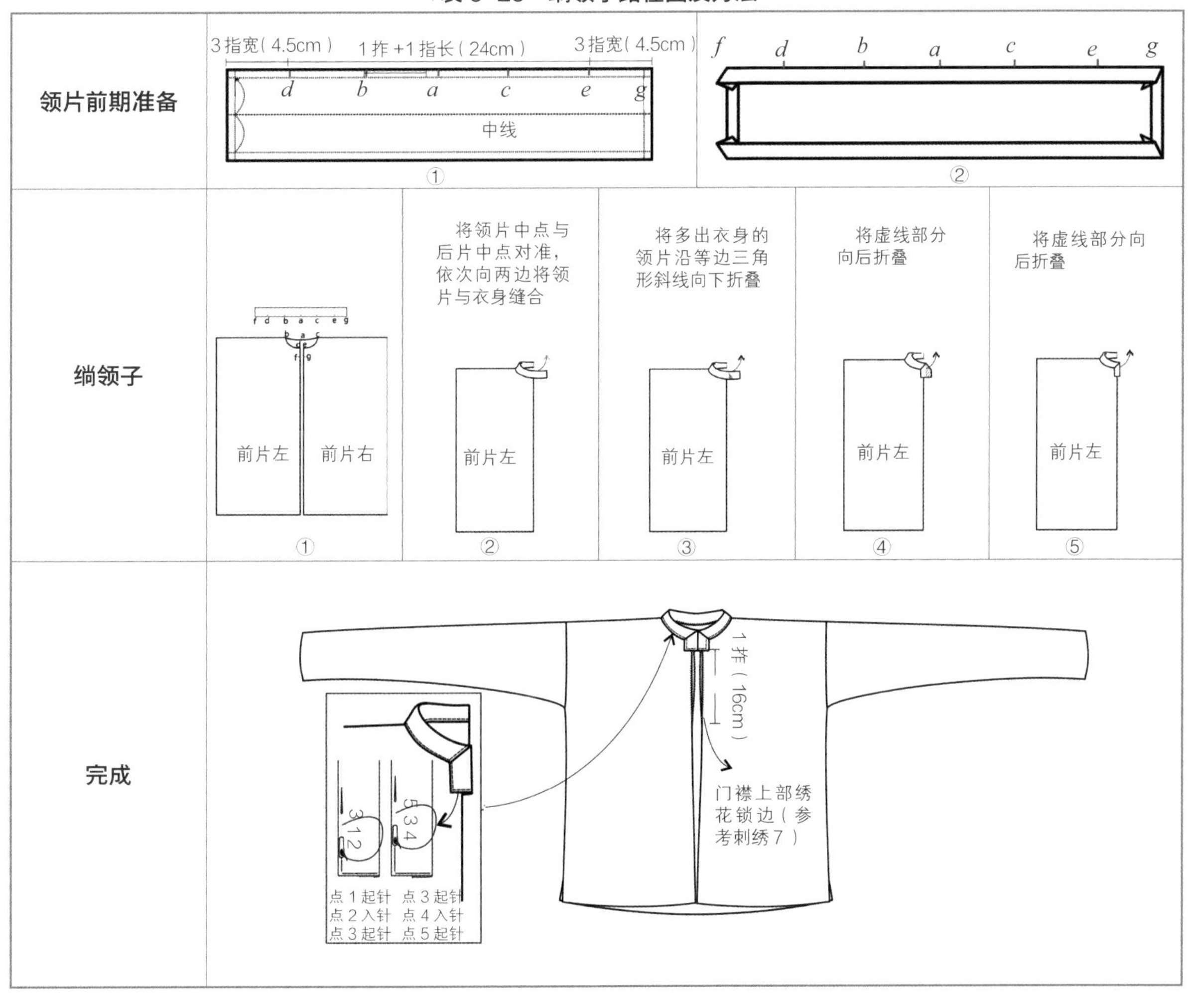

夹左右门襟、前后领弯缝份以每 3cm 9 针的密度回针完成。

三、女子百褶裙与挡片布

百褶裙是白裤瑶女子一年四季都穿着的服饰，裙子可与黑衣、贯头衣、盛装上衣搭配穿着。裙子主色以黑蓝两色相间，配以橘色、黄色蚕丝布、红色刺绣裙边托装饰而成，百褶裙为一片围式造型，裙的交合处还配有一块挡布。

1. 女子百褶裙效果图、实物图、款式图

见表 6–27。

2. 女子百褶裙制作工艺流程

女子百褶裙制作工艺流程是准备材料 → 裁剪 → 锁布边、粘膏染 → 拼合裙身 → 做装饰布 → 捏褶、锁褶 → 上裙腰 → 加固裙褶。

3. 女子挡片布制作工艺流程

女子挡片布制作工艺流程是准备材料 → 裁剪 → 挡片布设点 → 包边布设点 → 包边 →制作挡片绳。

4. 重点工艺分析

女子百褶裙为一片围式造型，裙身由三部分组成。所用面料均为手工自织棉布，利用幅宽的优势取裙身围度保持材料完整性，使布料的利用率最大化。

5. 裁剪

见表 6–28，第一步，先随布边拃量出裙身裁片（裙主面料）宽度并用手捏住此位置［约 8 拃 + 3 指宽（133cm）］，由裙身裁片宽度位置双折面料与拃量布边的起点对齐裁剪布料，同样由裙身裁片宽度位置双折面料与拃量布边的起点对齐裁剪布料，完成裙身三个部分裁片；第二步，裁剪裙边装饰 3，裙边装饰 3 是装饰

表 6-27　女子百褶裙效果图、实物图、款式图

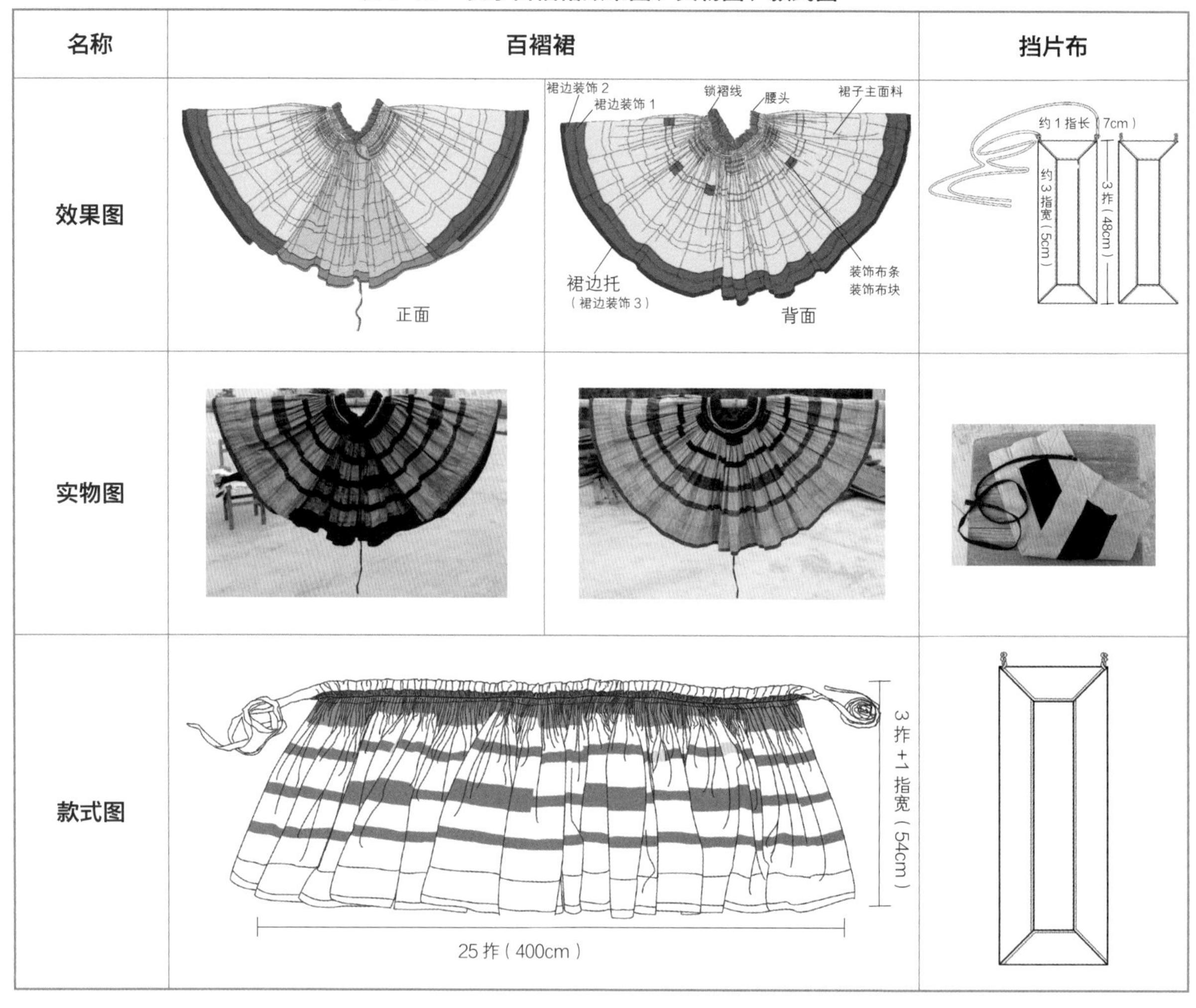

裙身下摆的部分，随布边拃量出裁片［长 24 拃（384cm）、宽约 4 指宽（5.5cm）］，然后刺绣装饰；第三步，裁剪腰头布，随布边拃量出裁片［长 5 拃（80cm）、宽 4 指宽（6cm）］；第四步，裁剪腰绳布，随布边拃量出裁片［长 8 拃 + 1.5 指长（140cm）、宽 2 指宽（3cm）］；第五步，裁剪裙主面料装饰块的橘色蚕丝面料［7 块，长、宽为 4 指宽（6cm）］；第六步，裁剪裙主面料装饰条的黄色蚕丝面料［7 条，长 4 指宽（6cm）、宽约 0.5cm］；第七步，裁剪裙边装饰 1 的橘色蚕丝面料［2 条，长 25 拃（400cm）、宽 4 指宽（6cm）］；第八步，裁剪裙边装饰 2 的黄色蚕丝面料［1 条，长 25 拃（400cm）、宽 0.5cm］。

6. 拼合裙身，做装饰布

见表 6-29，第一步，取画完粘膏的三块裙片，将其整理平复后，对好花位每 3cm 9 针的密度回针拼接在一起；第二步，缝合裙主面料装饰块（7 块），将其放置于粘膏画图案对应的长方形空格内，每 3cm 9 针的密度回针缝合其（上）边长线，留出其余 3 边不缝；第三步，裙主面料装饰条缝合，裙主面料装饰条是装饰在 7 块装饰布块上，与中线重合、左右对齐的装饰部分，每 3cm 9 针的密度穿透裙主面料三层一起回针缝合完成；第四步，缝合裙边装饰 3，将裙边装饰 3 对准裙主面料下摆，对其中心线左右两端距裙主面料两端各差 1 指长（8cm）位置，从右侧开始起针每 3cm 9 针的密度回针缝合至左侧末端结束；第五步，缝合裙边装饰 1，将裙边装饰布双层重叠放置裙主面料下摆处上，压裙子正面距离下摆 3 指宽（4.5cm）的位置，从右侧开始起针每 3cm 9 针的密度回针缝合至左侧末端结束；

表 6-28　女子百褶裙主体裁片

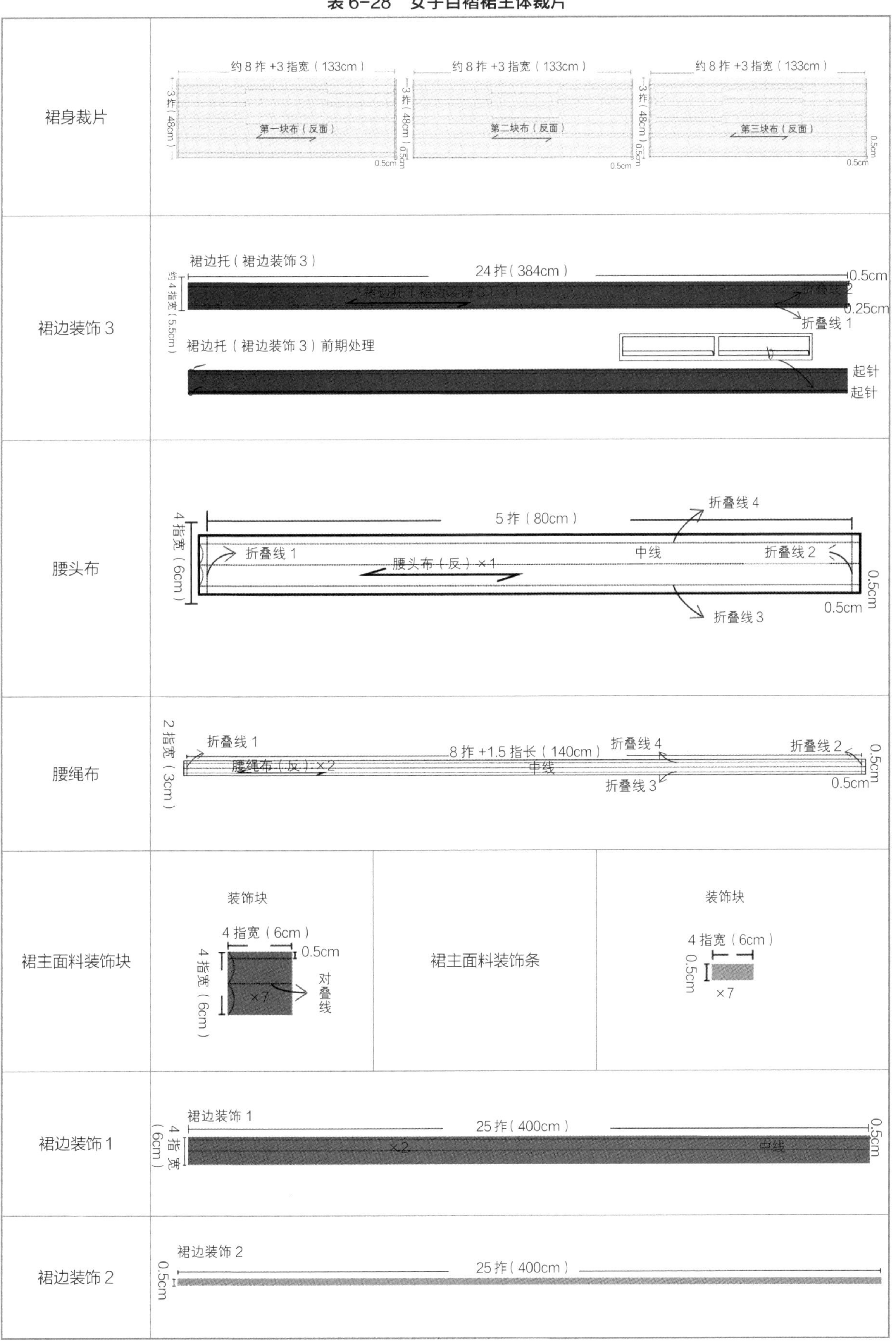

表 6-29　拼合裙身、做装饰布

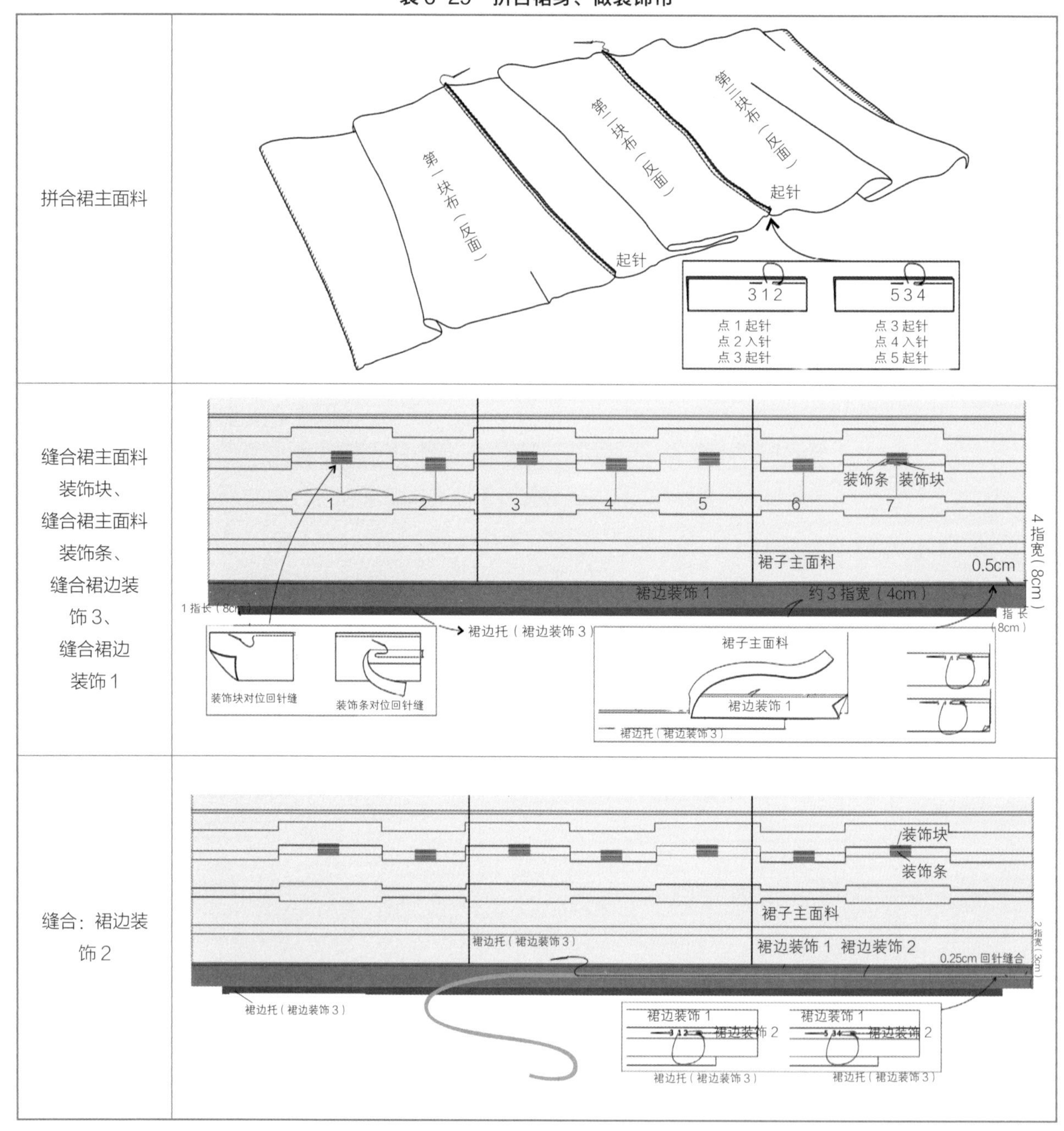

第六步，缝合裙边装饰 2，将裙边装饰 2 放置于裙边装饰 1 正面左右对齐，穿透裙主面料、裙边装饰 1 四层一起，沿着裙边装饰 2 中线从右侧起针每 3cm 9 针的密度回针缝合至左侧末端结束。

7. 捏褶、锁褶

裙片缝制完成后，开始捏褶、锁褶（表 6-30）。第一步，两人平行提起裙边的两端，用手捏出约 1cm 的褶量，用拇指指甲与食指指甲刮出褶痕；第二步，将捏好褶的裙片距腰头 0.5cm 处根据褶痕拱针，完成拱针后抽线将裙褶归纳在一起，为绱腰头做准备；第三步，将裙子腰部固定，取一根约 4cm 的小竹棍（标尺），将竹棍一端与裙边垂直量褶痕，用针穿过 4 个褶痕出针，针头（或针尾）回到第 1 个褶与第 2 个褶的褶间隙中穿过刚才的缝线套结，以此类推完成锁褶，锁褶回针永远保持 3 个褶为一个套结单位。

8. 绱裙腰、缝腰绳

绱裙腰是百褶裙后期的制作工序（表 6-31），将裙片褶位固定后，腰头布缝在裙片上（两边夹缝腰绳）固定裙身造型。第一步，做裙腰，取腰

表 6-30　捏褶、锁褶

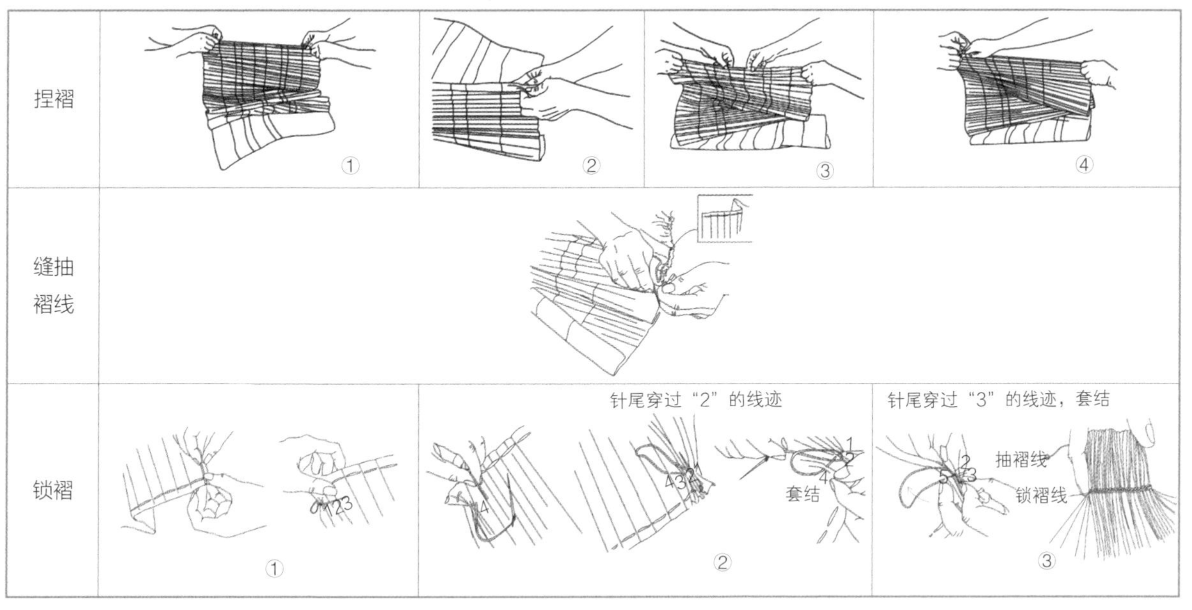

表 6-31　绱裙腰

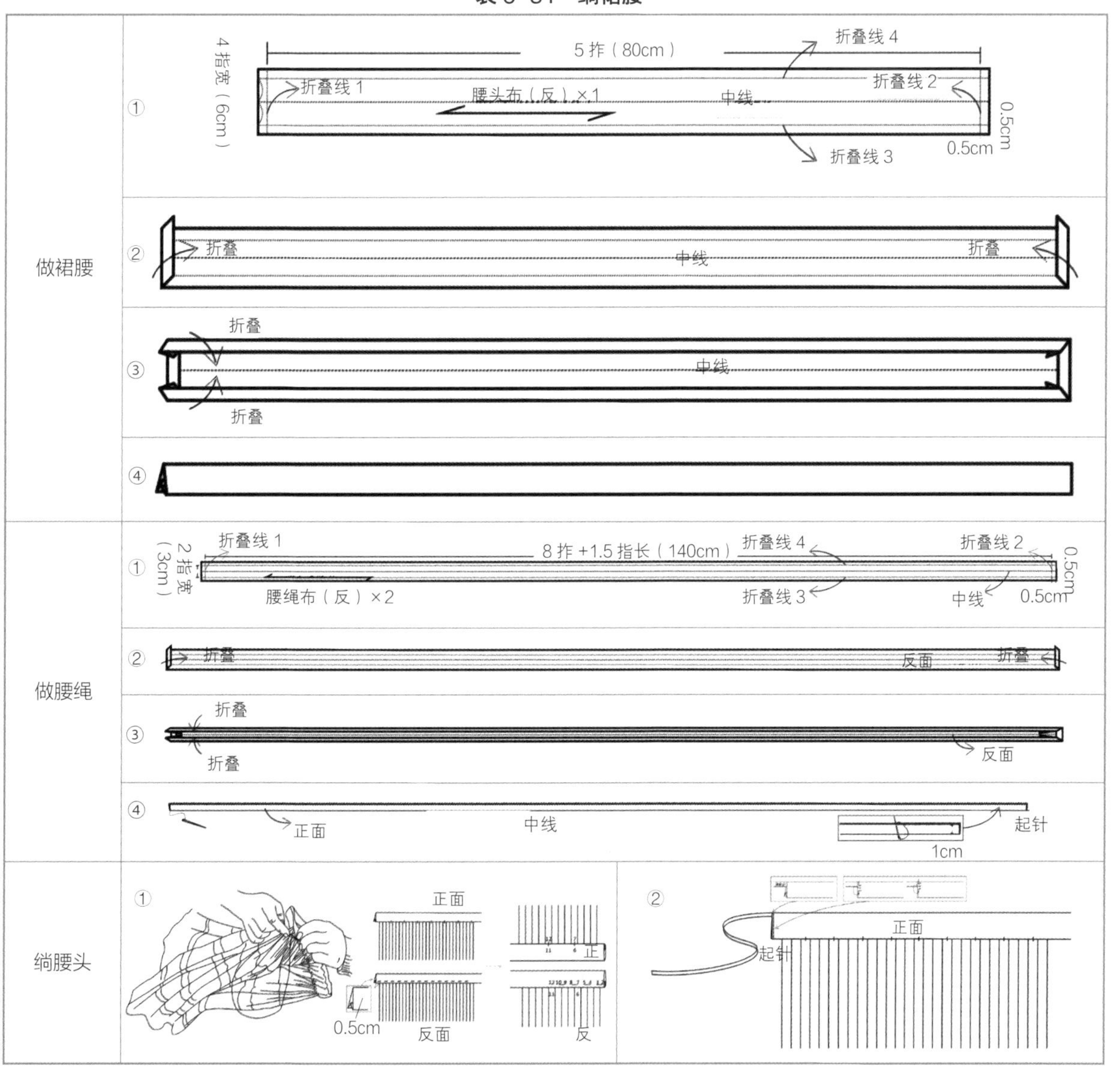

头布沿四周缝份折叠，再次沿腰头布中线对叠，使之形成双层长方形布条；第二步，做腰绳，取腰绳布沿四周折叠缝份，再沿腰绳布中线对叠，使之形成双层长方形布条，手针每3cm 9针的密度缝合布条边线，完成腰绳制作；第三步，绱腰头，将腰头布包裹住裙片以固定好裙褶上端，左右两侧各留出0.5cm夹缝距离缝合裙腰，腰面为锁边针每三个褶缝一针，腰里为拱针每隔一个褶一针。点1进针（腰头正面缝份里）、点2出针（腰里）、点3进针（腰里）、点4出针（腰里），以此类推；第四步，缝腰绳，将绳子一端藏于腰头布开口中，从腰头下端起针每3cm 9针的密度回针缝至上端结束。

9. 加固裙褶

百褶裙缝制完成后，将其绑在竹筐上，调整褶量使裙褶均匀整齐。见表6-32，将裙子铺在竹筐上，在腰头部分向下分别捆三根绳子，用手将每根绳子之间的褶裥重新整理，使每一个褶裥均匀整齐地贴合在竹筐上。当第一、第二、第三根绳子之间的褶裥整理完成后，在百褶裙下摆位置捆第四根绳子，捆完后用同样的方法整理褶裥，调整褶裥松紧与均匀程度，静置3天以上（放置时间越长褶型也就更好），裙子制作完成。

10. 制作挡片布

挡片布是百褶裙交合处的挡布，裆片布主色为黑色，周边镶浅蓝色。穿着百褶裙时，将挡布系上带子绑在腰上，与裙子呼应造型。挡片布制作过程见表6-33。第一步，先随布边拃量出前挡片［长3拃（48cm），宽约1拃（17cm）］、包边布［长约8拃＋1指宽（130cm），宽约1指长＋1指宽（10cm）］、挡片绳［长8拃＋1.5指长（140cm），宽2指宽（3cm），2根］并裁剪。第二步，首先挡片布设点，取挡片布，将宽度分为3个部分，设缝制对位点a、点b、点c、点d、点e、点f、点g；包边布折边设点，取包边布将布的毛边缝份折叠；设缝制对位点a'、点b'、点c'、点d'、点e'、点f'、点g'、点h'、点i'、点j'、点k'、点l'、点m'、点n'、点o'、点p'、点q'、点r'、点s'、点t'、点u'、点v'、点w'、点x'、点y'、点z'、点a''、点b''、点c''、点d''、点e''；接下来制作挡片布，取设好点的挡片布、包边布，并将其对点缝制，将挡片布点a、点b分别与包边布点a'、点f'对应，以包边布$a'f'$为折线，将包边布折叠，并且包住挡片布；以包边布$h'f'$为折线，折叠点g'、点f'、点i'，使$g'f'$线与$i'f'$线重合，点i'、点n'与前挡片点f、点g重合；以$o'm'$为折线，折叠点n'、点m'、点p'，使$n'm'$线与$p'm'$线重合，点p'、点u'与前挡片点g、点h重合；以$v't'$为折线，折叠点u'、点t'、点w'，使$u't'$线与$w't'$线重合，点w'、点b''与前挡片点h、点e重合；以$b''a''$为折线，将三角$a''c''b''$向内折叠，点b''点a''与包边布点c'、点a'重合，包边（面）部分完成；同样的方法，完成包边（里）部分。包边布包住前挡片四周后，距包边布布边0.1cm，从$b''a''$为折线开始起针，每3cm 9针回针缝制一圈完成。

11. 制作挡片绳、穿绳

取挡片绳布，沿四周折叠缝份，再沿挡片绳布中线对叠，使之形成双层长方形布条，每3cm 9针的密度锁边完成挡片绳；见表6-34，将松紧绳单股穿针分别从缝制好的挡片布一边宽度对角点a''、点t'穿出，留出适当的穿绳量打结完成。

表6-32 加固裙褶

第一步	第二步	第三步	第四步	第五步
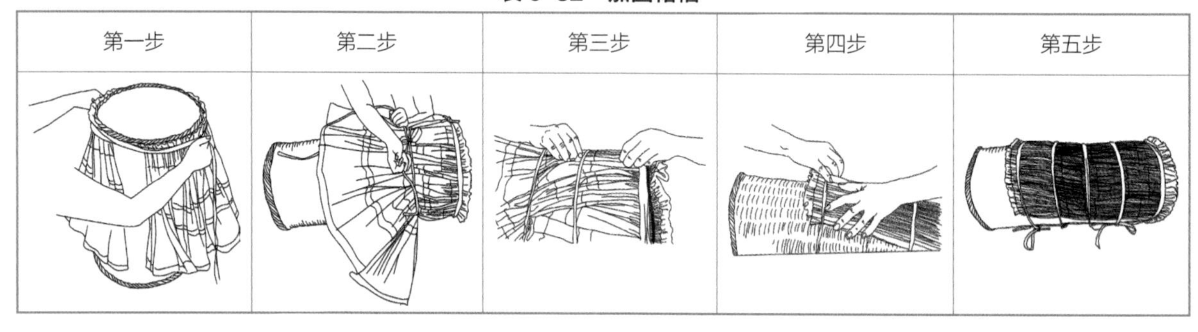				

表6-33 挡片布制作过程

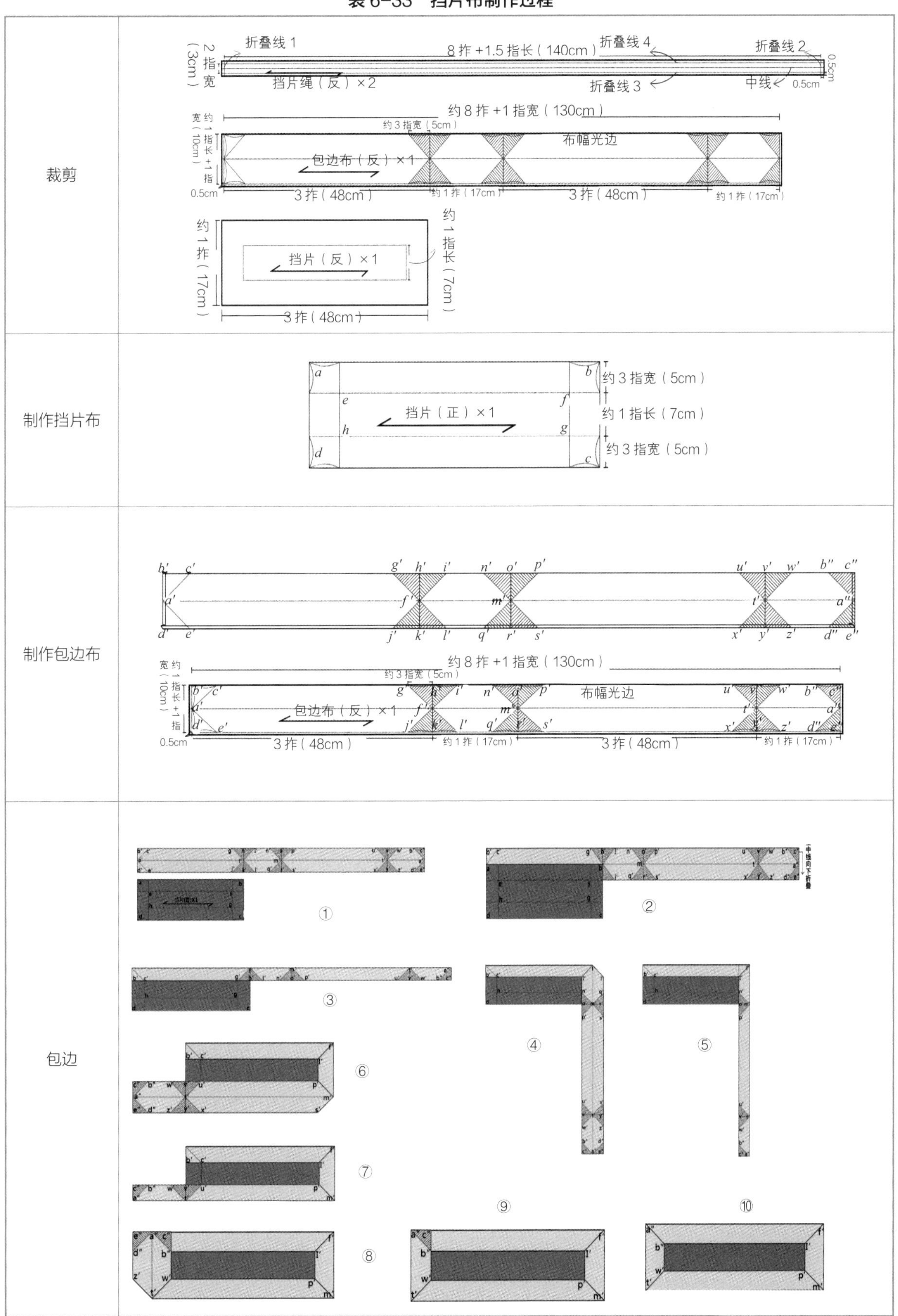

表 6-34　制作挡片绳、穿绳

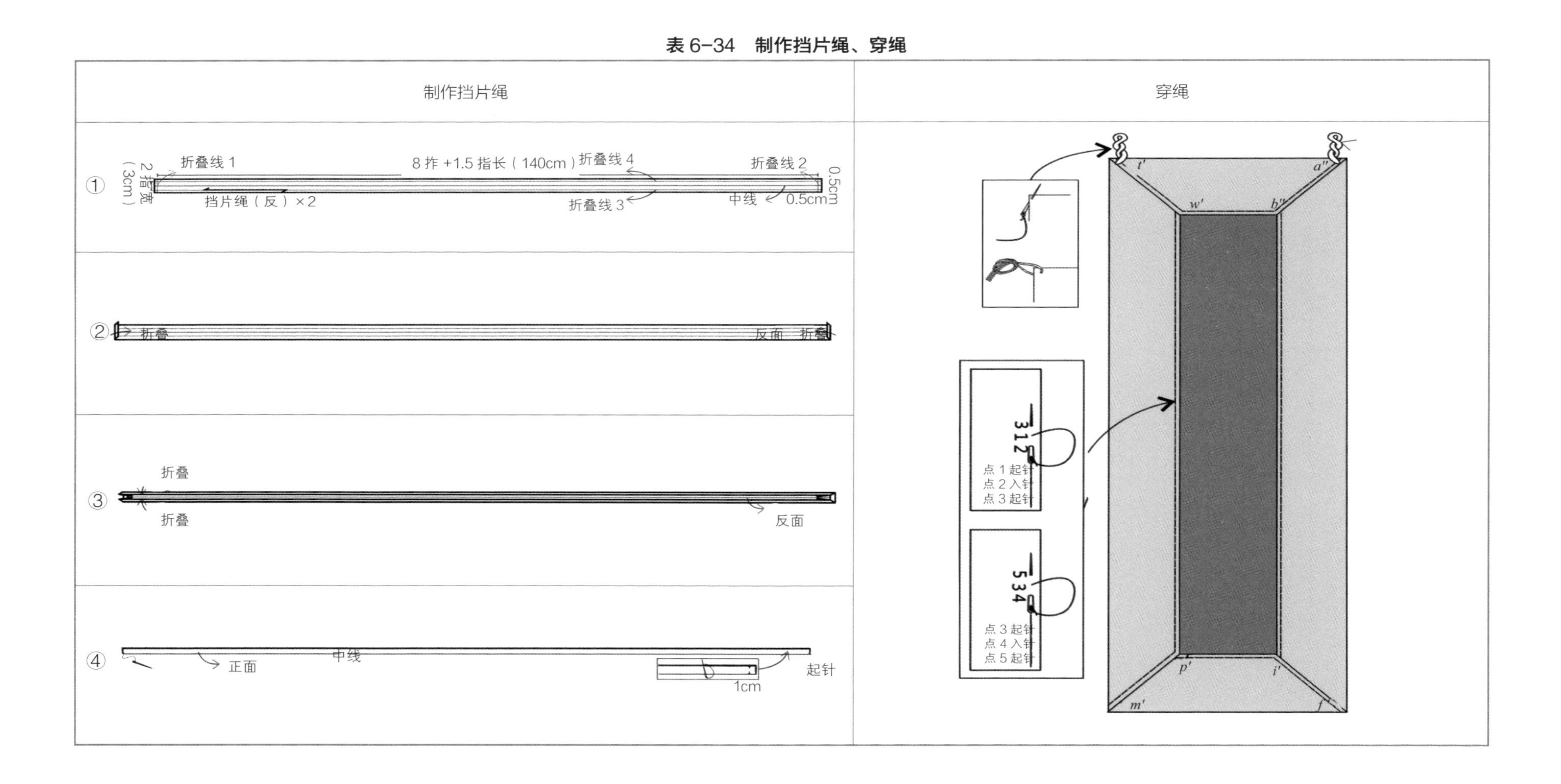

第四节 儿童衣裳缝制技艺

白裤瑶儿童服饰基本是模拟成人的服饰形制，男童服饰上衣以黑色为主调造型，立领对襟无纽扣配腰带装饰，裤子为搭配盛装的花裤，有帽子、腰带、小绑布、绑腿带装饰，与男子花衣形制基本相似；女童服饰有贯头衣、百褶裙、帽子、腰带、吊花、小绑布、绑腿带装饰，与成人贯头衣形制完全相同。童装制作工艺见表6–35、表6–36。

（a）效果图

（b）实物图

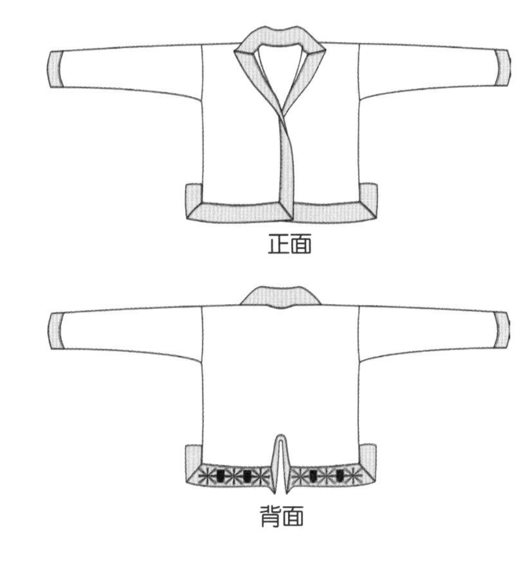

（c）款式图

图6–16 男童花衣效果图、实物图、款式图

一、男童花衣

男童花衣与成人花衣形制完全相同，造型相关细节描述可直接参照成人花衣形制注解内容。

1. 男童花衣效果图、实物图、款式图

男童花衣效果图、实物图、款式图如图6–16所示。

2. 男童花衣制作工艺流程

男童花衣制作工艺流程是准备材料 → 裁剪 → 拼合袖缝 → 合袖底、下摆缝，预留侧位衩 → 裁剪前门襟 → 裁剪衣领 → 包衣边 →包袖边。

3. 重点工艺分析

男童花衣与成人花衣一样为“折纸状T”型造型，前后左右对称，所用面料均为手工自织棉布。衣身裁片前后连体，衣袖裁片为整幅，直线开门襟，直线拼接袖缝，尽可能使布料的利用率最大化。

4. 裁剪

第一步，先随布边拃量出衣身裁片［前、后衣长2拃（32cm）、宽2拃（32cm）］，并用手捏住此位置；第二步，由衣身裁片长度位置双折面料，与拃量布边的起点对齐裁剪布料；第三步，裁剪衣身袖片，随布边拃量［宽1拃＋0.5指长（20cm）、长1拃＋1指长（24cm）］，并用手捏住此位置，由袖子裁片宽度位置双折面料与拃量布边的起点对齐裁剪布料形成双层袖片；第四步，裁剪衣身包边，男童上衣包边布颜色为浅蓝色，包边布分衣身、袖口两部分，取浅

表 6-35　男童装制作工艺单

<table>
<tr><td colspan="4">穿着结构名称：童帽 + 上衣 + 腰带 + 裤子 + 绑腿</td><td>缝制工艺</td></tr>
<tr><td colspan="2">面料：手工棉布（幅宽：3 拃）</td><td colspan="2">辅料（线）：100% 棉</td><td rowspan="9">① 锁边裁片：将裁剪好的衣片毛边手工锁边处理
② 缝合：采用拱针、回针方法将衣片缝合
③ 缝份锁边：衣片缝份为 0.5cm，将缝合好的衣片双层或多层锁边</td></tr>
<tr><td colspan="2">服装色彩工艺方法：手针、染、绣</td><td colspan="2">裁剪工艺：手工</td></tr>
<tr><td colspan="2">款式着装效果图</td><td colspan="2">款式尺寸</td></tr>
<tr><td colspan="2" rowspan="12"></td><td>前衣长（上衣）</td><td>2 拃</td></tr>
<tr><td>后衣长（上衣）</td><td>2 拃</td></tr>
<tr><td>胸围</td><td>4 拃</td></tr>
<tr><td>腰围</td><td>4 拃</td></tr>
<tr><td>袖长</td><td>1 拃 + 1 指长</td></tr>
<tr><td>袖围</td><td>1 拃 + 0.5 指长</td></tr>
<tr><td>领围 + 衣身包边长</td><td>15 拃</td><td>款式图</td></tr>
<tr><td>领围 + 衣身包边宽</td><td>1 指长</td><td rowspan="12"></td></tr>
<tr><td>腰带长</td><td>6 拃</td></tr>
<tr><td>腰带宽</td><td>1.5 指长</td></tr>
<tr><td>裤片长</td><td>2 拃 + 0.5 指长</td><td>帽顶布长</td><td>2 拃 + 1 指长</td></tr>
<tr><td>裤片宽</td><td>1 拃 + 1.5 指长</td><td>帽顶布宽</td><td>1 拃 + 0.5 指长</td></tr>
<tr><td>裆片长</td><td>1 拃 + 1.5 指长</td><td>帽檐布长</td><td>2 拃 + 1 指长</td></tr>
<tr><td>裆片宽</td><td>2 拃 + 0.5 指长</td><td>帽檐布宽</td><td>1.5 指长</td></tr>
<tr><td>裤口围</td><td>1 拃 + 1 指长</td><td>小绑布长</td><td>8 拃</td></tr>
<tr><td>裤口装饰边长</td><td>1 拃 + 1 指长</td><td>小绑布宽</td><td>约 1 指长 + 1 指宽</td></tr>
<tr><td>裤口边宽</td><td>2 指宽</td><td>绑腿带长</td><td>1 拃 + 0.5 指长</td></tr>
<tr><td>裤腰围</td><td>3 拃</td><td>绑腿带宽</td><td>1 拃</td></tr>
</table>

表 6-36　女童装制作工艺单

穿着结构名称：童帽 + 上衣 + 腰带 + 百褶裙 + 前挡片 + 绑腿 + 吊花				缝制工艺
面料：手工棉布（幅宽：3 拃）		辅料（线）：100% 棉		① 锁边裁片：将裁剪好的衣片毛边手工锁边处理 ② 缝合：采用手针拱针、回针方法将衣片缝合 ③ 缝份锁边：衣片缝份为 0.5cm，将缝合好的衣片双层或多层手工锁边
服装色彩工艺：染、绣		裁剪工艺：手工		
款式着装效果图		款式尺寸		款式图
		前片长	2 拃 + 0.5 指长	
		前片宽	2 拃	
		后片长	2 拃	
		后片宽	2 拃	
		胸围	4 拃	
		腰围	4 拃	
		后摆包边布长	约 3 拃 + 3 指宽	
		后摆包边布宽	1 指长	
		袖窿宽	0.5 指长	
裙长（连腰围）	2 拃	袖窿长	5 拃 + 1 指长	
裙宽	12 拃 + 1 指长	领围	4 拃	
腰头长	3 拃	小绑布长	8 拃	
腰头宽	0.5 指长	小绑布宽	约 1 指长 + 1 指宽	
裙边装饰 1 长	12 拃 + 1 指长	绑腿带长	1 拃 + 0.5 指长	
裙边装饰 1 宽	3 指宽	绑腿带宽	1 拃	
装饰块长	3 指宽	帽顶布长	2 拃 + 1 指长	
装饰块宽	3 指宽	帽顶布宽	1 拃 + 0.5 指长	
裙边装饰 2 长	12 拃 + 1 指长	帽檐布长	2 拃 + 1 指长	
裙边装饰 2 宽	0.5cm	帽檐布宽	1.5 指长	
装饰条长	3 指宽	腰带长	6 拃	
装饰条宽	0.5cm	腰带宽	1.5 指长	
裙边托（裙边装饰 3）长	12 拃	挡布长	2 拃	
裙边托（裙边装饰 3）宽	2 指宽	挡布宽	1.5 指长	

蓝色自织棉布随布边拃量[长约15拃(240cm)、宽1指长(8cm)]，如图6-17所示。

5. 手针缝合袖子

取上衣衣身片，将其每3cm 9针的密度拱针直线分别与袖片缝合，每3cm 9针的密度缝份锁边完成衣身裁片。

6. 合袖底、下摆缝，预留侧叉位置

如图6-18所示，将缝合后的衣片对叠整理，对齐袖口、袖底缝、侧摆缝、下摆位置，从袖口处开始起针，每3cm 9针的密度拱针直线缝合至侧缝下摆开衩处结束(留出开衩位)；(留出开衩位)从侧缝下摆开衩处起针每3cm 9针的密度拱针直线缝合至袖口处结束。同样的方法，每3cm 9针的密度缝份锁边合袖底、下摆缝，预留侧衩位置完成。

7. 裁剪前门襟、后衩、衣领

(1)裁剪前门襟和后衩

如图6-19所示，衣身缝合后呈袋装造型。将衣身、袖子摊开整理平复，从衣身中心线折叠衣身裁片，使身与身、袖与袖相对，单层剪开衣身中心线，被剪开的衣身片为衣身前片、前门襟；在单层剪开衣身中心线的同时，后衩造型在后片的中心线部位；同样的方法，在后片中心线下摆位置向上约3指宽(5cm)单层剪开，裁剪出后衩造型。

(2)裁剪衣领

见表6-37，以前片为面将上衣再次沿中心线对叠，前中心线和肩线分别为线b、线a，沿45°角射线设线c，沿45°角射线对叠使线a、线b重合。在线c约1指宽(约2cm)的等腰直角三角形处剪开粗裁领子；将减掉领角的衣身平面展开为双层"V"形领弯，在"V"原有的领深的基础上保持后领深不变，对领长线进行长度调节，调节后的成品领弯长为1拃(16cm)的长度。

8. 衣身包边缝制

衣身包边过程见表6-38。第一步，制作包边布，把裁剪完成的包边布折边，然后沿中线对叠(为衣身包边缝制做准备)；第二步，衣身包边，依照包衣边路径图，从任意转角处开始，将包边

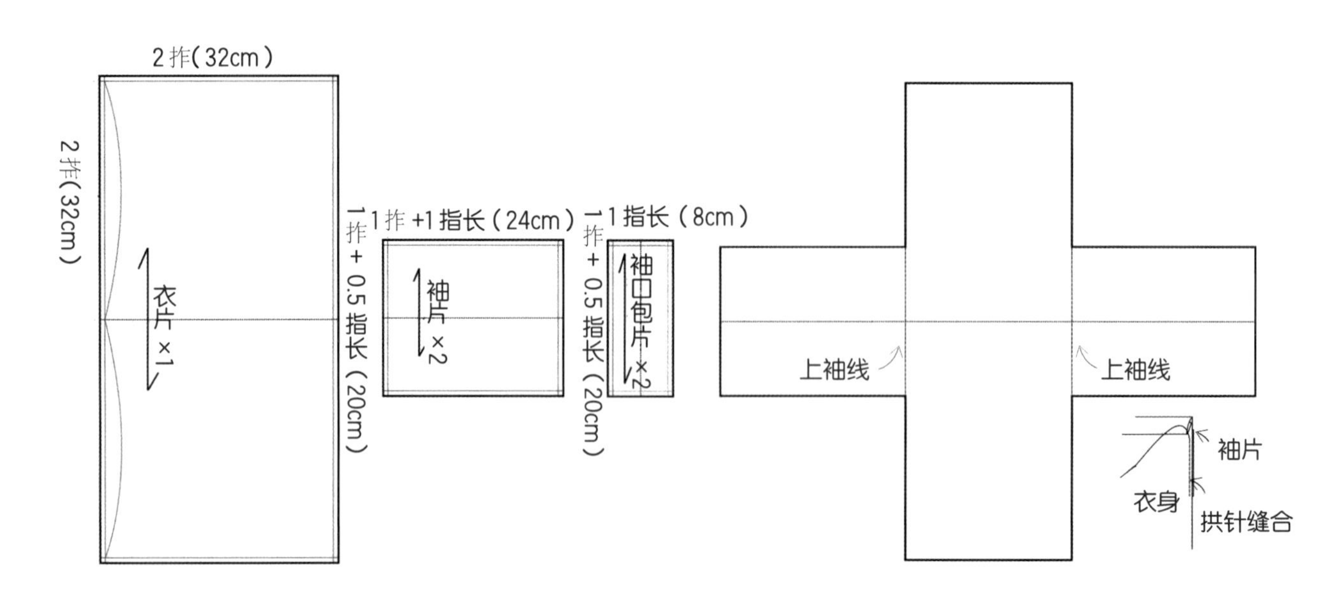

(a)男童花衣裁片　　(b)男童花衣衣身缝合

图6-17　男童花衣裁片、袖片缝合

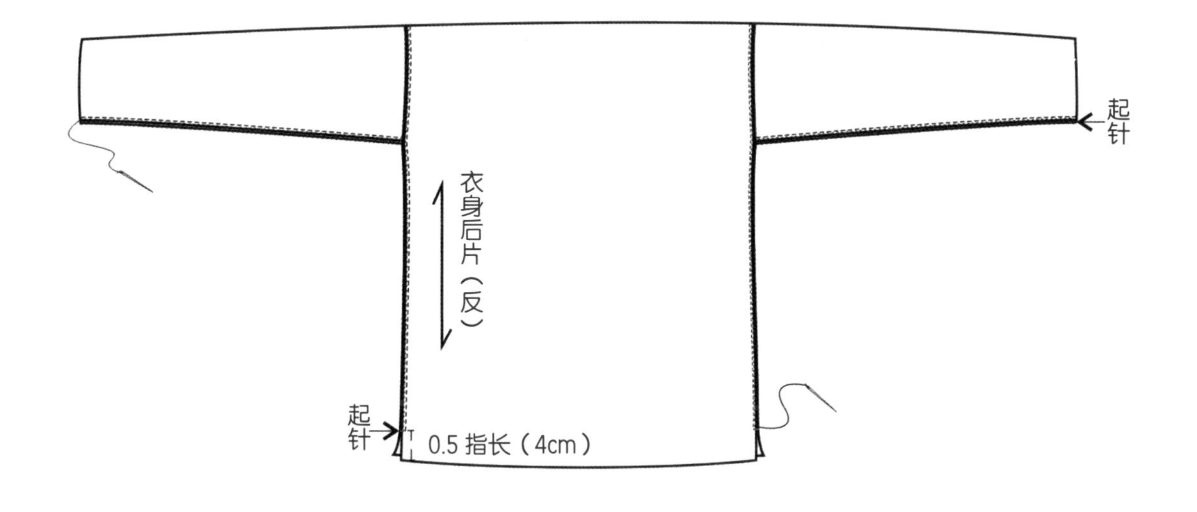

图 6-18　合袖底、下摆缝

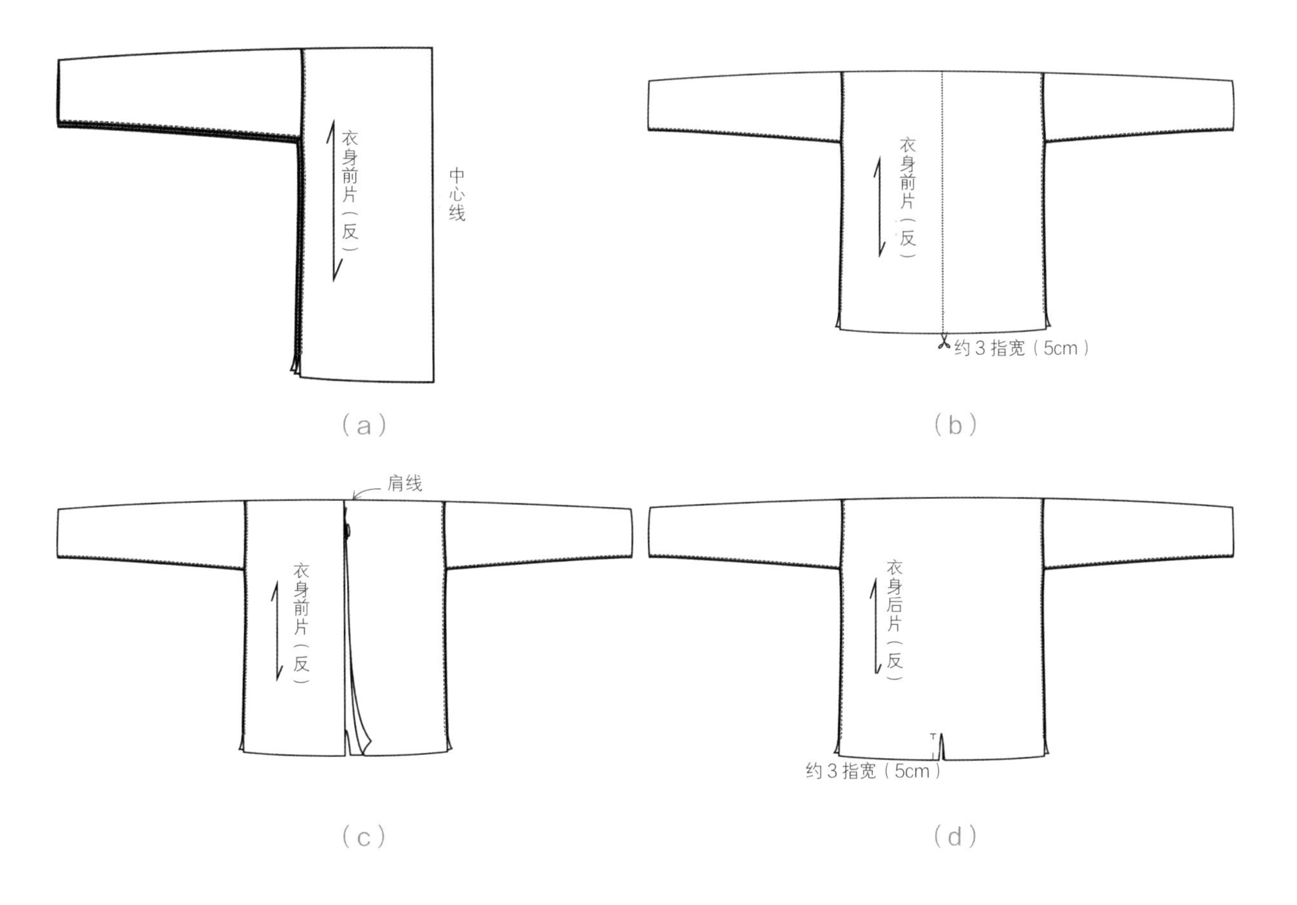

图 6-19　裁剪前门襟、后中开衩位置

表 6-37　裁剪衣领

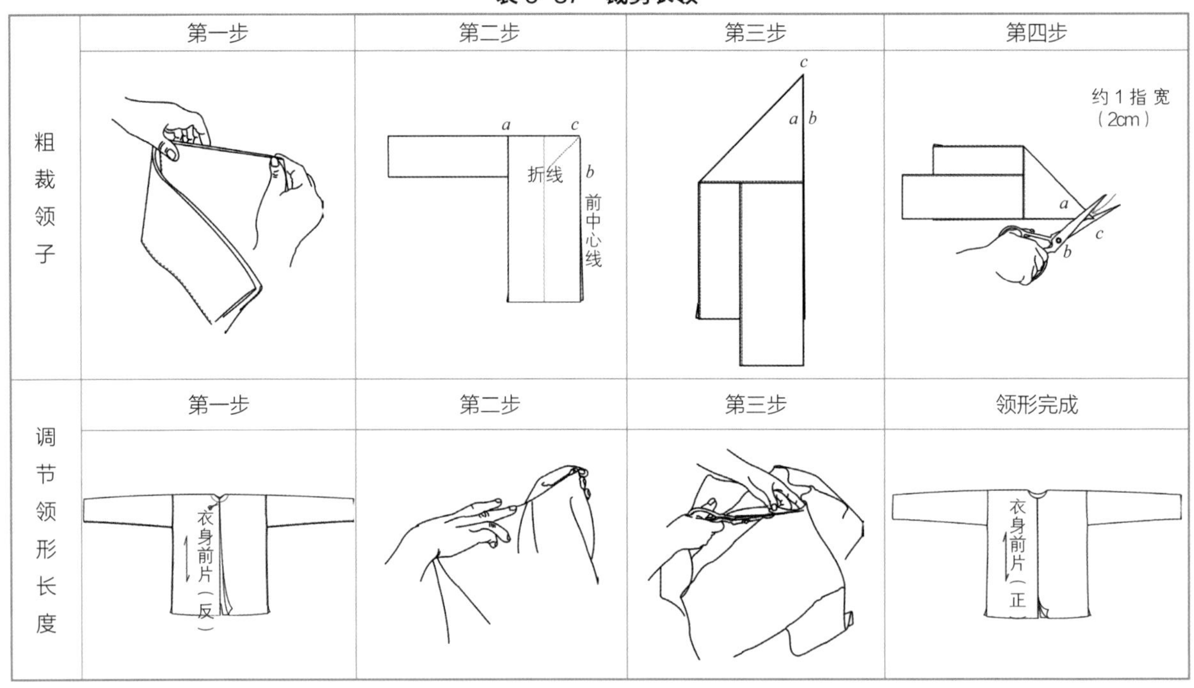

表 6-38　衣身包边过程

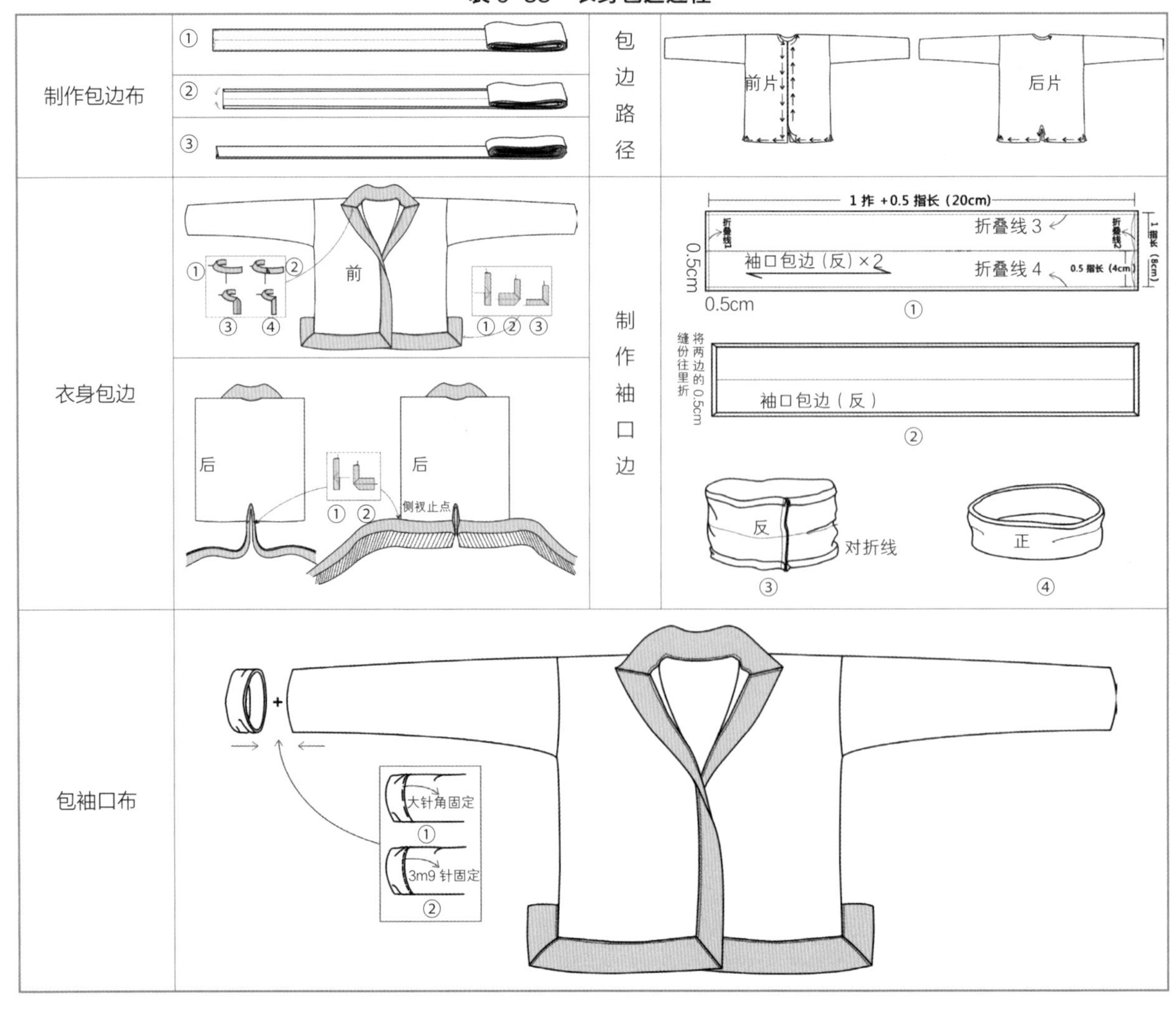

布双层夹衣边缝份，每3cm 9针的密度回针完成包边，包衣边路径的开始点也是结束点，在制作直线、弧线包衣边过程中，包边布双层夹衣边缝份每3cm 9针的密度回针完成包边，转角处包衣边方法是包边布分层对角折叠后，双层夹衣边缝份每3cm 9针的密度回针完成包边；第三步，制作袖口边并包袖口布，量取袖口包边长度，将包边布长度缝份折叠，缝合成筒状双层夹袖口缝份，每3cm 9针的密度回针缝合完成，花衣缝制工艺完成。

二、男童花裤

白裤瑶男童花裤形象与男子花裤形象基本相同。造型相关细节描述可直接参照成人盛装花裤形制内容。

1. 男童花裤实物图、款式图

男童花裤实物图、款式图如图6-20所示。

2. 男童裤子制作工艺流程

男童裤子制作工艺流程是准备材料 → 裁剪 → 选裁片（裤腿、裤口贴布）绣花 → 缝裤口贴布 → 缝合裤腿、裤裆 → 缝裤腰。

3. 重点工艺分析

男童花裤同样源于“折纸”造型原理，尽可能用布料的幅宽“借位断缝”制作裤身，使布料的利用率最大化。

4. 裁剪

男童花裤由两块裤片［长2拃 + 0.5指长（36cm）、宽1拃 + 1.5指长（28cm）］、一块裆片［宽1拃 + 1.5指长（28cm）、长2拃 + 0.5指长（36cm）］组成（图6-21）。裤子两侧、裤口部位有绣花纹样装饰的裤口装饰布［长1拃 + 1指长（24cm），宽2指宽（3cm）］。

5. 选裁片绣花，缝合裤口贴布

裁好裤片，选择裤口装饰布，定义绣花位置，将裤口装饰布与裤片缝合，并分别在两块裤片上定义五根花柱纹样位置（表6-39）。

6. 缝合裤腿、裤裆、裤腰

制作方法与男子白裤、盛装花裤制作方法相同。

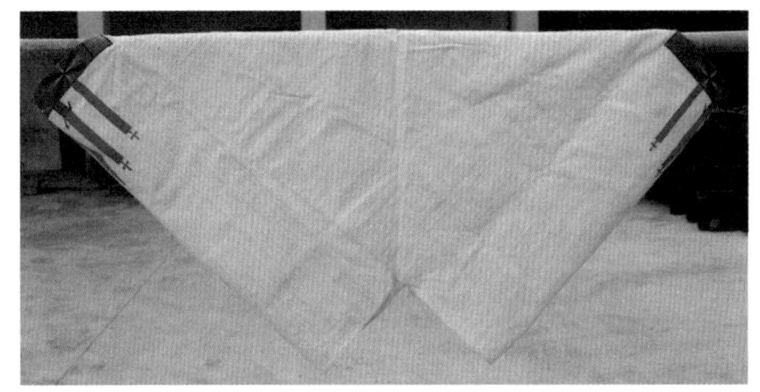

（a）实物图

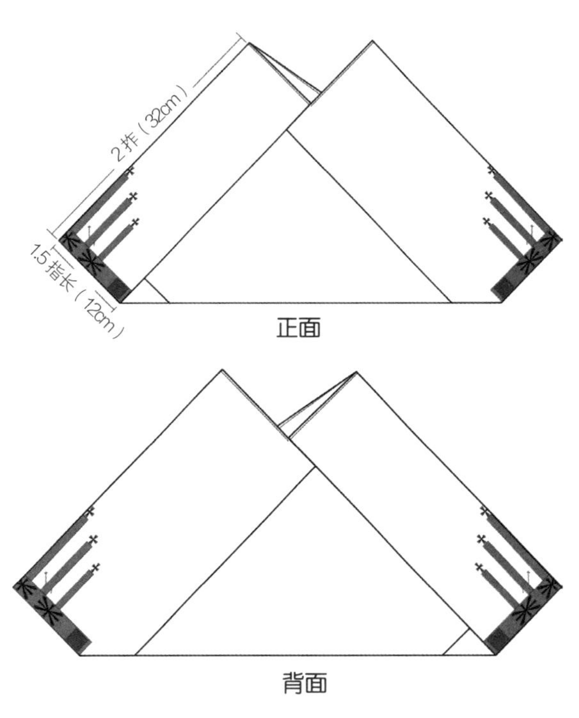

（b）款式图

图6-20　男童花裤实物图、款式图

表 6-39　选裁片绣花，缝合裤口贴布

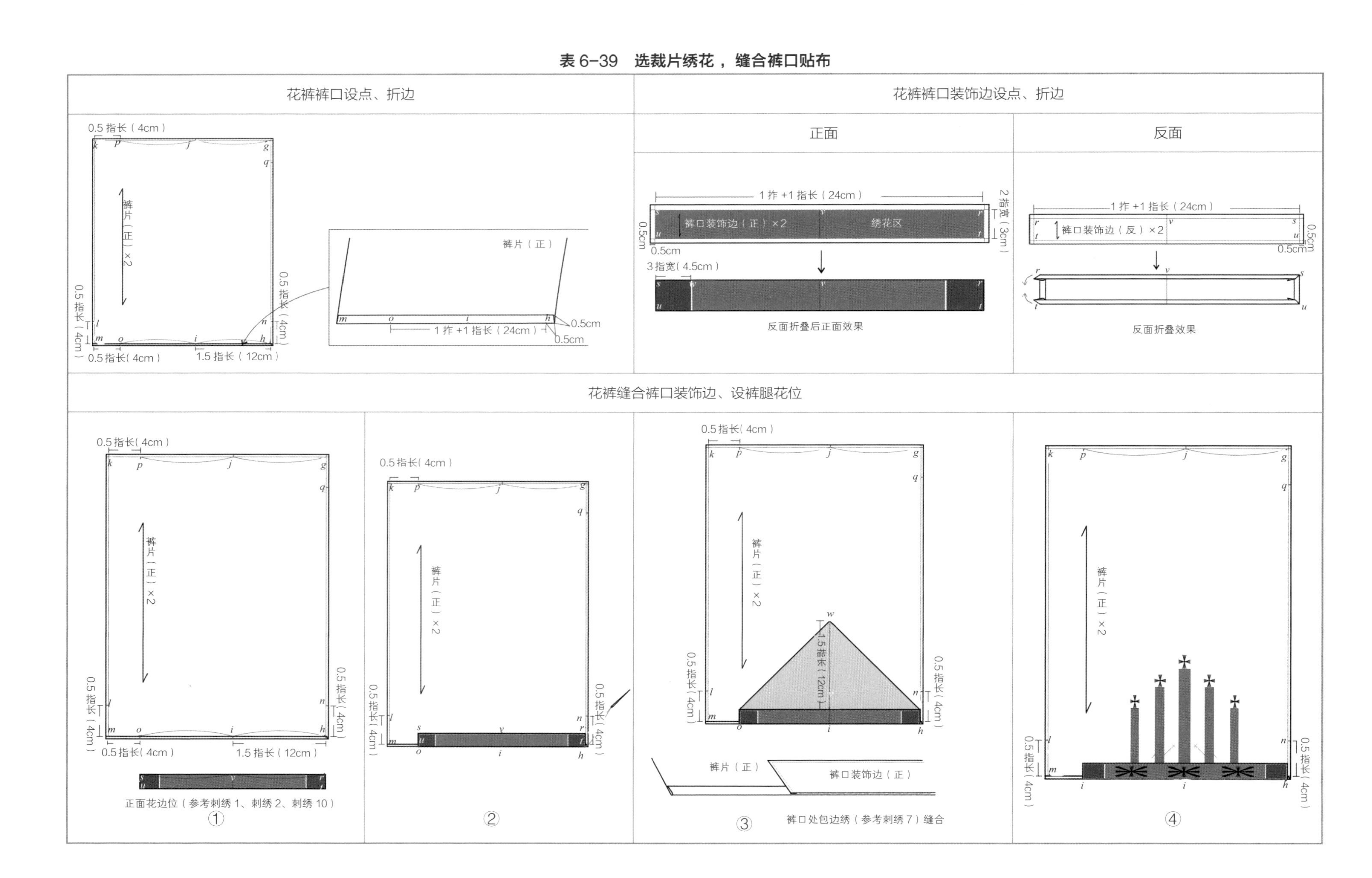

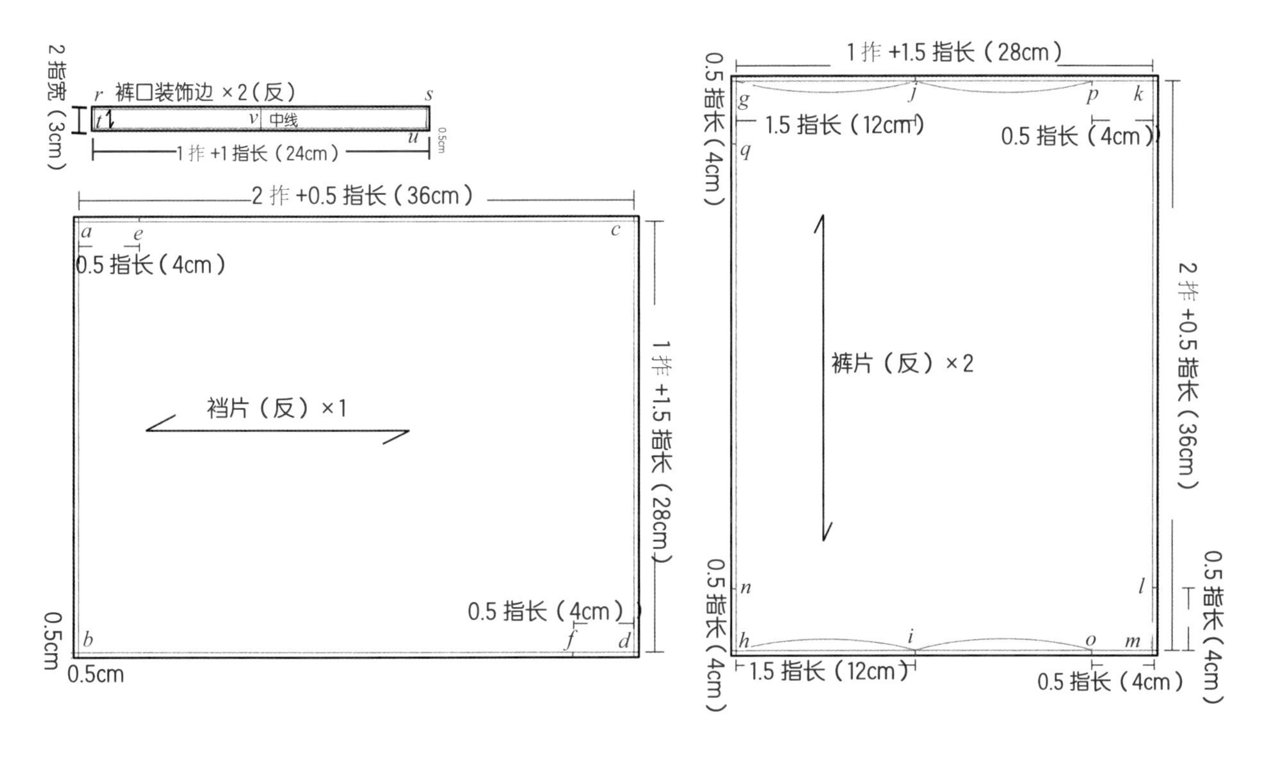

图 6-21　男童花裤平面裁片图

三、女童贯头衣

女童贯头衣与成年女子贯头衣形制完全相同。上衣无领（上部正中留口不缝合为领），由前幅、后幅、连衣袖三部分组成。长度至裙腰，腋下无扣，两不缝合，仅肩角处相连，胸前为一块与肩宽相等的长方形布块，与前片等宽的正方形后背及下摆装饰有蜡染、绣花图案，前后衣片两侧装有袖窿布环。

1. 女童贯头衣效果图、实物图、款式图

女童贯头衣效果图、实物图、款式图如图 6-22 所示。

2. 女童贯头衣制作工艺流程

女童贯头衣制作工艺流程是准备材料 → 裁剪 → 裁片锁边 → 粘膏染、绣 → 包后片下摆 → 后片下摆包边、绣花 → 连接衣身片 → 做袖子。

3. 重点工艺分析

女童贯头衣为方形对称造型，所用面料均为手工自织棉布，衣身每片裁片都尽可能利用整幅布幅度来满足衣片尺寸，保持材料完整性，使布料的利用率最大化。

4. 裁剪

第一步，先随布幅宽度拃量出衣身裁片［长 2 拃 + 0.5 指长 36cm、宽 2 拃（32cm）］，并用手捏住此位置，裁剪衣身前片；第二步，随布边拃量长、宽均为 2 拃（32cm）并裁剪衣身后片；第三步，裁剪衣身后片包边布［长约 3 拃 + 3 指宽（53cm）］和后片下摆包边［宽 1 指长（8cm）］；第四步，裁剪衣袖［袖窿长约 5 拃 + 1 指长（纵向纱向）（88cm）、袖窿宽 0.5 指长（4cm）］（图 6-23）。

5. 手针裁片锁边

为了防止裁片在画粘膏、染色、脱粘膏、刺绣等过程中布边脱线，将裁好的衣片毛边每 3cm 9 针手针锁边处理。

6. 包后片下摆

当后片装饰完成后，取后片包边。后片包边过程见表 6-40。

7. 缝合衣身

如图 6-24 所示，取前片正面相对，将前片点 a''、点 b'' 分别对齐后片点 h'、点 g'，每 3cm 9 针的密度锁边针固定，固定长度为 0.5 ~ 4.5cm

（a）效果图

（b）实物图

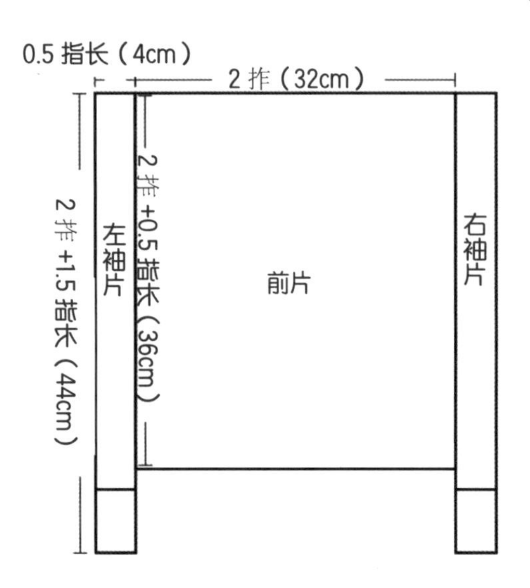

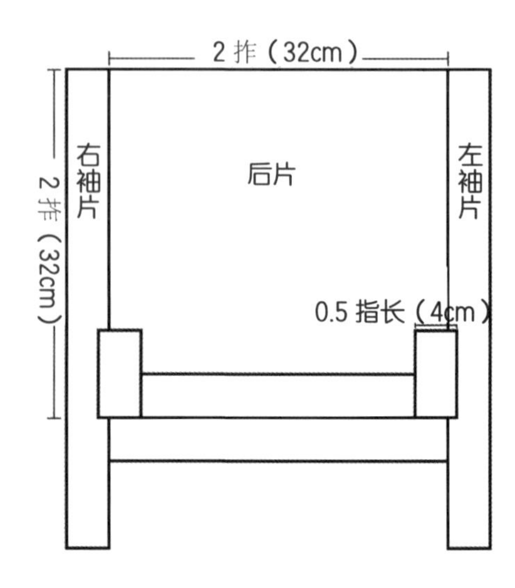

（c）款式图

图 6-22　女童贯头衣效果图、实物图、款式图

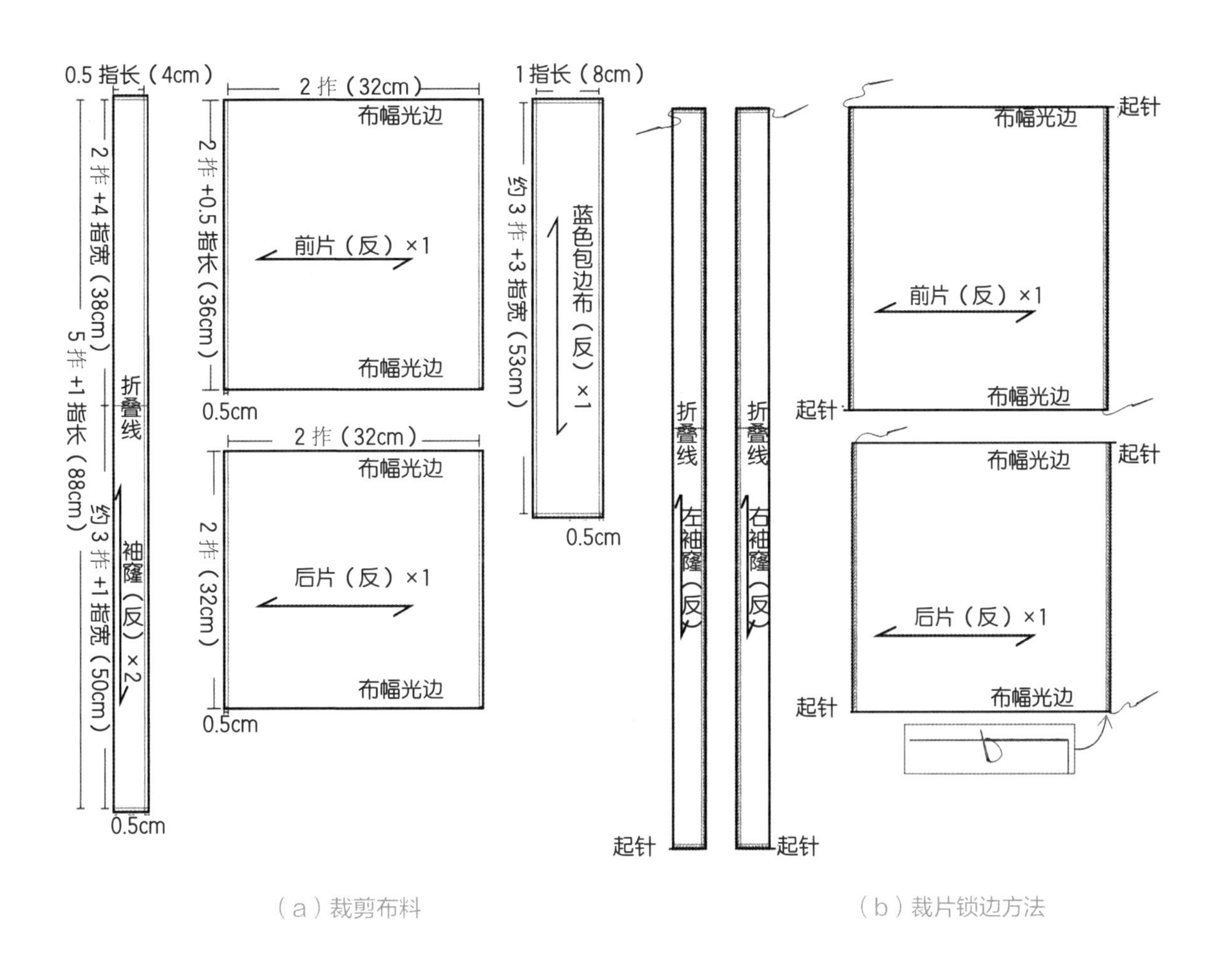

（a）裁剪布料 （b）裁片锁边方法

图 6-23 女童贯头衣裁片、锁边

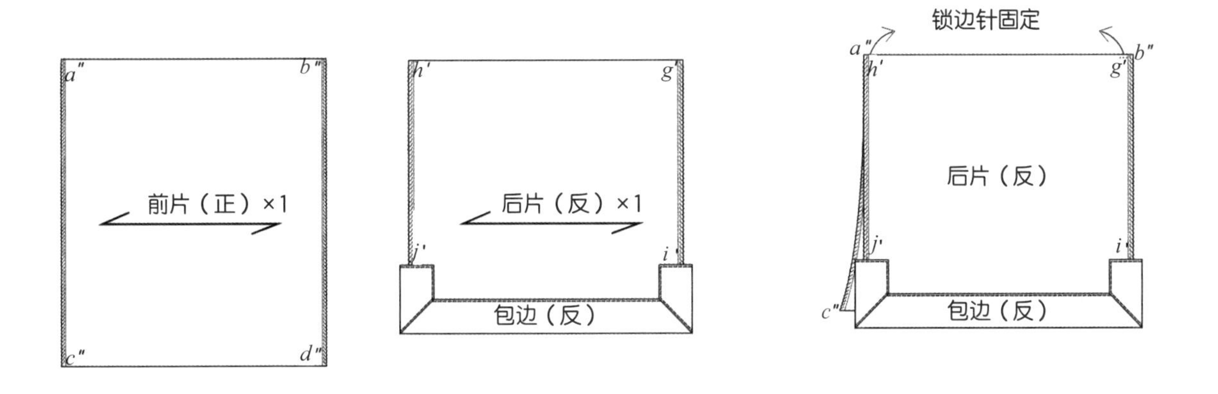

图 6-24 后片、前片固定缝合，缝合肩点

（未缝合的部分为领口）。

8. 缝合袖片

第一步，取袖窿布片设点 a、点 b、点 c、点 d、点 e、点 f、点 g、点 h 为缝制对位参照点，每 3cm 9 针回针缝合 ab、cd 线，使袖窿布片成环状造型；第二步，衣身与袖窿布缝合，取衣身、袖窿布片，将袖窿片点 e 与衣身肩点 h' 对齐，袖窿片 eg 线段与衣身 $h'j'$ 线段缝合，袖窿片 eh 线段与衣身 $h'c''$ 线段缝合。衣身与袖窿缝合方法为每 3cm 9 针回针完成造型（表 6-41）。

表 6-40　后片包边过程

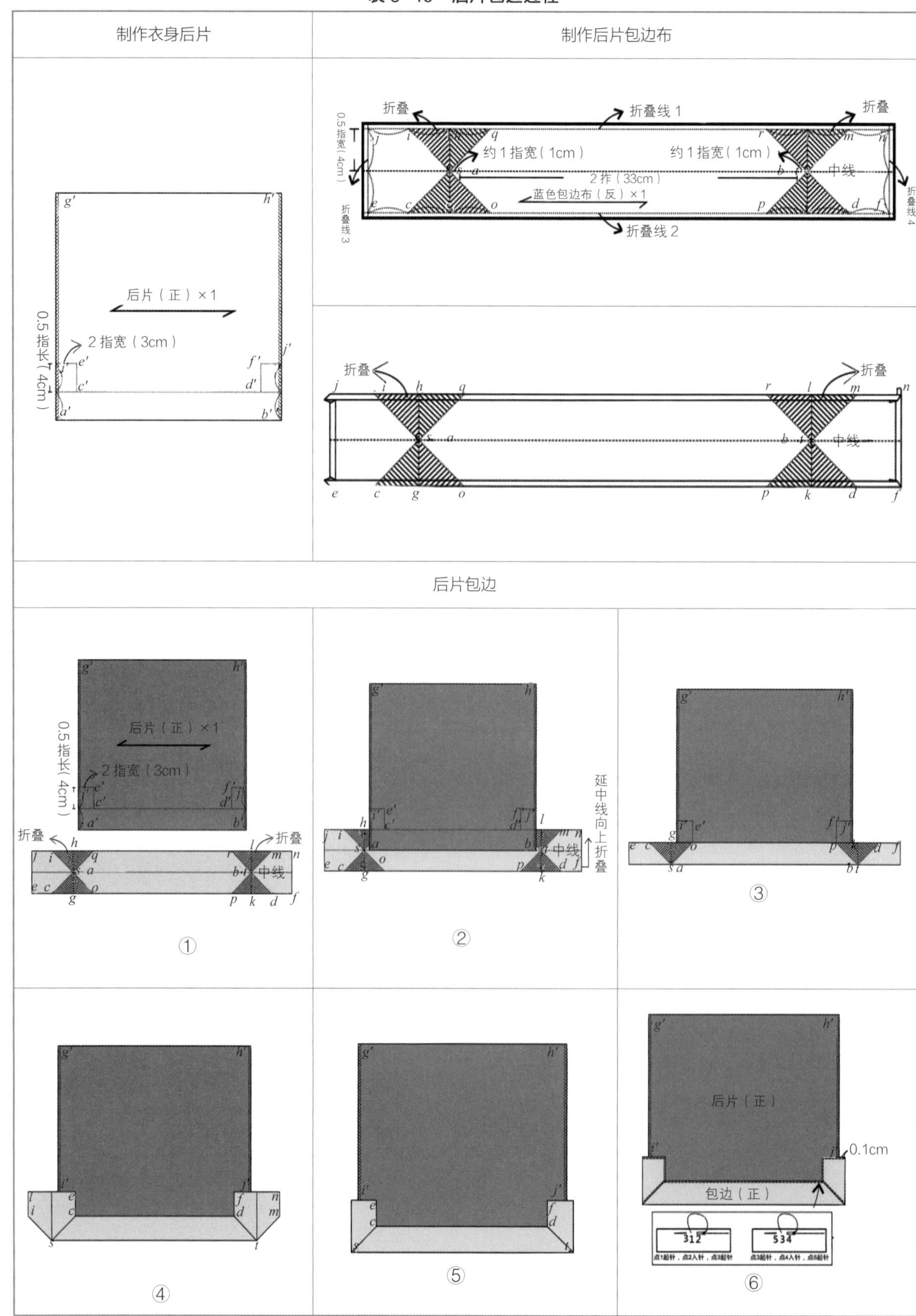

制作衣身后片
制作后片包边布
后片（正）×1
2 指宽（3cm）
0.5 指长（4cm）
折叠
折叠线 1
约 1 指宽（1cm）
2 拃（33cm）
蓝色包边布（反）×1
中线
折叠线 2
折叠线 3
折叠线 4
后片包边
延中线向上折叠
后片（正）
包边（正）
0.1cm

表 6-41　缝合袖窿

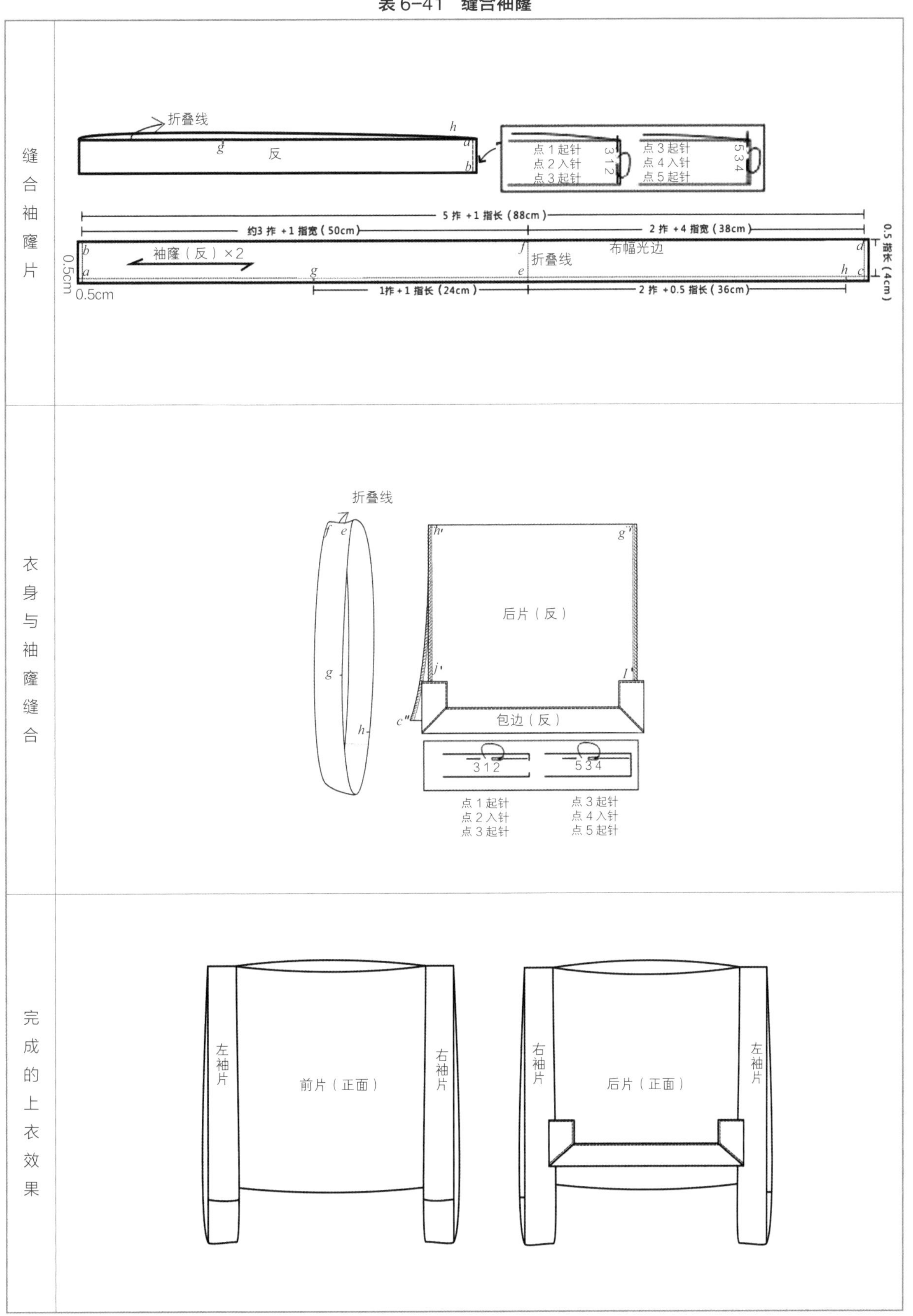
缝合袖窿片
折叠线
h
g
反
a
b
点1起针
点2入针
点3起针
312
点3起针
点4入针
点5起针
534
5 拃 +1 指长（88cm）
约3 拃 +1 指宽（50cm）
2 拃 +4 指宽（38cm）
0.5 指长（4cm）
b
袖窿（反）×2
f
折叠线
布幅光边
d
0.5cm
a
g
e
h
c
0.5cm
1拃 +1 指长（24cm）
2 拃 +0.5 指长（36cm）
衣身与袖窿缝合
折叠线
f
e
g
h
h'
g'
后片（反）
j'
l'
c''
包边（反）
312
534
点1起针
点2入针
点3起针
点3起针
点4入针
点5起针
完成的上衣效果
左袖片
前片（正面）
右袖片
右袖片
后片（正面）
左袖片

四、女童百褶裙与挡片布

1. 女童百褶裙与挡片布的效果图、实物图、款式图

见表 6–42。

2. 女童百褶裙制作工艺流程

女童百褶裙制作工艺流程是准备材料 → 裁剪 → 锁布边、粘膏染 → 拼合裙身 → 做装饰布 → 捏褶、锁褶 → 上裙腰 → 加固裙褶。

3. 女童挡片布制作工艺流程

女童挡片布制作工艺流程是准备材料 → 裁剪 → 挡片布设点 → 包边布设点 → 包边 → 制作挡片绳。

4. 重点工艺分析

女童百褶裙为一片围式造型，裙身由三部分组成。所用面料均为手工自织棉布。利用幅宽的优势取裙身围度保持材料完整性，使布料的利用率最大化。

5. 裁剪

见表 6–43，第一步，先随布边拃量出裙身裁片（裙主面料）宽度并用手捏住此位置［4 拃 + 2 指宽（67cm）、宽 2 拃（32cm）］，由裙身裁片宽度位置双折面料与拃量布边的起点对齐裁剪布料，同样由裙身裁片宽度位置双折面料与拃量布边的起点对齐裁剪布料，完成裙身三个部分裁片；第二步，裁剪裙边装饰 3，裙边装饰 3 是装饰裙身下摆的部分，随布边拃量出裁片［长 12

表 6–42　女童百褶裙与挡片布的效果图、实物图、款式图

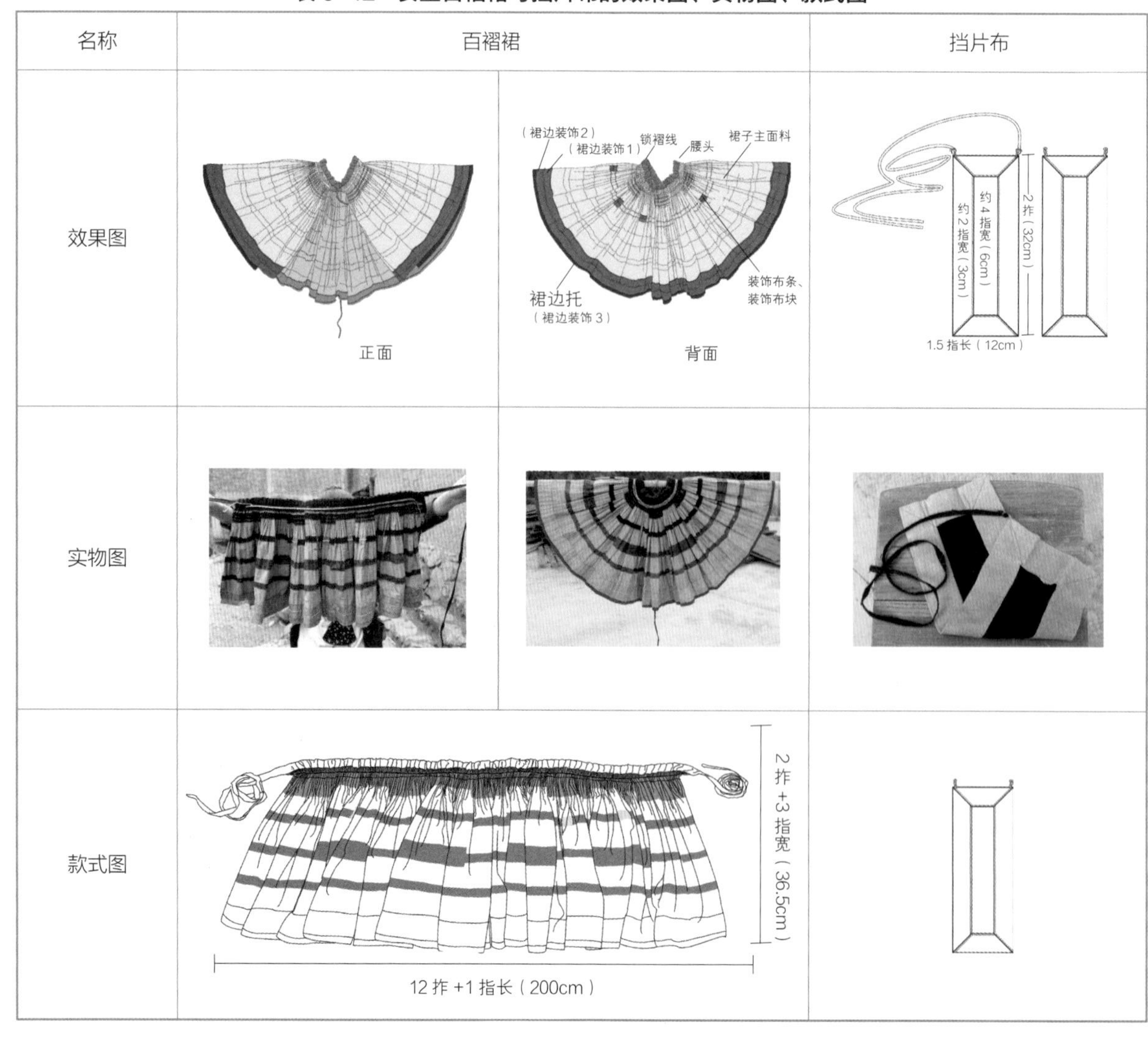

名称	百褶裙		挡片布
效果图	正面	背面	
实物图			
款式图			

拃（192cm）、宽 2 指宽（3cm）]，然后刺绣装饰；第三步，裁剪腰头，随布边拃量出裁片［长 3 拃（48cm）、宽 0.5 指长（4cm）]；第四步，裁剪腰绳布，随布边拃量出裁片腰绳布［长 4 拃（64cm）、宽 2 指宽（3cm）]；第五步，裁剪裙主面料装饰块的橘色蚕丝面料［7 块，长、宽为 3 指宽（4.5cm）]；第六步，裁剪裙主面料装饰条的黄色蚕丝面料[7 条，长 3 指宽(4.5cm)、宽 0.5cm]；第七步，裁剪裙边装饰 1 的橘色蚕丝面料［2 条，长 12 拃＋ 1 指长（200cm）、宽 3 指宽（4.5cm）]；第八步，裁剪裙边装饰 2 的黄色蚕丝面料[1 条，长 12 拃＋ 1 指长(200cm)、宽 0.5cm]。

之后的拼合裙身、做装饰布、捏褶、锁褶、上裙腰、缝腰绳、加固裙褶、制作挡布片、制作挡片绳都可以参考成年女子百褶裙与挡布片部分。

表 6-43　女童百褶裙主体裁片

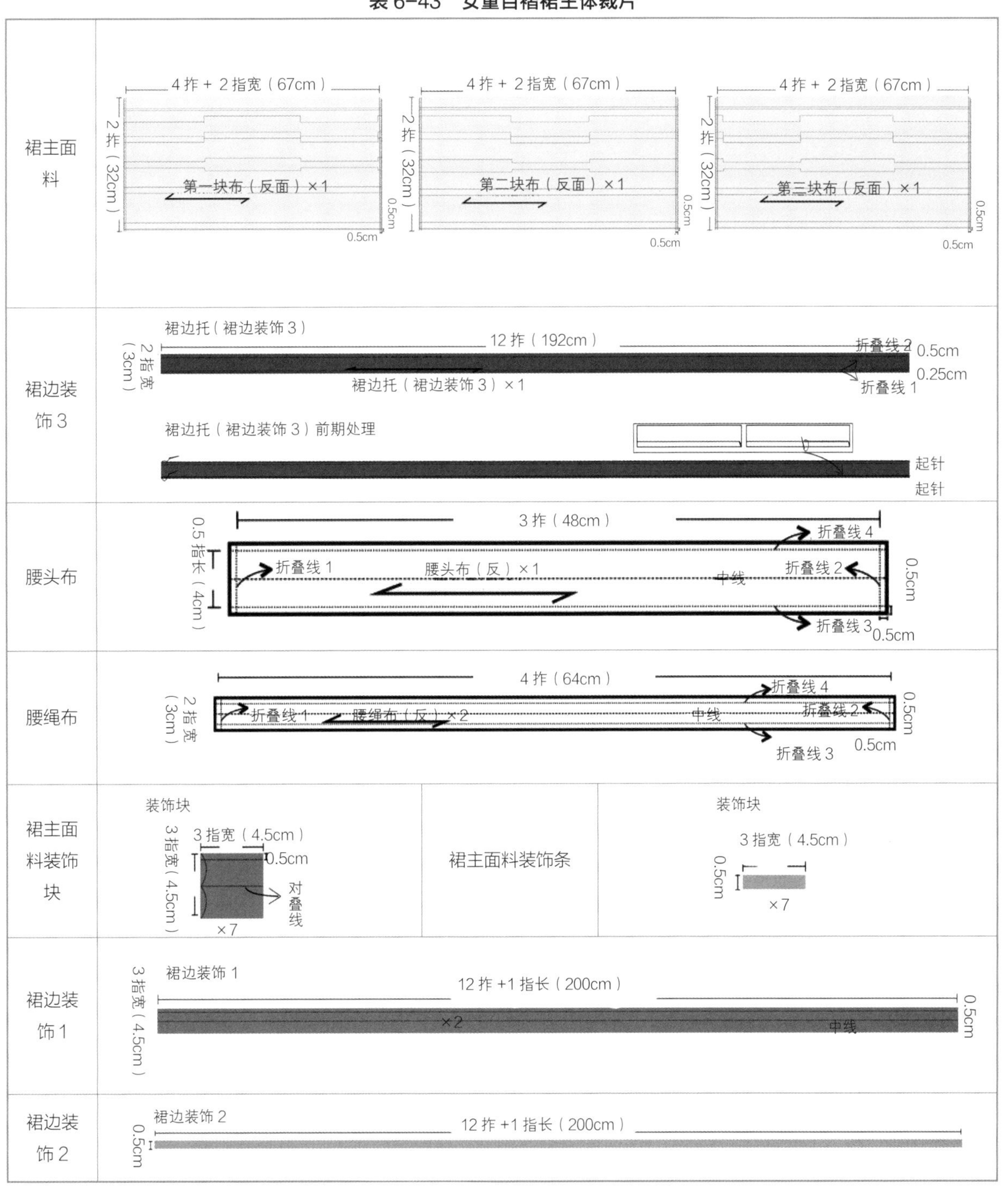

第五节 服饰配件缝制技艺

一、包头及童帽

1. 男子包头

白裤瑶男子包头形制分盛装包头以及搭配花衣、黑衣造型的包头两种形制。盛装包头是在重大节日里搭配盛装穿着所需的头饰装饰，搭配花衣、黑衣造型的包头则是白裤瑶男子婚后日常生活中的头饰形制。

男子包头方法是以搭配花衣、黑衣造型的包头为基础，盛装包头是在搭配花衣、黑衣造型的白布包头的基础上再一次包扎黑布形成立体包头造型。

男子包头布制作工艺流程一般为准备材料→裁剪→缝制。

男子包头布裁剪时尽可能用布料的幅宽、布边制作包头布，使布料利用率最大化并节省缝制工艺时间。

见表 6–44，随布纹经纱方向取白裤瑶自织棉布，黑色包头巾长度为 10 拃（160cm），保留布幅光边，纬纱取宽度为 1 拃 + 1 指长（24cm）自织棉布；白色包头巾长度为 7 拃 + 1 指长（120cm），保留布幅光边，纬纱取宽度为 1.5 指长（12cm）自织棉布。

见表 6–45，取包头巾布，留出布边将剩下三边的（毛边）缝份折叠再折叠，以每 3cm 9 针手针包边锁边完成。黑色包头巾与白色包头巾制作方法完全一致，此处仅以白色包头巾的制作方法为例。

2. 女子包头

白裤瑶女子包头形制为一种造型，女子包头巾是由黑色包头布巾和白色包头绳两个部分组成，包头方法同样是从额头前端开始包住头发，再用包头绳包扎黑布形成立体包头造型。

女子包头布制作工艺流程及工艺与男子包头相似。

见表 6–46，第一步，裁剪包头巾，随布纹经纱方向取白裤瑶自织黑色棉布长度 3 拃（48cm）、宽 2 拃 + 0.5 指长（36cm）（保留布幅光边）；第二步，裁剪捆绳布，随布纹经纱方向取白裤瑶自织白色棉布长度 8 拃 + 1.5 指长（140cm）、宽 2 指宽（3cm）。

第一步，制作包头巾，女子包头巾采用经纱造型，取包头巾留出布边将剩下两边的（毛边）缝份折叠再折叠，以 3cm 9 针的密度手针包边锁边完成；第二步，做穿绳扣，包头巾缝制完成后，将松紧绳单股穿针分别从缝制好的包头巾四角穿出，留出适当的穿绳量打结完成；第三步，制作包头绳，取包头绳布沿四周折叠缝份，再沿包头绳布中线对叠，使之形成双层长方形布条，

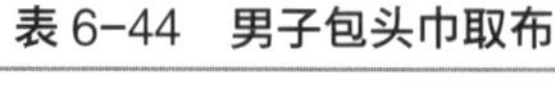
表 6–44 男子包头巾取布

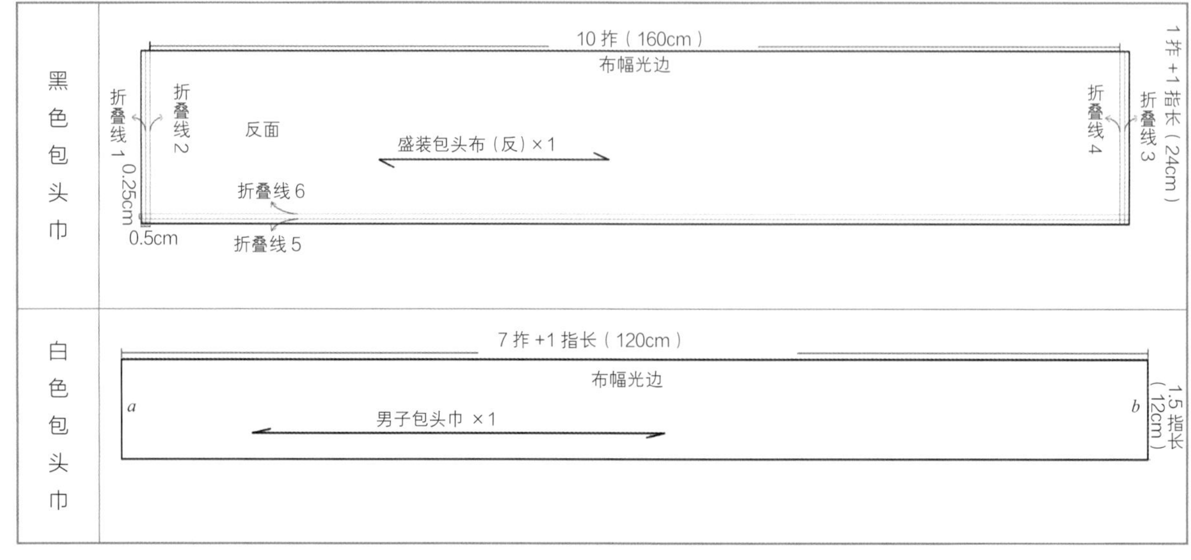

表 6-45　包头巾制作方法

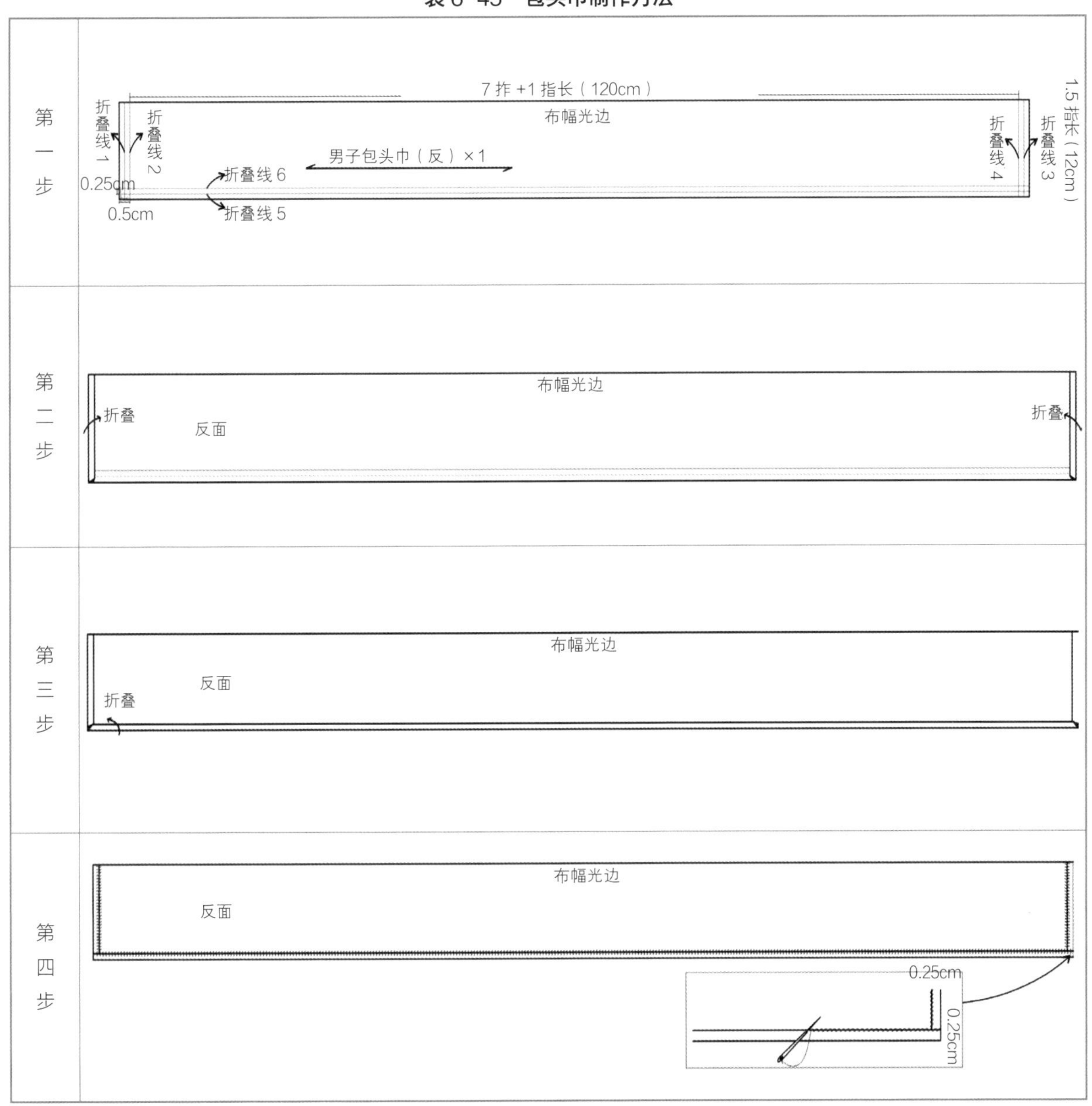

表 6-46　女子包头布裁片

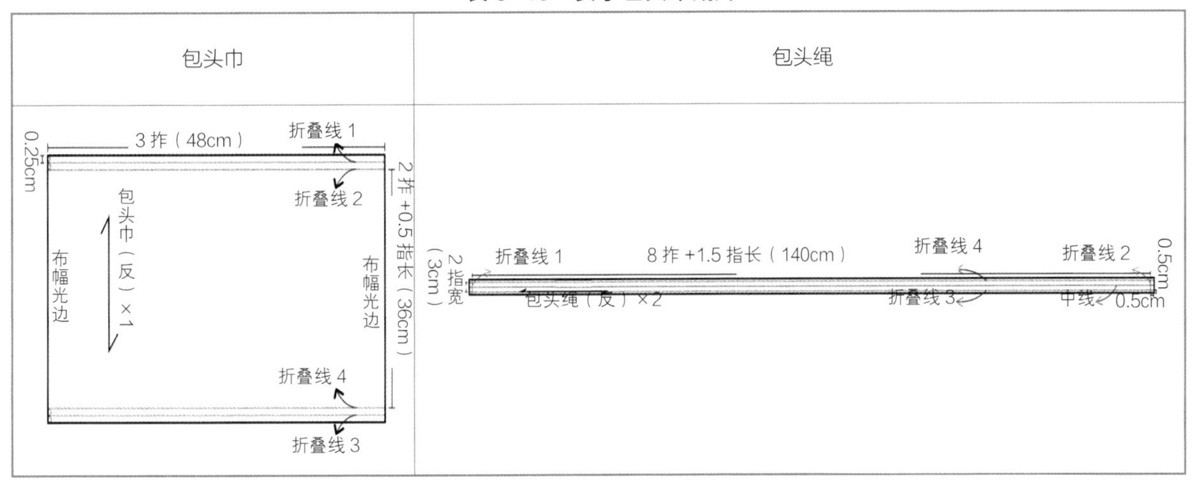

表 6-47　包头巾、捆绳制作过程

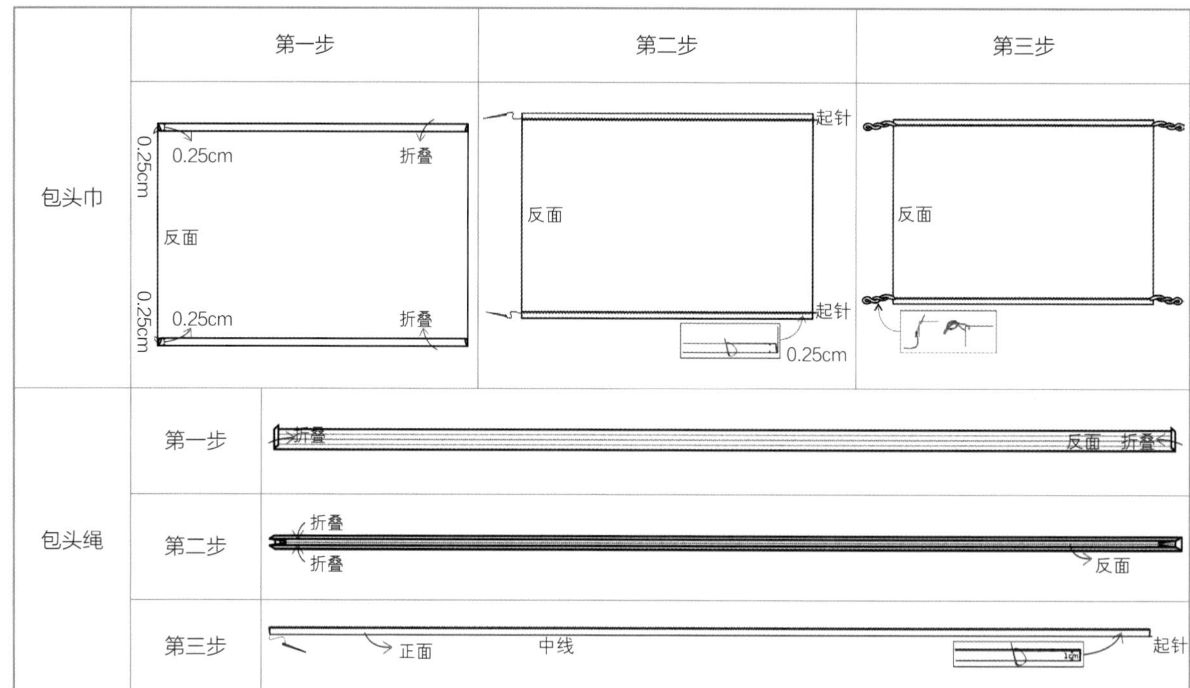

以 3cm 9 针的密度手针包边锁边完成；第四步，将包头巾、绳结合，如表 6-47 女子包头，将制作好的黑色包头布巾与白色布绳连接。

3. 童帽

童帽是白裤瑶男、女童配搭服饰的头部装饰，见表 6-48。在造型中，黑帽是花帽的基础，花帽是银帽的基础，本书只介绍银帽的制作方法。

（1）童帽制作工艺流程

① 女童黑帽制作工艺流程是准备材料 → 裁剪 → 制作帽顶布 → 合帽围、做帽顶。

② 男、女童花帽制作工艺流程是准备材料 → 裁剪 → 制作帽顶布 → 制作帽檐、绣花 → 合帽围 → 制作立体帽顶 → 装帽绳。

③ 男、女童银帽制作工艺流程是准备材料 → 裁剪 → 制作帽顶布 → 制作帽檐、绣花 → 合帽围 → 制作立体帽顶 → 钉装饰银片 → 装帽绳 → 男童帽放置绣条。

（2）重点工艺分析

童帽是由帽顶、帽檐（帽身）两个部分组成。帽顶为一块布面，通过折叠形成帽顶、帽檐（部分），帽檐（帽身）为一块布折叠而成绣花。白裤瑶男、女童帽裁剪时，尽可能用布料的幅宽、

表 6-48　童帽

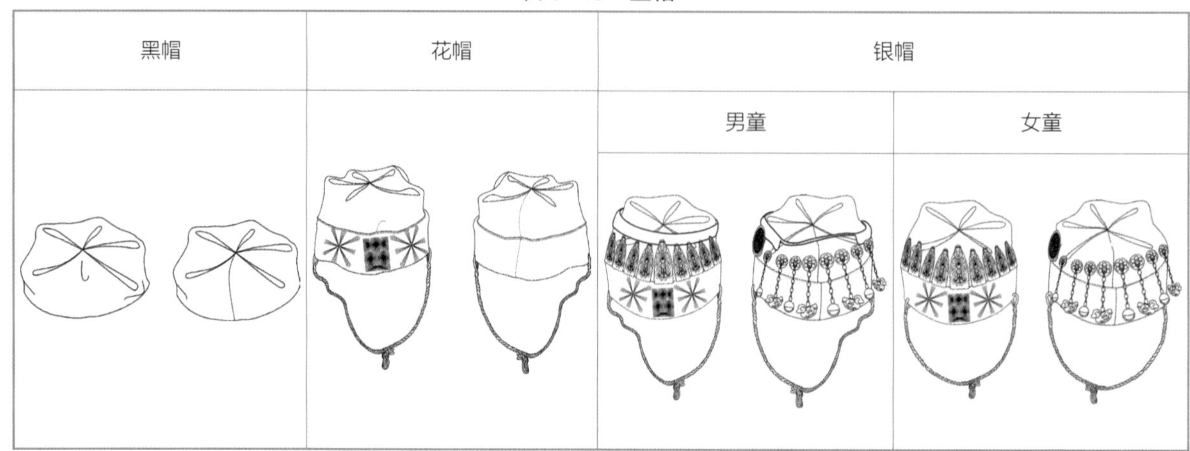

布边来制作包头布，使布料利用率最大化并节省缝制工艺时间。

（3）裁剪

见表 6-49，第一步，裁剪帽顶布，随经向布幅光边取自织黑色棉布长 2 拃 + 1 指长（40cm）（帽围）、宽 1 拃 + 0.5 指长（20cm）；第二步，裁剪帽檐，随经向方向（布幅光边）取自织浅蓝色棉布长 2 拃 + 1 指长（40cm）、宽 1.5 指长（12cm）。

（4）帽顶布与帽檐布缝合、绣花

见表 6-50，将帽顶布分为帽顶衬布、帽顶面、帽檐（上）三个部分，取帽檐布折光长度缝份后随中线再次对叠，将其夹缝于帽顶布边线，0.1cm 明线每 3cm 9 针的密度回针缝制。取做好的帽片对叠设点 *a*，由点 *a* 分别向左、向右量出 1 指长（8cm）设点 *b*、点 *c*，*b c* 线长度为绣花位置绣花。

（5）合帽围

见表 6-51，沿 AB 折叠线折叠帽顶衬布，AC 线与 BD 线缝份对其以每 3cm 9 针的密度拱缝制，以每 3cm 9 针的密度缝份锁边。

表 6-49 帽顶、帽檐取布

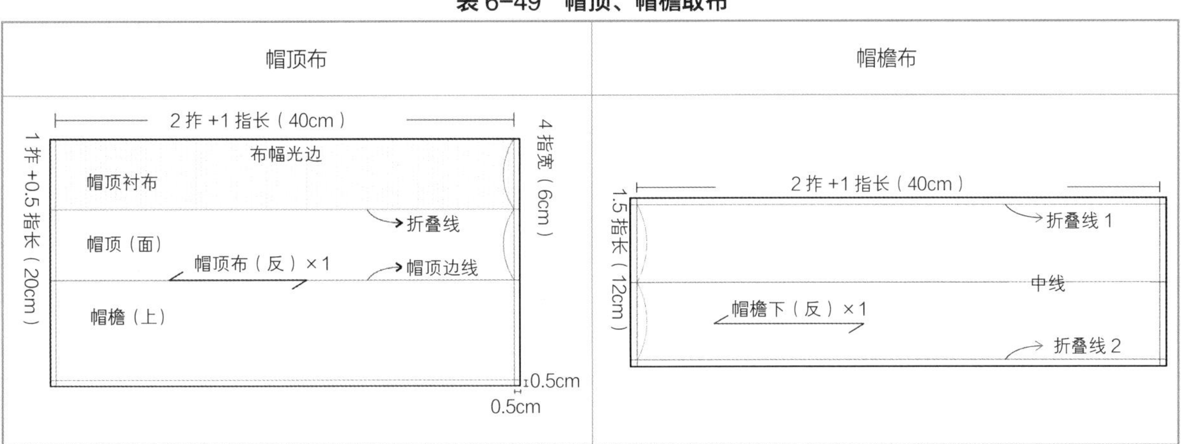

表 6-50 帽顶布与帽檐布缝合、绣花

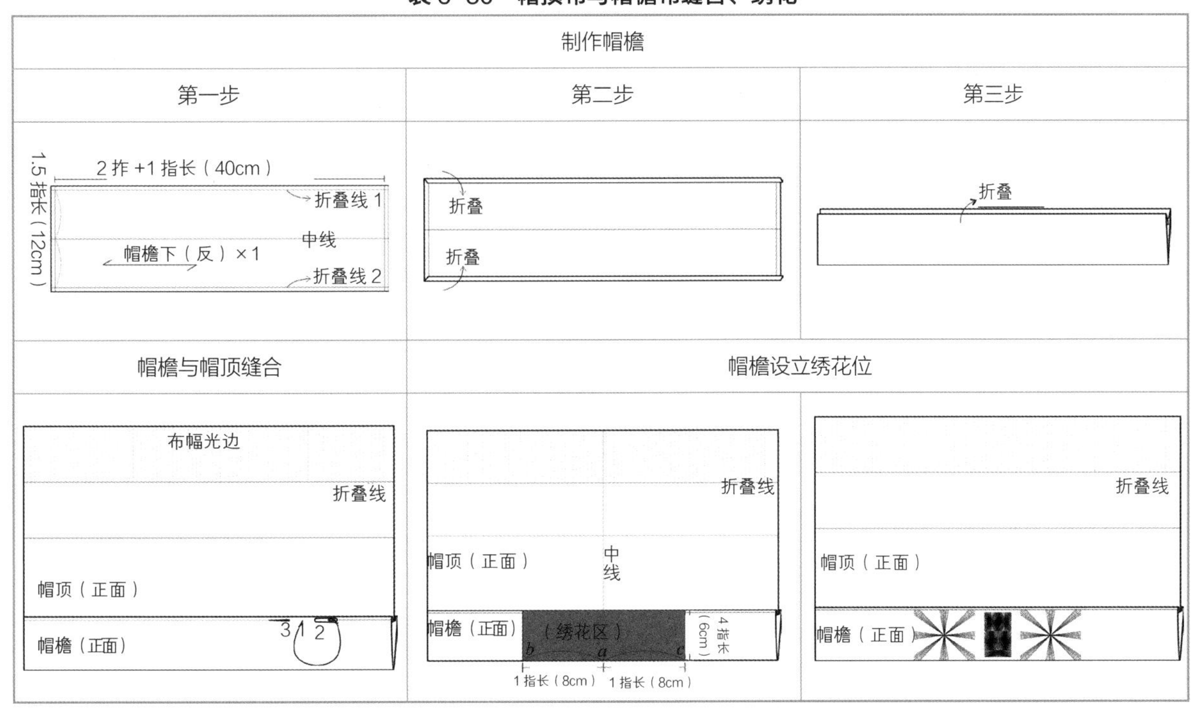

（6）制作帽顶

见表6-52。第一步，将合完的帽筒（帽子顶端）设缝制对位点a、点b、点c、点d、点e、点f、点g、点h、点i、点j、点k、点l、点m、点n、点o、点p、点q、点r、点s、点t；从点a开始，以c b为折线，折叠点a、点b、点d，使点a b线与d b线重合；以f e为折线，折叠点d、点e、点g，使点d e线与g e线重合；以i h为折线，折叠点g、点h、点j，使g h线与j h线重合；以l k为折线，折叠点j、点k、点m，使点j k线与m k线重合。以o n为折线，折叠点m、点n、点p，使点m n线与p n线重合。第二步为帽顶缝合，取叠好的帽顶1为起针点，按照1起针、2入针；3起针的方法以此类推，缝制帽顶5个角位置打结完成。

（7）装饰银片

见表6-53，取装饰银片人像（9个）、吊坠（9个）、银牌（2个），前帽檐花位中心点上方装

表6-51　合帽围

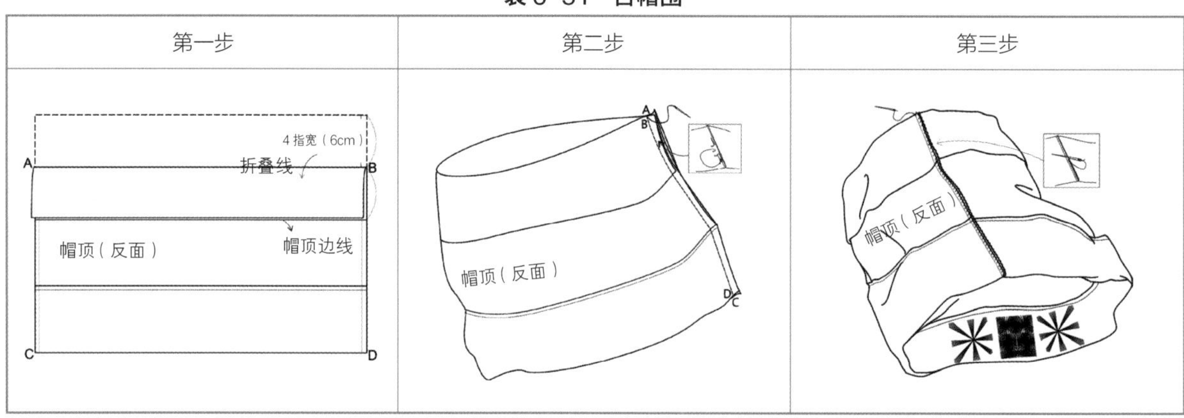

表6-52　帽顶设点、缝合

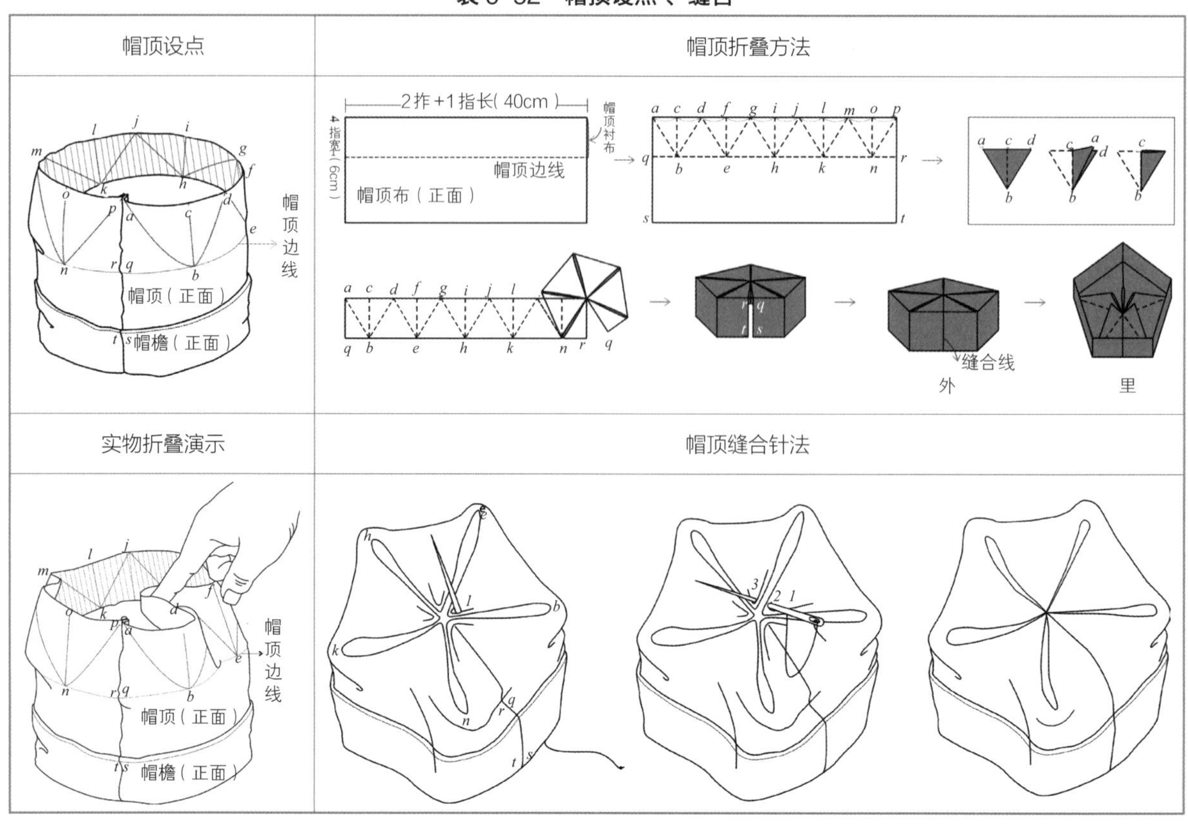

表 6-53　银帽装饰银片

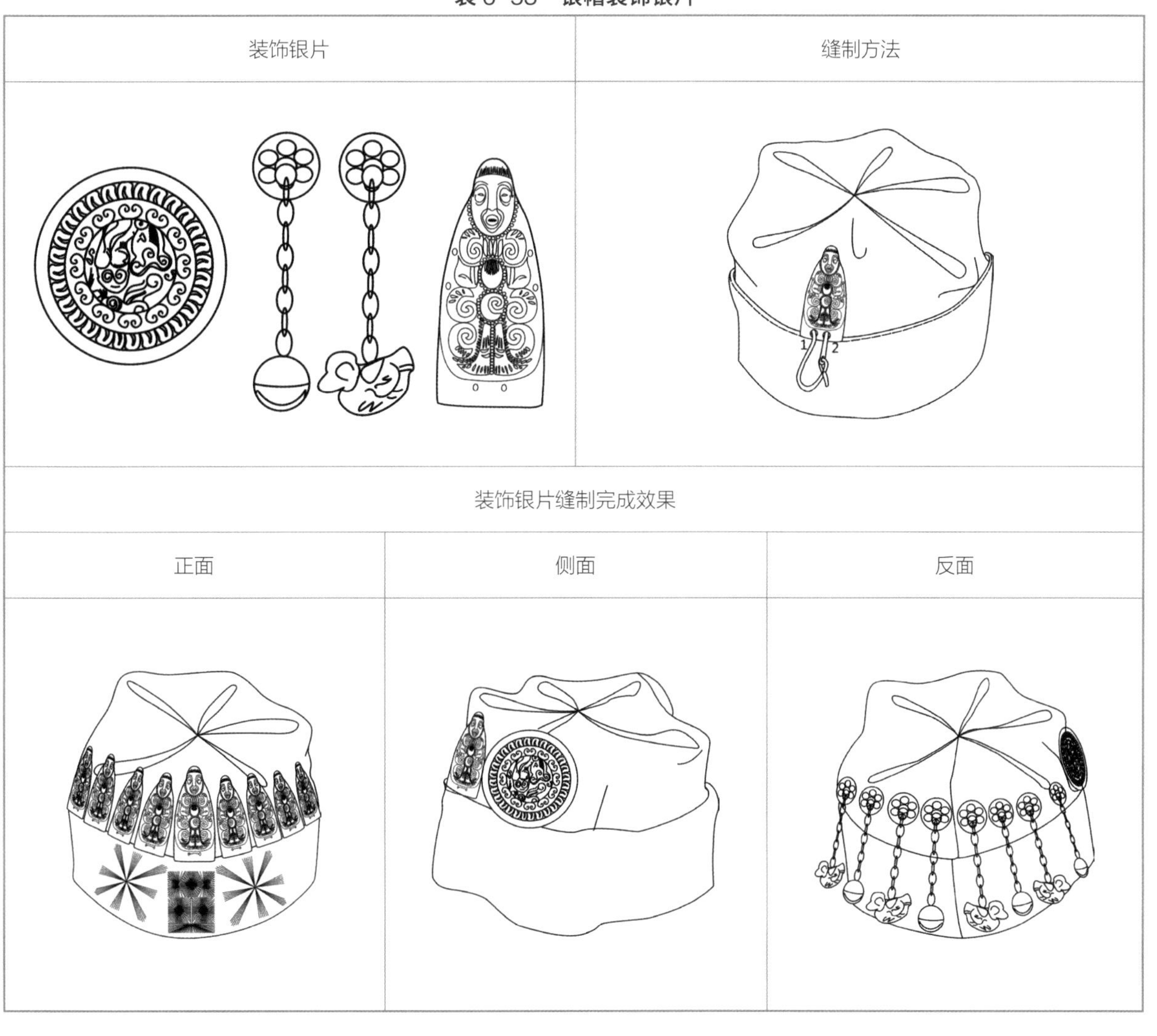

表 6-54　做帽绳、放帽顶装饰绣条

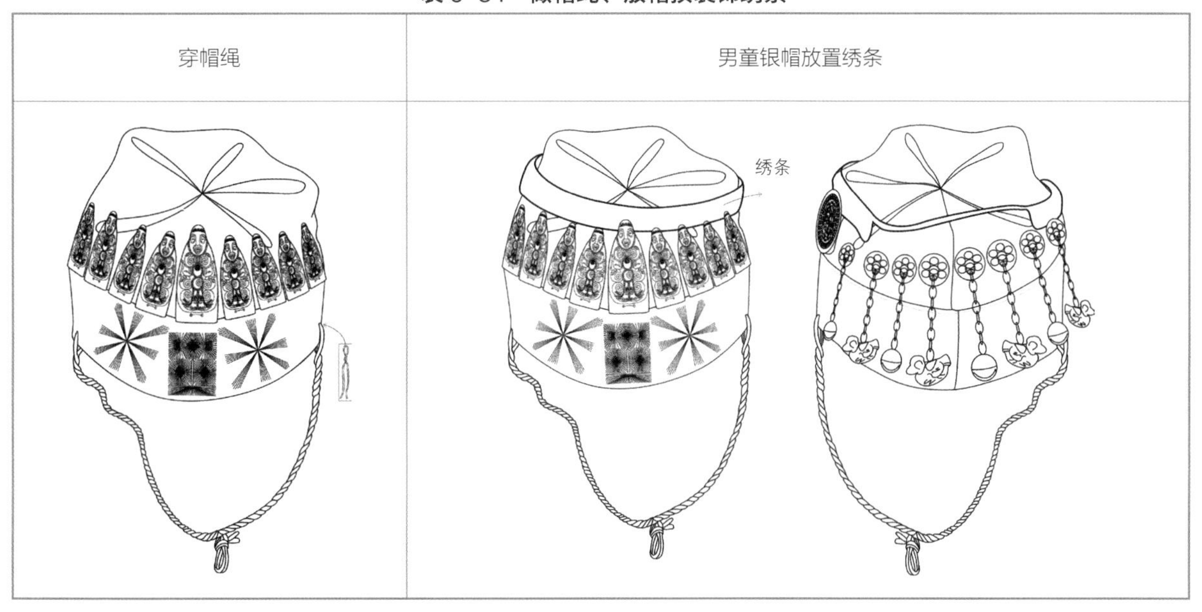

饰人像；人像后面接银牌；帽檐花位中心点对应后中点挂吊坠，吊坠有两种图案，采用 AB、AB 形式排列。人像、吊坠、银牌有穿线孔，手针通过穿线孔固定完成。

（8）做帽绳、放帽顶装饰绣条

见表 6–54，以银牌为中心点对称折叠帽子，设穿帽绳点，两根绳子分别从帽檐两侧穿孔拧绳、下端打结完成。银帽制作完成后，将绣制好的绣条套在帽顶上为男童所用。

二、腰带

白裤瑶腰饰主要指腰带，男子腰带分盛装腰带（花腰带）、搭配花衣和黑衣造型的黑腰带。由于女子、男女童以及搭配花衣、黑衣造型的男子腰带全部为黑色长方形形制，除尺寸区别外，其形制、制作方法与男子白色包头头巾制作基本相同，本书只介绍男子盛装腰带的制作方法。

男子盛装花腰带实物及制作工艺流程，见表 6–55。

男子盛装腰带由自织棉布经纱三层折叠形成，以绣花装饰为面。通过折叠形成腰带造型。裁剪时，尽可能利用布料的幅宽、布边，使布料利用率最大化并节省缝制工艺时间。

1. 裁剪

见表 6–56，裁剪花腰带布，随经纱布幅光边取自织棉布长 10 拃（160cm）（保留布幅光边），纬向取 1 拃（16cm）宽度的自织白棉布。

2. 定花位、绣花

取腰带裁片，将其两端宽度设点 *a*、点 *b*、点 *c*、点 *d*，点 *a′*、点 *b′*、点 *c′*、点 *d′* 三等分后划分面布、里布；在线段 *b b′* 中点设点 *f*，由点 *f* 分别向左设点 *e*，向右设点 *g*，量出 2 拃 + 1 指长（40cm）定出绣花位置。

3. 缝合

见表 6–56，取绣好的腰带裁片，折叠 *ad*、*a′d′* 线缝份，设 *bb′* 为折线，将 *aa′* 线向下折且与 *cc′* 线重合；设 *cc′* 为折线，将 *dd′* 线向上折且与 *bb′* 线重合。腰带绣花部位包边绣。其他部位以每 3cm 9 针手工锁边方法完成。

三、绑腿

白裤瑶腿饰主要指绑腿形制（表 6–57）。男子分盛装绑腿、搭配花衣和黑衣造型的绑腿，女子同样分盛装绑腿、搭配贯头衣和黑衣造型的绑腿，男女童绑腿与成人形制相同。白裤瑶男、女、童腿饰除尺寸、装饰多少有不同区别外，绑腿形制、制作方法基本相同。本书只介绍男子盛装绑腿制作方法。

绑腿由大绑布、小绑布、绑腿带三个部分组成，按照小到大的顺序将绑布直接绑在小腿上，然后再绑装饰绑腿带造型。大绑布、小绑布、绑腿带裁剪时，尽可能利用布料的幅宽、布边，使布料利用率最大化并节省缝制工艺时间。

制作工艺流程是准备材料 → 裁剪 → 制作大小绑布 → 绑腿带定花位、绣花、缝制 → 制作绑绳。

1. 裁剪

见表 6–58，第一步裁剪小绑布，随经纱布幅光边取长 8 拃（128cm）、宽约 1 指长 + 1 指宽（10 cm）的自织棉布；第二步裁剪大绑布，随经纱布幅光边取长 10 拃（160cm）、宽 1 拃 + 1 指长（24cm）的自织棉布；第三步裁剪绑腿带（绑牌）布，随经纱方向取自织棉布长 2 拃 + 1 指长（40cm）、宽 1 拃 + 0.5 指长（20cm）的黑布。

2. 制作大、小绑布

见表 6–58，取大、小绑布裁片，保留布的经边（布幅光边），将其余三边（毛边）缝份折叠再折叠，三角针锁边完成大、小绑布。

3. 绑腿带定花位、绣花、缝制

见表 6–59，取绑腿带裁片设点 *a*、点 *b*、点 *c*；点 *d*、点 *e*、点 *f*、点 *g*、点 *h*、点 *i*；点 *d′*、点 *e′*、点 *f′*、点 *g′*、点 *h′*、点 *i′*。由点 *a* 分别向左点 *b*、向右点 *c* 量出 1 拃 + 2 指宽（19cm）定出绣花位置。当绑腿带绣花完成后，折叠 *d′i′*、*di* 线缝份，*e′e* 为折线，将 *d′d* 线向 *f′f* 线方向折叠，*f′f* 为折线，将 *e′e* 线向下再折叠；同样的方法，*h′h* 为折线，将 *i′i* 线向 *g′g* 线方向折叠，*g′g* 为折线，将 *h′h* 线向上折叠并包住 *e′e* 线，以 3cm 9 针的密度锁边针缝合绑带布。

表 6-55　男子盛装花腰带实物及制作工艺流程

男子盛装花腰带实物
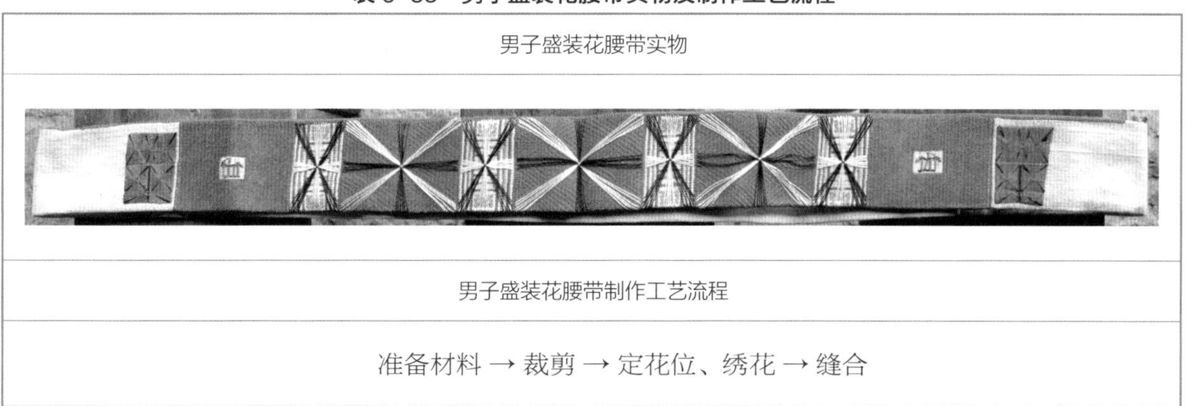
男子盛装花腰带制作工艺流程
准备材料 → 裁剪 → 定花位、绣花 → 缝合

表 6-56　花腰带制作过程

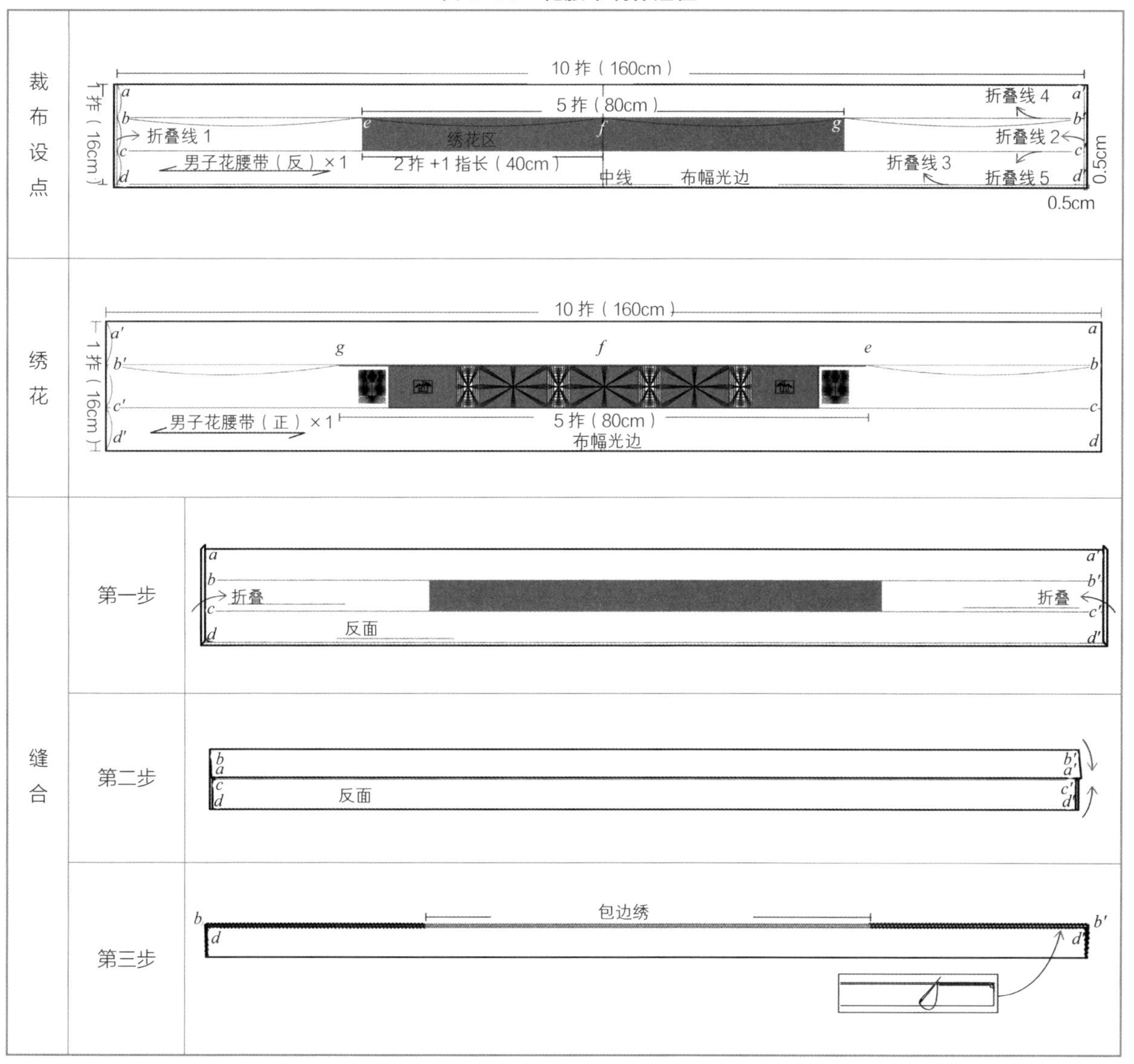

表 6-57　男、女、童绑腿装饰方法一览表

男子盛装绑腿	男子便装绑腿	女子盛装绑腿	女子便装绑腿	男童绑腿	女童绑腿
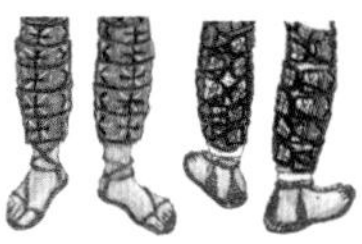				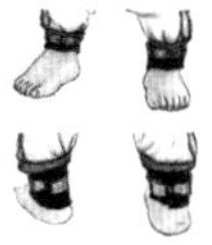	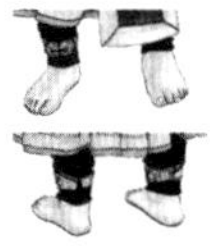
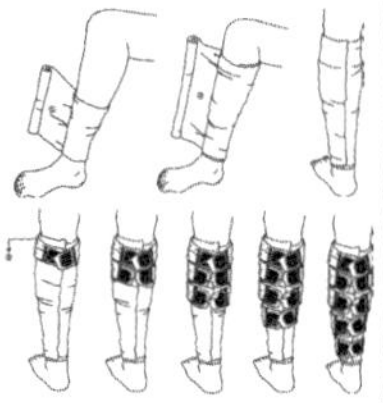	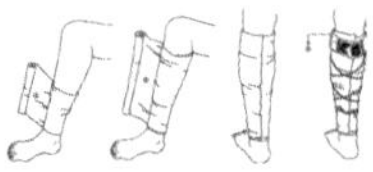	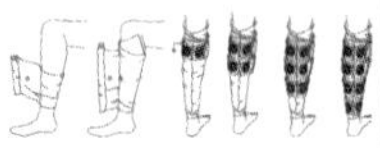	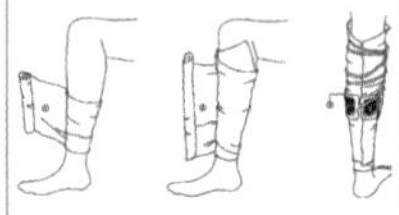		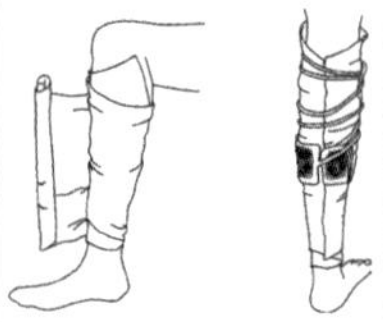

表 6-58　制作大、小绑布过程

小绑布制作过程		大绑布制作过程	
第一步	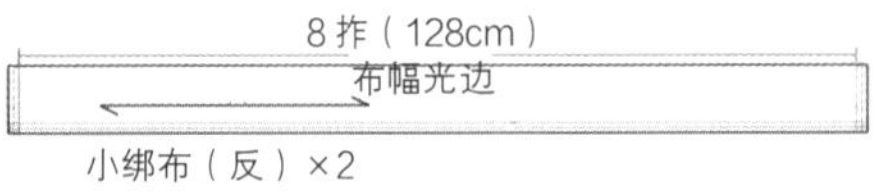 8 拃（128cm） 布幅光边 小绑布（反）×2	第一步	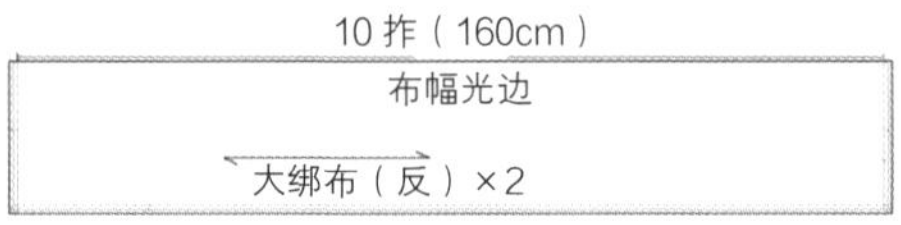 10 拃（160cm） 布幅光边 大绑布（反）×2
第二步	 折叠 反面 布幅光边 折叠	第二步	 布幅光边 折叠 反面 折叠
第三步	 折叠 反面 布幅光边 折叠	第三步	 布幅光边 反面 折叠 折叠
第四步	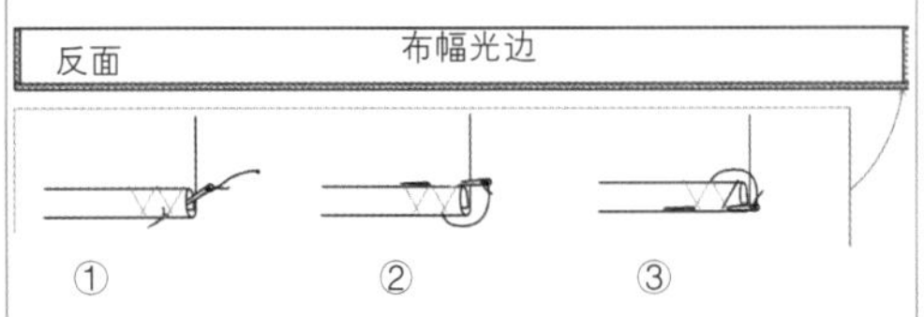 反面 布幅光边 ① ② ③	第四步	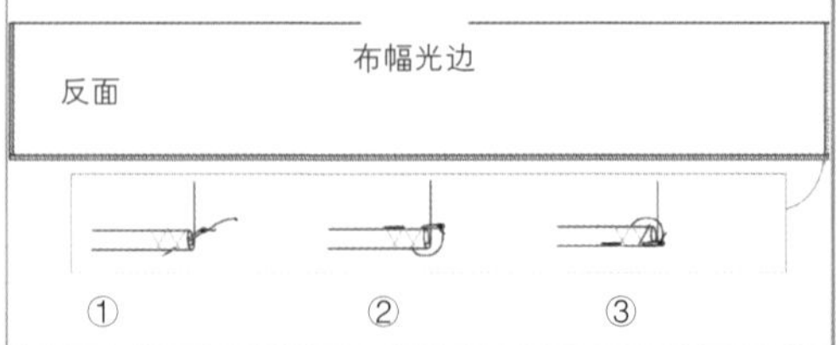 布幅光边 反面 ① ② ③
第五步	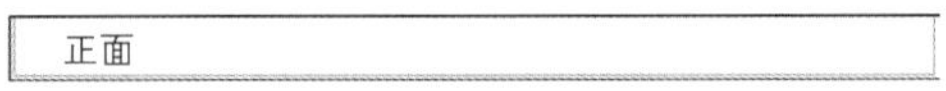 正面	第五步	 正面

表 6-59　绑腿带定花位、绣花、缝制过程

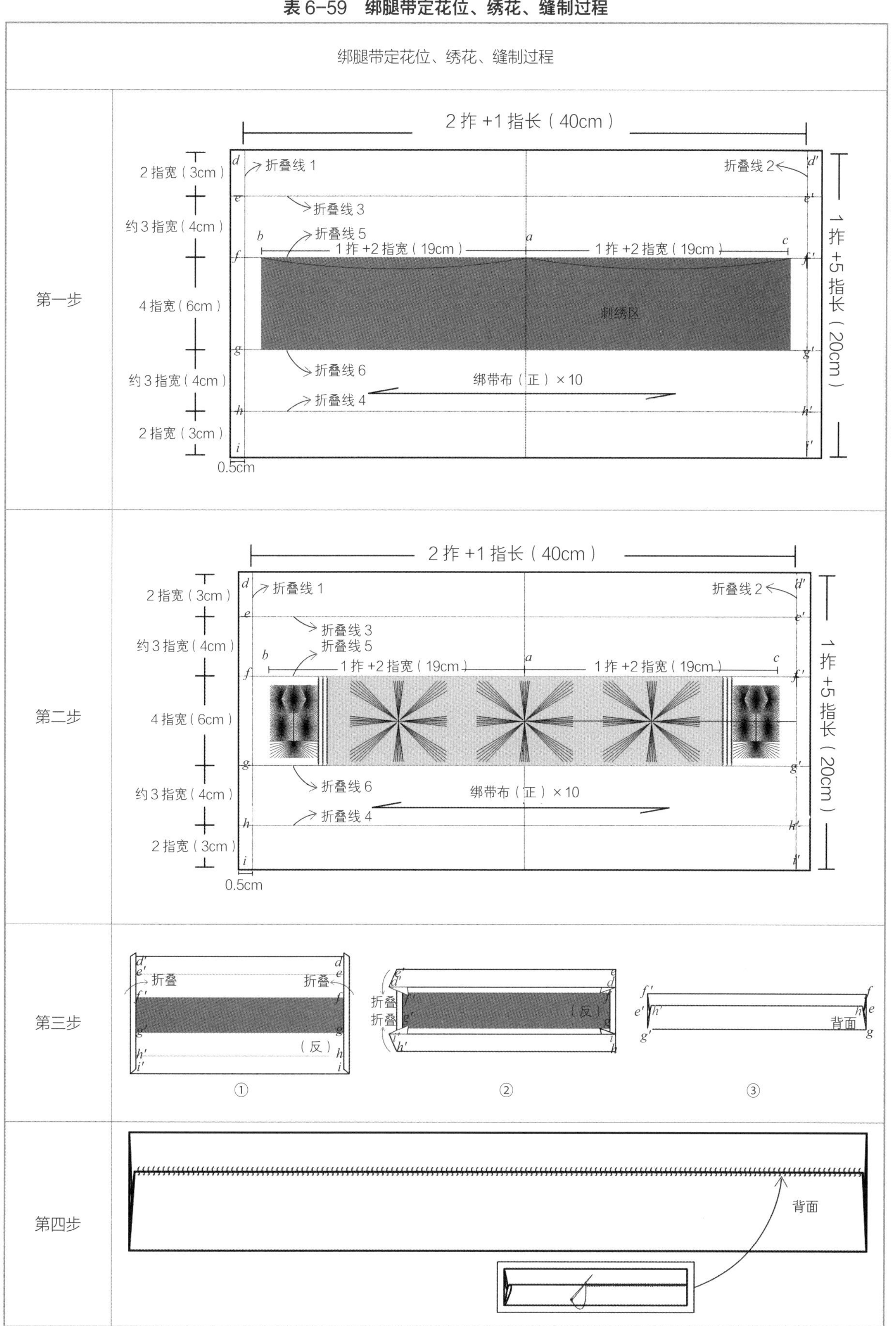

表 6-60　绑腿带绳缝制过程

	绑腿带绳缝制过程图
第一步	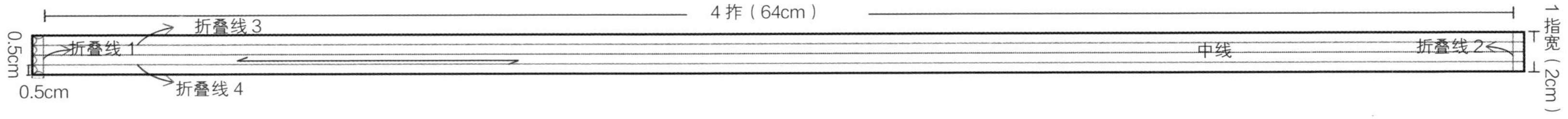 4 拃（64cm） 1 指宽（2cm） 0.5cm 0.5cm 折叠线 1 折叠线 2 折叠线 3 折叠线 4 中线
第二步	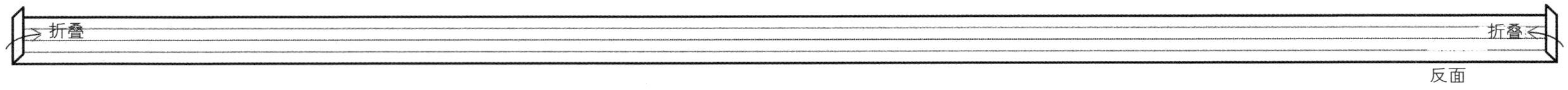 折叠 折叠 反面
第三步	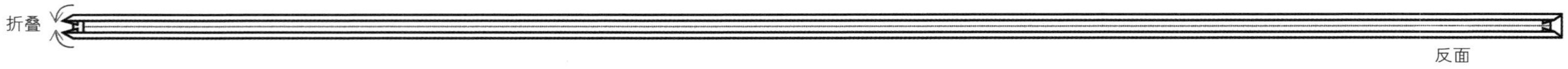 折叠 反面
第四步	 正面

4. 制作绑腿带绳

见表 6–60，制作绑腿带绳，取绑腿带绳裁片沿四周折叠缝份，再沿绑腿带绳布中线对叠，使之形成长 4 拃（64cm）、宽 0.5cm 的长条状物，每 3cm 9 针的密度套锁手针完成绑牌绳。

5. 制作绑腿带

见表 6–61，将缝好的绑绳插入绑腿带两头，每 3cm 9 针的密度回针缝合绑腿带和绑绳，且在绑腿带边长线上做装饰线，绑腿带制作完成。

四、针筒

针筒是白裤瑶女子用来装绣花针的“盒子”，也是装饰在腰间的饰物，是白裤瑶女子不可缺少的手工劳作的工具。

针筒是由粗或细竹竿、棉线等通过雕刻制成的器皿，包括筒套、筒芯、套头、筒座四个部分，在绳子的作用下穿套成型。在制作筒套、筒芯、套头、筒座时，筒套、筒芯必须能滑动抽拉自如，套头、筒座同样必须与筒套、筒芯的一端吻合。

其制作工艺流程是准备材料 → 刻套头、筒身 → 刻筒芯、筒芯底座 → 穿绳。

见表 6–62，第一步材料选择，选择粗或细竹竿、棉线（随喜好可以添加装饰物）；第二步制作筒套，将粗竹竿头雕刻成帽状（套头），穿 3 个孔（穿绳孔 ≈ 0.3cm × 1，穿绳边孔 ≈ 0.2cm × 2），竿身外雕刻图案（筒身），内掏空为容纳筒芯空间筒套；第三步制作筒芯，将细竹竿头雕刻成筒芯底座，筒芯底座穿 3 个孔（穿绳孔 ≈ 0.3cm × 1，穿绳边孔 ≈ 0.2cm × 2），外直径控制在小于筒套的内直径范围，修理光滑即成，内掏空形成收纳针的空间；第四步编绳，选择多股棉线，采用编结的方法将套绳编结为 5 拃（80cm）长（见吊花编绳方法）；第五步将编好的绳子双头传进筒套穿绳孔，分别从穿绳边孔出。从筒芯底座穿绳边孔入，双头穿进筒芯底座穿绳孔打结完成。

五、娃崽背带

娃崽背带又叫背带、布兜，是白裤瑶人背负婴儿所用的辅助物。娃崽背带是由主结构背布、带布、背带挡（遮）片三个要素部分组成，见表 6–63。

背带是由带布 D、带布装饰 B、带布装饰 C、背带挡片等要素构成，每一个要素从造型结构上

表 6–61　制作绑腿带过程

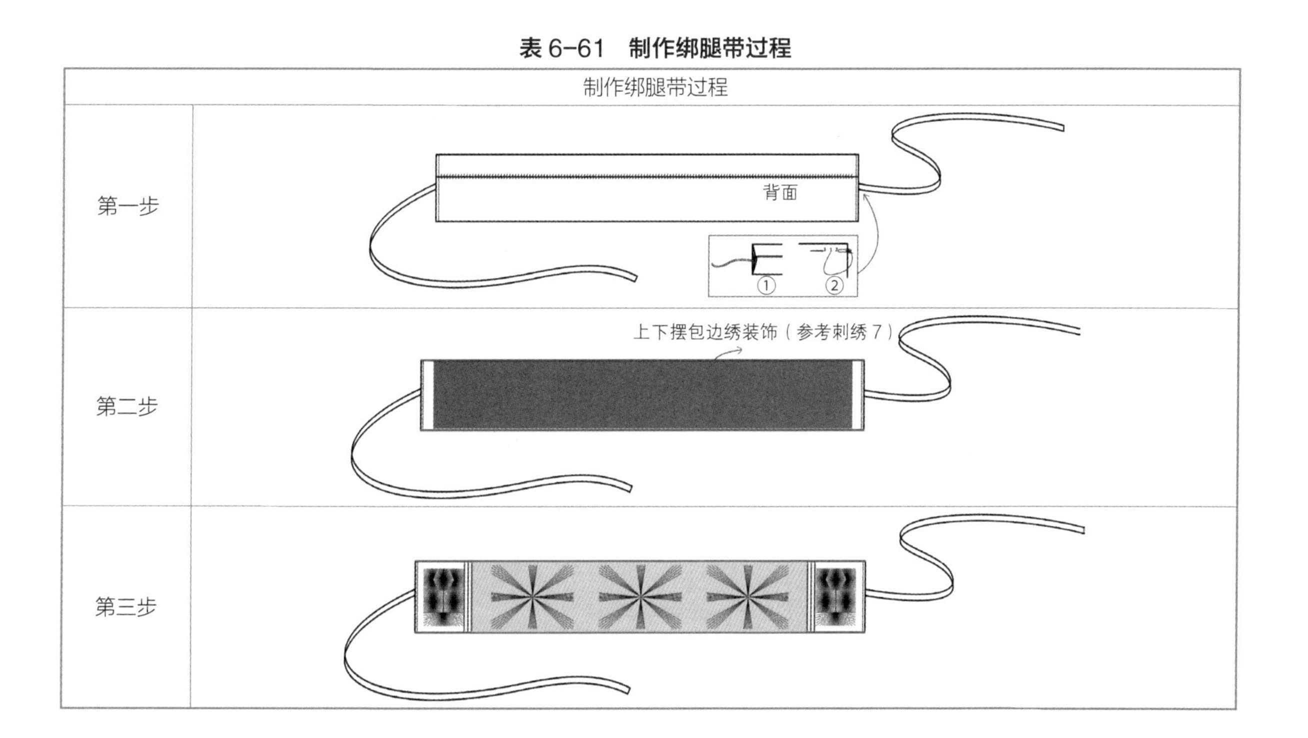

表 6-62 针筒制作过程

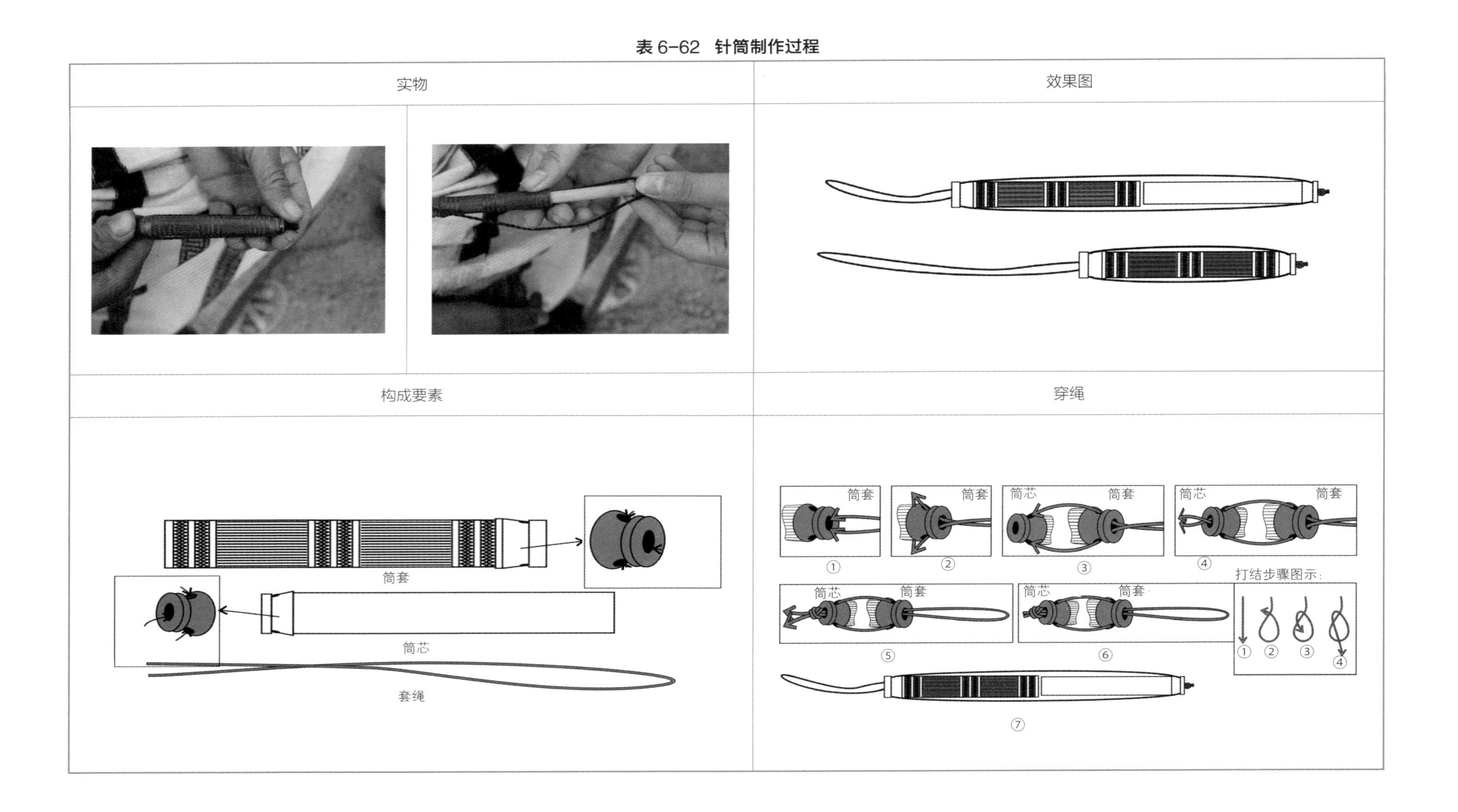

表 6-63　娃崽背带

实物图	效果图
结构图	

互为“力”的合理布局。背带要素裁剪时，尽可能利用布料的幅宽、布边、纱向感，使布料利用率最大化，节省缝制工艺时间，同时使背带能够真正承受起一定的拉力。

其制作工艺流程是准备材料 → 裁剪 → 制作带布 D → 制作带布装饰 B → 制作带布装饰 C → 做背带挡片 → 缝合背带。

1. 裁剪

见表 6–64，背布是由面、里大小相同两片布缝制而成。面布为蓝色粘膏画、绣花组合纹样布片，里布为黑色光面布。第一步裁剪背布，随经纱布幅光边取长 3 拃（48cm）、宽 2 拃 + 1 指长（40cm）的自织棉布两片；第二步裁剪制作带布 D，随经纱布幅光边取长度长 11 拃 + 0.5 指长（180cm）、宽 1 拃（16cm）的自织黑棉布；第三步裁剪做带布装饰 B，随经纱布幅光边取自织棉布长 10 拃（160cm）、宽 1.5 指长（12cm）；第四步裁剪带布装饰 C，随经纱布幅光边取自织棉布长 5 拃（80cm）、宽 4 指宽（6cm）；第五步裁剪背带遮片布，随经纱布幅光边取自织棉布长（黑棉布）1.5 指长（12cm）、宽 1.5 指长（12cm）；第六步裁剪背带遮片包边布，随布纹经纱方向取包边布长度 2 拃 + 0.5 指长（36cm）、纬纱取宽为 4 指宽（6cm）。

2. 制作背布、带布 D、带布装饰 B 和 C

第一步制作背布，取背布两片裁片，将面布装饰完成后整理面、里平复并分别在面、里布上设点 a、点 b、点 c、点 d、点 e、点 f、点 g、点 h，点 a'、点 b'、点 c'、点 d'、点 e'、点 f'、点 g'、点 h' 等部位缝制对位点。折光面、里缝份。第二步制作带布 D，取自织黑棉布带布 D 裁片，分别设点 i'、点 j'、点 k'、点 l'，点 i'、点 m'、点 n'、点 o'、点 p'、点 q' 为缝制对位点。第三步做带布头装饰穗、带布锁边，将点 p'、点 q'、点 j'、点 i' 平分为 32 个单位条（约 0.5cm 每条）剪刀成穗状，两条为一组编成一个个小辫打结；带布 $j'k'$ 线 $i'l'$ 线毛边每 3cm 9 针锁边针包光。第四步做带布装饰 B，取带布装饰 B 裁片设缝制对位点 i、点 j、点 k、点 l、点 m、点 n、点 o、点 p、点 q、点 r，并四周折光缝份、中心折叠线对叠。第五步做带布装饰 C，取带布装饰 C 裁片设缝制对位点 s、点 t、点 u、点 v、点 w、点 x，将带布装饰 C 四周折光缝份、中心线对叠。第六步缝合带布装饰 D、C，将处理好的带布装饰 C 按照对位区与带布装饰 D 缝合。

3. 做背带挡片及其包边布、包边

见表 6–65，取背带挡片裁片将宽度分成 3 个部分设包边对位点 r'、点 s'、点 t'、点 u'、点 v'、点 w'、点 x'、点 y'； 做背带挡片包边布，取背带挡片包边布裁片设包边缝制对位参照点 z'、点 a''、点 b''、点 c''、点 d''、点 e''、点 f'、点 g''、点 h''、点 i''、点 j''、点 k''、点 l''、点 m''、点 n''、点 o''、点 p''、点 q''、点 r''、点 s''，折光缝份；挡片包边制作，将包边布点 a'' 点 c'' 分别与挡片布点 u'，点 t' 对应，以包边布 $a''c''$ 为折线，将包边布折叠，并且包住挡片布，使包边布点 z' 点 d'' 分别与档片布点 y'、点 x' 对应；以包边布 $e''c''$ 为折线，折叠点 d''、点 c''、点 f''，使 $d''c''$ 线与 $f''c''$ 线重合，点 f''、点 k'' 与前挡片点 x'、点 w' 重合；以 $l''j''$ 为折线，折叠点 k''、点 j''、点 m''，使点 $k''j''$ 线与点 $m''j''$ 线重合，点 m''、点 q'' 与前挡片点 w'、点 v' 重合。同样的方法，完成包边（里）部分；包边布包住前挡片四周距布边 0.1cm 从 z' 开始起针，以每 3cm 9 针的密度回针缝制一圈至 q'' 结束。

4. 缝合背布、带布、挡片

见表 6–66，取做好的背布、带布、挡片，将三个部分设点，背布夹住带布、遮片对位，以每 3cm 9 针的密度回针缝合。第一步在背布设对应缝合点 d'、点 f'、点 c'、点 h'、点 g'、点 b'、点 e'、点 a'。第二步在带布上设对应缝合点 k' 点 t。第三步在挡片上设对应缝合点 r''、点 a''。第四步带布点 k'、点 t 与背布的点 d'、点 f' 对应缝合。第五步挡片点 r''、点 a'' 与背布点 h'、点 g' 对应缝合。第六步缝合带布装饰 B，取缝合后的背布、带布、挡片，设缝制对位点 a、点 b、点 c、点 d、点 e，取做好的带布装饰 B，将其点 i、点 m、点 n、点 o、点 l 与点 a、点 b、点 c、点 d、点 e 重合，距边 0.1cm 以每 3cm 9 针的密度回针缝制明线完成。

表 6-64 制作背布、带布 D、带布装饰 B 和 C

	第一步	第二步	第三步
制作背布	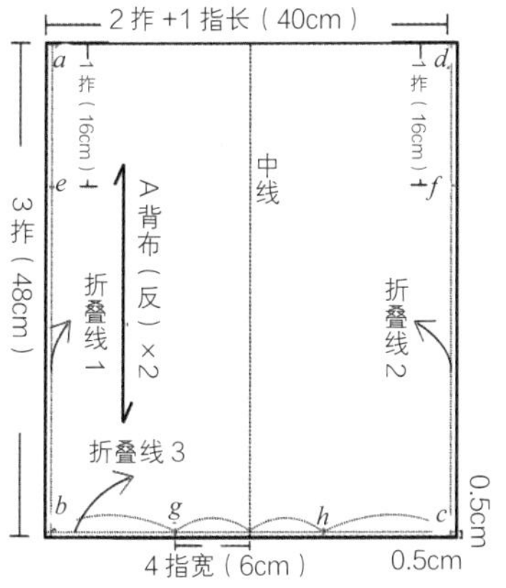 2 拃 +1 指长（40cm） a d 1 拃（16cm） 1 拃（16cm） e f 3 拃（48cm） A 背布（反）×2 中线 折叠线 1 折叠线 2 折叠线 3 b g h c 0.5cm 4 指宽（6cm） 0.5cm	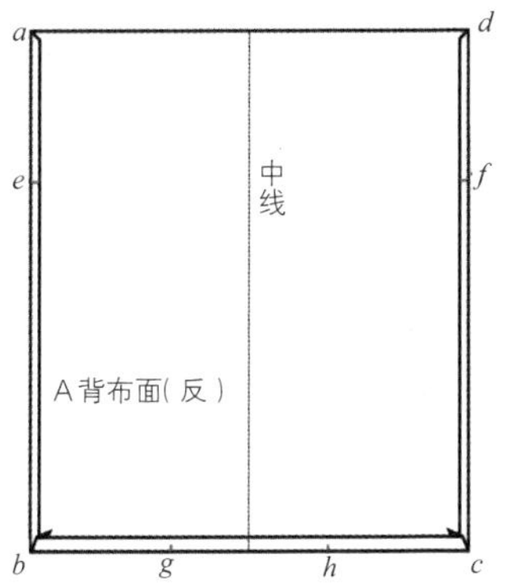 a d e f 中线 A 背布面（反） b g h c	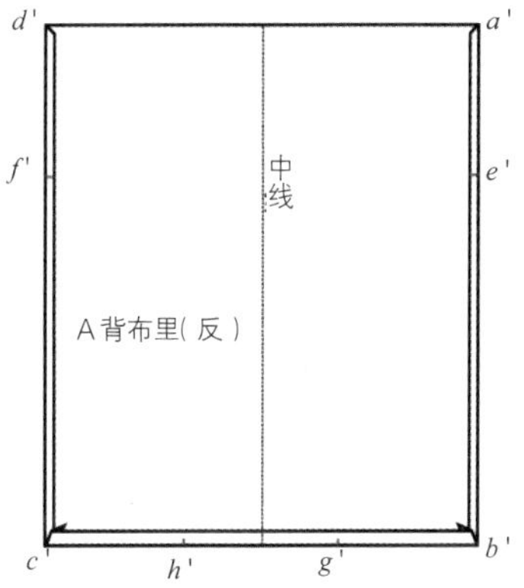 d' a' f' e' 中线 A 背布里（反） c' h' g' b'
做带布装饰 B	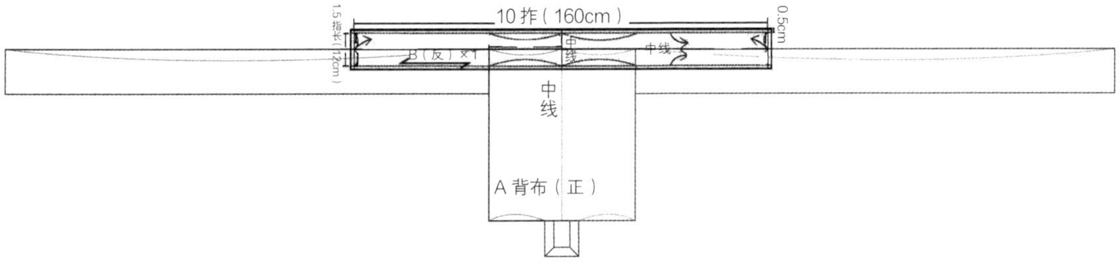 10 拃（160cm） 1.5 指长（12cm） 0.5cm B（反）×1 中线 中线 中线 A 背布（正） 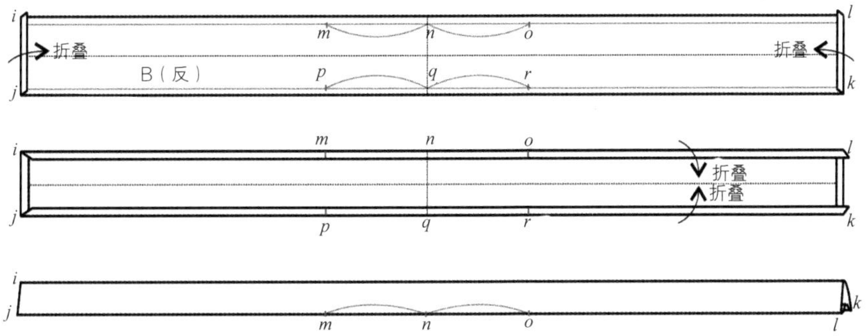		
	i l m n o 折叠 折叠 B（反） p q r j k i m n o l 折叠 折叠 j p q r k i j k m n o l		
做带布装饰 C	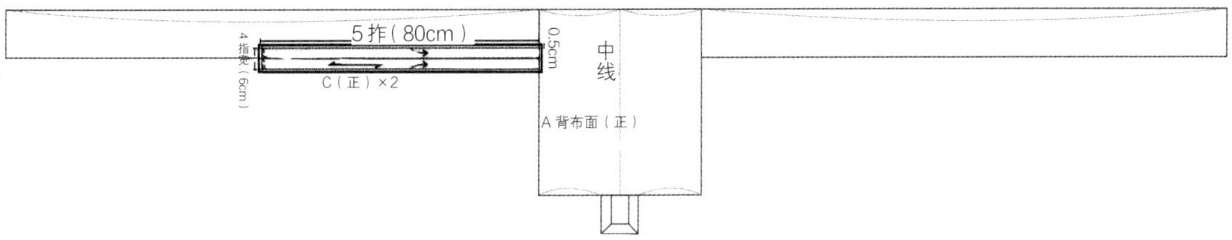 5 拃（80cm） 4 指宽（6cm） 0.5cm C（正）×2 中线 A 背布面（正）		

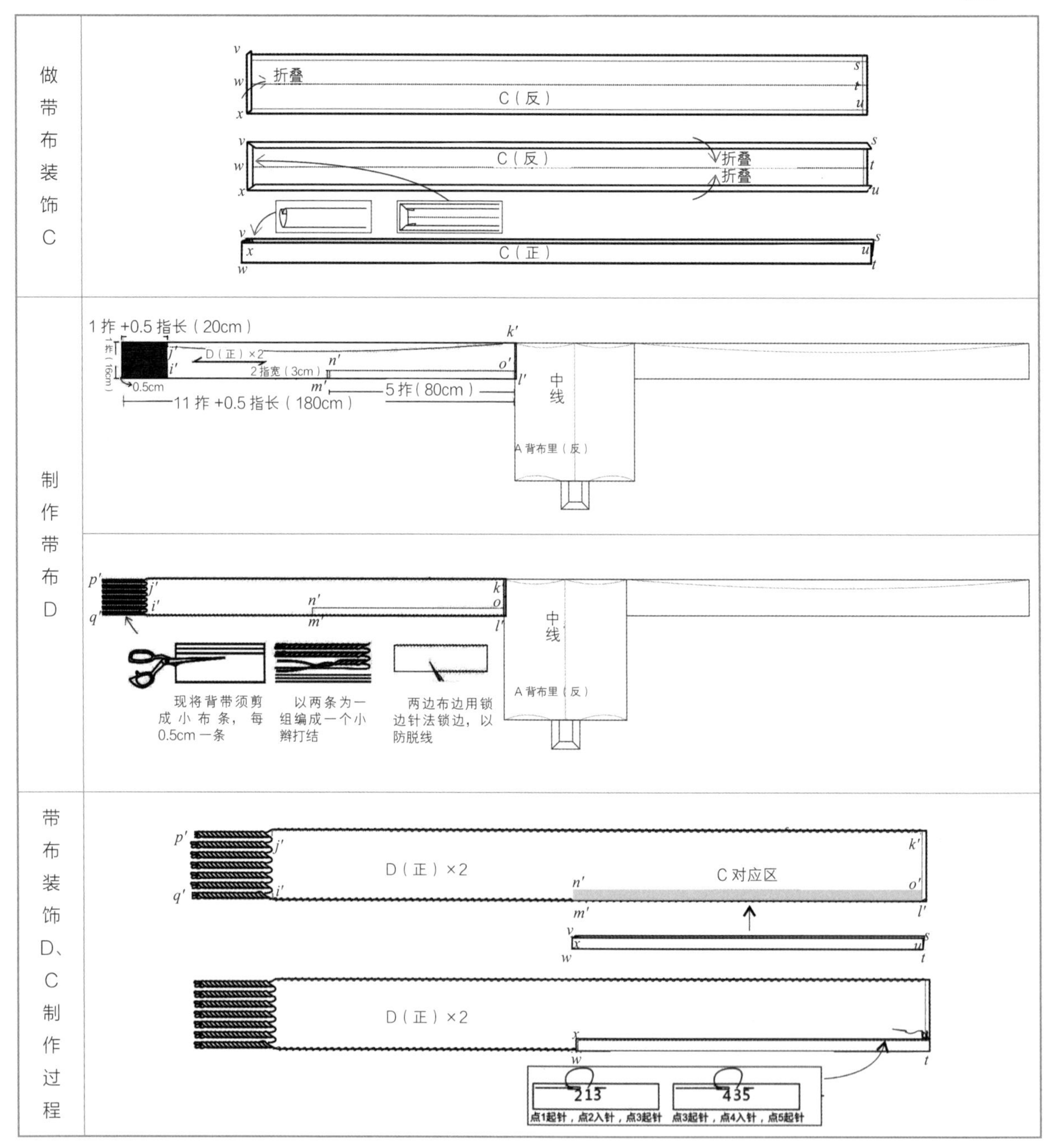

六、吊花

吊花是白裤瑶装饰在盛装上衣、女童贯头衣的饰物。将吊花绳子的一头固定在男女盛装上衣、女童贯头衣上，当人穿衣走动时，吊花随人的动态而摆动并出现在人体的前后侧，起到装饰服饰的作用（表 6-67）。

吊花是由丝线、银片、天然树果（薏苡）、人造玻璃球（随喜好可以添加装饰物）等材料组成的装饰物，包括吊绳、花杆、串花绳、花心四个部分。制作吊花时，吊绳、花杆、串花绳、花心必须各自造型生动、相互衬托。

吊花的制作工艺流程是准备材料 → 丝线编绳 → 串珠打结 → 串珠打结。

规整所有的材料，首先将丝线编绳串珠打结组合，使丝线、银片、天然树果（薏苡）、人造玻璃球集结在一起完成造型。

表 6-65　做背带挡片、做背带挡片包边布、包边

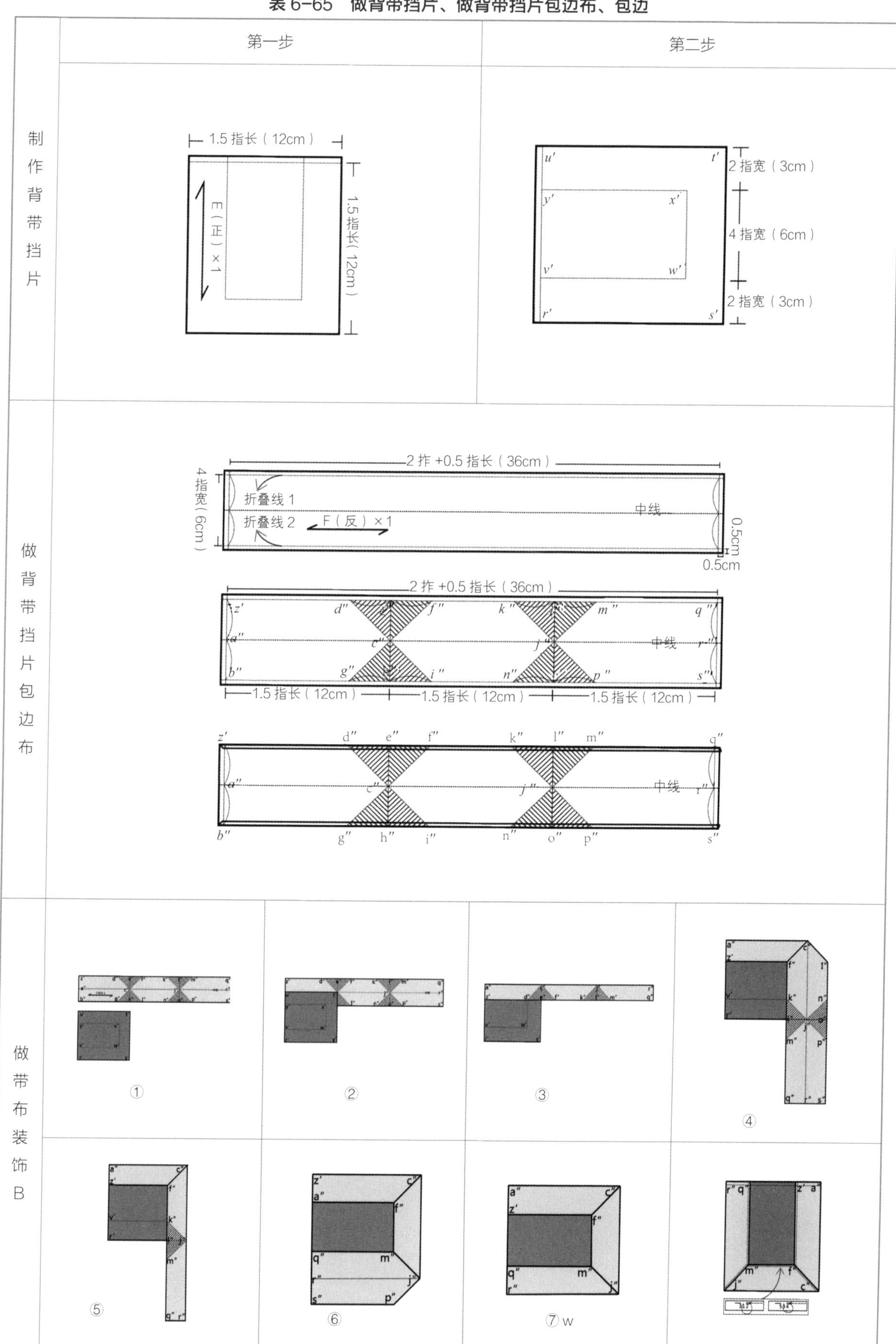

表 6-66　缝合背布、带布、挡片

缝合背布、带布、挡片前期准备	
缝合背布、带布、遮片	
缝合针法	

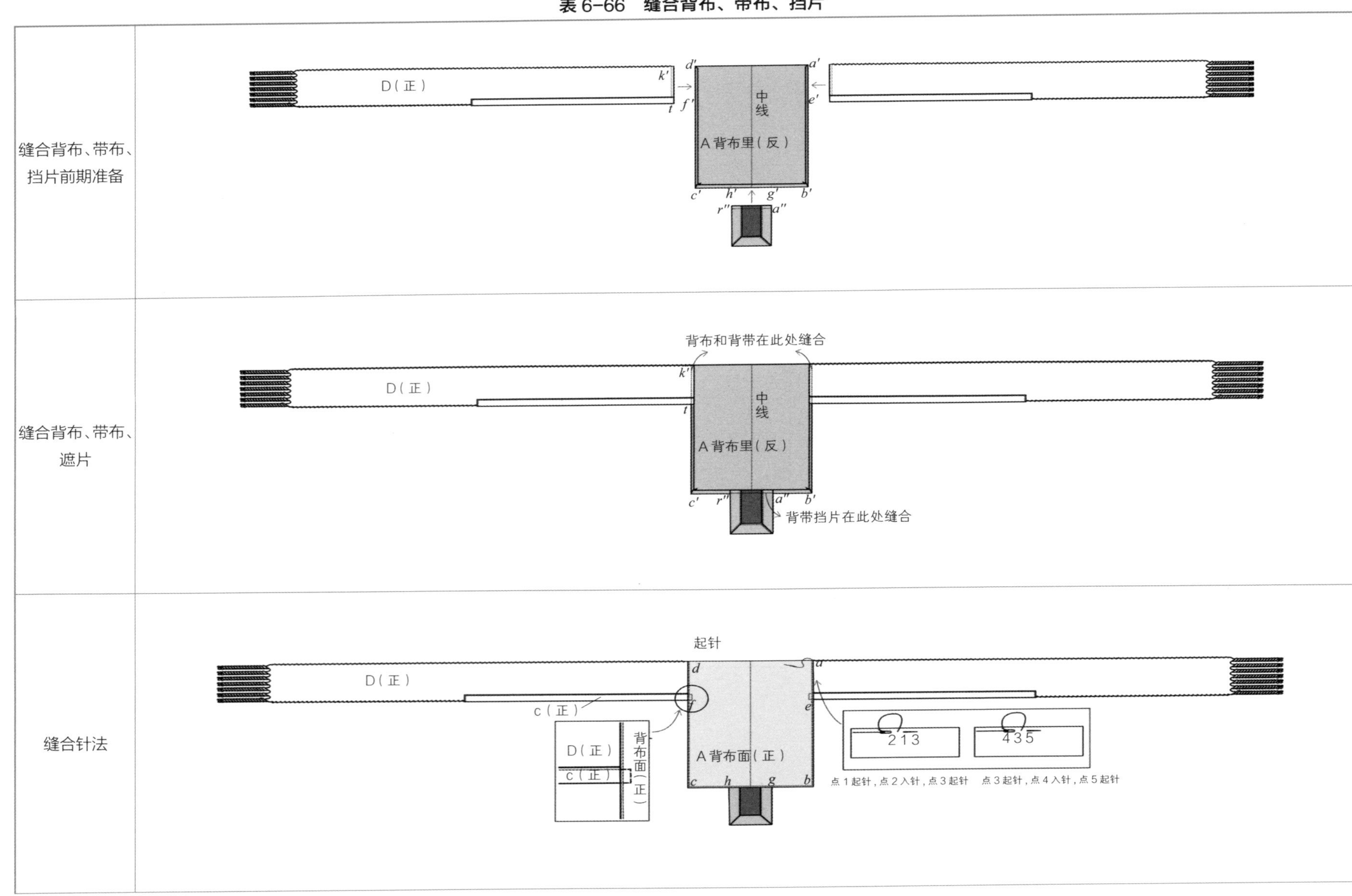

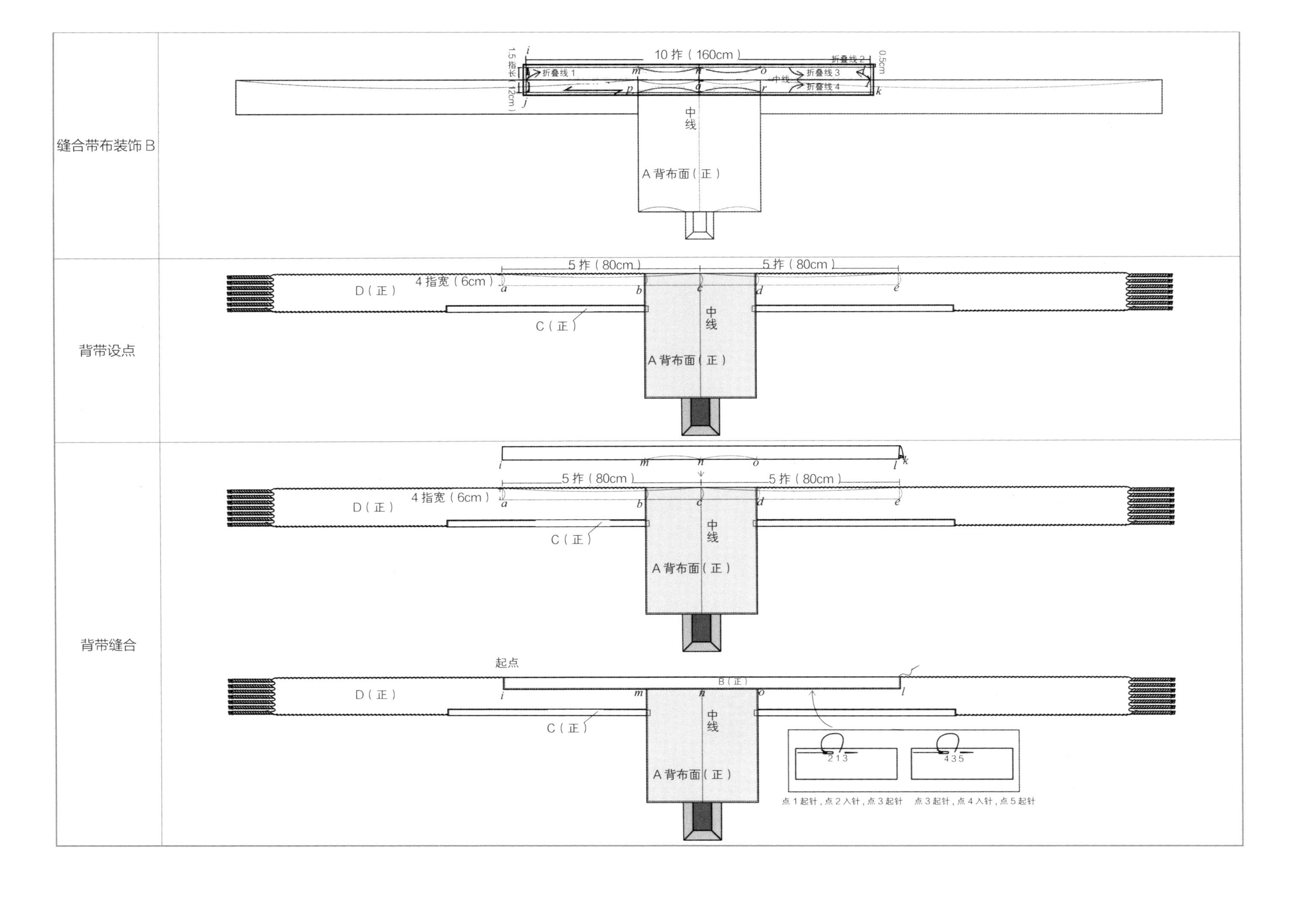
缝合带布装饰B
10拃（160cm）
1.5指长（12cm）
0.5cm
折叠线1
折叠线2
折叠线3
折叠线4
中线
A背布面（正）
背带设点
5拃（80cm）
5拃（80cm）
4指宽（6cm）
D（正）
C（正）
中线
A背布面（正）
背带缝合
5拃（80cm）
5拃（80cm）
4指宽（6cm）
D（正）
C（正）
中线
A背布面（正）
起点
B（正）
D（正）
C（正）
中线
A背布面（正）
2 1 3
4 3 5
点1起针，点2入针，点3起针　点3起针，点4入针，点5起针

表 6-67　吊花

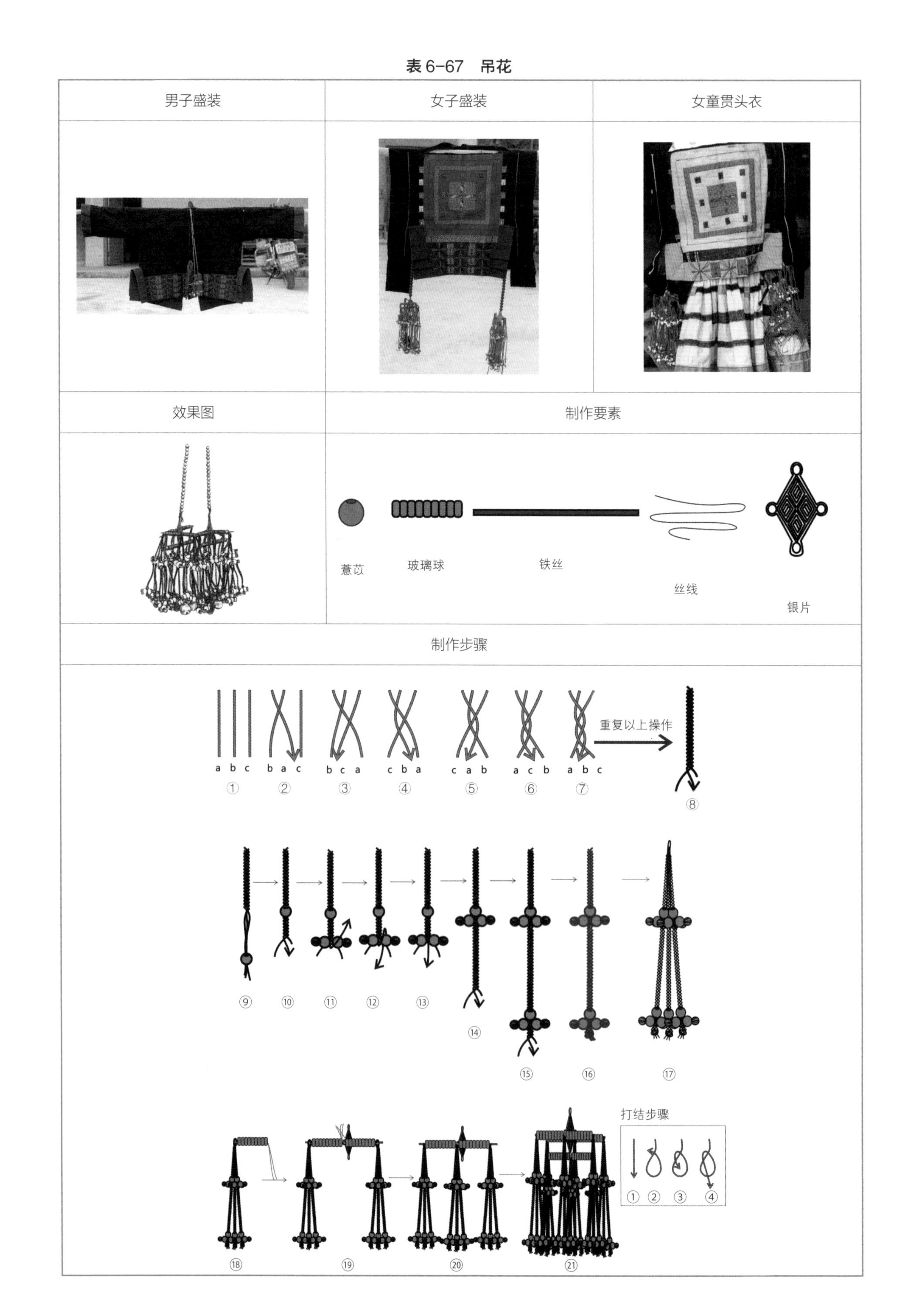
男子盛装
女子盛装
女童贯头衣
效果图
制作要素
薏苡
玻璃球
铁丝
丝线
银片
制作步骤
a b c
b a c
b c a
c b a
c a b
a c b
a b c
重复以上操作
①
②
③
④
⑤
⑥
⑦
⑧
⑨
⑩
⑪
⑫
⑬
⑭
⑮
⑯
⑰
⑱
⑲
⑳
㉑
打结步骤
① ② ③ ④

参 考 文 献

[1] 朱荣 . 中国白裤瑶 [M]. 南宁：广西民族出版社，1992.

[2] 黄秀 . 南丹里湖白裤瑶生态博物馆：审美现代性视域中的审美文本 [D]. 南宁：广西民族大学，2013.

[3] 杨璞 . 白裤瑶纺织工艺文化研究——以广西南丹县里湖瑶族乡瑶里屯为例 [D]. 南宁：广西民族大学，2013.

[4] 纳张元 . 大理民族文化研究论丛第三辑 [M]. 南宁：广西民族出版社，2009.

[5] 玉时阶 . 白裤瑶社会 [M]. 南宁：广西师范大学出版社，1999.

[6] 吕绍纲 . 古人的穿衣戴帽 [M]. 北京：中国古籍出版社，1995.

[7] 陆朝金 . 白裤瑶服饰文化的解读 [J]. 柳州师专学报，2012，27(4):4–5.

[8] 韦标亮 . 布努瑶历史文化研究文集 [M]. 贵阳：贵州民族出版社，2003:56–57.

[9] 何德芳 . 白裤子，瑶山雨露——白裤瑶民俗文化体验调查 [G]// 南丹县文化体育局、南丹县里湖白裤瑶生态博物馆文集 .2013.

[10] 栾龙威 . 白裤瑶服饰图案研究——以广西南丹县里湖乡为例 [D]. 南宁: 广西艺术学院 ,2014(5): 16.

[11] 何宁 . 白裤瑶服饰元素及其再设计的应用研究 [D]. 上海：东华大学，2010（1）:21.

[12] 何绿芬 . 绑腿，瑶山雨露——白裤瑶民俗文化体验调查 [G]// 南丹县文化体育局、南丹县里湖白裤瑶生态博物馆文集 .2013.

[13] 吴永章 . 瑶族史 [M]，成都：四川民族出版社，1993.

[14] 周去非 . 岭外代答校注 [M]. 北京：中华书局 ,1999.

[15] 屈大钧 . 广东新语・人语・瑶人 [M]. 北京：中华书局，1985.

[16] 杨璞 . 白裤瑶纺织工艺文化研究 [D]. 南宁：广西民族大学，2013.

[17] 玉时阶 . 瑶族传统服饰工艺的传承与发展 [J]. 广西民族大学学报(哲学社会科学版),2008,30(1).

[18] 黄力 . 浅谈束缚与装饰的关系 [J].Art and Literature for the Masses:2010（12）:165.

后 记

历时几年的努力，《中国白裤瑶民族服饰》终于面世了。

笔者因为祖辈世代从事服装行业的缘故，从小与服装结缘，从事服装设计已有30多年。

身处于民族院校，得以广泛深入地接触与研究民族服饰，尤其对那些色彩张力极强，依托传统的手工织、染、绣工艺制作而成的民族服饰情有独钟。一次偶然的机会，我的同事罗彬教授向我提起白裤瑶服饰，并讲述了白裤瑶民族的历史故事，使我深受感染。自此，我便开始留意白裤瑶相关的文史资料。

起初我最关注的是白裤瑶民族中男子的奇特裤形。作为一个从职业服装设计师转身进入高校的教学工作者，对于服装的研究，我更关心服装产生的源头、它与人的关系如何形成的。于是我去图书馆借阅相关的书籍，并到我校民族博物馆查看相关的服饰实物，同负责南方少数民族地区服饰研究的老师共同探讨白裤瑶服饰研究的路径等相关内容。当我看到、听到与白裤瑶相关的民俗、文化、生活时，又一次感到震惊，同时，更加对这个民族的历史文化着迷了，继而才有了后来深入白裤瑶地区进行田野调查的机会。

在实地的考察过程中，我和我的团队们与白裤瑶族人同吃同住，身体力行地感受当地的风土人情与人文情怀。服饰是记录文化的活历史。作为一个在长期求生存的实践中发展起来的山地民族，白裤瑶民族的服饰文化形成有着悠久漫长的历史，从上至远古的"井田"纹样、贯头衣、白裤，到白裤瑶民族独有的"油锅"组织、砍牛下葬习俗，其独特的婚俗、葬礼、服饰等各种浓郁的多姿多彩的民族文化风情构成了一幅白裤瑶文化的历史长卷。在调研过程中，我们通过询问和参与他们日常生活中的事务，自我体验与感悟，将白裤瑶民族服饰文化通过现代化设备以图片、视频等方式记录下来，以便于后期对调查的归顺、整理与总结。在整个过程中，我们记录的不仅仅是白裤瑶服饰的具体形制、制作方法或是花样形态，更多的是白裤瑶服饰的发展历程中所承载的丰富文化内涵，从而感受到的这个民族憨厚、朴实、勤劳、勇敢、爱国、维护民族团结的优良传统。我们深信，白裤瑶服饰是一个巨大的文化宝库，我们对它的挖掘还远远不够，还有待更进一步的研究，对于这个民族的文化研究是具有重要意义的。如果本书的出版能够在前人基础上将白裤瑶服饰研究这一课题扩展深化，也便算是完成了我研究的初衷了。

在本书写作与出版的过程中，华中师范大学辛艺华教授、湖南师范大学贺景卫教授、中南民族大学美术学院罗彬教授、湖北省博物馆馆长万全文教授、中南民族大学民族博物馆陈桂馆员、广西艺术学院的匡自林先生等给予了大力支持并提出了许多宝贵意见；我的研究生团队孙颖、徐丽君、陈健、李冬英、贺青、周倜等为本书编辑出版付出了辛勤的劳动；还要感谢南丹县里湖白裤瑶生态博物馆的工作人员以及那些在田野调查中给予我们极大帮助的当地朋友们，没有他们的支持，本书的完成是不可想象的。在此谨一并表示衷心的感谢！

周少华

2016年12月19日